히틀러의 장군들

히틀러의 장군들

독일의 수호자, 세계의 적 그리고 명장

남도현 지음

| 추천사

● 군사학은 학science과 술art의 종합예술이며, 인문과학의 총화이다. 제2차 세계대전 중 독일의 전쟁 과정은 승리를 쟁취하고 리더십을 발휘하는 독일 장군들의 군사 문제 관련 학science과 술art이 깊이 있게 투영되어 있다. 이 책은 군을 사랑하는 한 군사 마니아가 생업에 종사하면서 틈틈이 시간을 쪼개어 독일 장군에 대한 자료를 수집 · 정리하여 발간한 것이다.

국내에서 제2차 세계대전 특히, 독일군과 독일 장군을 조명하는 일은 결코 쉽지 않다. 독일군은 침략의 주체였고 패배자였으며, 히틀러와 나치는 재현되어서는 안 될 역사의 오점으로 기록되어 접근하기가 힘들기 때문이다. 독일군은 대단한 군대였다. 비록 전쟁에서는 졌지만 전투에서는 어려운 여건을 극복하고 감탄할 만큼 놀라운 승리를 많이 엮어냈다. 그래서 제2차 세계대전 당시의 독일군 연구는 상당히 흥미롭다. 독일이 펼친 전쟁의 중심에는 장군들이 있었으며, 그들이 펼친 전략과 전술은 미래전을 열어주는 창窓과 같은 역할을 하고 있다. 이 책은 제2차 세계대전에 참여한 독일군 엘리트 장군들에 대한 인생 고찰이기도 하다.

필자는 모두 10명의 독일군 장군들을 한 권의 책으로 소개하고 있다. 이 중에서 국내에 널리 알려진 인물은 롬멜과 구데리안 정도밖에 없고 대부분 생소한 내용이다. 여기에 소개한 장군들은 제2차 세계대전에서 커다란 족적을 남긴 인물들이다. 젝트, 만슈타인, 구데리안은 전략 관련 서적이나 논문에 예외 없이 인용되는 최고의 전략가들이다. 클라이스트, 호트는 생소한 이름들이지만, 기갑전의 명장들로 결코 손색이 없는 장군들이다. 또한 전쟁을 가장 높은 곳에서 지휘했던 룬트슈테트와 할더를 통해 제2차 세계대전을 거시적으로 조망하고 있다. 누구보다도 히틀러에게 충성을 다했지만 한심한 정치군인과 뛰어난 명장으로 대비되는 카이텔과 모델의 인생역정도 상당히 흥미롭다. 우리에게 위대한 장군으로 많이 알려졌지만 롬멜이 전략적으로 전쟁을 지휘하지는 못했다는 점은 쉽게 접할 수 없는 부분이다.

이 책은 여러 장군들의 평전이지만 이들 인물들을 통하여 제2차 세계대전사를 깊숙한 곳까지 가감 없이 살펴볼 수 있다. 하지만 필자가 진정으로 이야기하고자 하는 부분은 이들의 공통 주제인 리더십이다. 장군은 특수한 조직을 이끌고 특수한 환경에서 일을 한다는 것을 제외한다면 CEO들처럼 경쟁에서 좋은 성과를 내려고 고민하는 문제에서 결코 자유로울 수 없다. 모든 책임자들은 좋은 성과를 얻기 위해서 항상 노력하고 위기의 순간에 대처할 수 있도록 준비해야 한다. 전쟁이라는 극한 환경은 이런 리더십을 살펴볼 수 있는 중요한 무대인데 제2차 세계대전은 특히 여기에 걸맞은 시 · 공간이라 볼 수 있다. 이 책은 군사적으로 커다란 행보를 보였던 당시의 독일군 장군 10명을 통해 진정한 리더십을 엿볼 수 있는 기회를 제공하고 있다.

필자가 순수 아마추어로서 이 글을 썼다는 사실이 놀랍다. 장군의 인생 역정과 장군이 갖추어야 할 리더십을 많은 자료를 인용하여 쉽게 이해할 수 있도록 했다는 점이 돋보인다. 우리나라에서 생소한 주제의 글이 활자화되어 세상에 빛을 보게 된 것을 축하하며 여러 사람들에게 널리 읽히기를 권장하는 바이다.

예비역 육군 중장 정홍용

| 글을 시작하며

● 사상 최대 그리고 최악의 전쟁이기도 했던 제2차 세계대전에서 전술적인 측면만 놓고 볼 때 독일은 놀라운 승리를 많이 거두었다. 물론 경우에 따라 한심한 패배도 당하고 결국 전쟁이라는 가장 커다란 판에서 패하기는 했지만, 각각의 전투를 떼어놓고 볼 때 전사에 길이 빛날 만한 경이로운 승리를 많이 거둔 것은 주지할 만하다. 전력이 상대보다 앞선 상황에서 승리를 얻었다면 그것은 너무 당연한 결과여서 훌륭한 업적으로 치부될 가치조차 없겠지만, 독일은 상대보다 전력이 열세임에도 불구하고 놀라운 승리를 많이 거두었기에 그 전과가 아직까지도 회자되고 있다. 독일이 공세를 취한 극성기라 할 수 있는 1942년 이전의 프랑스 전선이나 동부전선에서조차 독일군은 전력이 연합군이나 소련군에 비해서 객관적으로 열세였음에도 불구하고 많은 승리를 거두었고, 이후 수세에 몰려 후퇴를 하는

와중에도 수시로 역습을 가하여 상대를 당황하게 만들 정도였다.

독일이 그럴 수 있었던 이유로 여러 가지가 거론되고 있지만, 핵심은 독일군의 전투력이 경쟁국에 비해 월등히 뛰어났다는 것이다. 그런데 독일군이 전투력이 뛰어났던 것은 당시 그들이 보유했던 하드웨어가 좋아서 그랬던 것이 아니었다. 지금도 독일 하면 막연히 세계 제일의 기술력을 보유한 자동차, 금속, 기계, 화학공업 분야가 연상될 정도로 제2차 세계대전 당시에도 독일은 이 분야들에서 선두를 달리고 있었고, 특히 제트기나 로켓 분야는 전후에도 많은 영향을 끼쳤다. 하지만 이런 막연한 선입관이나 상식과 달리, 제2차 세계대전 당시 독일의 무기는 전반적으로 상대를 압도할 만큼 뛰어나지 않았다. 예를 들어, 독일군 하면 강력한 전차를 앞세운 무적의 기갑부대를 연상하지만, 베르사유 조약으로 인해 전차의 개발 및 보유가 금지되었기 때문에 전쟁 초기에 독일군이 보유한 전차는 수량도 부족했고 성능도 미흡했다. 따라서 점령국 체코슬로바키아 등지에서 노획한 전차를 대거 사용했을 만큼 교전 상대국보다 무기의 성능이 떨어지는 경우가 많았다.

이처럼 당시 독일은 상대보다 무기가 월등히 뛰어나거나 병력이 많지 않았다. 따라서 그들이 보유했던 하드웨어에서 독일군이 뛰어난 전과를 올렸던 이유를 찾기는 힘들다. 엄밀히 말해 독일의 전투력이 뛰어났던 이유는 다른 데 있었다. 그것은 바로 전술이나 작전처럼 소프트웨어적인 부분이 상대보다 뛰어났기 때문이었다. 결국 이것은 사람의 문제로 직결된다. 물론 하드웨어의 우월도 승리를 담보할 수는 있지만, 승패를 좌우하는 가장 결정적인 요소는 작전을 구사하는 지휘관들의 능력이다. 제2차 세계대전 당시 독일은 작전 능력이 뛰어났는데, 바로 이것이 독일이 하드웨어적인 면에서 상대를 압도하지 못했으면서도 계속해서 승리를 엮을 수 있었던 이유다. 독일은 분명히 경쟁국에 비해서 유능한 지휘관들이 많았고, 이를 뒷받침하는 참모조직도 훌륭했다. 제2차 세계대전은 보유한 병사와 장비의 수보다는 부대의 훈련량과 작전 구사 능력에 의해 승패가 결정되었다고 해도 과언이 아니다. 독일이 상대적으로 전력이 열세인데도 불구하고 동서양면전을 치르며 장기간 전쟁을 벌일 수 있었던 이유도 바로 독일군 지휘관들의 능력에서 찾아볼 수 있다.

그런데 제2차 세계대전 당시의 독일 장군들에 관한 이야기를 다룰 때 어쩔 수 없이 부딪히게 되는 고민이 있다. 히틀러, 나치, 그리고 제3제국은 인류사에 결코 등장하지 말았어야 했을 악의 화신들이었는데, 전사에 길이 남을 독일의 많은 장군들이 바로 이 악의 화신들을 위해 선봉에 서서 침략 전쟁을 수행했다는 사실이다. 이 때문에 과거사 논쟁에서 결코 자유로울 수 없는 이들은 전후 전범으로 준엄한 역사의 심판을 받기도 했다. 비록 나치가 우리나라에 직접 해악을 끼친 것은 아니지만, 나치 독일의 동맹국이었던 일제의 간악한 지배와 수탈을 겪은 우리도 이와 관련한 감정이 결코 남다르지 않다. 하지만 이러한 약점에도 불구하고 독일의 많은 명장들은 그들이 전쟁 중에 보여주었던 군인으로서의 능력만으로도 상당한 평가를 받고 있고, 일부의 경우는 전쟁 당시에 교전 상대국에서조차 경외의 대상이 되기도 했을 정도다. 언제인가 국내에서 개최된 국방 관련 행사에서 우리 군의 고급 지휘관들에게 사상 최강의 전투 능력을 보유했던 군대를 꼽으라고 하니까 제2차 세계대전 당시 독일군을 꼽은 이들이 많았다는 이야기를 들은 적이 있다. 그만큼 군사적인 부분만 놓고 보았을 때 당시 독일군은 뛰어났고, 그들을 이끈 지휘관들의 능력은 시대와 국가를 초월할 만큼 탁월했다.

제2차 세계대전 내내 독일은 수백만의 군대를 유지했으니 필연적으로 장군들이 많을 수밖에 없었다. 그런데 그렇게 장군이 많았으니 당연히 그 중에는 뛰어난 인물들도 많았을 것이라고 쉽게 단정 지을 수도 있겠지만, 당시 주변의 여러 나라들도 독일 못지않게 대규모 군대를 운용했고 장군들도 많았다는 사실을 고려하면, 장군의 수가 많아서 명장이 많았다고 볼 수는 없다. 그렇기 때문에 많은 독일의 명장들이 보여준 특출함은 빛을 발할 수밖에 없다. 그럼에도 불구하고 독일의 장군들은 소수의 전문가들을 제외하고 세인들에게는 그리 많이 알려진 편이 아니다. 그 이유는 그들이 패전국의 장군들이기 때문이다. 다시 말해 아무리 많은 전술적 승리를 이끌었어도 그들은 결국 전쟁에서 패한 장군들이었고, 게다가 인류사에 너무 깊은 상처를 남긴 악의 축이었던 나치를 위해 활약한 장군들이었기 때문이다. 물론 그 중에는 나치에 적극 항거하거나 비판적인 인물들도 있었지만, 그들도 독일의 군인으로서 임무에 충실할 수밖에 없었기 때문에 한때 나치와 히틀러에게 영광을 안겨주었다.

이 책은 이러한 수많은 독일 장군들 중에서 10명을 선별하여 그들의 삶과 활약을 재조명한 '열전列傳'이다. 따라서 이들의 이야기를 각각 조합하면 제2차 세계대전 당시 유럽에서 벌어졌던 격렬한 역사를 어느 정도 조망할 수 있다. 어느 한 인물의 전기가 아니라, 선별한 독일 장군 10명의 이야기를 모아놓은 '열전'이다 보니 제2차 세계대전 당시 중요한 사건이나 전투를 중복해서 언급할 수밖에 없었는데, 예를 들어 1940년의 대(對)프랑스 전투는 이 책에 소개된 거의 모든 인물들이 직간접적으로 관여했으니 각 장마다 언급할 수밖에 없었다. 하지만 각각의 인물들이 담당한 역할이 모두 달랐기 때문에, 같은 사건이나 전투라 하더라도 해당 인물들의 시각에서 다르게 해석해보려고 최대한 노력했다.

또한 이 책에 등장하는 10명의 장군들 중 만슈타인과 구데리안은 필자의 전작인 『히든 제너럴』에서 이미 소개되었던 인물들로, 이들을 이 책에 다시 포함할지 아니면 제외할지 상당히 고심했다. 그런데 제2차 세계대전 당시의 대표적인 독일 장군들을 모아놓은 책에서 이들이 빠진다는 것은 마치 성춘향과 이몽룡이 등장하지 않는 춘향전과 같다고 판단하여 다시 포함했다. 하지만 국내외 자료를 뒤져서 내용을 대폭 보강하고 평전 형식으로 새롭게 글을 작성했다. 그 과정에서 누구보다도 필자가 잘 알고 있다고 생각하던 만슈타인과 구데리안에 대해서 새롭게 알게 된 것이 의외로 많았다. 이것은 그만큼 독일 장성들에 대해 국내에 알려진 자료가 적다는 의미이기도 하다. 사실 이 글을 쓰면서 항상 아쉬웠던 것은 자료가 충분하지 않다는 점이었다. 이미 고인이 된 이들을 직접 면담할 수 없는 상황에서 어쩔 수 없이 공개된 여러 자료들을 토대로 글을 쓸 수밖에 없었다. 외국에는 밀리터리 분야가 하나의 문화로 정착되어 있어서 군인이나 전사에 관한 훌륭한 자료들이 많지만, 이와 관련한 역사가 일천한 우리나라에서 사실 좋은 자료를 구하는 것 자체가 힘들었다. 또한 글을 쓰면서 그러지 않으려고 최대한 노력했지만, 글 중간 중간에 필자도 모르게 주관적인 판단이 개입했을 수도 있었을 것이라고 솔직히 고백하며 이러한 점에 대해서는 미리 양해를 구한다.

어떠한 인물을 직접 접하거나 겪어보지도 않고 평가한다는 것은 상당히 어려운 일이다. 그렇기 때문에 되도록이면 최대한 객관적으로 알려진 사실에 근거하여 글을 쓰고자 노력했고, 필자의 주관적인 판단을 언급한 부분은 필자 개인의 생각이라는 점을 분명히 밝혔다. 그것은 어디까지나 필자 개인의 생각일 뿐, 반드시 그렇다거나 소개한 인물이 그렇게 생각했다는 뜻이 아님을 다시 한 번 분명히 알리고자 한다. 소개한 인물들에 대한 최종 평가는 결국 독자들의 몫이라 생각한다. 사실 이 책에서 알리고자 하는 핵심은 등장인물들 바로 그 자체다. 이들 대부분은 우리나라에서 전문가나 마니아 정도나 알고 있을 만큼 극히 생소한 인물들이다. 이런 낯선 인물들이 어떠한 모습으로 거대한 전쟁을 수행했는지 알아보는 것 자체가 필자에게는 상당히 흥미로운 주제였고, 글을 집필한 진정한 동기였다.

이 책이 나오기까지 많은 분들의 고마운 도움이 있었다. 먼저 온라인상에서 꾸준하게 격려와 비판을 보내준 동료 네티즌들께 감사의 인사를 드린다. 우연한 기회에 인연을 맺어 졸필을 활자화할 수 있도록 실질적인 도움을 주신 김세영 사장님을 위시한 도서출판 플래닛미디어 관계자들께도 고마운 마음을 전한다. 눈코 뜰 새 없이 바쁜 현역 군인 신분임에도 불구하고 졸고에 따뜻한 격려의 말씀을 남겨주신 육군 소장 정홍용 님과 생각지도 못한 엄청난 도움을 주신 해군 제독 박경일 님께는 어떻게 감사의 마음을 표현해야 할지 모르겠다. 그리고 사랑하는 가족, 일가친척 분들, 친구들을 비롯하여 내가 좋아하는 모든 이들이 없었다면, 결코 이 책을 쓰기 힘들었을 것이다. 항상 옆에서 지켜보며 관심을 가져준 아내와 아이들이 있었기에 어려운 여건에서도 힘을 낼 수 있었고, 필자의 인생에서 가장 든든한 버팀목인 존경하는 형님은 항상 커다란 바람막이가 되어주셨다. 하지만 무엇보다도 못난 아들에게 항상 주시기만 하는 어머님과 하늘에서 지켜보시는 아버님의 후광 덕분에 이 책이 세상에 빛을 보게 된 것이라고 생각한다. 도와주신 모든 분들의 은혜에 감사하며, 이분들 모두에게 이 책을 바친다.

남도현

차례

part. 1

제국 육군의 마지막 참모총장

상급대장 **한스 폰 젝트**

Hans von Seeckt

1914년 제1차 세계대전이 발발했을 때 독일 제국은 세계 최고의 육군을 보유한 군사 대국이었다. 그러한 강력한 독일 군대를 대표하던 인물이 참모총장이었는데, 막상 그가 영광스러운 이 자리에 올랐을 때 세계를 호령하던 강력한 제국의 군대는 사라지고 없었다. 남은 것은 승전국들의 간섭에 갈가리 찢긴 잔해뿐이었지만, 그는 이런 암담한 상황에 결코 낙담하지 않았다. 그는 피동적으로 동터오는 아침을 묵묵히 기다리며 어둠 속에 묻혀 있지 않고 스스로를 태워가면서 불을 밝혔다. 이런 노력이 빛을 발해 흔적도 없이 사라져버린 제국의 군대는 어느덧 세계 최강의 군대로 다시 옷을 갈아입을 준비를 하고 있었다. 그가 자신이 기초를 놓은 새로운 군대가 침략 전쟁의 선봉이 되리라고 예상했는지, 그리고 반드시 그렇게 되기를 원했는지는 알 수 없지만, 결국 그의 노력은 새로운 전쟁을 잉태하는 데 커다란 영향을 미쳤다. 따라서 그러한 그의 노력이 결국 나쁜 것이었다고 평가절하해버릴 수도 있겠지만, 그는 분명히 새로운 시대를 연 창조적인 인물이었다. 전쟁의 폐허 속에서 무에서 유를 창조한 인물, 그가 바로 상급대장 한스 폰 젝트다.

1. 총통의 선언 그리고

1935년 3월 16일, 아돌프 히틀러Adolf Hitler는 독일이 재군비를 하겠다는 중대한 선언을 했고, 독일 국민과 군부는 이에 환호했다. 반면 세계는 커다란 시름에 빠지게 되었고, 이런 독일의 일방적인 행동을 막을 뾰족한 방법은 없어 보였다. 이것은 다시 말해 제1차 세계대전 이후 그나마 불안한 평화를 위태롭게 지켜오던 베르사유 체제의 종언을 고하는 것이기도 했다. 그리고 베르사유 조약Treaty of Versailles *에 의거해 최대 10만 명까지만 보유할 수 있었던 독일군은 불과 4년 만에 300여 만 명의 대군으로 급성장하여 세계를 상대로 전쟁을 벌이게 되었다. 물론 종국에는 패전했지만, 1942년 여름까지를 나치 독일의 최대 팽창기로 본다면 독일군은 재군비 선언

---

* 베르사유 조약은 제1차 세계대전 종전으로 1919년 6월 28일 연합국과 독일 사이에 체결된 강화조약이었으나, 실질적으로는 전쟁의 모든 책임과 배상 의무를 독일에게만 묻는 일방적인 항복조약이나 다름없었다. 이 조약에 의해 새롭게 이루어진 전후 체제를 흔히 베르사유 체제라고 한다.

이후 불과 7년 만에 세계를 위기에 몰아넣는 경이적인 결과를 보였을 만큼 확장이 급속도로 이루어졌는데, 역사상 이런 예는 찾아보기 어렵다. 세상사라는 것이 당연히 흥망성쇠가 있기 마련이지만, 제2차 세계대전 당시 독일군처럼 거의 전무한 상태에서 단기간 내에 이처럼 거대한 공룡으로 급속히 팽창한 경우는 없다고 보아도 무방하다. 칭기즈칸Chingiz Khan 당대의 몽골군도 급속히 성장한 사례이기는 하지만, 이는 거의 한 세대에 걸쳐 이룬 결과이어서 1930년대 후반의 독일군의 성장과는 평면적으로 비교하기조차 힘들다. 그것도 단지 병력 수로만 허장허세를 과시하던 제정 러시아 군대처럼 훈련도 제대로 받지 못한 소작농민들에게 총을 쥐어주고 오늘 이후부터 군인이라고 했던 것과는 차원이 달랐다. 재군비 후 곧바로 세계를 상대로 전쟁을 벌여 계속되는 놀라운 승전을 거두었을 만큼 양적으로는 물론 분명히 질적으로도 독일군의 팽창은 경이적인 것이었다. 하지만 이런 결과가 나온 것은 결코 우연이 아니었다.

제2차 세계대전 당시의 국방군Wehrmacht *은 재론의 여지없이 세계를 전쟁의 참화로 몰아넣은 침략의 주체였다. 비록 전범 행위로 악명 높은 무장친위대Waffen SS 같은 또 다른 별개의 전투 집단이 나치 독일에게 있었지만, 국방군은 두말할 필요 없는 최고의 무력이었다. 때문에 단순히 선과 악이라는 이분법적인 사고만으로 나눈다면, 침략 전쟁의 선봉에 섰던 제2차

---

* 독일의 군대는 시대에 따라 스스로 명칭을 달리하고는 했다. 우리말로 정확하게 정의된 것은 없지만, 이 책에서는 시대순으로 다음과 같이 정하여 혼란을 줄이고자 한다. 제1차 세계대전 당시의 제국 육군Kaiserliche Heer(1871~1919년)은 제2제국의 육군을 의미한다. 공화국군Reichswehr(1919~1935년)은 해석상으로 제국군이 정확하다고 볼 수 있지만 바이마르 공화국의 군대였으므로 공화국군으로 표기한다. 국방군Wehrmacht(1935~1945년)은 나치가 재군비를 선언하면서 탄생한 제3제국군의 군대로 제2차 세계대전 당시의 독일군을 의미한다. 그리고 현재의 독일군은 연방군Bundeswehr(1955~현재)이라고 한다.

세계대전의 독일군을 당연히 악의 편에 놓고 생각할 수밖에 없다. 하지만 이데올로기를 배제하고 군사적인 측면에서만 본다면 제2차 세계대전 당시의 독일군만큼 매력적인 집단은 쉽게 찾아보기 힘들다. 물론 평가하는 사람들마다 차이가 있고 그렇게 생각하지 않는 사람도 있겠지만, 적어도 전투를 치르는 기술적인 측면에서 본다면 역사상 최고의 군대라고 해도 부족함이 없을 정도다. 가장 큰 이유는 객관적으로 그들보다 강한 상대와 겨루어 놀랄 만한 전과를 거두었기 때문이다. 하지만 이처럼 세계를 상대로 전쟁을 벌인 독일군이 처음부터 강력했던 것은 결코 아니었다. 흔하게 접할 수 있는 대부분의 자료에서는 히틀러의 재군비 선언 시점부터 독일군의 급격한 성장을 써내려가고 있지만, 독일군이 강력해진 것은 단지 그 때문만은 아니었다. 분명히 말할 수 있는 것은 당시에 히틀러가 아닌 다른 누군가가 베르사유 조약을 거부하고 독일의 재군비를 시도했다 하더라도 결과는 같았을 것이라는 점이다.

그 이유는 제1차 세계대전 패전 이후 독일에 가해진 온갖 속박으로 인해 겉으로 보이는 공화국군Reichswehr의 유약한 모습과 달리 주변의 엄중한 감시 속에서도 전쟁 이전 세계 최강이었던 제국 육군Kaiserliche Heer의 모습으로 다시 웅비할 그날만을 기다리며 이를 은밀히 준비하던 선각자가 있었기 때문이었다. 위대한 이론가이자 실천가였던 한스 폰 젝트Hans von Seeckt(1866~1936년)가 바로 그 주인공이다.

2. 패망한 군대의 참모총장에 오르다

젝트는 1866년 덴마크와 국경지대인 독일 중북부 슐레스비히Schleswig의 명문 귀족 가문인 포메른 가Pomeranian Family 출신으로, 그의 아버지 리하르트 폰 젝트Richard von Seeckt도 최고의 영예라 할 수 있는 검은 독수리 훈장Order of the Black Eagle을 받은 프로이센의 유명한 장군이었다. 1885년 제1척탄병근위대에 장교 후보생으로 입대하면서 부친의 뒤를 이어 군인의 길을 걷게 된 그는 독일 통일의 주역인 프로이센 귀족의 혈통답게 상당히 자부심이 강했고 보수적인 성격을 가진 군국주의적인 인물로 알려져 있다.* 사실 양차 대전 당시에 활약한 독일 장성들은 민주적인 환경에서 살거나 교육을 받아본 적이 없기 때문에 보수적이고 군국주의적 성향을 보이는 것이 일반적이었다.

1887년 장교로 정식 임관된 이후 독일 제국군에서 출세의 지름길이자 정통 엘리트 코스라 할 수 있는 군사대학Kriegsakademie에서 일반 참모 과정을 수료하면서 정통 군인의 길을 걷게 되었고, 주로 참모로 활동했다. 1899년 대위로 진급함과 동시에 단치히Danzig에 주둔하던 제17군단** 의 참모가 되었고, 이후 여러 부대의 참모직과 말단 부대의 지휘관직을 두루 섭렵했다. 그는 주로 전방이라 할 수 있는 야전부대에서 복무하면서 많은 경험을 쌓았기 때문에, 데스크만 전전한 다른 참모들과 달리 현장감이 풍부했고 참모로서 관리해야 할 예하 부대나 부하들에 대한 이해와 포용력이 컸다. 그는 이러한 장기간의 참모 경력 덕분에 군부 내에서 누구보다도 참모제도에 대해 잘 이해하고 있었고, 이후 베르사유 조약하에서 비밀리에 참모제도를 지켜낼 수 있었다.

1914년 제1차 세계대전 발발 당시에 젝트는 동부전선에 주둔한 제3군단 참모장으로 근무했고, 1915년에는 대령으로 승진하여 맹장 아우구스트

---

* James S. Corum, 육군대학 역, 『젝트 장군의 군사개혁』, 육군대학, 1998, 229쪽.
** 군단은 수개의 사단과 직할부대로 구성된 군 편제로 완편 시 3만~5만 명의 병력을 보유한다.

1915년 제11군 참모장 당시의 모습(제11군 사령관 마켄젠(좌 1), 젝트(좌 6), 참모총장 팔켄하인(좌 8))

폰 마켄젠August von Mackensen이 신임 사령관으로 부임한 제11군* 의 참모장으로 영전했다. 그는 마켄젠을 보필하여 갈리치아Galicia와 고를리체Gorlice에서 러시아군을 공격하여 대승을 이끌어냈다. 이것은 바로 전해에 제8군 사령관 파울 폰 힌덴부르크Paul von Hindenburg와 참모장 에리히 루덴도르프Erich Ludendorff가 탄넨베르크 전투Battle of Tannenberg에서 이끌어낸 대승과 비견될 만큼 제1차 세계대전 당시 동부전선에서 독일이 올린 최대의 전과 중 하나였다. 젝트는 이를 계기로 독일 군부 내에 뛰어난 참모로 그의 이름을 각인시키면서 장군으로 진급했다. 이후 그는 동부전선에서 독일과 같은 편이 되어 싸우고 있던 오스트리아-헝가리 제국군과 오스만 제국군에 참모로 파견되어 근무한 특이한 경력도 갖게 되었다.**

* 군은 수개의 군단과 직할부대로 구성된 군 편제로 야전군이라고도 하며 완편 시 10만~30만 명의 병력을 보유한다.
** 유종규, '샤른호르스트와 폰 젝트의 軍事改革 比較', 국방대학원, 2001, 42~43쪽.

독일이 제1차 세계대전에서 패전하자, 수많은 장성들이 자의반 타의반으로 군복을 벗게 되었다. 특히 카이저Kaiser *의 망명 이후 황실 및 권력층과 정치적으로 가까워 전쟁에 깊이 관여했거나 책임이 있던 장성들 대부분은 함께 책임을 통감하고 군에서 물러났고, 이후 베르사유 조약에 의거해 군이 대대적으로 감축되었을 때 다시 한 번 대대적인 인사태풍이 불었다. 전자가 자의에 의한 어쩔 수 없는 물갈이였다면, 후자는 타의에 의한 굴욕이었다. 그러나 역사는 천신만고 끝에 승자의 위치에 선 연합국의 의도대로 굴러가지 않았다. 독일에게 회복하기 어려운 굴레를 씌어 다시는 전쟁을 일으키지 못하도록 만들고자 했던 베르사유 조약은 오히려 새로운 전쟁을 촉진하는 결과를 낳고 말았던 것이다. 조약 자체가 안겨준 굴욕 때문에 독일 국민이 당연히 품게 된 복수심은 제2차 세계대전의 원인이 되었고, 조약에 따라 진행된 독일 제국군의 해체는 역설적으로 제2차 세계대전을 일으킨 새로운 독일 국방군을 만드는 동기가 되었다. 나중에 자세히 언급하겠지만, 베르사유 조약에 따른 감군은 결론적으로 독일군의 부활을 이끈 양날의 칼과 같은 모습으로 역사에 남게 되었다.

유능한 참모로 군부 내에서 명성이 자자했던 젝트는 제1차 세계대전 종전 직후인 1919년에 독일군 총참모본부를 대표하여 베르사유 회담에 참석했는데, 연합국으로부터 독일 제국군이 갈기갈기 찢김을 당하는 굴욕을 그곳에서 직접 경험했고, 이런 씻을 수 없는 오욕의 경험은 그가 독일군을 재건해 다시 한 번 강군으로 도약하겠다는 굳은 결심을 하게 만들었다. 젝트는 베르사유 조약 체결 직후 빌헬름 그뢰너Wilhelm Groener의 후임으로 독일군 최고수장의 위치라 할 수 있는 제국 육군의 참모총장Chiefs of the German

* 빌헬름 2세Wilhelm II.

General Staff자리에 올랐는데, 그가 이런 영광스런 자리에 올랐을 당시 세계 최강을 자랑하던 제국 육군은 그 실체가 없어지고 단지 간판만 남아 있는 상태였다.* 그러나 젝트는 이를 결코 비관하지 않고 도약의 발판으로 삼고자 했다. 앞으로 독일군 재건에 영향을 미친 가장 중요한 그의 행적을 살펴보려면, 그에 앞서 제1차 세계대전의 성격과 종결 과정을 먼저 살펴볼 필요가 있다.

3. 평화를 방해하는 씨앗

1914년 여름, 야심만만했던 독일 제국은 세르비아에 대한 개전을 망설이고 있던 노쇠한 오스트리아-헝가리 제국을 설득하여 전쟁에 나서도록 하면서 러시아와 프랑스에 대한 선전포고를 개시했다.** 이와 동시에 자타가 공인하는 세계 최강의 제국 육군의 정예병들이 프랑스 정복을 위해 예정 진격로에 놓여 있는 중립국 벨기에를 전격 침공함으로써 비극적인 제1차 세계대전이 시작되었다.

제1차 세계대전은 독일 측이 먼저 전쟁을 시작했다는 점에서 본다면 제2차 세계대전과 형식적으로는 비슷하지만, 내용적인 측면에서는 상당히 많은 차이가 있다. 역사적으로 볼 때 제1차 세계대전은 전쟁의 발발 책임을 어느 일방에게만 전적으로 묻기 힘들 만큼 원인이 복잡했고, 선악의 구분을 나누기도 어려웠던 탐욕스런 제국주의 간의 헤게모니 쟁탈전이었

---

* J. W. Wheeler-Bennett, *The Nemesis of Power: The German Army in Politics 1918-1945*, Macmillan, 1964, pp.81-88.

** (주)두산, enCyber두산백과사전, 제1차 세계대전 III. 발발.

다.* 제1차 세계대전은 전쟁이 장기화되고 전선의 비참함이 알려지면서 이상스러울 만큼 뜨거웠던 전쟁 초기의 열기가 식었지만, 처음 동맹국 측과 연합국 측으로 편을 나누어 무차별적으로 서로에 대한 선전포고를 했을 때 해당 국가의 국민들이 전쟁에 빨리 참여해 총을 갈기고 싶어 했을 만큼 온 유럽을 전쟁의 광풍 속으로 급격히 몰아넣었다. 한마디로 제1차 세계대전은 상대보다 약소국을 많이 차지하고 수탈하려는 제국주의 경쟁에 매몰되어 있던 국가 간의 경쟁 과정에서 폭발한 전쟁이었다.

하지만 이런 원인과는 상관없이 전쟁의 승부가 갈렸을 때 패자가 감수해야 할 수모는 어쩔 수 없는 부분이다. 그런데 그런 점에서 판단할 때 제1차 세계대전은 끝맺음이 이상한 전쟁이기도 했다. 양측의 합의로 종전을 선언하고 전선에서 총성이 멈추었을 당시만 놓고 보았을 때 독일이 과연 패전국이 맞나 하고 고개를 갸우뚱할 정도의 상황이었기 때문이었다. 동부전선에서는 러시아를 군사적으로 완전히 제압한 것은 아니었지만 독일이 승자나 다름없었고, 서부전선에서도 종전 시점까지 독일 영토에 폭탄 한 방 제대로 맞아본 적 없이 프랑스와 벨기에 영토에서만 전쟁을 했기 때문이었다. 물론 독일이 더 이상 전쟁을 계속 수행할 수 없을 만큼 국가의 동원 능력이 바닥나기 일보직전이기는 했지만, 그렇다고 일방적으로 패자의 입장을 강요받기에도 애매한 상황이었다.

이 때문에 전쟁을 종결짓는 강화회의를 시작했을 때, 승자인 연합국 측 당사자이자 최대의 채권자가 되어 전후 새로운 국제 질서를 큰 소리로 주창하던 미국은 전쟁의 책임을 어느 일방에게만 묻는 강화조약의 체결을

---

* David Stevenson, *The First World War and International Politics*, Oxford University, 1988, pp.158-164.

강력히 반대했다. 미국 대통령 토머스 우드로 윌슨Thomas Woodrow Wilson은 그런 강화조약이 분명히 평화를 방해하는 씨앗이 될 것이라고 보았다(불행히도 20년 후 이런 그의 생각은 맞는 것으로 입증되었다). 그러나 윌슨의 이러한 우려와 달리, 프로이센-프랑스 전쟁 이래로 계속해서 수모를 당해온 프랑스의 주도로 독일에 대한 철저한 외교적 복수극이 준비되었다. 1919년 베르사유에서 열린 강화회의에 참석한 독일 대표단은 연합국 측이 일방적으로 제시한 조약 내용을 듣고는 경악했고, 이는 독일 국내에서도 당연히 거센 항의를 불러일으켰다.* 하지만 제2제국이 무너지고 황망히 수립된 바이마르 공화국Weimarer Republik은 너무 힘이 없었고 솔직히 말해 어렵게 성립한 정권 유지에나 더욱 신경을 쓰고 있었다.

4. 조약으로 강제된 치욕

납득하기 어려운 이유로 제1차 세계대전에 관한 모든 책임이 전적으로 자신들에게 있다는 멍에를 뒤집어쓴 독일은 최악의 치욕을 맛보게 되었다. 배상금과 영토의 축소를 포함하여 독일에 지워진 모든 책임들은 유사 이래 대부분의 강화조약에서 볼 수 있는 보통의 수준을 훨씬 초월한 과도한 것들이었다. 특히 연합군에 의한 일부 독일 영토의 군사적 점령과 군비 제한은 독일의 주권을 완전히 무시하는 엄청난 속박이었다. 다른 승전국들의 우려에도 불구하고 독일을 이처럼 철저히 굴복시키는 데 프랑스가 선두에 섰던 이유는 1870년에 벌어진 프로이센-프랑스 전쟁에서 당한 치

* (주)두산, enCyber두산백과사전, 제1차 세계대전 VIII. 베르사유 조약.

욕이 그만큼 컸기 때문이었다. 만일 제1차 세계대전이 프랑스의 단독적이고도 일방적인 승리로 끝났다면, 프랑스는 독일을 해체시켜 1871년 통일 이전의 상태로 되돌려버렸을 것이라는 말이 나올 정도로 프랑스가 독일에 품고 있던 적개심은 대단했다. 하지만 베르사유 조약은 프랑스가 당한 수모 이상으로 독일에 보복을 가했다고 평가될 만큼 독일에 대한 보복은 도가 지나친 것이 사실이었다. 프로이센-프랑스 전쟁을 승리로 이끌어 제국을 창건하고 이후 외교적으로 프랑스를 고립시켜 제국의 안위를 지킨 오토 폰 비스마르크Otto von Bismarck도 프랑스에게 망신을 안겨주었지만, 상대의 자존심을 고려하여 주권을 직접 제한하는 행위까지는 하지 않았다. 그러나 프랑스는 베르사유 조약을 발판 삼아 독일의 주권까지 제한하려 들었다.

베르사유 조약 내용 중 대표적인 독일의 군비 제한 규정은 전쟁의 화근을 미리 제거하기 위한 것이었지만, 프랑스군이 독일의 일부 영토를 점령하도록 한 것은 틀림없는 주권 침해였다. 특히 독일 육군의 병력을 10만 명 이하로 제한하고 최신 무기 보유 금지와 더불어 각종 함정의 강제적 감축은 제1차 세계대전 종전 직전까지 세계 최강의 제국 육군과 세계 2위의 제국 해군Kaiserliche Marine(1871~1919년)을 보유하고 있던 독일 제2제국의 무력을 완전히 소멸시키는 것이나 다름없었다. 한마디로 독일은 강화講和를 생각했지만, 연합국은 특히 프랑스는 독일을 무조건 항복에 응한 하찮은 대상으로밖에 여기지 않았고 또 그렇게 만들고 싶었던 것이었다. 다음은 독일을 군사적으로 속박하려고 들었던 베르사유 조약의 주요 내용이다.

- 라인란트Rhineland는 영국과 프랑스의 군사적인 통제하에 비무장지대로 한다.
- 독일 육군의 병력은 총 10만 명을 초과할 수 없고 징병제는 폐지한다.

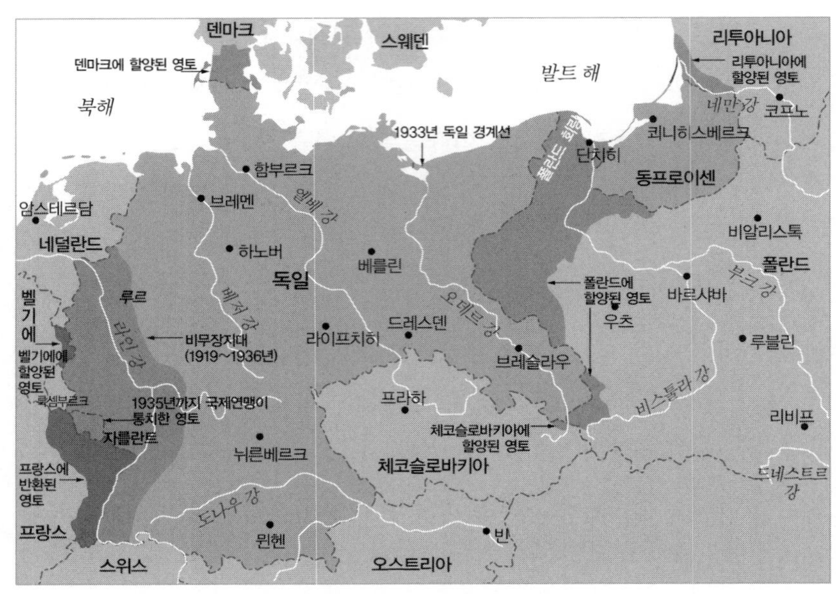

1919년 베르사유 조약에 의해 독일은 영토의 많은 부분을 여러 나라에 할양해야 했고, 라인 강 서쪽의 라인란트에 대한 군사 주권을 상실했다.

- 독일 해군의 병력은 총 1만5,000명을 초과할 수 없고, 배수량 1만 톤 이하의 전함 6척, 배수량 6,000톤 이하의 순양함 6척, 배수량 800톤 이하의 구축함 6척, 배수량 200톤 이하의 어뢰정 12척만 보유할 수 있으며, 잠수함 보유는 금지된다.
- 각종 무기의 생산, 수입, 수출과 독가스의 생산과 보유는 금지된다.
- 전투기, 전차, 장갑차량의 생산과 보유는 금지된다.
- 독일의 모든 참모 조직과 직제는 폐지한다.*

결론적으로 이것은 전쟁 전 세계를 호령하던 최강의 군대를 유럽의 최

* Treaty of Versailles, Part V.

전후 베르사유 조약에 따라 라인 강 서안에 대한 독일의 군사적 주권은 제한되었다. 사진은 라인란트에 진입한 프랑스군의 모습으로, 독일은 1935년에 이를 회복했다.

약체 군대로 만들겠다는 의미다. 결국 베르사유 조약은 비준이 강행되면서 감군과 함께 조약의 내용을 벗어난 무기는 강제 폐기 처분되거나 연합국 측에 양도되었다. 독일 군부가 이에 저항한 대표적인 사건이 바로 1919년 영국의 스캐파플로Scapa Flow에 강제 집결된 제국 해군 함정들이 처절하게 자침한 사건이었다. 이들은 제국 해군의 자존심이었던 군함들을 연합국 측에 고스란히 양도하느니 차라리 자침하는 쪽을 선택한 것이었다.*

이러한 베르사유 조약은 독일 국민뿐만 아니라 누구보다도 국가에 대한 충성심이 컸던 보수적이고 군국주의적인 군부의 분노를 불러일으켰고, 일부의 우려대로 독일의 복수심을 자극했다. 이를 공개적으로 부정하면서

* Dan Van der Vat, *The Grand Scuttle: The Sinking of the German Fleet at Scapa Flow in 1919*, Birlinn, 1987, pp.168-171.

정권을 잡은 것이 바로 히틀러의 나치였다. 결과적으로 베르사유 조약은 제2차 세계대전을 잉태시킨 셈이 되고 말았다. 하지만 이런 암흑기에도 독일군은 새로운 미래를 착착 설계해나가고 있었다.

5. 비밀리에 존속시킨 참모제도

경악스런 베르사유 조약의 내용이 공개되었을 때, 독일은 분노했지만 그렇다고 다시 전쟁을 벌일 수는 없었다. 휴전 당시 독일이 패한 것으로 볼 수는 없었지만, 전쟁을 계속한다면 패할 가능성이 100센트였기 때문이었다. 물론 나치의 주장처럼 후방에서 암약하는 좌파의 모략으로 등에 칼을 맞고 전쟁에 진 것이라는 의견도 있기는 했지만, 1918년 이후 독일은 더 이상 전쟁을 지속할 힘이 없었다는 점에서 다른 반론을 찾기는 힘들다. 결국 조약의 내용대로 독일은 승전국들에게 철저히 능욕당했고, 제2제국의 상징이자 권력의 핵심이었던 독일 제국군은 해체되어 경찰력 정도에 불과한 바이마르 공화국군으로 급속히 몰락하고 말았다. 보유를 허락받은 10만 명의 병력은 제1차 세계대전 종전 당시 독일군 총 병력인 250만 명은 물론이고 총동원령이 내려지기 전인 1914년 전쟁 직전의 상비군 75만 명과 비교하기도 힘들 만큼 적은 수였다.*

이런 고난의 시기에 독일군을 이끈 인물이 바로 육군 참모총장 젝트였다. 비록 해군이 별도로 살아남았지만, 사실 육군 강국 프로이센의 전통을 물려받은 내륙국 독일에서 육군 참모총장이라는 자리는 군부 전체의 수장

---

* http://www.vlib.us/wwi/resources/germanarmywwi.pdf.

이나 다름없는 위치를 점하고 있었으므로, 젝트는 명실 공히 패망한 독일 군부의 일인자였다. 젝트가 독일 군부의 수장에 오른 것은 종전 후인 1919년 7월 7일이었는데, 그때까지는 형식적으로나마 제2제국의 제국 육군 참모총장 자리가 존속하고 있었다. 우리나라를 비롯하여 많은 나라에서 각 군의 최고 수장을 참모총장으로 부르지만, 이는 사실 총사령관Commander in chief과는 조금 차이가 나는 개념이다. 엄밀히 말하면, 참모총장은 말 그대로 총참모본부General staff의 수장을 뜻한다. 독일의 경우는 제2차 세계대전 당시에 별도로 육군의 수장인 총사령관 직책이 존재하기도 했다.

지금은 지휘관을 옆에서 보좌하는 참모제도가 너무나 당연하고 보편적인 군사제도이지만 이런 제도가 정착되는 데는 독일의 역할이 컸다. 초보적인 참모제도를 처음 고안한 것은 1795년 프랑스 혁명 당시의 프랑스군이었다고 전해지고 있지만, 이 제도를 눈여겨보고 즉시 도입하여 발전시킨 것은 프로이센이었다. 특히 1814년에는 이를 법제화하여 사단 급 부대까지 참모조직을 운용했을 만큼 프로이센은 이를 체계적으로 발전시켰다.* 프로이센은 이를 발판으로 일련의 전쟁을 승리로 이끌면서 독일 통일의 주역이 되었다. 이후 참모제도는 독일군 특유의 군사제도로 그 명성을 떨치게 되었다. 독일 통일 후 창건된 제국 육군의 역대 참모총장들만 보더라도 헬무트 폰 몰트케Helmuth von Moltke(대大몰트케)**, 알프레트 폰 발더제Alfred von Waldersee, 알프레트 폰 슐리펜Alfred von Schlieffen 등 전설적인 명장들이 역임했는데, 이러한 인물들의 뒤를 이어 젝트가 제8대 참모총장에 올랐던 것이다. 하지만 참모총장으로서 그의 임기는 불과 1주일 만인 7월 15

* http://en.wikipedia.org/wiki/Staff_(military).

** 소小몰트케로 불린 그의 조카이자 제1차 세계대전 당시 참모총장이었던 헬무트 폰 몰트케Helmuth J. L. von Moltke와 구분하기 위해 대몰트케라 한다.

일에 끝이 났다. 독일의 참모제도는 적들에게는 한마디로 부러워 모방하고 싶으면서도 눈엣가시 같은 경원의 대상이었다. 프로이센 이후로 실전을 겪으며 독일이 오랫동안 쌓아온 참모제도의 노하우는 그 자체가 비밀이었을 뿐만 아니라 다른 나라의 군대가 쉽게 모방할 수 없었다. 승전국들은 독일군의 일사불란함과 강력함의 근원을 독일군 특유의 참모제도에서 찾았고, 이를 철저하게 파괴하려 했다. 그래서 베르사유 조약으로 독일 참모조직과 직제를 폐지하도록 강제했던 것이었고, 이 때문에 젝트는 참모총장에 오른 지 1주일 만에 독일군 참모 직제의 폐지와 함께 자리에서 물러난 제국 육군의 마지막 참모총장이 되었던 것이다. 하지만 처음부터 훗날을 생각하고 있던 젝트는 비록 연합군이 엄중히 감시하고 있었지만, 그들의 눈을 피해 참모제도를 존속하기로 마음먹었다.*

6. 소수 정예화의 기회

바이마르 공화국이 성립되면서 해제당한 제국 육군의 총참모본부를 대신하여 단순한 군사 행정 업무만 담당하는 병무국Truppenamt이 국방성의 예하 부서로 생겼는데, 그 초대 국장으로 제국 육군의 마지막 참모총장이었던 젝트가 임명되었다. 이처럼 겉으로는 연합국의 명령에 따라 참모제도를 폐지하는 것처럼 보였지만, 사실 참모제도는 비밀리에 그대로 존속하고 있었다. 젝트는 간판을 바꾸거나 부서를 분할하여 타 부처로 이관시키는 형태로 여전히 참모조직을 가동시키면서 실질적으로 독일군의 참모총

* 유종규, '샤른호르스트와 폰 젝트의 軍事改革 比較', 국방대학원, 2001, 51쪽.

장 역할을 계속 수행했다. 예를 들어 예전에 군 철도 및 보급 운송을 관장하던 해당 참모조직을 전후 교통 관련 일반 행정부처로 이관시켜 비선조직으로 은밀히 관리하는 등의 편법을 이용했다.* 이런 그의 의지는 독일군이 비록 현재 몸은 마취되어 있는 상태이지만 머리는 활발하게 살아 움직이는 유기적인 조직으로 남아 있도록 만들었다. 하지만 젝트는 부하들에게 그 이상을 요구했는데, 그 이유는 독일이 베르사유 조약에 따라 대대적으로 감군을 단행해야 했기 때문이었다.

사실 감군은 단지 병력만 줄이는 것으로 해결될 문제가 아니었다. 단순히 전쟁 중 동원된 병력은 소집을 해제하여 예전 상태로 원대 복귀시키면 되었지만, 문제는 고급 자원이었다. 철혈정책으로 대변되는 것처럼 소수의 위정자들이 군국주의 정신에 입각하여 국가의 발전을 이끌어온 독일제국에서 군부는 귀족층, 신흥자본가들과 더불어 정권을 유지시킨 최고의 엘리트 집단이었다. 이들 중에는 직업이나 가업으로 군에 종사하는 인물들이 많았는데, 이들도 당연히 정리해야만 했다. 장성들의 경우 약 80퍼센트를 감축해야 했기 때문에 당연히 실력이 있는 자들만 군에 남을 수 있었고, 이것은 초급 장교는 물론 하사관과 병사들도 마찬가지였다. 이때 젝트는 독일이 처한 전략적 딜레마의 해결책은 최고로 전문화되고 고도의 기동성을 가진 소규모 부대에 있다고 믿었으며,** "군은 소수일수록 더욱 전문화될 수 있다"고 설파하고 오히려 감군을 독일군을 소수 정예화하는 절호의 계기로 삼고자 했다.

따라서 독일군에 남게 된 이들은 예전에 여러 사람이 나누어 하던 일을

---

* 크리스터 요르젠센, 오태경 역, 『나는 탁상 위의 전략은 믿지 않는다』, 플래닛미디어, 2007, 50쪽.

** 제프리 메가기, 김홍래 역, 『히틀러 최고사령부 1933~1945년』, 플래닛미디어, 2009, 55쪽.

모두 할 수 있는 능력이 요구되었고, 또 그렇게 교육되었다. 이와 더불어 유사시에 대비해 고급 장교는 장성의 역할을, 초급 장교는 고급 장교의 역할을, 하사관은 초급 장교의 역할을, 사병은 하사관의 역할을 무리 없이 수행할 수 있도록 비밀리에 간부 훈련을 했다. 마치 구조 조정에 들어간 기업처럼 젝트는 소수만 남게 된 독일군을 혹독한 훈련으로 단련시켰다. 제2차 세계대전 당시 무적 독일군의 신화를 전사에 각인시키며 훌륭한 전과를 올린 수많은 명장들이 바로 이때 키워졌다. 이 때문에 대다수의 독일군 장성들을 젝트의 직계로 보는 데는 전혀 무리가 없다. 독일군은 전사에 기록된 수많은 장성들도 유명하지만, 최전선에서 뛰어난 활약을 보인 무명의 하사관 집단도 사실 명성이 높았다. 이런 하사관 집단과 교육 시스템 역시 이 당시에 만들어졌다.*

젝트는 군 인력의 정예화를 감군에 따른 어쩔 수 없는 선택이 아니라, 이 기회를 역으로 이용하여 독일군의 완전한 재건을 위해 반드시 거쳐야 할 필수적인 준비 과정으로 인식했다. 초대 병무국장으로 취임했을 당시 그는 취임 연설에서 '군의 완전한 재건이 종국적인 목표'임을 분명히 했다. 때문에 젝트는 군에 남은 소수의 잔류 인원에게 어쩌면 과중하다고 할 수 있는 많은 것들을 요구했다. 결국 이들은 히틀러의 독일 재무장 선언이 있자마자 군을 급속히 재건시킨 주역들이 되었다. 그런데 젝트가 단지 공화국군을 소수 정예화하는 데 성공했다고 해서 이후 히틀러가 재군비를 선언하자마자 독일군이 병력을 증강시켜 강군으로 쉽게 변화한 것은 아니었다. 최근의 전쟁에서 증명되었듯이 병력이 많은 쪽이 무조건 승리하는 시대는 이미 오래 전에 지나갔고, 상대보다 좋은 무기를 보유하는 것이 보

* 유종규, '샤른호르스트와 폰 젝트의 軍事改革 比較', 국방대학원, 2001, 65~68쪽.

다 중요하게 되었다. 한마디로 전쟁의 패러다임이 바뀐 것이었다. 그렇기 때문에 승전국들은 베르사유 조약에서 독일군의 병력 수 못지않게 무기 분야도 많은 제한을 가했다.

7. 강군으로 부활하기 위한 험난한 길

사실 동원할 수 있는 자원이 많다면, 병력을 대폭 증강하는 것은 그리 어렵지 않다. 하지만 증강된 병력이 양질의 전투력을 발휘할 수 있느냐 하는 것은 다양한 변수에 의해 결정된다. 길거리에서 징집한 자에게 군복만 입히고 총만 쥐어준다고 해서 군인이 되는 것은 아니기 때문에, 우선 체계적인 훈련이 필요하다. 특히 징집된 일반병보다 간부의 훈련은 더욱 철저히 이루어져야 했는데, 그 이유는 독일이 재군비에 돌입하면 이들이 새로운 독일군의 허리를 담당해야 했기 때문이었다. 젝트는 10만 명으로 병력 제한을 받은 악조건하에서도 결코 실망하지 않고 이들을 혹독히 단련시켜 역사상 최고의 전투력을 발휘한 군대로 평가받는 제2차 세계대전의 독일군을 만드는 초석을 놓았다.*

제2차 세계대전 내내 독일군은 연평균 300만 이상의 대군을 유지했지만, 사실 적들과 비교했을 때 이는 결코 많은 병력이 아니었고, 엄밀히 말해 병력으로 독일이 상대를 압도한 적은 없다고 할 정도였다. 결국 1935년 독일이 재무장에 나서 10만 명이었던 군대를 300만 명까지 대폭 늘리기는

---

* James S. Courm, *The Roots of Blitzkrieg: Hans von Seeckt and German Military Reform*, Kansas University, 1992, pp.72-78.

1925년 훈련 참관 모습. 젝트는 소수 정예화만이 공화국군의 나갈 방향으로 생각하여 훈련을 게을리 하지 않았다.

했지만, 단지 병력을 늘렸다고 해서 수많은 승리를 거둘 수 있었던 것은 아니었다. 그것이 가능했던 것은 체계적인 훈련과 인적 관리로 소수 정예화한 기초 자원이 있었기 때문이었다. 하지만 이처럼 인적 자원을 확충하고 교육하는 소프트웨어적인 방법만으로 강군이 될 수 있는 것은 아니다. 이것은 지난 제1차 세계대전에서 확실하게 입증된 사실이기도 했다. 이미 전쟁은 사람보다 무기의 질에 의해 결정이 되는 시대로 접어들고 있었던 것이었다. 따라서 각국은 최신 무기를 획득하고 보유하기 위해 안간힘을 썼다. 하지만 베르사유 조약은 독일이 새로운 무기를 만들고 갖추는 것을 철저히 막고 있었다.

1871년 통일 후 급속한 발전을 거듭한 독일은 20세기 초가 되자 본토의 공업 생산량만 놓고 보았을 때 영국을 능가하는 세계 제1의 공업국 위치에 올랐다.* 특히 지금도 세계 최고인 금속 · 화학 · 기계공업은 이때부터 세계를 선도했을 정도였는데, 이러한 앞선 기술력을 바탕으로 제작한 제1

1926년 육군 지휘부장 당시의 모습. 젝트가 양성한 공화국군의 정예 장병들은 이후 제3제국 국방군의 중추가 되었다.

차 세계대전 당시 독일 무기의 성능은 상당히 뛰어났다. 하지만 이런 앞선 기술력을 가지고 있었음에도 불구하고 패전국 독일은 무기를 만들고 보유할 수 없었다. 젝트는 이 부분에 대한 해결책 없이는 독일군이 절대로 강군이 될 수 없으리라고 고민했다. 원래 무기, 특히 중화기 이상의 고성능 무기일수록 비용은 차치하고라도 개발하는 데 많은 시간과 노력이 필요하며, 여타 공산품처럼 남의 것을 무작정 베끼는 데도 한계가 있다. 하지만 독일은 무기 개발부터 원천봉쇄당한 입장이었고, 그렇다고 남의 눈을 피해 비밀리에 무기 개발을 진행하는 것도 문제가 많았다.

베르사유 체제하에서 독일은 비록 새로운 무기를 즉시 보유하기는 힘들다 하더라도 새로운 무기의 개발과 운용 방법에 대한 연구까지 포기할 수

* http://www.nobelmann.com.

는 없었다. 젝트는 만일 새로운 무기를 즉시 취득하여 사용할 수 있을 정도의 준비를 미리 해놓는다면 기회가 왔을 때 시간을 대폭 단축시켜 독일군의 완전한 재건을 빠르게 이룰 수 있을 것으로 판단하고, 이를 위해 다양한 방법을 동원했다. 만일 독일이 베르사유 조약을 파기하고 재무장을 선언한다면, 분명히 군사적 대응을 포함한 외부의 간섭이 있을 것인데 현재 보유한 빈약한 장비로는 프랑스와 같은 주변국의 개입을 당장 막을 방법이 없기 때문에 더욱 미리미리 대처할 필요가 있었다.

8. 베르사유 조약의 허점을 노리다

젝트는 우선 베르사유 조약의 맹점을 파고들었다. 베르사유 조약이 육군 병력을 10만 명 이하, 그 가운데 장교는 대략 4,000명 정도로 제한했지만, 장군, 장교, 하사관, 사병의 구체적인 비율과 병종까지 명확히 명시하지는 않았기 때문에, 앞에서 언급한 것처럼 공화국군을 차후 증원이 손쉬운 일반병보다는 양성하는 데 많은 시간이 필요한 간부나 기술병 위주로 소수 정예화했다. 베르사유 조약은 군사 분야뿐만 아니라 정치, 외교, 경제 분야까지 총괄하는 워낙 거대란 조약이다 보니 이처럼 구석구석 틈이 있었다. 예를 들어, 독일은 탄띠급탄식 중기관총의 개발과 보유는 금지당했지만, 탄창식 경기관총은 가능했다. 이런 틈을 노려 표면적으로는 조약의 범위에 해당하는 탄창식 기관총을 개발하는 것처럼 행동하면서 유사시 약간의 개량을 거치면 탄띠급탄식으로도 사용할 수 있는 기관총을 처음부터 제작했다. 이렇게 탄생한 기관총이 바로 MG-34인데, 제2차 세계대전 초기에 독일 보병의 주력 화기로 맹활약했다.* 물론 이런 미시적인 부분까지 모두 젝트가 관여했다고 볼 수는 없겠지만, 적어도 그가 기본적인 개념을 잡아놓았기 때문에 가능한 일이었다. 실무에서 새로운 무기의 개발과 연구, 그리고 취득에 앞장섰던 군부의 수많은 인물들이 젝트의 영향을 받았다고 해도 전혀 무리가 없다.

하지만 이 정도는 항공기와 기갑부대의 창설을 미리미리 준비한 그의 선지자적인 혜안에 비한다면 단지 작은 예에 불과하다. 당시까지만 해도 공군을 독립적인 군으로 보기보다는 육군이나 해군의 일개 병과로 여기는 경향이 컸을 만큼 항공 전력은 제1차 세계대전 당시 많은 활약을 했음에도 단지 보조 수단 정도로 인식되었다. 하지만 젝트는 항공 분야가 장차전의 주역이 되리라 확신하고 있었고, 독일군의 재건에 반드시 필요한 요소로 단정하여 이 부분의 확장 및 재건에도 관심을 기울였다. 항공 전력의 플랫폼이 되는 것은 당연히 비행기인데, 독일은 군용기의 제작 및 보유에 제한을 받았기 때문에 대외적으로 민간기를 만든다는 명분을 내세워 비행기 제작에 착수할 수 있었다. 특히 중장거리용 여객기는 약간의 개조만 거치면 폭격기나 수송기로 전용하는 데 그리 문제가 되지 않았다. 이러한 준비를 거쳐 재군비 선언 후 민수용 기종을 개조해 탄생한 대표적인 군용기가 하인켈 He-111 폭격기와 융커스 Ju-52 수송기다.

이처럼 독일은 민간용 비행기를 만든다는 명분으로 항공기 제작에 관한 고도의 노하우를 차근차근 쌓을 수 있었고, 1930년대에는 이미 세계 최고의 항공기 제작 기술력을 보유한 나라가 되었다. 이는 나치가 재무장 선언을 하자마자 메서슈미트 Me-109 같은 명품 전투기를 대량 생산하여 보유할 수 있는 기반이 되었다. 덕분에 독일 공군은 육군이나 해군에 비해 사

* http://en.wikipedia.org/wiki/MG_34.

전 준비를 착실히 할 수 있었다. 더불어 젝트는 전투기가 대량 생산되어도 이를 조종할 인력이 부족하다면 아무런 효과가 없다는 것을 잘 알고 있었다. 당연히 맨 파워 육성에도 많은 관심을 기울였는데, 조종사는 육성에 많은 시간과 비용이 들기 때문에 미리미리 준비해야 했다. 하지만 베르사유 조약하에서 독일은 공군의 보유가 금지된 상황이어서 대놓고 조종사를 양성할 방법이 없었기 때문에, 전국에 수많은 글라이더 클럽이나 민간 비행 클럽을 조직하고, 연합국의 감시를 벗어난 방법으로 음성적인 지원을 아끼지 않아 미래의 조종사들을 적극 양성했다.* 이와 더불어 재군비 선언 후 제1차 세계대전 당시의 에이스였던 헤르만 괴링Hermann Göring이 나치 정권의 핵심이자 독일 공군의 총수가 되어 전력 증강이 한층 더 탄력을 받았는데, 그 결과 새롭게 탄생한 루트프바페Luftwaffe(1933~1945년)는 제2차 세계대전 직전 어느덧 자타가 공인하는 세계 최강의 공군이 되어 있었다.

9. 새로운 것에 대한 열려 있는 자세

공군 재건에 젝트가 관여했다는 사실이 언뜻 이해가 되지 않겠지만, 사실 루프트바페의 형성에 있어 육군의 역할은 지대했다. 우선 상당수의 육군 인맥들이 재군비 선언 이전부터 공군으로 옮겨와 재건의 중추로 맹활약했는데, 대표적인 인물로 공군 참모총장이 되어 루프트바페의 기초를 만든 발터 베버Walther Wever와 그의 전임자로 훗날 육군 총사령관에까지 오

---

* James S. Courm, *The Roots of Blitzkrieg: Hans von Seeckt and German Military Reform*, Kansas University, 1992, pp.147-148.

른 발터 폰 브라우히치Walter von Brauchitsch 등이 그러했다.* 루프트바페는 전쟁 초기에 세계 최강의 전력을 자랑했음에도 미국처럼 전략 공군으로 발전하지 못하고 흔히 공중 포대로 불린 것처럼 전격전을 펼치며 전선을 쾌속 돌파하는 지상군 지원에 주로 매달려 전술 공군의 이미지가 강하게 남게 되었는데, 이 역시 육군의 참여와 관련이 있지 않나 생각된다.

공군과 더불어 비슷한 시기에 독일에서 태동하던 분야가 있었는데, 그것은 바로 로켓이었다. 사실 로켓의 역사는 오래되었지만, 오늘날과 같은 유도 무기로서의 로켓은 제2차 세계대전 이후에 등장했다고 볼 수 있다. 그런데 독일의 로켓 연구는 처음부터 무기를 염두에 두고 이루어졌다기보다는 과학적 호기심 때문에 이루어졌다. 독일의 로켓 개발은 1927년에 발족한 우주여행협회Verein für Raumschiffahrt라는 단체의 주도로 본격적으로 시작되었는데, 공군을 염두에 두고 국가의 음성적인 주도로 조직한 글라이더 클럽 등과 달리, 이 단체는 관련 학자들과 로켓에 관심이 있는 사람들이 자발적으로 모여 자비를 들여 연구를 시작한 순수한 민간 단체였다.** 그래서였는지 젝트가 처음부터 로켓에 관심을 가졌다거나 이를 무기로 전용하려 했다는 객관적인 증거는 찾아보기 힘들지만, 전쟁이 격화되었을 때 로켓을 무기로 전용해 사용할 수 있는 가치는 충분했다. 젝트가 이처럼 베르사유 조약의 틈새를 이용하여 비밀리에 공군을 재건해나가던 바로 그 시기에 후일 하늘을 이용하여 전쟁의 패러다임의 바꿀 알토란 같은 비밀 병기의 맹아가 독일에서 함께 싹트고 있었던 것이었다.

젝트는 제국 육군의 마지막 참모총장이자 바이마르 공화국군의 초대 병

---

* http://user.chol.com/~hartmannshim/dogframe23.htm.
** 채연석, 『로케트와 우주여행』, 범서출판사, 1972, 72-75쪽.

무국장인 만큼 당연히 육군의 현대화에도 가장 많은 관심을 기울였다. 특히 제1차 세계대전 당시 전선 돌파를 목적으로 등장한 전차 및 기갑 장비들에 관심이 많았다. 비록 젝트는 후일 기갑 · 기계화부대의 새로운 지평을 연 하인츠 구데리안Heinz Guderian 같은 실무적인 인물은 아니었지만, 새로운 것에 대해 항상 열린 자세를 가지고 있었다. 사실 공화국군에 몸담고 있던 많은 최고위 지휘관들은 제국 육군의 전통과 교리를 중시하는 구시대의 군인이어서 사고방식이 보수적이었다. 반면, 소장파는 새로운 가치를 받아들이는 데 적극적이었고 당연히 장차전도 새로운 사상에 따라 치를 것을 주장했다. 이들은 전차와 이를 중심으로 만들어진 기갑부대가 분명히 전통적인 보병이나 기병보다 뛰어난 전투력을 발휘할 것이라고 보았고, 젝트는 소장파의 이런 의견을 귀담아 듣고 관심을 가졌다. 제1차 세계대전 당시 독일은 속전속결을 요구하던 슐리펜 계획Schlieffen Plan *에 따라 선공을 시작했으나, 계획과 달리 엄청난 지구전으로 흐르는 바람에 결국 패배하게 되었다. 그 후 젝트는 "독일군은 전쟁을 왜 신속히 끝내지 못했나" 하는 점을 한시도 잊은 적이 없었다. 그 원인을 분석한 그는 "군대는 기동력을 철저히 발휘할 수 있어야 한다"는 해법을 내놓으면서 그 방법의 일환으로 기갑부대를 눈여겨보았던 것이었다.**

---

* 전쟁 전 참모총장이었던 슐리펜의 주도로 만든 독일의 양면 전쟁 계획으로, 주력을 집중하여 프랑스를 먼저 제압한 이후 러시아를 상대하는 전쟁 전략이었다.

** Len Deighton, *Blitzkrieg*, Panther Books, 1985, p.221.

10. 전선 돌파 방법에 대한 고뇌

전차는 고착화된 전선을 돌파할 목적으로 등장했지만, 엄밀히 말해 애당초 전차의 개념은 적의 총탄으로부터 아군을 보호하면서 적의 진지까지 밀고 들어갈 수 있는 이동식 토치카라고 할 수 있었다. 오늘날 공격용 무기인 전차의 개념과는 조금 차이가 나는데, 가장 큰 이유는 초기 전차의 화력이 그다지 강하지 않은 데다가 적의 진지를 제압하여 아군 보병부대가 안전하게 점령하고 나면 그것으로 임무가 끝났기 때문이었다. 전차를 처음으로 전선에 데뷔시켜 톡톡히 재미를 본 나라는 영국이었지만, 그 수준에서 끝이었다. 어떤 모습으로 전차를 만들어야 효과적인 무기가 될 수 있는지, 그리고 어떻게 운용해야 전차를 가지고 승리를 거머쥘 수 있는지에 대한 추가적인 연구가 전혀 진행되지 않았다. 전시라는 긴박한 상황에서 비밀리에 개발하여 전선에 긴급히 투입한 것이었으니 어쩔 수 없는 것으로 치부했던 것이었다.

하지만 문제는 제1차 세계대전이 종결되고 나서도 이런 생각에서 전혀 벗어나지 못했다는 점이었다. 아직도 돌파의 주역은 기병이고, 화력은 후방의 고정 진지화된 포병이 맞으며, 점령은 소리를 지르며 앞으로 돌격하는 보병이 담당하는 것으로 아는 교조적인 지휘관들이 각국 군부의 대다수를 차지하고 있었다. 따라서 제1차 세계대전 중반기에 전차라는 새로운 무기가 등장했음에도 이를 장차전의 도구로 진지하게 생각하지 못하고 있었다. 영국의 이론가인 바실 리들 하트Basil Liddell Hart, 존 풀러John Fuller, 프랑스의 샤를 드골Charles de Gaulle, 소련의 미하일 투하체프스키Mikhail Tukhachevskii 등이 전차와 이를 중심으로 하는 기계화된 보병부대와 자주화된 포병부대를 결합하여 새로운 전쟁의 주역으로 삼자고 주장했으나, 이들은 아웃사이더

취급을 당하거나 숙청당하여 단지 이론을 제기하는 것만으로 끝났다.*

기술이 발전하여 제1차 세계대전 당시 서부전선에서 뒤뚱거리며 기어다닌 초보적인 전차에 비해 성능이 좋은 전차들이 속속 등장했으나, 대부분의 국가에서 전차는 전선의 주역이 아니라 조연으로 보병을 옆에서 보좌하는 무기로만 취급했다. 사실 이러한 사정은 전통적인 교리를 중시하던 독일에서도 마찬가지였다. 하지만 그보다 더 중요한 사실은 베르사유 조약에 따라 독일은 전차를 개발하거나 보유할 수 없다는 사실이었다. 역설적이지만 연합국이 베르사유 조약으로 독일의 전차 보유를 제한했다는 것은 전차가 강력한 무기라는 점을 분명히 알고 있었다는 의미였지만, 정작 그들은 이러한 강력한 무기를 마음껏 개발하고 이를 이용한 전술을 개발하는 데는 등한시했다. 오히려 전차를 보유할 수도 없고 만들 수도 없는 패전국 독일은 진정한 전차의 가치를 깨닫게 되었다.

군부 최고의 수장인 젝트는 구시대의 군인이면서도 공군력 확충에도 힘쓴 것처럼 전차에도 많은 관심을 기울였다.** 그는 구데리안 같은 유능한 소장파 장교들이 열과 성을 다하여 전차와 이를 이용한 전술 개발에 매진할 수 있도록 후원했다. 또한 패전 후 오랫동안 개발을 제한당하여 주변국과 전차에 관한 기술 격차가 벌어지자 새로운 방법으로 이를 만회하기 위해 힘썼다. 독일은 군용기 개발과 같은 편법적인 방법을 통해 전차 개발에 나섰는데 대외적으로는 농업용 트랙터를 개발한다고 선전하면서 비밀리에 전차를 설계하고 제작하여 실험까지 했다. 그러면서 한편으로는 차량 등을 이용한 모조 전차로 지속적인 전술 훈련을 하여 전차부대의 운용과

* 맥스 부트, 송대범 · 한태영 역, 『MADE IN WAR 전쟁이 만든 신세계』, 플래닛미디어, 2007, 430-439쪽.

** 유종규, '샤른호르스트와 폰 젝트의 軍事改革 比較', 국방대학원, 2001, 61쪽.

관련한 노하우를 전차 없이 습득할 수 있었다. 이렇게 은밀히 준비한 결과, 재무장 선언 후 독일은 비록 강력하다고는 할 수 없었지만 대규모의 기갑부대를 단시간 내에 만들어 보유할 수 있게 되었다.

11. 전격전을 만든 인물들

젝트는 후일 제2차 세계대전 때 독일군을 한마디로 표현하는 트레이드마크가 되어버린 전격전Blitzkrieg을 정립하거나 완성한 인물은 아니었지만, 적어도 그것에 많은 영향을 끼친 인물들 중 하나로 꼽힌다. 바이마르 공화국 시절 군부의 최고 직위에 올라 그가 음으로 양으로 행한 노력들이 전격전으로 대변되는 독일군의 빛나는 전과를 올리게 된 초석이었음은 부인할 수 없기 때문이다. 어느 누구도 전쟁을 장기간 하고 아군의 무지막지한 피해를 감수하면서 무조건 돌격해 승리를 쟁취하려는 단순한 생각은 하지 않을 것이다. 전선이 정체되고 전쟁이 길어지는 가장 큰 이유는 상대를 쉽게 제압할 수 없을 만큼 서로간의 힘이 거의 비슷하기 때문이다. 제1차 세계대전 이후 많은 군사 이론가들은 서부전선의 끔찍했던 전선의 정체와 전쟁의 장기화를 어떻게 하면 막을 수 있을까 하는 문제를 놓고 항상 고민해왔다. 그 결과 중의 하나가 바로 독일이 찬란하게 성공시킨 전격전이었다. 그런데 엄밀히 말하면 전격전 개념은 제2차 세계대전 당시에 처음 등장한 전혀 새로운 사상은 아니었다. 전격전의 핵심은 속도와 집중으로 요약할 수 있는데, 사실 이와 같이 적을 단숨에 제압하는 이론과 방법은 아주 오래 전부터 전해 내려온 일반적인 군사 전술이었다.

로마를 궁지에 몰아넣은 한니발Hannibal의 원정군이나 세계를 제패한 몽골군의 전술도 이 범주에서 벗어나지 않는다고 볼 수 있다. 이처럼 오래 전부터 여러 가지 다양한 방법으로 연구하고 적용해온 전술이었지만, 시대와 시도한 주체별로 약간씩 차이가 있었다. 전통적으로 독일군도 프로이센 시절부터 기동성과 화력을 한곳에 모아 결정적인 공격을 가하는 전술을 선호해왔다. 시간이 흐르면서 새로운 무기체계와 기동 방법의 변화에 따라 행사하는 방법에서 차이가 있었기 때문에, 독일은 프로이센-오스트리아 전쟁이나 프로이센-프랑스 전쟁에서처럼 승리를 거둔 경우도 있었지만, 제1차 세계대전 당시 서부전선에서처럼 실패로 끝난 경우도 있었다. 전자가 남보다 새로운 시도를 먼저 행하여 성공한 경우라면, 후자는 이론은 좋았으나 더 이상 변화를 추구하지 않고 그 동안의 경험에만 안주하여 구태의연하게 시도하다가 낭패를 본 경우라고 할 수 있다. 때문에 제2차 세계대전 당시 강력한 기갑부대를 한곳에 집중하여 공군의 보호하에 적의 종심까지 신속히 밀고 들어가 타격하는 전술은 이전에 실패한 사례에 대한 반성에서 탄생한 것이었다.

전격전이 제2차 세계대전의 최종적인 승리를 가져오지는 못했지만, 독일이 강력한 주변의 상대들을 차례로 굴복시키며 유럽 대륙을 일시적으로 제패한 원동력이 되었다. 반면에 과거의 승리에 안주하며 새로운 전술 개발을 등한시한 상대는 몰락할 수밖에 없었다. 흔히 통용되는 전격전이라는 단어나 개념조차 독일 스스로 정의하여 붙인 것이 아니었을 만큼*, 독일이 전쟁에서 실현한 전술은 여러 이론가와 실천가들을 거치면서 완성되어갔다. 이러한 새로운 시도는 단지 한 사람의 노력만으로 완성될 수 있는

* 《타임Time》지가 폴란드 전역과 관련한 1939년 9월 25일 기사에서 전격전이라는 말을 사용했고, 이를 독일이 선전 자료로 대대적으로 이용하면서 널리 퍼지게 되었다는 것이 정설이다.

것이 아니었다. 특히 수백만의 군대가 충돌하는 거대한 전쟁의 경우는 더욱 그러하다. 독일은 패전 후 외부의 강요에 의해 어쩔 수 없이 소수로 전락한 군대를 보유하게 되었지만, 은인자중하며 실력을 배양하고 정예화함으로써 이런 기적을 이끌어낼 수 있었다. 이는 특히 수많은 명장들이 선봉에 서서 맹활약한 덕분에 가능했다.

앞에서 언급했듯이 제2차 세계대전 이전에 전격전이라는 이름으로 이론을 정의하고 집대성한 인물은 없었다. 여러 인물들이 다양한 방법으로 연구하고 준비해온 결과물의 총합이 바로 전격전이었고, 이 전격전은 1940년에 프랑스 전역에서 빛을 발하게 되었다. 기상천외한 치밀한 작전을 구상한 에리히 폰 만슈타인Erich von Manstein, 전격전을 실현시킬 집단화된 기갑부대의 창설과 운용을 선도한 구데리안, 하늘에서 지상군을 근접 지원하면서 공중포대 역할을 충실히 한 루프트바페, 그리고 베르사유 조약하에서 살아남아 부대의 지휘를 맡은 실력 있는 여러 장성들의 협력으로 전격전은 완성된 것이었다. 이런 여러 인물들을 찾아 위로 거슬러 올라가면 종국에는 젝트와 만나게 된다.

물론 젝트의 사상과 방법에 대해 모두가 찬성했던 것은 아니었다. 젝트는 제1차 세계대전 당시 독일군이 동부전선에서 대규모 러시아군을 제압했던 경험에 비추어, 독일군이 지녀야 할 궁극적인 모습은 고도의 기동력을 지닌 정예화된 소수의 부대라고 생각했다.* 엄밀히 말하면, 베르사유 조약으로 인해 제한된 군비만을 가지고 최선의 방법을 생각하다 보니 이런 결론에 도달할 수밖에 없었을 것이다. 그런데 1923년 프랑스가 배상금

---

* James S. Courm, *The Roots of Blitzkrieg: Hans von Seeckt and German Military Reform*, Kansas University, 1992, p.31.

문제를 트집 잡아 루르Ruhr를 점령했을 때, 젝트가 이끌던 공화국군이 아무런 역할도 하지 못하자, 많은 반론이 군부 내에서 고개를 들기 시작했다. 나치 정권 당시 전쟁성 장관에 오른 베르너 폰 블롬베르크Werner von Blomberg와 젝트 바로 직전 참모총장이었던 그뢰너 등이 반론을 제기한 대표적인 인물이었다. 이들은 기동력을 갖춘 소수의 부대보다는 적어도 적과 대등하게 맞설 수 있을 정도까지 부대의 규모를 증강하는 것이 더 중요하다고 주장했다.* 하지만 이들의 주장은 젝트가 줄기차게 주장한 소수 정예화에 대한 반론이었을 뿐, 기동력을 높여야 한다는 점에 있어서는 젝트의 견해와 차이가 없었다.

12. 비밀스런 거래

베르사유 조약의 빈틈을 노려 비밀리에 군 재건을 위한 사전 준비를 착실히 한다 하더라도 독일 군부는 한 가지 문제에 반드시 봉착할 수밖에 없었는데, 그것은 바로 마음 놓고 훈련을 할 수 없다는 사실이었다. 소규모 훈련이야 시쳇말로 문 걸어 잠그고 할 수도 있었겠지만, 부대 단위의 전술 훈련 정도만 되더라도 감시의 눈을 피해서 실시하기는 어려웠다. 게다가 은밀히 신형 무기를 개발한다 하더라도 이를 시험해볼 수가 없었다. 무기의 연구나 개발, 그리고 새로운 전술이나 이론은 책상머리에 앉아서도 얼마든지 할 수 있지만, 실제로 실험이나 훈련을 거치지 않고서는 머릿속의

* 제프리 메가기, 김홍래 역, 『히틀러 최고사령부 1933~1945년』, 플래닛미디어, 2009, 54-55쪽.

구상이 제대로 된 것인지 알 도리가 없다. 따라서 언제가 있을지 모를 실전에 대비해서라도 새롭게 제작한 무기의 실험과 훈련은 반드시 필요했다. 젝트는 이러한 난제를 풀 방법을 외부에서 찾아내는 데 성공했다.

제1차 세계대전 이후 유럽에서 따돌림을 받은 대표적인 나라가 소련이었다. 공산주의의 등장을 어떻게든 막아보고자 유럽 각국이 소련의 적백내전에 적극 간섭했음에도 불구하고 탄생한 소련이라는 새로운 형태의 나라는 한마디로 상종하지 못할 불가촉 국가였다. 반면 소련 또한 그들의 체제를 위협하는 외부에 대한 반감이 클 수밖에 없었고, 당연히 교류가 단절된 상태였다. 패전국의 멍에를 뒤집어쓴 독일과 유럽으로 인정받지 못하는 소련은 한마디로 외로운 국가들이었다. 이런 외교적 고립 상황을 역이용하여 독일과 소련은 1920년대 중반부터 비밀리에 군사 협력 관계를 맺었다. 소련은 독일의 앞선 기술력을 전수 받을 수 있었고, 독일은 소련이 제공한 무궁무진한 비밀 장소에서 마음 놓고 개발한 무기를 실험하고 새로운 전술을 훈련해볼 수 있었다.*

이런 군사적 교류는 소련을 극도로 혐오하는 나치의 등장 이전까지 계속되었고, 이는 독일군 재건에 커다란 자산이 되었다. 사실 독일은 나치 집권 이후 대놓고 군 재건에 돌입했기 때문에, 더 이상 가상 적국인 소련과 군사 협력을 할 필요가 없었다. 역설적이지만 이 당시 소련에 들어가 군사 훈련과 연구에 매진했던 수많은 독일의 소장파 장군들은 나중에 독소전에서 소련을 패망 일보직전까지 몰아붙인 주역이 되었다. 젝트의 이러한 노력으로 바이마르 공화국군은 겉으로 보이는 유약한 모습과 달리 소수이지만 안으로 내실을 다져 이른바 검은 제국군Black Reichswehr으로 불릴

* 유종규, '샤른호르스트와 폰 젝트의 軍事改革 比較', 국방대학원, 2001, 56-57쪽.

소련 리페츠크에서 비밀리에 실험 중인 포커(Fokker) D XIII. 소련과 비밀리에 맺은 라팔로 조약에 의거해 독일은 각종 군사 관련 실험을 비밀리에 진행할 수 있었다.

정도로 강한 군대의 모습으로 거듭날 수 있었다.*

군국주의적인 인물로 알려진 젝트가 바이마르 공화국의 초대 병무국장(사실상 참모총장)이 되었을 때, 연합국은 당연히 이를 탐탁지 않게 생각했다. 1920년 연합국 측은 젝트를 제1차 세계대전의 전범으로 몰아 소환하려 했으나, 바이마르 정부의 반대로 무산되었다.** 하지만 젝트는 이런 견제로 말미암아 병무국장의 자리에 오래 머무를 수 없었다. 그는 초대 병무국장 자리에 부임한 지 5개월 만인 1920년 3월에 빌헬름 하이예Wilhelm Heye에게 자리를 넘겨주고 물러나면서 바이마르 공화국 국방성의 육군 지휘부장Chef der Heeresleitung으로 전보했는데, 사실 이 또한 눈가림이었다. 병무국이 육군 지휘부 산하에 있었지만, 육군 지휘부장은 순전히 행정적인 업무만

---

* http://en.wikipedia.org/wiki/Black_Reichswehr.

** http://en.wikipedia.org/wiki/Hans_von_Seeckt.

처리하는 자리로, 군에 관하여 명령을 내릴 수 있는 계통선상에 있다고 보기 힘든 위치였기 때문이었다. 이후 육군 지휘부와 육군 지휘부장의 직책은 독일의 재군비 선언 후 실권 기관인 육군최고사령부Oberkommando des Heeres, OKH와 육군 총사령관Chef der Heers의 직책으로, 그리고 병무국은 총참모본부Generalstab des Heers로 신속히 바뀌었다.

앞에서도 설명했지만, 독일은 총사령관과 참모총장의 직위가 따로 있었는데, 이들의 역할에는 분명한 차이가 있었다. 참모총장은 작전의 수립과 실시 등에 관한 실권을 가지고 있었고, 총사령관은 제2차 세계대전 중반기의 히틀러가 강력한 권한을 행사했던 것과 같은 극히 일부의 경우를 제외하고 일반적으로 내각책임제의 국가 원수처럼 육군을 대표하는 상징적인 자리로, 참모총장의 의견을 받아들여 명령을 내리는 위치에 있었다. 하지만 군부의 일인자인 젝트는 겉으로는 마치 명예회장처럼 물러난 듯 보였지만, 실제로는 군권을 거머쥐고 있었다.

13. 강력한 독일 제국의 재건을 꿈꾸다

젝트가 군권을 잡고 내공을 키워가던 바이마르 공화국은 독일 역사상 최초의 민주 정부였지만, 사회적으로 많은 요구가 분출하던 극심한 혼란기를 겪어야 했다. 강력한 전제주의 정권이 몰락한 뒤에 이런 현상이 나타나는 것을 종종 볼 수 있는데, 이런 경우 무력을 가진 군부가 사회 혼란을 수습한다는 명분을 내세워 정치에 관여하는 경우가 많다. 하지만 프로이센군의 전통을 자랑스러워하고 군국주의적 성향이 컸다고 알려진 젝트는 이 시기에 독특한 행보를 보였다. 예를 들어, 1920년 3월 극우주의자이자

1920년 카프의 반란 당시 통행 제한을 알리는 반란군의 모습. 젝트는 이를 진압할 수 있는 무력 지휘권을 가졌지만, 소극적인 중립을 취했다.

왕당파였던 볼프강 카프Wolfgang Kapp의 주도로 바이마르 공화국을 전복시키기 위한 이른바 카프의 반란Kapp Putsch이 일어났을 때 일부 부대가 이에 참여했는데, 젝트는 이를 막지도, 그렇다고 지지하지도 않았다. 단지 "독일군은 독일군을 공격하지 않는다"*라는 말로 그의 생각을 에둘러 대변했을 뿐이었다. 그는 비록 바이마르 공화국 군부의 최고 직위에 있었지만, 누구보다도 독일의 패전을 받아들일 수 없었고 베르사유 조약을 증오했기 때문에 이에 순응하는 바이마르 정부가 달갑지 않았을 것이다. 이것은 젝트뿐만 아니라 당시 군부의 보편적인 기류이기도 했다. 따라서 일부 군대가 가담하여 반란이 발생했을 때, 젝트는 이를 적극적으로 막지 않고 어쩌면 일부러 수수방관했는지도 모른다.

엄밀히 말하면, 젝트뿐만 아니라 바이마르 공화국 당시의 독일 군부는

* http://en.wikipedia.org/wiki/Hans_von_Seeckt.

공화국을 전혀 신뢰하지 않았다. 군부의 실세는 모두 예외 없이 군국주의와 제국주의 교육을 받았기 때문에, 민주주의를 하찮게 생각했다. 이들은 정쟁을 정치적인 혼란으로 여겨 불쾌하게 생각했고, 특히 기존의 가치를 타도하고자 하는 좌파의 득세를 수수방관하는 공화국의 태도를 아주 못마땅하게 여겼다. 더구나 지난 제국 당시에 독일 군부는 황제에게 충성을 맹세하는 대가로 무소불위의 권력을 행사할 수 있었지만, 지금은 시시콜콜한 것까지 의회에 보고하고 감시까지 받는 자체가 자존심 상하는 일이라고 생각하고 있었다.* 비록 겉으로는 예전과 마찬가지로 공화국을 수호하는 막중한 임무를 수행하고 있다고 자부하고 있었지만, 그것이 정권에 대한 충성을 의미하는 것은 아니었다.

독일 제국의 마지막 참모총장이었던 젝트는 계속 군권을 보장받는 반대급부로 새로운 공화국을 수호하고 정치적 중립을 지키겠다고 약속했지만, 그것은 군대가 계속 독자적으로 행동하겠으니 정부도 깊게 관여하지 말라는 의미이기도 했다. 이 때문에 연합국의 간섭에도 불구하고 젝트는 바이마르 공화국의 비호를 받아 초대 병무국장에 오를 수 있었다. 그러나 그를 비롯한 독일 군부가 생각하던 정치적 중립이란 군부가 정치에 참여하지 않겠다는 의미가 아니라 정치에 대한 무관심을 뜻하는 것이었고, 이것을 확대해석하면 바이마르 공화국의 체제를 인정하지 않겠다는 의미이기도 했다. 그렇기 때문에 정치 상황에 따라 젝트의 모습은 그때그때 달랐던 것이다.

카프의 반란과 반대되는 예를 살펴보면 분명히 그가 자의적으로 군을 통솔했다는 사실을 알 수 있다. 1923년 11월에 뮌헨에서 당시까지 소수의

---

* 제프리 메가기, 김홍래 역, 『히틀러 최고사령부 1933~1945년』, 플래닛미디어, 2009, 35쪽.

정치 단체에 불과했던 나치가 정부 전복을 목적으로 이른바 맥주홀 반란 Beer Hall Putsch으로 불리는 폭동을 일으켰는데, 젝트는 위수부대인 바이에른 사단을 동원하여 이를 즉시 진압했고, 그 결과 히틀러를 비롯한 나치의 간부들이 대거 투옥되었다. 카프의 반란 때와 달리 젝트가 히틀러를 즉시 진압했던 것은 아마도 히틀러의 사상과 그의 정치적 신념이 분명히 달랐기 때문이었을 것으로 추측된다. 다음 내용은 이를 확실히 뒷받침해준다. 폭동 전인 그해 3월, 젝트는 히틀러를 만난 적이 있었는데, 그 당시를 이렇게 회상했다.

"우리는 분명히 같은 목표를 가지고 있었다. 그러나 추구하고자 하는 방법은 달랐다."*

구체적인 언급은 없었지만, 분명히 둘은 강력한 독일 제국의 재건을 꿈꾸었다는 점에서는 의견이 같았던 것으로 추측할 수 있다. 그러나 수수방관했던 카프의 반란과 달리 나치의 폭동을 진압한 것을 보면, 무력을 동원해 진압할 필요가 있다고 판단할 만큼 새로운 독일을 건설하기 위해 나치가 사용하고자 했던 각론적인 방법이 젝트의 생각과는 상당히 차이가 있는 위험한 방법이었다는 것을 유추해볼 수 있다.

하지만 군국주의 경향이 컸던 젝트가 1923년 군대를 즉시 동원하여 좌익의 폭동을 강력하게 진압한 예와 비교한다면, 사실 맥주홀 반란 진압은 그리 심한 경우라 볼 수도 없고, 오히려 방관에 더 가까웠다. 그 뒤 그는 나치에 대한 부정적인 인식이 바뀐 듯한 모습을 보이기도 했지만, 그렇다고 그가 친나치적이었다거나 나치에 호의적이었다고 단정하기는 힘들다. 이

* J. W. Wheeler-Bennett, *The Nemesis of Power: The German Army in Politics 1918-1945*, Macmillan, 1964, p.118.

처럼 젝트는 적어도 내치內治를 위해 군대를 동원하는 경우에서만큼은 자신의 정치적 가치관과 신념에 따라 행동했다. 하지만 전쟁 사이의 혼란기(1919~1939년)는 군부의 핵심인 젝트를 군인으로서만 있도록 내버려두지 않았다. 그는 1926년에 명예회장 같은 육군 사령관에서 물러나 좌파에 대항하고자 정계에 투신했다. 그는 구독일 제국으로의 회귀를 염원하던 보수파의 지지를 받으며 1932년에 국회의원에 당선되었다.

그러나 나치와의 악연 때문에 젝트는 1934년 히틀러가 정권을 잡게 되자 자의 반 타의 반으로 정계를 은퇴하여 장제스蔣介石가 이끌던 중국 국민당군의 군사고문으로 떠나게 되었다. 당시 국공 내전이 한창이던 중국에 군사 기술 원조를 많이 해주던 나라가 독일이었는데, 젝트는 이듬해까지 중국에 남아 후일 '대장정'*으로 유명하게 된 공산당의 역사적인 이동을 촉진시킨 국민당군의 대대적인 토벌전을 지도했다. 그런데 당시까지만 해도 히틀러의 악마성이 덜했는지, 아니면 그때까지 완전히 장악하지 못한 독일 군부의 지지를 얻기 위해 젝트가 필요했는지는 몰라도, 그는 별다른 정치적 보복을 받지 않고 1936년에 귀국할 수 있었고, 오히려 독일군 재군비 과정에서 조언까지 해주었다. 일부 자료에는 그가 이때부터 나치를 지지했다고 설명하기도 하나, 그해 12월 29일 심장마비로 인해 70세를 일기로 베를린에서 생을 마감했다. 필자 개인적인 생각으로는 이때 생을 마감한 것이 오히려 그에게는 다행이지 않았나 싶다. 만일 그가 더 오래 생존했더라면 어쩔 수 없이 그 또한 제3제국의 침략 전쟁을 이끈 또 한 사람으로 역사에 남았을 것이 분명했기 때문이다.

---

* 10만의 중국 공산당군이 30만의 국민당군에게 쫓겨 1934년 10월부터 1936년 10월까지 2년간 9,600킬로미터의 거리를 걸어서 탈출한 사건.

14. 제3제국의 군대를 만든 창조적 인물

히틀러가 재군비를 선언한 지 불과 4년 만에 새롭게 탄생한 독일의 국방군은 전 유럽을 상대로 전쟁을 벌이기 시작했고, 그 후 2년이 지나 1942년 여름이 되었을 때 세계는 두려움에 떨고 있었다. 7년이라는 물리적인 시간은 제1차 세계대전 패전 후 외압에 의해 철저히 제한받던 10만 명의 약체 군대가 세계 최강의 군대로 성장하는 데 충분하지 못한 극히 짧은 시간이라 할 수 있다. 단지 병력이나 보유한 장비만 놓고 보았을 때, 제2차 세계대전 당시 독일군은 최강이 될 수 없었다. 그럼에도 불구하고 역사상 최강의 군대로 손꼽히는 가장 큰 이유는 한마디로 상대를 능가하는 뛰어난 전투력 때문이었다. 그런데 무형의 자산이라 할 수 있는 부대의 전투력을 높이는 것은 단순히 병력이나 장비를 늘리는 것보다 더 많은 시간을 필요로 한다. 나치가 재군비를 선언하고 이처럼 상상도 할 수 없는 엄청난 일을 현실화할 수 있었던 가장 큰 이유는 나치의 집권 훨씬 이전부터 독일 군부가 차근차근 준비를 해왔기 때문이다. 그들은 순순히 받아들일 수 없었던 제1차 세계대전의 희한한 패배와 베르사유 조약의 굴욕을 한 번도 잊지 않고 그 빈틈을 노려 겉으로 드러나지 않게 은인자중하면서 노력을 했다. 두말할 필요 없이 그 중심에 서서 이를 이끈 인물이 바로 젝트였다.

분명히 독일군의 재건이 젝트가 바라던 일생의 소망이었겠지만, 남아 있는 자료만 가지고 그가 재건된 군대로 대외 침략을 하여 남을 짓밟고 괴롭히기를 원했는지는 사실 알 수 없다. 역설적이지만, 젝트가 없었다면 독일군의 재건이 그처럼 쉽게 이루어지기는 힘들었을 것이고, 독일의 제2차 세계대전 침략도 어쩌면 불가능했을지도 모른다. 다시 말해, 젝트가 뿌린 씨앗은 본의 아니게 독일이 새로운 도발을 할 수 있었던 가장 큰 힘이 되

1930년 군사 퍼레이드에서 분열 중인 공화국군. 젝트의 노력으로 어느덧 바이마르 공화국군은 검은 제국군으로 불릴 만큼 소수임에도 불구하고 내실을 다진 준비된 군대로 성장했다.

었던 것이다. 젝트는 제2차 세계대전이 발발하기 전에 사망했기 때문에 당연히 제2차 세계대전 전장에서 활약할 수 없었지만, 그 어느 인물보다 이후에 벌어진 무시무시한 전쟁의 역사에 큰 영향을 미쳤다. 천하무적 독일군의 전성기를 이끌던 수많은 인물들을 거슬러 올라가면 반드시 만나게 되는 최종적인 인물이 바로 젝트일 만큼, 그는 한때 세계를 호령한 제3제국 군대의 가장 큰 초석을 놓은 사람이었다.

그럼에도 불구하고 의외로 젝트에 대해 알려진 것이 그리 많지 않은데, 이는 그의 업적 대부분이 드러내지 않고 수면 아래에서 조용히 이루어졌기 때문이 아닌가 생각된다. 세상사도 이와 마찬가지로 있는 듯 없는 듯한 사람들이 세상을 이끌어가는 경우가 의외로 많다. 다음은 실제로 젝트가 언급한 것인지 확실하지는 않지만, 효율적인 군 인력 배치와 관련하여 회자되는 말로, 군이라는 조직뿐만이 아니라 사회생활과 관련해서도 두고두고 생각해볼만 한 내용이라 생각되어 소개한다.

군대에는 네 가지 유형의 인간이 있다. 첫 번째, 똑똑하고 부지런한 인간으로, 이들은 참모로 적당하며 가장 필요한 인재다. 두 번째, 똑똑하지만 게으른 인간으로, 이들은 지휘관으로 적합하다. 지휘관이 평소 너무 부지런하면 부하들이 힘들다. 따라서 지휘관은 오로지 전쟁터에서만 날쌔면 된다. 세 번째, 멍청하고 게으른 인간으로, 이들은 그래도 시키는 일은 군말 없이 하니까 사병으로 적당하다. 마지막으로 멍청하지만 부지런한 인간으로, 이들은 작전을 망치고 동료까지 죽일 수 있는 위험한 인간이니 즉시 총살시키는 것이 좋다.

젝트는 나치가 창건한 제3제국의 군인은 아니었다. 그는 제국 육군의 마지막 참모총장이자 바이마르 공화국 최초의 군인이었고, 한때 히틀러가 추구하던 제3제국의 이념에 반기를 들었던 인물이었다. 아쉽게도 이런 그의 노력이 나라를 지키는 것을 넘어서 남을 침략하는 데 사용되어 오히려 독일이 더 크게 망하는 지름길이 되었지만, 젝트는 멸문한 종가집의 막내아들로 텅 빈 곳간의 열쇠만 물려받았으면서도 결코 이에 낙담하지 않고 하나하나 준비하여 다시 한 번 부흥할 수 있는 기틀을 마련한 가문의 숨어있는 장남이나 다름없었다. 제3제국의 군인이 아니면서도 제3제국의 군대를 만들었던 창조적인 인물, 히틀러를 달가워하지 않았지만 자신이 만들어놓은 기초로 독일군이 강력한 히틀러의 군대가 되도록 만들었던 인물, 그가 바로 상급대장 한스 폰 젝트였다.

한스 폰 젝트

1899~1902	제국 육군 제17군단 참모
1902~1904	제국 육군 뒤셀도르프 경보병연대 제1중대장
1904~1906	제국 육군 제4군단 참모
1906~1912	제국 육군 제2군단 참모
1912~1913	제국 육군 근위대 제2대대장
1913~1915	제국 육군 제3군단 참모장
1915~1916	제국 육군 제11군 참모장
1916	독일-오스트리아 헝가리 연합사령부 참모장
1917~1919	오스만 투르크 야전군사령부 참모장
1919	제국 육군 참모총장
1919~1920	바이마르 공화국 국방성 육군 지휘부 병무국장
1920~1926	바이마르 공화국 국방성 육군 지휘부장
1932~1934	바이마르 공화국 국회의원
1934~1936	중국 국민당군 군사고문

part. 2

미워했던 히틀러의 영광을 이끈 참모총장

상급대장 **프란츠 리터 할더**

Franz Ritter Halder

또 하나의 거대한 권력이었던 독일 군부가 정치에 서서히 예속되어가는 조짐을 보이던 혼란의 시기에 그가 독일 육군 참모총장이 된 것은 어쩌면 우연이었는지 모른다. 그가 그 자리를 간절히 원했는지는 알 수 없지만, 누구나 오르고 싶어하지만 아무나 될 수 없는 그 자리에 그는 올랐고, 바로 그때부터 사상 최대의 전쟁인 제2차 세계대전을 가장 높은 자리에서 조율했다. 하지만 독일 군대를 대표하던 참모총장인 그에게 처음부터 쥐어진 것은 그리 많지 않았다. 그는 자리에 충실하며 소신껏 계획을 만들고 실천하려 했지만, 그가 참모총장이 되도록 만들어준 권력은 결코 그렇게 하도록 내버려두지 않았다. 이처럼 어려운 여건하에서도 그는 독일 역사상 군사적으로 가장 팽창한 시기를 이끌었다. 그는 꼭두각시가 되려 하지 않았지만, 그에게 명령을 내리는 자는 그를 꼭두각시로 만들고 싶어했다. 참모총장이라는 가장 힘이 있는 자리에 있었으나, 그 힘을 쓸 수 없었던 인물, 그가 바로 상급대장 프란츠 리터 할더다.

1. 증인으로 나선 노신사

1945년 5월, 소련과 연합국에 갈가리 찢긴 독일이 무조건 항복을 하면서 히틀러가 만든 제3제국은 역사 속으로 사라져버렸고, 연합국의 독일에 대한 점령통치체계가 완료된 그해 10월부터 전쟁 범죄에 관련한 각종 재판들이 시작되었다. 승전국들이 각각 체포한 전범들을 따로 재판한 경우도 있었지만, 전범 재판의 백미는 나치의 단골 전당대회 장소였던 뉘른베르크Nürnberg에서 열린 국제 전범 재판이었다. 뉘른베르크 재판Nürnberg Trials은 승전국들이 합동으로 독일의 전범들을 단죄하기 위해 열었는데, 그 중 핵심은 1946년 11월까지 진행된 제1차 재판이다. 이 당시 전쟁의 책임이 크다고 판단된 1급 전범 24명이 기소되었는데, 한때 무소불위의 권력을 휘두르던 루돌프 헤스Rudolf Hess, 헤르만 괴링Hermann Göring, 알베르트 스피어Albert Speer, 요하임 폰 리벤트로프Joachim von Ribbentrop 같은 거물들이 줄줄이 법정에 세워졌다.* 재판 중 이들의 죄를 입증하기 위해 많은 증거가 제시되고 증언이 이어졌는데, 당연히 나치의 폭압적인 통치에서 살아남은 증인들의 이야기는 자신의 죄를 감추고 변명하기에 급급하던 전범들에게는 양심을 관통하는 화살이 되었다.

역사적인 뉘른베르크 재판이 진행되면서 원고 측과 피고 측 간의 날선 공방이 오고가던 어느 날, 초췌해 보이지만 강한 인상을 가진 단정한 노신사가 피고들의 죄를 입증하기 위해 증언대에 올랐다. 그의 모습을 본 피고들은 아연실색할 수밖에 없었고, 그가 증언하는 내용 하나하나는 부인하기 힘든 역사의 기록이 되었다. 이날 증언대에 오른 노신사는 바로 프란츠 리터 할더Franz Ritter Halder(1884~1972년)였다. 어떻게 보면 그 역시 피고인들과 함께 피고석에 서 있다 해도 전혀 어색하지 않은 인물이었다. 그 이유는 그가 1939년 제2차 세계대전 발발 당시부터 제3제국의 최고 전성기라 할 수 있는 1942년 여름까지 제3제국의 육군Das Heer(1934~1945년)을 이끈 참모총장이었기 때문이었다. 1939년 폴란드, 1940년 북유럽과 프랑스, 1941년 북아프리카와 소련으로 나치의 군대가 총칼을 앞세우며 차례차례 침략해 들어갈 때마다 할더는 히틀러의 명을 받고 독일 육군 총참모본부Generalstab des Heeres를 진두지휘하며 침략 계획을 입안했는데, 이런 그가 피고가 아니라 한때 동료였던 이들의 죄를 입증하러 증언대에 섰다는 사실 자체는 역사의 아이러니가 아닐 수 없다.

엄밀히 말하자면 할더가 증언대에 올랐을 당시에 그 또한 전쟁 발발과 관련한 피의자 신분으로 구속 수감된 상태였고, 승전국들이 할더를 뉘른베르크 재판에 기소된 다른 인물들과 동급의 범죄 혐의자로 취급하여 벌주려 했다면 충분히 가능했다. 그런데 1945년 종전 시점에서 본다면 단지 한때 적국의 육군 참모총장이었다는 이유만으로 벌주기에는 곤란한 점이

---

* http://www.loc.gov/rr/frd/Military_Law/NT_major-war-criminals.html.

전후 개최된 뉘른베르크 전범 재판에서 법정에 증인으로 출석하여 진술하는 모습.

없지 않았다. 그는 전쟁 말기에 반反히틀러 운동에 가담한 혐의로 비밀경찰에 체포되어 티롤Tyrol의 수용소에 수감되었다가 미군에 의해 구출된 반나치주의자였다. 전쟁 발발 당시부터 제3제국의 최고 전성기까지 제3제국의 육군을 이끌던 인물이 제2차 세계대전 말기에는 반히틀러 운동을 벌였다는 사실 자체가 모순처럼 들리지만, 엄밀히 말해 할더는 처음부터 나치의 이념에 동조하지는 않았다. 한마디로 합법적으로 권력을 잡은 히틀러와 나치는 그에게 명령을 내릴 수 있는 입장에 서 있었고, 그는 자기 본분에 충실한 직업군인으로서 그 명령에 따랐을 뿐이었다.

군인은 설령 명령을 내린 주체가 자신의 정치적 신념에 반한다 하더라도 명령을 충실히 따를 의무가 있다. 명령을 내린 주체가 나치처럼 반인륜적인 폭력 정권이라도 일국의 군대가 정부나 정권의 명령에 따라 움직이지 않는다면 그것 또한 바람직하다고 할 수 없다. 그렇기 때문에 제2차 세계대전처럼 상상을 불허하는 엄청난 규모의 전쟁에 타의에 의해 동원된 군인들의 죄를 일률적으로 묻기는 어렵다. 따라서 독일이 사상 최악의 전쟁을 일으켜 역사에 오점을 남긴 잔악한 행위를 저지른 원죄가 있기는 하지만, 그렇다고 전쟁에 참여한 모든 사람들을 오직 한 가지 잣대로만 평가할 수는 없는 것이다. 예를 들어, 군인 신분으로 뉘른베르크 재판에 기소된 인물들이라 하더라도 처벌 수위는 각각 달랐다. 나치 정권의 핵심이었던 괴링, 빌헬름 카이텔Wilhelm Keitel, 알프레트 요들Alfred Jodl 같은 인물들은 재판을 거쳐 사형을 당했는데 반해, 독일 해군 총사령관 에리히 래더Erich Raeder나 칼 되니츠Karl Dönitz의 경우는 징역형에 처해졌을 뿐이었다. 특히 되니츠는 히틀러 자살 후 제3제국의 마지막 국가원수 자리에 올라 20일 동안 독일의 마지막 운명을 책임졌던 인물이었는데도 불구하고 그에 대한 처벌은 징역 10년으로 상당히 관대했다.*

2. 바이에른 왕국의 군인

할더는 1884년 독일 남부 바이에른Bayern의 뷔르츠부르크Würzburg에서 바이에른군 장군이었던 막스 할더Max Halder의 아들로 태어나 18세인 1902년에 뮌헨에 있는 제3바이에른 야전포병연대에 입대함으로써 군인의 길로 들어섰다.** 독일은 전통적으로 귀족이나 특정 계층이 군인을 가업으로 삼는 경우가 많았는데, 이름으로 보아 할더는 후자의 경우에 해당되지 않나 추측된다. 그는 이후 뮌헨에 있는 포병학교와 바이에른 참모대학에서 고급 장교가 되기 위한 엘리트 교육을 받았는데, 여기서 알 수 있는 사실은 그가 아웃사이더로 군인 생활을 시작했다는 점이다.

---

* The Location of The International Military Tribunal for Germany: Judgment.
** Christian Hartmann, *Halder Generalstabschef Hitlers 1938-1942*, Paderborn: Schoeningh, 1991, p.31.

독일은 1871년이 되어서야 통일을 이루었고 현재도 연방공화국체제를 유지할 만큼 전통적으로 지역색이 강한 나라인데, 바이에른을 중심으로 하는 남부 독일은 비스마르크가 독일 제국(제2제국)을 만들 때 가장 마지막으로 제국에 합류한 지역으로, 전통적으로 북부의 맹주로 군림하며 통일의 주체가 되었던 프로이센에 대한 반감이 컸다. 비스마르크는 이러한 상황을 무시하고 처음부터 중앙집권제적 통치 구조를 적용한다면 많은 반발이 일어날 것이라고 예상하여 신생 독일 제국을 연방 국가로 만들었는데, 통일의 주체가 되었던 북부 독일과 달리 마지못해 제국에 가담한 남부 독일 지역에게는 상당한 당근책을 제시했다.* 그 중 하나의 유인책으로 바이에른 왕국 같은 경우는 제국 성립 이전처럼 독립 왕국으로서의 입지를 인정해주고 독자적으로 왕국의 군대를 육성하고 보유할 수 있도록 해주었다. 물론 제국의 요구가 있을 때는 군대를 지원해야 할 의무가 있었다. 시간이 흘러 이런 개념이 많이 희석되기는 했지만, 할더가 군인의 길로 들어섰던 20세기 초에도 이런 전통은 일부 남아 있었다. 따라서 할더는 프로이센군이 중심이 되었던 독일 제국군의 주류가 아닌, 별도의 전통을 지닌 바이에른 왕국의 군인으로서 군무를 시작했던 셈이었다.

1914년 제1차 세계대전이 발발하자, 할더는 바이에른 제3군단의 보급 담당 장교로 근무했고, 1915년에는 바이에른 왕세자 6사단의 참모장으로 영전했을 만큼 전쟁 중반기까지는 바이에른군의 충실한 군인으로서 활약했다. 물론 명령은 상부인 독일 제국군에서 하달되었지만, 이때까지만 해도 할더는 독일 제국의 일원으로 전쟁에 참전한 바이에른 왕국의 군인이

* David Blackbourn, *The long nineteenth century: a history of Germany, 1780-1918*, Oxford University Press, 1998, pp.225-301.

었다.*

3. 서부전선의 경험과 참모의 길

할더는 제1차 세계대전 초기에 군단 본부와 최정예 부대의 참모로 근무했고, 1917년에는 서부전선의 주요 야전군이었던 제2군의 참모로 영전되어 그 능력을 발휘했다. 그가 제2군 사령부에서 참모로 활약했다는 것은 독일 제국군의 핵심에 진입했음을 의미하는 것이었다. 할더의 성격을 대표하는 단어가 '근면'이었을 만큼, 그는 특유의 부지런함 덕분에 상관들로부터 주목을 받게 되었다. 자신에게 할당된 일을 어떻게든 해내야 한다는 의무감과 책임의식이 강했던 그는 한마디로 이상적인 참모의 표본이라고 할 수 있었다. 또한 그는 전통을 존중하고 보수적이며 말수가 적어, 겉으로 드러난 인상만 보면 마치 깐깐한 선생처럼 상대하기 힘든 인물로 보였다.** 이런 그의 성격은 아웃사이더인 그가 상관들로부터 신뢰를 얻어 독일군의 주류로 편입하는 계기를 마련해주었다.

당시 그가 보필한 제2군 사령관 게오르크 폰 더 마비츠Georg von der Marwitz는 프로이센 기병대 출신의 맹장으로 전쟁 초기에 동부전선에서 제38군단장으로 활약하여 제2차 마주리 호수 전투Second Battle of the Masurian Lakes에서 대승을 이끌었다. 그러자 카이저 빌헬름 2세가 직접 지지부진한 서부전선을 책임질 인물로 그를 낙점하여 제2군 사령관으로 부임시켰고,*** 이때부

---

* http://www.kcl.ac.uk/lhcma/summary/xp70-001.shtml.

** 제프리 메가기, 김홍래 역, 『히틀러 최고사령부 1933~1945년』, 플래닛미디어, 2009, 128쪽.

터 할더는 독일 군부의 성골이라 할 수 있는 마비츠의 부하가 되었다. 마비츠가 사령관으로 부임한 지 얼마 안 된 1917년 11월에 캉브레Cambrai 인근에서 영국은 전차 476대를 일거에 동원하여 독일 제2군 지역의 전선을 돌파하는 기념비적인 전투인 캉브레 전투Battle of Cambrai를 펼쳤다. 이 전투는 전사에 집단화된 대규모 기갑부대의 효용성을 처음으로 입증한 역사적인 전투로 기록되었는데, 초기의 전과와 달리 마비츠는 신속하게 대응하여 두 배나 많은 병력을 투입한 영국군의 야심만만한 진격을 멈추게 했다.* 이때 할더는 기갑부대의 효과가 입증된 전투를 독일 군부 내에서 그 누구보다도 먼저 경험했다. 그러면서도 두 배나 많은 영국군이 독일군의 악착같은 방어에 막혀 수백 대의 전차를 앞세우고도 전선 돌파에 결국 실패했다는 사실은 그의 뇌리에 깊게 박혔다. 그래서였는지 모르겠지만 할더는 전차의 효용성을 분명히 인지하고 있었고 히틀러의 재군비 선언 후에도 기갑부대 육성에 있어 별다른 반론을 제기하지 않았지만, 기갑부대를 대규모로 집단화시켜 돌파의 축으로 삼자는 소장파 장군들의 주장에 대해서는 상당히 부정적인 반응을 보이곤 했다.

4. 폴란드에 대한 적개심

지옥 같은 제1차 세계대전이 끝나자, 한때 세계 최강을 자랑하던 제국군이 해체된 후 축소되어 재탄생한 바이마르 공화국군은 겉으로뿐만 아니

*** http://en.wikipedia.org/wiki/Georg_von_der_Marwitz.
* B. H. Liddell Hart, *History of the First World War*, Pan Books, 1972, p.346.

라 실질적으로도 많은 변화를 겪었다. 비록 그 영향력이 완전히 없어진 것은 아니었지만, 전제 정권의 몰락과 함께 정권의 버팀목이 되었던 군부의 프로이센 세력과 귀족 세력은 그 위세가 상대적으로 많이 줄어든 반면, 변방이나 평민 출신이라도 실력이 있으면 입지를 높일 수 있게 되었다. 전쟁 말기에 독일군 주류로 편입되어가던 할더도 이를 계기로 훗날 독일군 최고지휘관의 반열에 오를 수 있었다.

베르사유 조약으로 그 명칭마저도 금지했을 만큼 참모제도는 연합국 측이 어떻게든 없애버리고 싶어하던 독일군의 독특한 제도였다.* 참모들의 가장 큰 역할은 지휘관이 빠르고 정확하게 의사 결정을 할 수 있도록 도와주는 것이었기 때문에, 참모조직이 직접 명령을 내리거나 작전을 행사할 수는 없었고 오로지 해당 지휘관에게 의견을 제시하고 조언을 할 수 있을 뿐이었다. 최종 의사 결정과 실행은 어디까지나 지휘관들의 몫이었기 때문에 그들의 권위를 무시할 수는 없었다.** 참모조직은 대개 단위부대별로 조직되어 있는데, 총참모본부는 육군 전체를 관할하는 가장 큰 참모조직이고 총참모본부의 수장이 바로 참모총장이다. 우리나라의 경우는 참모총장이 각 군의 최고사령관을 의미하지만, 제2차 세계대전 당시 독일군의 경우는 총사령관이 별도로 존재했기 때문에 엄밀히 말해 형식상으로 참모총장은 총사령관이 이끄는 최고사령부 내 총참모본부의 수장일 뿐이었다. 하지만 전통적으로 참모조직과 참모들의 권한이 컸던 독일군에서 참모총장은 항상 군의 최고 실세였고, 비록 명령은 총사령관을 통해 하달되었지만 실제로 모든 세부 내용은 참모총장이 이끄는 총참모본부의 손을 거쳐

---

* 제프리 메가기, 김홍래 역, 『히틀러 최고사령부 1933~1945년』, 플래닛미디어, 2009, 128쪽.

** (주)두산, enCyber두산백과사전.

나왔다. 따라서 독일군 내에서 정식으로 참모교육을 받고 참모로 재직했다는 사실 자체가 엘리트 코스를 밟았다는 것을 의미했고, 이는 출세의 지름길이었다.

바이마르 공화국 시기에 독일은 서부의 프랑스뿐만 아니라 동부의 폴란드로부터도 군사적 위협을 받았다. 1919년 폴란드가 독립했을 당시 영토로 인정받은 지역은 비옥한 곡창지대와 제1차 세계대전 당시 전쟁의 화마가 미치지 않아 상당수의 산업시설이 보존되어 있는 지역이었기 때문에, 노력만 한다면 나라가 발전할 가능성이 컸었다. 그런데 폴란드는 내실을 키워 국가를 발전시킬 생각은 하지 않고 자신의 위치를 과대평가하여 영토 확장 경쟁에 뛰어들어 주변국들과 연쇄적으로 분란을 일으켰다. 같은 시기에 독립한 체코슬로바키아와 영토 분쟁을 일으켰고*, 곧이어 1919년부터 1921년까지 혁명의 와중에 혼란스러웠던 소련을 상대로 국지전을 벌였으며** 동시에 패전의 시름에 잠겨 있던 독일과 국경지대인 북부 슐레지엔Schlesien을 사이에 두고 충돌을 벌였다.*** 또한 1920년 8월부터 10월 리투아니아와 전쟁을 벌였는데, 명분은 리투아니아와 연방을 형성한다는 것이었지만 사실은 영토 병합이 목적이었다.****

폴란드가 이렇게 대외 팽창에 나선 이유는 폴란드인 거주 지역을 모두 폴란드의 영토로 만들어야 한다는 명분 때문이었는데, 우습지만 20년 후 독일이 주변국을 침략할 때 내세운 명분과 똑같았다. 오랜 세월 폴란드를 지배했던 이웃에 대한 감정이 당연히 나쁠 수밖에는 없었겠지만, 그렇다

---

* http://en.wikipedia.org/wiki/Poland-Czechoslovakia_war.
** http://en.wikipedia.org/wiki/Polish_Soviet_War.
*** http://en.wikipedia.org/wiki/Silesian_Uprising.
**** http://en.wikipedia.org/wiki/Polish-Lithuanian_War.

고 신생국 폴란드가 주변국들을 군사적으로 위협한 것은 사실 너무 위험한 행동이었다. 이러한 지치지 않는 욕심 덕분에 폴란드는 영토를 확장하는 데 성공했지만, 결국 독일과 소련같이 숨죽여 있던 적들이 언젠가 한 번 손봐주겠다는 결심을 하도록 만들었다. 초기에 히틀러의 호전적인 모습을 내심 못마땅하게 생각하던 독일 군부조차도 1939년 독일의 폴란드 침략을 전적으로 찬성했다는 사실은 그만큼 폴란드에 쌓인 것이 많았다는 증거였다. 사실 폴란드는 바이마르 공화국 내내 독일의 안보를 동쪽에서 위협하는 가장 큰 가상 적국이었다.*

1931년 대령으로 승진한 할더는 지금까지 몸담아왔던 바이에른을 떠나 뮌스터Münster에 있는 6관구 참모장으로 영전했는데, 당시 독일은 폴란드의 위협으로부터 고립된 동프로이센 지역을 방어하는 문제를 놓고 고심하고 있었다.** 그런데 할더는 오히려 동프로이센을 발판으로 폴란드를 제압하는 방안을 연구했고, 이런 개인적인 구상은 10년도 안 되어 빛을 보게 되었다. 할더는 히틀러가 폴란드 침공 명령을 내렸을 때 그 기쁨을 일기에 그대로 표현했을 만큼 폴란드에 대한 적개심이 컸다.

5. 히틀러의 양면책

1934년 총통이라는 무소불위의 자리에 오른 히틀러는 권력 강화에 방해가 되는 요소를 척결해 나갔고, 경우에 따라서는 폭력도 행사하며 결국

---

* 유종규, '샤른호르스트와 폰 젝트의 軍事改革 比較', 국방대학원, 2001, 53-54쪽.

** Christian Hartmann, *Halder Generalstabschef Hitlers 1938-1942*, Paderborn: Schoeningh, 1991, pp.82-85.

행정 · 입법 · 사법체계와 언론까지 장악했다. 그런데 유일하게 히틀러도 함부로 건드리지 못한 집단이 있었는데, 그것은 바로 군부였다. 독일 군부는 부인할 수 없는 최고의 엘리트 집단으로, 비록 제1차 세계대전 패전 후 급속히 세력이 약화되었지만 그 권위는 여전했다. 비록 베르사유 조약으로 감군당하고 물갈이가 되었음에도 불구하고 지난 시절 제국군의 주류였던 프로이센 출신의 귀족 및 직업군인 계층이 계속해서 중추로 남아 있었고, 이들 대부분은 보수적이며 군국주의적인 성향을 띠고 있었다. 군부는 독일을 부흥시키겠다는 나치의 원론적인 주장에는 찬성했지만, 그들을 이단아로 취급하며 "정치에 대해서는 중립을 지킨다"는 명분을 내세워 정치적으로 그리 가까이하려 하지 않았다.* 특히 군부가 나치를 혐오한 이유 중 하나는 무력은 오로지 군부만이 보유할 수 있다는 군부의 자존심과 달리 나치가 돌격대SA와 같은 사유화된 무력을 보유하고 있었기 때문이었다. 히틀러는 군부의 이런 태도가 탐탁지 않았지만, 이들을 완전히 장악하지 않고서는 독재 권력을 공고히 할 수 없었기 때문에 군부를 자기 밑으로 들어오게끔 강온 양면책을 구사했다.

히틀러는 1934년 6월 돌격대장인 에른스트 룀Ernst Röhm을 제거하면서 지금까지 나치의 전위대로 활동하던 돌격대를 해체시켜버렸는데, 거기에는 크게 두 가지 목적이 있었다. 우선 히틀러의 권위에 도전하는 룀을 용납할 수 없었고, 또 하나는 군부를 안심시키기 위해서였다. 나치 돌격대는 모두 무장한 것은 아니었지만, 200만 명에 달할 만큼 커져 있었다. 이는 10만 명에 불과한 육군에 비하면 엄청난 규모였다. 룀은 수시로 돌격대와 군을 통합하자고 주장했는데, 이는 한마디로 소수의 군을 돌격대에 편입시켜 자

* ZDF, Hitler's Warriors: Part IV. Manstein. The Strategist, ZDF-enterprise, 1998.

기가 군의 수장이 되겠다는 속셈을 노골적으로 드러낸 것이었다. 따라서 군부는 집권 초기의 나치에 대해서 많은 의구심을 품을 수밖에 없었고, 히틀러가 "국가에서 무기는 오직 국방군만 보유할 수 있다"라고 선언한 뒤 돌격대를 순식간에 무력화시킨 것을 보고 나서야 경계심을 풀 수 있었다.*

하지만 군부를 열광시킨 최고의 당근은 1935년 3월에 있었던 재군비 선언이었다. 동서고금을 막론하고 군이라는 조직은 보수적이고 자존심이 강한 집단인데, 독일군은 베르사유 조약으로 제한을 받게 되자 한마디로 참기 힘든 모멸감을 느꼈다. 그렇기 때문에 히틀러의 재군비 선언은 나치에 대한 호불호를 떠나 군부의 모든 이들을 감격하게 만들었다. 이후 반히틀러 전선에 가담했던 인물들도 히틀러의 재군비 선언에 적극 찬성하고 하루 빨리 군대를 강력하게 재건하기를 원할 정도였다. 히틀러가 던진 당근 이면에는 군부를 분열시키려는 이간책도 함께 담겨 있었다. 군부의 주류로 굳건한 성역을 쌓고 있던 프로이센 장교단과 귀족 출신 세력이 제2제국이 무너지면서 많이 약화되기는 했지만, 아직까지도 이들의 권위에 도전할 만한 세력은 없었다. 히틀러는 이를 파타하고 군부의 힘을 약화시키기 위해, 프로이센 출신이 아닌 군부 내의 아웃사이더였던 소장파를 중용하는 정책을 병행했다. 그 결과, 하인츠 구데리안Heinz Guderian, 에르빈 롬멜Erwin Rommel처럼 보다 혁신적인 사고방식을 가진 많은 인물들이 서서히 두각을 나타내기 시작했고, 할더도 이 시기에 군부 내의 핵심으로 부상했다.

히틀러의 이런 정책은 고루한 벽을 깨고 능력 있는 새로운 인재들을 발굴하는 지름길이 되기도 했지만, 문제는 이렇게 키운 인물들을 국가를 보위하는 군인이 아니라 자신에게만 충성을 다하는 부하로만 삼으려 했다는

---

* Harold Deutsch, *Hitler and His Generals*, University of Minnesota, 1974, pp.14-20.

점이었다. 히틀러 집권 초기에 할더는 뮌헨에 주둔하고 있던 제7사단장으로 부임했고, 독일이 본격적으로 군비 증강에 박차를 가하기 시작하던 1936년에는 중장*으로 진급하여 베를린의 육군최고사령부OKH 총참모본부로 영전했다. 그는 이곳에서 작전, 훈련, 군수 등 여러 참모직을 두루 섭렵했는데, 이것은 추후 육군 참모총장이 되어 능력을 발휘하는 데 좋은 경험이 되었다. 하지만 할더는 제2차 세계대전 말기에 반히틀러 활동에 가담했다는 명목으로 투옥까지 당하게 된다. 때문에 많은 자료들을 보면, 나치와 히틀러의 등장 당시부터 그가 이들에 대한 반감이 컸었던 것으로 설명하고 있고, 특히 히틀러 집권 초기에 계획되었던 반히틀러 쿠데타 세력의 중심인물로 당시 참모총장 루드비히 베크Ludwig Beck **와 더불어 할더가 자주 거론되는 것을 볼 수 있다. 그러나 아이러니하게도 할더는 그 누구보다도 히틀러의 집권 시기에 가장 크게 성장한 장군 중 하나였다.

6. 군부 숙청

히틀러의 선언으로 재군비를 본격적으로 개시했지만, 그렇다고 불과 1년 만에 독일군의 전력이 압도적으로 커진 것은 아니었다. 그럼에도 불구하고 히틀러는 가시적인 성과를 원했고, 그 첫 번째 시도로 독일군을 라인

---

* 제2차 세계대전 당시 독일군의 계급체계는 상당히 다양했고, 장성들도 병과별로 조금씩 차이가 있었다. 이 책에서는 편의상 다음과 같이 정의하기로 한다. Feldmarschall: 원수, Generaloberst: 상급대장(국군의 대장에 해당), General: 대장(국군의 중장에 해당), Generalleutnant: 중장(국군의 소장에 해당), Generalmajor: 소장(국군의 준장에 해당).

** 제프리 메가기, 김홍래 역, 『히틀러 최고사령부 1933~1945년』, 플래닛미디어, 2009, 69쪽.

란트Rheinland *에 진주시키기로 결심했다. 이는 명분상 자국 영토에 대한 권리 회복이 맞았지만, 막상 히틀러의 명령이 떨어지자 군부의 반발은 극심했다. 훗날 히틀러도 "라인란트 점령 전후 48시간이 내 인생에서 가장 숨 막히는 순간이었다" **라고 술회했을 만큼, 1936년은 독일군의 전력이 완전히 회복된 시기가 아니었다. 그러니 히틀러가 라인란트를 군사행동으로 점령하겠다고 했을 때, 군부가 반발한 것은 너무나 당연한 현상이었다.

1936년 3월 7일 히틀러와 군부는 "만일 프랑스군이 반격한다면, 교전하지 않고 즉시 퇴각하도록 한다" ***는 타협을 하고 라인란트로 군대를 진격시켰다. 그러나 연합국은 이에 전혀 대응하지 않았고, 이것은 내심 소심한 악마에게 용기를 불어넣는 결과를 가져왔다. 연합국이 유화적으로 나오자, 히틀러는 『나의 투쟁Mein Kampt』에서 언급한 것처럼 독일인 거주 지역을 모아 하나의 거대 제국으로 만들고자 본격적으로 대외 팽창을 시도했다. 우선 오스트리아와 체코슬로바키아가 그의 눈에 들어왔다. 히틀러가 이들에 대한 외교적 위협과 더불어 군사행동도 준비하려 하자, 이번에도 군부가 반대하고 나섰다. 이처럼 매번 군부가 브레이크를 걸자, 히틀러는 당근과 이간책만 가지고는 군부를 완전히 장악할 수는 없다는 것을 깨닫고 채찍을 동원했다.

당시 독일 군부의 수장은 육군 총사령관인 베르너 폰 프리치Werner von Fritsch 대장이었는데, 그는 전형적인 독일 장교의 표본이라 일컬어질 만큼

---

* 라인란트는 독일-프랑스 국경 인근 라인 강 일대의 독일 영토를 의미하는데, 베르사유 조약에 따라 서안은 15년간 연합국이 군사적으로 점령하기로 했고, 동안은 50킬로미터에 걸쳐 비무장지대로 정했다. 원래 프랑스는 라인란트를 정치적으로도 독일에서 분리시키려고 기도했으나, 독일계 주민들의 저항으로 실패했다.

** J. R. Tournoux, *Petain et de Gaulle*, Plon, 1964, p.159.

*** Alan Bullock, *Hitler: A Study in Tyranny*, Odhams, 1952, p.135.

1936년 3월 7일 독일은 라인란트 진주를 단행했지만, 군부의 반발도 극심했고 막상 명령을 내린 히틀러도 연합국의 반격을 두려워했다.

군부 내에서 신망이 높았다. 프리치는 강력한 독일 재건을 주창하는 히틀러의 주장을 처음에는 반겼지만, 히틀러가 군부의 의견을 무시하고 군사적 모험을 자주 감행하자 반기를 들었다. 나치는 1938년에 어처구니없게도 그를 동성연애자로 모함하여 숙청해버렸고, 이와 동시에 히틀러에 대해 비판적이던 장성 16명을 예편시키고 44명을 좌천시키는 대대적인 군부 대청소에 돌입했다. 훗날 히틀러 암살사건 당시 주역 중 한 명이었던 육군 서열 2인자 참모총장 베크도 이러한 대대적인 물갈이에 반대하며 군부의 자존심을 지키려 마지막까지 저항했지만, 결국에는 자리에서 물러나게 되었다.*

그런데 이런 와중에 어느덧 제1참모차장에까지 올라갔던 할더에게 베크의 후임으로 참모총장에 오르라는 제의가 들어왔다.**이런 제의를 한

---

* http://en.wikipedia.org/wiki/Blomberg-Fritsch_Affair.

** http://en.wikipedia.org/wiki/Franz_Halder.

인물은 히틀러의 맹목적인 추종자였던 카이텔이었다. 아마도 카이텔은 군부 내에서 비주류인 데다가 상부의 명령을 표 나지 않게 고분고분 잘 수행하던 할더가 적임자라고 생각하여 히틀러에게 추천한 것으로 보인다. 그러나 할더는 가문의 영광일 정도의 막중한 자리이자 실권을 거머쥔 참모총장 직을 제안받고도 막상 이를 덥석 수락하지 않았다. 이 작은 에피소드는 직업군인으로서 할더의 성격이 어떠했는지를 말해준다.

7. 육군 참모총장 자리에 오르다

원래 프리치의 후임으로 제2대 육군 총사령관에 예정된 인물은 히틀러가 호감을 가지고 있던 발터 폰 라이헤나우Walther von Reichenau였는데, 그는 후일 라이헤나우 명령서Reichenau Order로 알려진 것처럼 점령 지역에서 학살 행위를 자행하는 데 적극 앞장섰던 친나치 성향의 인물이었다. 할더는 개인적으로 라이헤나우와 성격이 맞지 않는다는 표면적인 이유를 들면서, 만일 라이헤나우가 총사령관에 임명된다면 참모총장 직을 수락하지 않겠다고 카이텔에게 말했다.* 사실 총사령관과 참모총장은 권력을 놓고 경쟁하는 사이가 아니라 끊임 없이 협력해야 하는 관계에 있었고, 지금껏 총사령관 직위에 있던 이들은 총참모본부를 이끄는 참모총장의 의견을 대체로 수용해왔다. 할더는 정치적 성향도 강하고 직선적인 지휘 스타일을 보여온 라이헤나우가 육군 총사령관에 오르면, 프로이센 이래로 계속된 총사령관(프로이센과 제국 당시에 명목상 총사령관은 황제였음)과 참모총장 간의

* http://en.wikipedia.org/wiki/Franz_Halder.

작전을 숙의 중인 독일군 최고 지휘부의 모습(앞줄 왼쪽부터 국방군 총사령관 카이텔, 육군 총사령관 브라우히치, 히틀러, 참모총장 할더).

그러한 묵시적인 관행이 깨질지도 모른다고 보았던 것이었다.

사실 총참모본부에서 의견을 제시했을 때 자기 의견만 내세워 이를 무시한다면, 독일군 특유의 참모제도가 무력화될 수 있었다. 엄밀히 말해 이를 무시하여 결국 나라를 말아먹은 대표적인 인물이 바로 히틀러였다. 그는 특히 전쟁 중반기 이후부터 시시콜콜 간섭하여 작전을 망치게 했다. 할더는 부당하게 군에서 쫓겨난 프리치뿐만 아니라 전임자였던 베크에 대한 존경심이 컸다. 사실 할더는 히틀러의 군부 장악 음모를 불편하게 생각한 대표적인 인물이었고, 군부가 지금까지 정치적 중립을 지키며 국정에 관여하지 않았던 것처럼 정권도 군부에 대해 간섭을 하지 말아야 한다고 생각하고 있었다. 그런데 히틀러는 그러지 않았고 오히려 군부를 앞세워 대외 침략정책을 노골화했다. 이것을 염려한 할더는 참모차장 당시 상급자였던 참모총장 베크에게 쿠데타를 종용했고, 베크가 숙청되고 그가 참모총장이 된 이후에도 이런 노력을 계속했다.* 이러한 할더의 요구가 받아들

작전을 협의하는 참모총장 할더와 육군 총사령관 브라우히치의 모습. 이들은 제3제국 팽창기에 독일 육군을 지휘한 최고 수뇌부였지만, 총통의 간섭 때문에 제대로 소신을 펴지 못했다.

여져서 그런 것이라고 할 수는 없지만, 신임 육군 총사령관으로 유순한 발터 폰 브라우히치Walther von Brauchitsch가 임명되었고, 할더는 1938년 9월 1일 제3제국의 두 번째 참모총장이 되었다.

사실 할더가 참모총장 후보로 거론되었을 때, 완벽을 추구하는 그의 치밀한 능력을 높이 사서 그가 참모총장에 오르는 것이 당연하다는 평가도 많았지만, 자신의 의중을 확실하게 드러내지 않는 애매모호한 그의 성격이 참모총장 감으로는 적합하지 않다고 반대하는 의견도 적지 않았다.*

---

* 제프리 메가기, 김홍래 역, 『히틀러 최고사령부 1933~1945년』, 플래닛미디어, 2009, 130쪽.
* 제프리 메가기, 김홍래 역, 『히틀러 최고사령부 1933~1945년』, 플래닛미디어, 2009, 127쪽.

독일의 참모총장이라는 직위는 때로는 자신의 직위를 걸고 군부의 자존심을 지켜야 하는 자리이기도 했고, 때로는 정권과 타협할 줄도 아는 정치적 능력이 요구되는 자리이기도 했다. 할더는 비록 그런 면에서는 능력이 부족했지만, 1934년 육군최고사령부가 설치되면서 총사령관이 최고 수장으로 육군을 대표하게 되어 있었으므로 크게 문제가 되지는 않을 것으로 보았다. 원론적으로 그는 말 그대로 총참모본부의 수장으로서의 역할만 충실히 하면 되었던 것이다. 그런데 얼마 지나지 않아 이러한 군부의 생각이 착각이었음을 입증해 보이려는 듯이 히틀러는 모든 것을 직접 간섭하려 들었다. 사실 엄밀히 말해, 할더는 전임자 베크처럼 자신의 자리를 걸고 주장을 펼 만큼 강단이 있는 인물은 아니었다. 어쩌면 이 때문에 그가 제3제국 최장기 참모총장으로 남게 되었는지도 모른다.

할더가 참모총장이 된 지 1주일 후, 히틀러는 총참모본부에 체코슬로바키아 침공안을 작성하라고 명령했다. 개인적으로 할더는 체코슬로바키아에 대한 군사행동을 달가워하지 않았지만, 어쩔 수 없이 명령에 따라야 했다. 그는 전임 참모총장 베크의 주도로 이미 사전에 수립되어 있던 초록계획Fall Grün을 손질하여 남북에서 협공을 가하는 방안을 히틀러에게 제시했고,* 군사적 준비를 완료한 히틀러는 체코슬로바키아에 대한 외교적 협박을 계속하며 영토를 내놓지 않으면 전쟁도 불사하겠다고 으름장을 놓았다. 라인란트 점령과 오스트리아 합병 때는 다행히도 무사히 넘어갔지만, 이번에는 전쟁이 불가피해 보였다. 하지만 이때까지만 해도 군부는 전쟁을 벌일 준비가 완료되었다고는 생각하지 않았다.

* http://historicalresources.org/2008/10/12/hitlers-directive-for-operation-green/.

8. 도박에 맛을 들인 히틀러

그런데 히틀러의 공갈 협박에 세계가 굴복하면서 충돌은 벌어지지 않았다. 멀쩡한 주권국가였던 체코슬로바키아의 의지와는 아무 상관없이 영국, 프랑스, 이탈리아는 1938년 9월 29일 독일과 뮌헨 협정을 맺어 자기들 마음대로 체코슬로바키아의 수데텐란트Sudetenland를 독일에 할양하는 데 동의했고, 불과 이틀이 지난 10월 1일 독일군은 수데텐란트를 접수하려 국경을 넘었다. 이번에도 전쟁을 피하게 되었다고 할더는 안심했지만, 히틀러의 모험심은 오히려 그에 반비례하여 높아져만 갔다. 지금까지 계속 이어져온 재군비 선언, 라인란트 진주, 오스트리아 합병, 그리고 수데텐란트 점령 등은 연합군의 군사적 대응을 불러올 위험한 행동이었지만, 연합국이 계속 몸을 사리는 바람에 총통의 의지대로 모든 일이 이상하리만큼 잘 풀려나갔다.

결국 히틀러가 사석에서 군부를 무조건 반대만 일삼는 비겁자들로 매도했을 정도로 군부는 입지가 작아지게 되었고, 군사적인 이유를 들어서 히틀러의 계획을 반대하는 행위는 점차 명분을 잃어갔다. 이제 히틀러는 라인란트 점령 당시 두려움에 떨며 벌겋게 밤을 지새운 기억은 잊은 지 오래였고, 넘치는 자신감을 발산하기 위해 몸부림치고 있었다. 다음 목표는 폴란드였다. 히틀러는 할더에게 폴란드 점령 계획을 짜라는 명령을 하달하면서 동시에 외교적 협박에 나섰다. 히틀러는 독일 본토와 동프로이센을 지리적으로 나누고 있는 단치히Danzig와 폴란드 회랑Polish Corridor을 내놓으라고 폴란드에 요구했다. 지금까지 계속 뒤통수를 얻어맞은 영국과 프랑스가 이번에는 강경하게 대응하겠다는 의지를 표명했는데, 이들이 이런 의지를 표명한 데는 독일이 폴란드를 쉽사리 공격하지 못하리라고 오판했기 때문이었다.*

영국과 프랑스가 내심 안심하고 있었던 이유는 우선 폴란드가 100만 명의 상비군을 보유한 군사강국이어서 그리 호락호락하지는 않을 것으로 판단했고, 더불어 폴란드의 동쪽에 소련이 있었기 때문이었다. 제1차 세계대전 후 독일 제국과 제정 러시아의 몰락으로 어렵게 독립을 쟁취한 폴란드는 독일과 소련 모두가 다시 복속하겠다고 노골적으로 야심을 드러낸 지역이었다. 그렇기 때문에 만일 독일이 폴란드를 도발하여 독식하려 한다면, 소련이 가만히 두고 보지만은 않을 것이라고 연합국은 생각했다. 단지 겉으로 드러난 하드웨어로 볼 때 소련은 어마어마한 군사대국이어서 독일도 충돌을 우려하여 함부로 폴란드로 쳐들어갈 수는 없을 것으로 분석되었고, 이 점은 사실 독일도 잘 알고 있었다. 이 상태에서 독일이 폴란드를 먹을 수 있는 유일한 방법이라면 소련은 물론 연합국이 군사적으로 개입할 틈을 주지 않을 만큼 속전속결로 일을 끝내는 것뿐이었다.

그런데 할더는 이미 오래 전부터 폴란드에 대한 공략 방안을 나름대로 연구해왔기 때문에 폴란드를 단기간에 굴복시킬 자신이 있었다. 그는 자신의 구상을 발전시켜 백색 계획Fall Weiß을 입안했다. 백색 계획의 요체는 별다른 지형적 장애물이 없어 방어에는 불리하지만 반대로 공격하는 쪽 입장에서는 다양한 공격로를 사용할 수 있는 폴란드의 지리적 특성을 최대한 이용한 작전이었다.** 할더는 독일군을 남북의 2개 병단으로 크게 나누어 각각 종심을 파고들어가 폴란드군을 배후에서 대포위한 뒤 단 한 번에 격멸하는 전략을 수립했다. 그는 적어도 2주면 폴란드를 제압할 수

---

* 제프리 메가기, 김홍래 역, 『히틀러 최고사령부 1933~1945년』, 플래닛미디어, 2009, 155-156쪽.

** Steven J Zaloga, *Poland 1939: The birth of Blitzkrieg*, Osprey, 2002, pp.18-20.

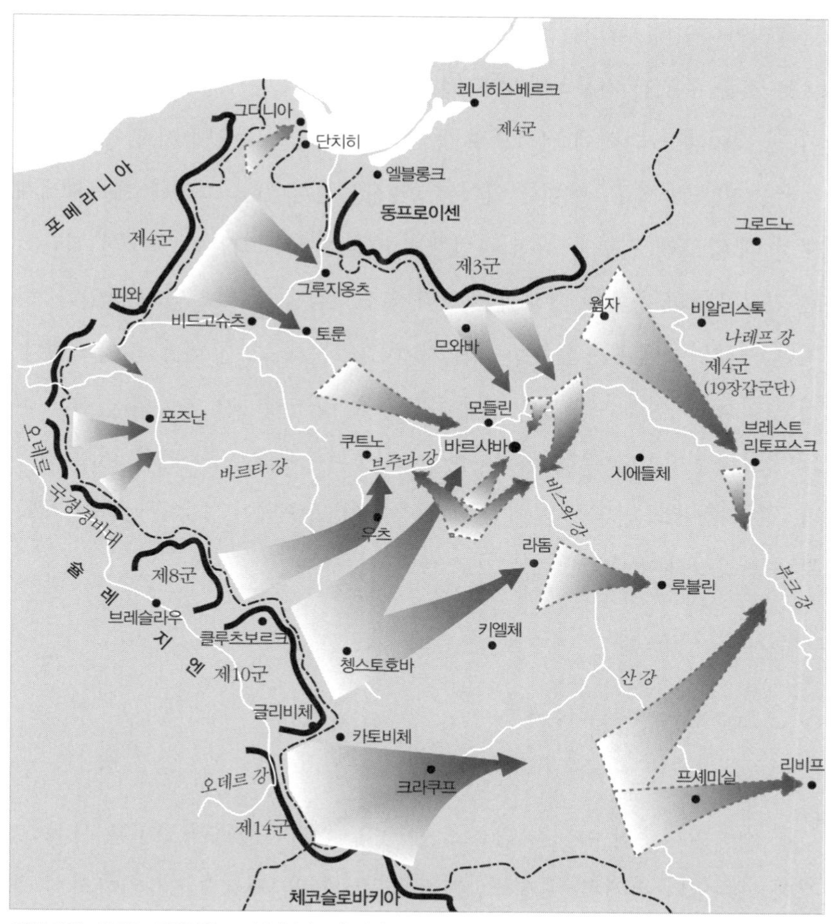

백색 계획 할더는 독일군을 크게 남북의 2개 병단으로 나누어 각각 종심을 신속히 파고들어가 폴란드군을 배후에서 대포위한 뒤 단 한 번에 격멸하는 전략을 수립했다.

있을 것으로 예상했다. 단, 그 기간 동안 영국과 프랑스가 서부전선에서 진공해오지 않고 소련도 가만히 있어야만 가능했다. 이처럼 폴란드전의 핵심은 속도였는데, 때마침 이를 뒷받침해줄 만한 인물이 두각을 나타내고 있었다.

그가 바로 독일 기갑부대, 아니 세계 기갑부대의 역사를 선도한 인물인 구데리안이었다. 할더는 보수적인 성향이 강하기는 했지만, 그렇다고 새로운 것을 무조건 거부하는 스타일은 아니었다. 그는 전차가 전선의 주역이 될 것이라는 의견에 전적으로 동의하고 있었고, 독일군이 강해지기 위해서는 반드시 좋은 전차가 있어야 한다고 생각했다. 그러나 제1차 세계대전 때 캉브레 전투를 직접 경험했기 때문에 구데리안이 주장한 집단화된 기갑부대의 운용에 대해서는 그다지 신뢰감을 가지고 있지 않았다. 하지만 구데리안에게는 든든한 후원자가 있었는데, 그가 바로 히틀러였다. 정권 획득 후 여러 수단을 동원하여 군부를 장악해나간 총통의 입김은 어느덧 브라우히치나 할더를 비롯한 최고 수뇌부를 압도할 만큼 커져 있었다. 결국 폴란드 전역을 앞에 두고 절충안이 도출되어, 2개 군단급 기계화부대를 창설하여 주공으로 삼기로 했다.

9. 숨 막혔던 그해 9월

하지만 할더뿐만 아니라 다른 모든 독일군 지휘관들의 고민은 사실 그것이 아니었다. 라인란트 점령, 오스트리아 합병, 체코슬로바키아의 수데텐란트 점령 때와는 달리, 군부도 건방진 폴란드를 손보고 싶어했고 이길 자신도 있었으나, 문제는 폴란드를 때리고 있을 때 예상보다 빨리 반대쪽에서 영국과 프랑스가 군사행동을 개시하고 거기에다가 최악의 경우 소련까지 같은 시기에 움직인다면, 양면전에 빠져 허우적대던 제1차 세계대전의 악몽이 틀림없이 재현될 것이라는 점이었다. 바로 그때 1939년 8월 23일 모스크바Moskva에서 날아온 소식은 세계를 경악하게 만들었다. 천하의 견원지간으로 지내온 독일과 소련이 불가침조약을 맺은 것이었다. 하지만 발표된 내용 이면에는 음흉한 악마들의 밀약이 숨어 있었는데, 그것은 바로 브레스트리토프스크Brest-Litovsk를 기준으로 사이좋게 폴란드를 분할하겠다는 것이었다.*

그리고 불과 1주일 후인 9월 1일 할더가 기안하여 내놓았던 백색 계획이 전격 개시되었고, 남부와 북부의 2개 집단군**으로 재편된 독일 침공군은 노도와 같이 폴란드를 유린하면서 인류사의 비극인 제2차 세계대전이 개시되었다. 영국과 프랑스는 공언한 대로 9월 3일 독일에 선전포고했으나, 실질적인 응징 수단이 없었다. 경악스런 독소 불가침 조약에 놀라 전쟁이 가시화되었음을 깨달았지만, 군사적 대응 태세를 완비한 상태는 아니었다. 독일은 이러한 허점을 노려 그때까지 편성되어 있던 200만 대군 중 180만을 폴란드 진격에 집중적으로 투입할 수 있었다. 이제 독일에게 문제는 시간이었다. 폴란드 점령이 지연되거나 예상보다 빨리 서부전선에서 연합군이 동원될 경우, 독일은 물리적으로 이를 막을 방법이 없었기 때문이었다. 선전포고와 동시에 30여 만 명의 영국의 대륙 원정군이 바다를 건너 프랑스로 이동을 개시했고 프랑스도 총동원령을 내렸다.*** 이제 10월 초순이면 연합군은 약 300만 명까지 증강되어 독일-프랑스 국경에만 250만 명을 배치할 수 있었다. 독일이 폴란드를 예정대로 먹어치우고 있었으나, 할더는 초조하기만 했다. 그러던 중 9월 8일에 우려했던 일이 벌어지고 말았다.

---

* http://en.wikipedia.org/wiki/Molotov%E2%80%93Ribbentrop_Pact.

** 집단군은 오늘날은 보기 힘든 50만~150만 명의 병력을 보유한 거대 군 편제로, 수개의 야전군 및 공군, 해군 등으로 구성되어 전략적 규모의 작전을 독립적으로 구사할 수 있었다.

*** 폴 콜리어 외, 강민수 역, 『제2차 세계대전: 탐욕의 끝, 사상 최악의 전쟁』, 플래닛미디어, 2008, 102-103쪽.

국경에 배치되어 있던 프랑스군 11개 사단이 국경을 넘어 자를란트Saarland로 공격을 시작했다는 전갈이 할더에게 보고되었다. 할더는 에르빈 폰 비츨레벤Erwin von Witzleben 독일 제1군 사령관에게 프랑스군과 교전하지 말고 지그프리드선Siegfried Line *까지 최대한 프랑스를 끌어들이라는 명령을 하달한 뒤 상황을 지켜보았다. 히틀러와 브라우히치 또한 지금 당장은 양면전을 펼칠 때가 아니고 하루라도 빨리 폴란드를 처단해야 한다는 할더의 의견에 동조했다. 프랑스군은 독일 영토로 1주일 동안 30여 킬로미터를 천천히 진격해 들어갔고, 교전은 거의 없었다. 그런데 9월 17일 연합군 총사령관 모리스 가믈랭Maurice Gamelin이 프랑스군에게 회군하라는 명령을 내렸다. 그날 소련이 폴란드를 나누어 먹기 위해 동쪽에서 폴란드를 공격함으로써 폴란드의 운명이 결정되는 바람에 프랑스의 자를란트 진공 자체가 자칫 무의미한 것이 될 가능성이 컸기 때문이었다.**

프랑스군은 상징적인 11개 사단만으로는 독일을 점령할 수 없었고, 게다가 독일을 군사적으로 굴복시키겠다는 의지조차 없었다. 연합국은 자기 땅에 폭탄만 떨어지지 않으면 되었고, 폴란드의 애원을 외면했다. 결국 폴란드는 한 달 만에 저항을 포기하고 독립한 지 20년 만에 역사에서 다시 사라져버렸다. 물론 군사적으로 독일이 폴란드를 이길 만한 능력이 있기는 했지만, 연합국의 예상보다 훨씬 더 빨리 독일은 폴란드를 손에 넣었다. 정치 외교적으로 사전 정지작업을 확실히 했고, 연합국이 주저할 것이라는 예상도 적중했지만, 역시 군사적인 신속한 승리가 있었기에 모든 것이 가능했다. 치밀한 작전을 주도한 할더의 명성은 독일 군부 내에 회자되기

---

* 프랑스의 마지노선Maginot Line에 대항해 서부 독일 국경에 축성한 독일의 방어진지.

** http://en.wikipedia.org/wiki/Saar_Offensive.

시작했다. 그런데 전쟁 전까지만 해도 폴란드 정도의 나라를 단 한 달 안에 군사적으로 완전히 굴복시키는 것이 상당히 어려운 일이라고 예상했기 때문에 연합국이나 여타 국가들은 독일의 작전이 완벽하게 성공했다고 보았지만, 사실 독일이 폴란드를 손에 넣는 데는 할더가 예상한 시간보다 두 배나 많은 시간이 소요되었을 만큼 부분적으로 실패가 있었다. 할더는 프랑스와 영국의 움직임을 두려워하여 2주, 적어도 3주 내에 폴란드를 완벽하게 꺾어야 한다고 계획을 수립했지만, 실제로 그렇게 하지 못했다.* 이런 상황을 오판했던 연합국은 이런 천재일우의 기회를 놓쳐버리고 말았다.

10. 히틀러의 다음 명령

폴란드 전선을 마무리 지은 지 불과 보름도 되지 않은 10월 중순경 총통을 면담한 브라우히치와 할더를 비롯한 군부의 최고 수뇌부는 히틀러로부터 다음과 같은 경악스러운 명령을 하달받았다.

"이제 목표는 프랑스다. 11월경 프랑스를 침공할 수 있도록 준비를 하라."

11월이면 시간상 폴란드를 석권한 독일군을 재배치하기도 힘들었을 뿐만 아니라, 더 큰 문제는 상대가 프랑스라는 사실이었다. 아무리 육군최고사령부가 반히틀러 성향이 강한 프리치-베크 체제에서 상대적으로 온순한 브라우히치-할더 체제로 바뀌었다고는 하지만, 이번만큼은 순순히 따를 만한 명령이 아니었다. 군부 내에서 친히틀러 성향이 강한 라이헤나우는

---

* Christian Hartmann and Sergij Slutsh, *Franz Halder und die Kriegsvorbereitungen im Frühjahr 1939*, Paderborn: Schoeningh, 1997, pp.467-487.

물론이고 히틀러의 충복임을 자처하던 괴링이나 카이텔마저도 아직은 때가 아니라고 반대했을 만큼 11월 프랑스 침공은 히틀러에 대한 호불호의 문제가 절대 아니었다.

물론 프랑스와 영국은 독일에 선전포고를 한 교전국이었기 때문에 설령 독일이 프랑스를 도발한다 해도 하나도 이상할 것은 없었지만, 허무하게 막을 내린 자를란트 진공 이외에는 양측 모두 교전을 회피하고 있던 상황이었다. 겁쟁이라고 치부해도 좋을 만큼 연합국이 몸을 사리고 있기는 했지만, 그렇다고 독일이 마음대로 군사행동을 벌일 수 있는 입장도 결코 아니었다.* 계속되는 히틀러의 닦달에도 불구하고 군부가 극렬하게 반대하고 나온 이유는 간단했다. 상대인 프랑스는 당대 최고의 육군 강국이었고, 영국은 세계 최고의 해군 강국이었다. 한마디로 프랑스와 영국은 지금까지 싸운 상대들하고는 차원이 달랐다. 물론 지금 당장은 아니라 하더라도 언젠가는 프랑스와 일전을 피할 수 없다는 사실을 독일 군부 내에서 모르는 사람은 없었다. 오히려 베르사유 조약으로 많은 굴욕을 겪은 군부가 프랑스를 혼내주고 싶은 마음이 더 굴뚝같았다. 하지만 준비도 안 된 상태에서 프랑스를 공격하려는 히틀러의 성급한 행동이 독일을 망하게 할지도 모른다는 우려가 군부 내에 팽배하게 되었고, 신망이 높은 리터 폰 레프 Ritter von Leeb 같은 강골들의 주도로 쿠데타가 공공연히 모의되기까지 했다. 할더도 이에 적극적으로 참여했다고 알려졌는데,** 그러면서도 그는 참모총장으로서 프랑스 침공 준비를 게을리 하지 않았다. 적국과의 일전에 대

---

* 제프리 메가기, 김홍래 역, 『히틀러 최고사령부 1933~1945년』, 플래닛미디어, 2009, 170-171쪽.

** Peter Hoffmann, *The history of the German resistance: 1933-1945*, McGill-Queen's University Press, 1996, pp.134-135.

비하는 것은 군인의 당연한 본분이었고, 더구나 프랑스는 독일에 선전포고를 한 교전국이었다. 그는 총참모본부를 이끌어 황색 계획Fall Gelb이라 명명한 프랑스 침공 계획을 입안했다. 주공이 네덜란드와 벨기에를 돌파한 뒤 프랑스 북서쪽을 통해 파리를 점령한다는 계획이었다. 브리핑을 받은 독일군 최고 지휘관들은 모두 이구동성으로 똑같은 말을 했다.

"이거 뭐야? 슐리펜 계획의 재판이잖아?"

세부적인 내용에 있어서는 차이가 있었지만, 주공을 플랑드르Flandre 평원을 통과시켜 프랑스를 공격한다는 핵심은 슐리펜 계획과 같았다. 제1차 세계대전 당시 독일의 기본 전략이었던 슐리펜 계획은 상당히 훌륭한 전략이었지만, 전쟁을 승리로 이끌지는 못했고, 계획과 달리 지루한 참호전으로 일관하다가 종전을 맞이했다. 따라서 군부의 대다수에게 슐리펜 계획은 실패한 전략으로 뇌리에 각인되어 있던 상태였다. 하지만 그러면서도 막상 할더의 제안에 대해 어떤 반론도 제기하기 힘들었다. 독일 입장에서 실패할 가능성이 거의 100퍼센트에 가까운 마지노선 정면 돌파 작전안은 당연히 빼놓고 생각해야 했으므로, 결국 선택할 수 있는 방법은 그것밖에 없었다.*

사실 슐리펜 계획은 계획 자체가 허술해서가 아니라, 엄밀히 말해 이를 실행한 방법이 잘못되어서 실패하게 된 것으로 보는 것이 타당한데, 실패 요인으로는 애초 계획과 달리 서부전선의 일부 병력을 동부전선으로 돌려버리는 바람에 진군을 계속하기가 물리적으로 힘들었고, 또 통신 수단이 좋지 않아 거대한 전선을 효과적으로 통제하는 데 실패했던 점을 들 수 있다. 할더는 당시의 실패 요인을 세밀히 분석하고 이를 보완하여 계획을 수

---

* Karl-Heinz Frieser, *Blitzkrieg-Legende*, Oldenbourg Wissensch. Vlg, 1996, p.75.

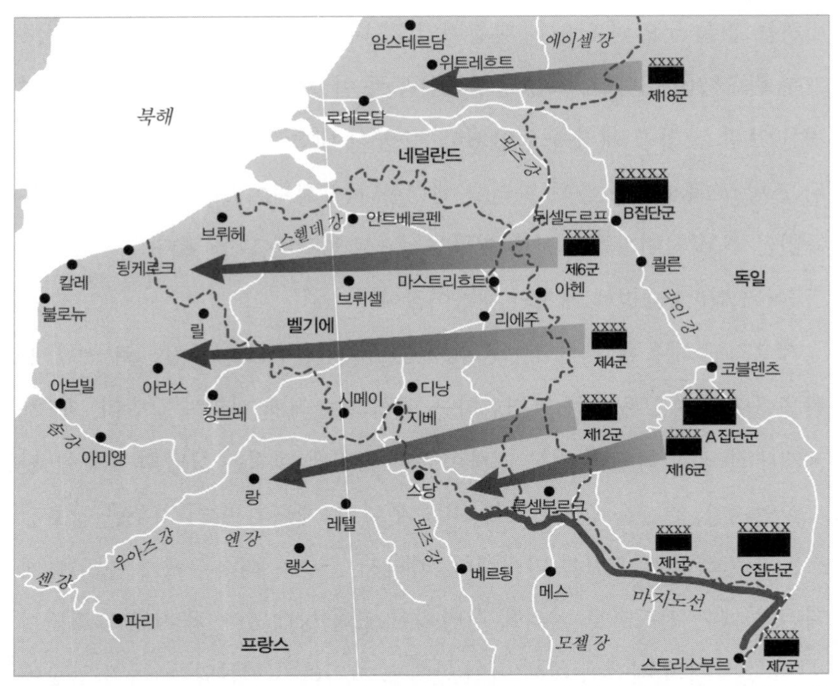

황색 계획 할더는 주공을 B집단군으로 하고 예하의 제6군과 제4군으로 하여금 벨기에를 신속히 돌파하게 하여 프랑스로 진격하는 계획을 수립했는데, 이는 제1차 세계대전 당시의 슐리펜 계획과 별반 차이가 없었다.

립했던 것이었다. 그런데 가장 큰 문제는 기습 효과가 없다는 점이었다. 슐리펜 계획은 독일-프랑스 국경에만 신경 쓰던 프랑스의 허를 찌르는 기습 효과가 있었던 데 반해, 할더의 황색 계획은 프랑스가 굳이 애쓰지 않아도 독일이 어디로 침공하리라는 것을 충분히 예견할 수 있을 정도였다. 다시 말해, 독일도 프랑스도 장차 전쟁이 개시되면 어떻게 전개될 것인지 뻔히 예견하고 있었다는 말이다.* 할더의 제안에 대해 반론을 제기하지

* 폴 콜리어 외, 강민수 역, 『제2차 세계대전: 탐욕의 끝, 사상 최악의 전쟁』, 플래닛미디어, 2008, 114쪽.

제1차 세계대전 후 프랑스는 방어가 승리를 담보한다는 맹신 때문에 마지노선이라는 엄청난 군사 건축물을 만들었다. 그러나 이런 견고한 방어물도 프랑스를 지켜주지 못했다.

못하면서도 우려의 목소리가 나왔던 것은 바로 이런 이유 때문이었다. 황색 계획대로 프랑스를 침공하면 플랑드르 평원이 사상 최대의 살육장으로 변할 가능성이 농후했지만 딱히 다른 대안이 없었다. 할더는 이러한 어려움을 극복해야만 프랑스를 굴복시킬 수 있다고 보았다.

11. 전혀 새로운 제안

지금까지의 승리에 도취되어 자신만만했던 히틀러는 할더의 제안을 보고받고 시큰둥해했다. 그 또한 제1차 세계대전 당시 서부전선에서 피를 흘렸던 관계로 뭔가 전혀 다른 획기적인 발상을 원했지만, 현실이 그러하지 못하다는 사실에 실망스러울 수밖에 없었다. 결국 1939년에만 무려 아홉 번이나 작전이 연기되었다. 그때마다 할더는 계획을 손보느라 부산을 떨었지만, 황색 계획의 기본 골격은 바뀌지 않았다. 바로 그때 황색 계획을 정면으로 비판하고 대안을 제시한 인물이 나타났다. 그가 바로 A집단군 참모장인 에리히 폰 만슈타인이었는데, 그는 적도 충분히 예견하는 황색 계획을 강력히 비판하면서 전혀 새로운 방향으로 주력을 돌파시켜 적을 대포위 섬멸하자는 작전안을 총참모본부에 건의했다. 그는 황색 계획에서 주공으로 예정된 B집단군 대신 전선 중앙을 담당하기로 되어 있던 A집단군을 아르덴Ardennes 고원지대로 통과시켜 적의 배후를 기습 강타하자는 의견을 내놓았다. 만슈타인이 제안한 아르덴 돌파구는 공격을 고심하는 독일은 물론이고 적도 전혀 예상하지 못한 곳이어서 상당히 참신했다. 만슈타인은 폴란드전에서 가능성을 보인 기갑부대를 더욱 집단화시켜 A집단군의 주공으로 삼아 제일 먼저 이곳을 통과시키자고 했다.*

하지만 할더는 만슈타인의 제안을 일언지하에 거절했다. 통로가 좁은 구릉지대로 대규모 침공군을 신속히 통과시키기는 불가능하다고 판단했고, 게다가 보병도 아닌 기갑부대를 주력으로 삼자는 의견은 더더욱 받아들일 수가 없었던 것이었다. 산악지대에서 전차가 기동하기 힘들다는 이유도 있었지만, 만들어진 지 얼마 되지 않은 귀중한 독일군 기갑부대를 한 군데로 몰아 작전을 펼치다가 일거에 날려버릴 수도 있다고 생각했기 때문이었다. 그러나 자신의 계획을 확신하던 만슈타인은 총참모본부의 기각에도 불구하고 계속 건의를 올렸고, 주변에 자신의 의견을 설파하고 황색 계획의 부당함을 알렸다. 할더는 이러한 만슈타인의 태도에 분노했고, 이를 자신과 총참모본부의 권위에 도전하는 항명으로 생각하여 그를 후방에

* 알란 셰퍼드, 김홍래 역, 『프랑스 1940』, 플래닛미디어, 2006, 46쪽.

신설된 제38군단장으로 전보시켜버렸다. 그런데 만슈타인이 자리를 옮긴 지 얼마 되지 않아 히틀러가 제38군단을 방문했고, 이때 만슈타인은 단독으로 히틀러를 면담하여 자신의 구상을 설명할 기회를 얻었다. 히틀러는 만슈타인의 구상에 적극 찬동하면서 황색 계획을 대신해 프랑스 침공안으로 채택하라는 명령을 육군최고사령부에 하달했다.

이후 낫질 작전Sichelschnitt으로 명명된 만슈타인의 계획대로 실시된 독일의 프랑스 침공은 그야말로 전사에 기념비적인 전쟁으로 명성을 남기게 되었다.* 당시 프랑스는 독일의 침공에 충분히 대비하고 있던 상황이었는데도 1940년 5월 10일 개시된 전쟁은 일방적으로 독일에게 우세하게 진행되었다. 독일의 엄청난 진격 속도에 놀란 것은 비단 패배한 프랑스뿐이 아니었다. 공격을 가하던 독일도 혹시 우리가 제대로 공격하고 있는 것이 맞나 하고 뒤를 돌아다볼 만큼 놀라운 속도로 진격하고 있었다. 당대 육군 강국 프랑스는 독일 침공 불과 한 달 만에 두 손을 들고 자비를 바라는 처지가 되었다.

12. 권력의 시녀가 되어가는 군부

여기서 우리는 한 가지 짚고 넘어가야 할 것이 있다. 프랑스 침공이 너무 성급하다며 격렬히 반대하던 군부가 결국에는 히틀러의 고집을 꺾지 못했고, 더군다나 총참모본부가 제안한 황색 계획을 히틀러가 일거에 뒤

---

* Julian Jackson, *The Fall of France: The Nazi Invasion of 1940*, Oxford University, 2003, p.30.

집어버렸다는 사실에 주목할 필요가 있다. 할더와 총참모본부가 만슈타인의 계획을 전혀 몰랐던 것도 아니고 오히려 반대했는데도, 히틀러가 만슈타인의 계획에 힘을 실어주자 황색 계획은 순식간에 용도 폐기되었다. 이것은 또 하나의 권력이던 독일 군부가 이제 히틀러의 밑으로 완전히 들어가게 되었음을 의미하는 것이었다.

낫질 작전을 전격적으로 채택하게 된 과정뿐만 아니라 프랑스 침공이 한창 진행 중이던 5월 24일 히틀러가 A집단군을 방문하여 즉석에서 독일군의 진격을 멈추게 한 사례는 당시 군부의 권위가 서서히 바닥으로 떨어지고 있었음을 보여준다. 완전히 포위되어버린 적을 향한 최후의 진격을 멈추라는 히틀러의 명령은 할더뿐만 아니라 독일군 전체를 경악하게 만들었다.* 이러한 명령 내용도 그렇지만, 육군최고사령부를 배제하고 일방적으로 현장에서 히틀러가 간섭한 것은 독일 참모제도의 근간을 뒤흔드는 사건이었다. 그런데 이러한 히틀러의 태도에 이의를 제기했다는 기록은 찾아보기 힘들다. 이것은 프로이센 이래 역대의 독일 권력자들이 존중하던 독일군 총참모본부의 권위는 사라지고 반대로 군부가 권력의 시녀로 변해가고 있다는 증거였다. 만일 할더가 이런 상황을 못마땅해하고 자존심을 지키려 했다면 참모총장 자리에서 물러나야 했으나, 그는 그렇게 하지 않았다. 어쩌면 1940년에 있었던 프랑스 전역의 위대한 승리가 이러한 모든 것들을 드러나지 않게 덮어버렸는지 모른다.

1940년 여름 독일의 프랑스 점령은 독일이 유럽의 강자로 등극했음을 알리는 중요한 사건이었다. 이러한 프랑스전을 승리로 이끄는 데 히틀러

---

* 제프리 메가기, 김홍래 역, 『히틀러 최고사령부 1933~1945년』, 플래닛미디어, 2009, 186-187쪽.

가 중요한 역할을 했다는 것은 결코 부인할 수 없는 사실이었다. 이로 인해 히틀러의 권력은 더욱 강화되었고, 반면에 군부의 권력은 작아져만 갔다. 할더는 수장으로 있으면서 전통이 깊은 독일 육군 총참모본부가 서서히 약해져가는 모습을 지켜봐야만 했다. 하지만 역설적이게도 그가 참모총장으로 재직하던 당시 제3제국은 독일 역사상 최대의 팽창기를 맞고 있었다. 그는 유럽의 강자로 등극한 독일 육군의 참모총장이었지만, 히틀러의 간섭으로 인해 점차 힘을 잃어가고 있었다. 끊임없는 정복욕을 주체하지 못하는 히틀러는 다음 명령을 할더에게 하달했다. 히틀러의 다음 목표는 바로 소련이었다.

13. 예정된 무서운 전쟁

이런 히틀러의 명령에 할더는 그리 놀라지 않았다. 프랑스 전역이 마무리되면 분명히 다음 목표가 소련임을 그 또한 잘 알고 있었을 만큼, 독일의 소련 침공은 군부 핵심들에게는 이미 공공연한 비밀이었다. 프랑스 전역에서 독일이 거의 피해도 입지 않고 놀라울 만큼 빠른 속도로 승리를 거두자, 그러한 순간이 생각보다 빨리 다가왔다고 생각했을 뿐이었다. 준비성이 강한 할더는 이미 대강의 계획을 미리 고안해놓고 있었는데, 가장 큰 문제는 광활한 소련 영토였다. 소련 영토는 폴란드나 프랑스처럼 단기간 내 일거에 정복하기에는 너무 컸고, 한곳으로 주력을 투입하기도 곤란했다. 할더는 모스크바를 정점으로 하는 1차 진격선을 설정하고, 봄에 침공을 개시하여 겨울이 오기 전까지 이곳으로 진출한 후 겨울 동안 부대를 재편하여 다음해에 우랄 산맥 인근의 AA선Arkhangelsk-Astrakhan Line을 2차 진격선으로 삼아 전진하여 점령하는 것을 목표로 삼았다.* 우랄 산맥 서쪽은 소련 전체 영토의 25퍼센트 정도 수준이었지만, 소련 인구와 국부의 60퍼센트 이상이 몰려 있었기 때문에, 이곳의 정복은 곧 소련의 종말을 의미했다.

하지만 프랑스에서 됭케르크 포위로 모든 것을 끝냈던 것처럼 1차 진격선 내에서 소련군을 철저하게 궤멸시킴으로써 소련군의 저항 의지를 꺾어 겨울이 오기 전에 전쟁을 끝내는 것이 독일의 최우선 목표였다. 소련에게 시간을 준다는 것은 절대적으로 불리한 요소임을 독일 군부 내에서 모르는 사람이 없었다. 할더는 소련이 적어도 1년 이상의 시차를 두고 순차적으로 점령해야 할 거대한 땅이지만, 처음 6개월 내에 모든 것을 끝내야 하고, 적어도 두 곳 이상의 진격로를 선정하여 전 전선에 걸쳐 동시다발적으로 소련군을 밀어 붙어야 한다고 생각했다. 할더는 그러기 위해서는 적어도 400여 만 명이라는 인류 역사상 최대의 원정군이 필요하다고 판단했지만, 히틀러는 보수적인 할더의 의견과 달리 소련군을 과소평가했다. 그래서였는지 소련 침공을 바로 코앞에 두고 베니토 무솔리니Benito Mussolini의 요청에 화답하여 군부의 반대에도 불구하고 북아프리카에 원정군을 파견했고 발칸 반도의 분쟁에도 적극 개입했다.**

결국 소련 침공에 관한 모든 계획은 히틀러의 의지대로 진행되었다. 히틀러는 할더와 총참모본부가 바바로사 작전Operation Barbarossa으로 명명된 소련 침공 작전을 수립하는 과정에도 심하게 관여했다. 바바로사 작전은 북

---

* A. J. P. Taylor and S. L. Mayer, *A History of World War Two*, Octopus Books, 1974, p.107.

** 폴 콜리어 외, 강민수 역, 『제2차 세계대전: 탐욕의 끝, 사상 최악의 전쟁』, 플래닛미디어, 2008, 574-575쪽.

부 · 중부 · 남부집단군으로 나뉜 총 3개 병단이 각각 전략 요충지인 레닌그라드Leningrad, 모스크바, 로스토프Rostov를 1차 진격선으로 삼아 겨울이 오기 전에 완전히 점령하는 것을 목표로 삼았다. 원래 할더는 봄에 작전을 개시하려 했는데, 히틀러가 발칸 반도 문제에 개입하는 바람에 개전 시기를 놓치자, 총참모본부는 차라리 1942년 봄으로 침공 시기를 연기하고 그 사이에 전력을 좀더 확충하기를 원했다. 하지만 히틀러는 즉시 개전할 것을 명령했고, 결국 1941년 6월 사상 최대의 전쟁이 벌어지게 되었다.*

14. 무리한 계획

모든 군사 작전은 당연히 승리를 목표로 하고 있다. 현명한 계획 입안자라면 최악의 경우도 함께 상정하여 미리미리 대비책을 마련해야 하는데, 히틀러의 입김이 작용한 바바로사 작전은 너무나 낙관적인 시나리오였다. 독일은 우선 준비가 부족했다. 개전 당시 50여 만 명의 동맹군을 포함한 총 350여 만 명으로 구성된 원정군은 사상 최대 규모였지만, 총참모본부가 필요하다고 추산한 최소 400만 명의 병력에는 크게 모자랐다. 또한 원활히 작전을 펼치기 위해서는 적어도 1만 대 이상의 전차가 필요했지만, 독일이 소련 침공 전에 동원할 수 있는 전차는 총 3,000대를 넘지 못했다. 게다가 주공을 3개의 병단으로 나눈 것도 일종의 만용에 지나지 않았다.

물론 소련이 워낙 땅덩어리가 넓어서 일거에 석권하려면 주공을 여러 곳으로 분산할 수밖에 없었겠지만, 세 곳으로 나누어야 했는지는 사실 의

* 존 G. 스토신저, 임윤갑 역, 『전쟁의 탄생』, 플래닛미디어, 2009, 81쪽.

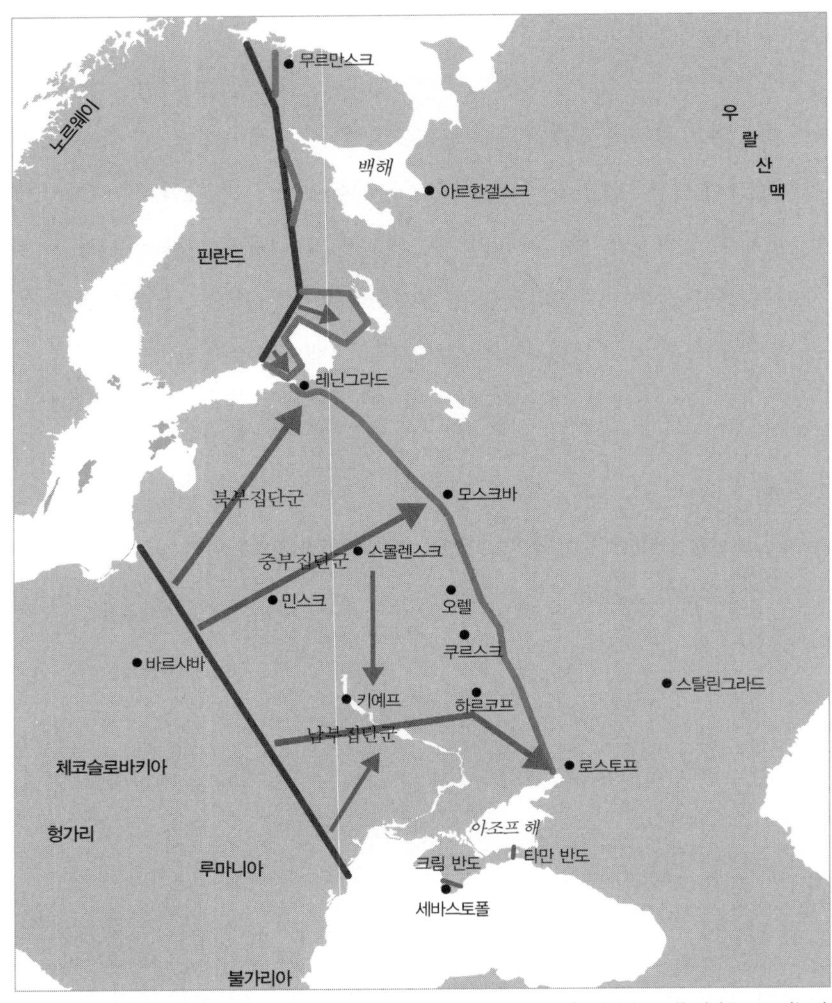

바바로사 작전 독일의 소련 침공 계획인 바바로사 작전에서 독일은 침공군을 지역별로 3개 집단군으로 나누어 소련의 전략 거점을 1941년 내 신속히 점령하도록 계획했고, 할더도 이를 낙관적으로 생각했다. 하지만 소련의 항전 의지와 잠재력을 과소평가한 무리한 계획이었음이 머지않아 입증되었다.

문이다. 설령 주공을 그렇게 나누었다 하더라도 마치 빗자루로 마당을 쓸 듯이 소련의 구석구석까지 군홧발을 남기며 침공하기는 애초부터 불가능했다. 12세기 몽골군은 면이 아닌 선만 점령하여 러시아를 150년간 지배했고, 당대 최강의 원정군이었던 60만 명의 그랑드 아르메La Grande Armée *를 이끌고 러시아로 달려간 나폴레옹도 모스크바로 향한 단일 진격로를 선택했다. 나폴레옹은 점령지를 계속 확보할 능력이 없어 결국 원정에는 실패했지만, 군사적으로 처음 목표했던 모스크바를 점령하는 데는 성공했다.**

따라서 이처럼 최소한의 조건도 갖추지 못한 상태에서 소련을 굳이 침공한다면, 전력을 최대한 집중하여 최단거리를 가르고 들어가 가장 우선시되는 전략 거점을 재빨리 제압할 전략이 필요했다. 그런데도 독일은 모든 것을 차지하기 위해 부족한 전력을 분산하여 면을 확보하려 했다. 게다가 여러 문제에 관여하느라 원래 개전 시점으로 잡은 봄이 아닌 여름에 침공을 개시하는 바람에 너무 과중한 진격 목표가 부과되었다. 침공 후 첩첩으로 가로막고 있는 소련군을 붕괴시키며 1941년 10월까지 독일군이 보여준 놀라운 진격은 독일군의 신화로 남게 되었지만, 사실 이면의 상황은 정반대였다. 그때까지 목표를 달성한 병단은 만슈타인이 선봉에 서서 맹활약한 북부집단군밖에 없었다. 중부집단군과 남부집단군도 곳곳에서 대승을 거두기는 했지만, 사실 진격 예정 목표를 달성하지는 못했다.***

가장 큰 이유는 개전이 3개월이나 연기되었으면서도 데드라인은 그대로였기 때문이었다. 당연히 독일군에게 과중한 진격 목표가 제시되었고, 이를 달성하기 위해 독일군은 소련군과 격전을 치르며 밤낮없이 앞으로

---

* 1805년 나폴레옹 1세가 명명한 프랑스군을 중심으로 한 군대의 명칭.

** Charles Minard, Figurative Map of the successive losses in men of the French Army in the Russian campaign 1812-1813, 1869.

*** Arvato Services, *Army Group North: The Wehrmacht In Russia*, Arvato Services Production, 2006.

달려 나가야 했다. 선전 영화에는 전차와 기계화부대가 먼지를 내며 초원을 가로질러 달려가고 있었지만, 실제로는 두 발과 우마차에 의지한 부대가 대부분이었을 만큼 독일군에게는 장비도 충분하지 않았다. 1939년 이래로 계속된 승리를 당연한 것으로 받아들였던 군인들도 이러한 끝도 없는 전진에 서서히 지쳐가고 있었지만, 속도를 늦추거나 쉴 수는 없었다. 러시아의 겨울에 대해 잘 알고 있어서 눈이 내리기 전에 모스크바를 비롯한 목표 지점에 반드시 도달해야 했다.* 하지만 전선의 독일군들은 물리쳐도 물리쳐도 화수분처럼 계속 나타나는 소련군의 저항에 질려가고 있었다. 반면, 독일이 소모한 병력이나 장비가 보충되는 데 많은 시간이 필요했다. 겉으로 보이는 대승의 이면에 이렇게 보이지 않는 상처가 많았다. 처음부터 준비도 부족하고 전력을 분산한 채 벌인 성급한 침공이었다고 생각하던 할더의 우려가 서서히 모습을 드러내고 있었던 것이었다.

15. 작전의 종말

더구나 8월부터 9월 사이에 많은 반대를 무릅쓰고 히틀러의 주도로 주력을 우회시켜 벌인 키예프 전투는 동부전선의 어두운 서막을 열었다. 이제 히틀러의 독단을 막을 세력은 군부에 없었고, 역사적 전통과 권위를 자랑하는 총참모본부는 형식적인 기구로 전락하게 되었다. 키예프 전투 후 독일이 전열을 재정비하여 진격을 재개하고자 했을 때 모든 것은 헝클어

---

* 폴 콜리어 외, 강민수 역, 『제2차 세계대전: 탐욕의 끝, 사상 최악의 전쟁』, 플래닛미디어, 2008, 585쪽.

져 있었다. 바바로사 작전의 목표는 이제 달성 가능할 것으로 보이지 않았고, 기온이 곤두박질치며 눈발이 날리기 시작하자 결국 계획을 변경할 수밖에 없었다. 할더는 다른 방향의 공격을 모두 정지시키고 전력을 중부집단군에 집중시켜 오로지 모스크바라는 하나의 목표물을 차지하기 위해 태풍 작전Operation Typhoon을 시행했다.

결과적으로 공간을 내어주고 시간을 얻은 소련은 모스크바 방어에 성공했고, 독일은 최초 계획한 목표를 점령하지 못한 채 그해 겨울에 진격을 멈추어야 했다. 이로써 독일의 팽창은 끝이 났다. 일선의 지휘관들은 동계전투의 어려움을 호소하며 전략적 후퇴를 건의했다. 구데리안 같은 일부 지휘관은 직접 부대를 후퇴시키기도 했으나, 돌아온 대답은 히틀러의 노여움과 해임 조치뿐이었다. 이때 히틀러는 우유부단하고 일선의 말을 곧잘 수용하던 육군 총사령관 브라우히치를 해임하고 직접 본인이 그 자리를 겸임했다. 역설적이지만 지금까지 권위에 비해 권한이 약했던 육군 총사령관은 독일에서 가장 강력한 자리가 되었고, 할더는 히틀러의 참모장이 되었다. 하지만 지금까지 겪었던 것처럼 할더도 그의 진언을 히틀러가 순순히 받아들일 것이라고는 생각하지 않았다.*

하지만 엄밀히 말하면, 히틀러의 간섭 없이 할더의 제안대로 작전이 수립되고 그대로 진행되었어도 결코 소련을 굴복시키지는 못했을 것이다. 할더는 1차 진격선까지 3주 정도의 부대 재편 시간을 포함하여 15주면 독일이 충분히 이곳까지 점령할 것으로 예상했다. 작전이 여러 가지 돌발 변수로 인해 예상보다 늦은 6월에 개시된다 하더라도, 10월이면 모스크바에 당도할 수 있을 것으로 보았다. 한마디로 할더 또한 히틀러만큼은 아니었

---

* http://en.wikipedia.org/wiki/Battle_of_Moscow.

1941년 겨울 동부전선에서 작전을 펼치는 독일군 전차부대의 모습. 그해를 끝으로 독일의 팽창은 막을 내렸다.

지만, 소련군을 너무 얕잡아 보고 낙관적으로 생각했던 것이었다.* 아니 엄밀히 말하면, 소련군이 아니라 소련이라는 나라의 잠재력을 무시했던 것이었다. 결과적으로 1차 목표선을 점령하지는 못했지만, 부근까지 근접하면서 무려 500만 명의 소련군과 무지막지한 장비를 녹여버렸는데도 불구하고 소련의 저항은 계속되었다.** 유럽의 강국 프랑스도 단 한 차례의 결정타로 백기를 든 것에 비추어볼 때, 이 정도면 분명히 소련이 의지가 꺾여 항복하거나, 아니면 독일의 의도대로 전쟁이 일사천리로 수월히 진행되어야 했는데도 오히려 시간이 갈수록 독일은 힘들기만 했다. 한마디로 모든 것이 잘못된 작전이었고, 소련이라는 나라는 계획한 대로 쉽게 차지할 수 있는 나라가 아니었던 것이었다.

이와 더불어 전선의 상황을 더욱 꼬이게 만든 것이 있었는데, 그것은 바

---

* 제프리 메가기, 김홍래 역, 『히틀러 최고사령부 1933~1945년』, 플래닛미디어, 2009, 226-228쪽.

** David M. Glantz, *Barbarossa: Hitler's Invasion of Russia 1941*, Tempus, 2001, pp.133-142.

로 잘못된 점령지 통치 정책이었다. 소련은 스탈린의 폭압 정치 때문에 국민들의 반감이 심각한 상태였으므로, 민사 정책만 제대로 편다면 독일이 점령지를 쉽게 통치할 가능성이 높았다. 그런데 나치는 말살과 억압 정책으로 통치했고, 이런 정책은 결국 전선 배후의 안전을 담보하지 못하는 결과를 초래하게 되었다.

16. 이길 수 없는 전쟁

점령지에서 자행된 나치의 반인륜적인 범죄 행위는 종전 이후 전범을 가리는 최우선 기준이 되었을 정도였다. 게슈타포Gestapo나 친위대는 이러한 악랄한 범죄 행위를 앞장서서 자행한 주체였고, 이 때문에 전쟁 후에 엄중히 처벌을 받아야 하는 전범 집단으로 낙인찍혔다. 사실 최전선에서 적과 얼굴을 마주 대하고 싸우기 바쁜 정규군이 굳이 이런 행위를 자행하는 데 별도로 시간을 할애할 필요는 없었을 것이고, 애초 군사작전을 입안할 때부터 군사적으로 전혀 불필요한 행위라 할 수 있는 점령지 학살 행위 같은 문제는 논외로 생각했을 것이다. 하지만 전쟁이라는 극한 상황에서 국방군조차도 이 문제에서 완전히 자유로울 수는 없었다. 설령 그런 상황을 원하지 않았다 하더라도 국방군의 무력은 이러한 전쟁 범죄 행위가 후방에서 거리낌 없이 자행될 수 있게 해준 든든한 방패막 역할을 했기 때문이었다. 요하네스 블라스코비츠Johannes Blaskowitz처럼 점령지에서 나치와 친위대가 자행하는 범죄 행위의 중지를 요구하여 히틀러를 격분시킨 양심적인 인물도 있었지만,* 대부분 권력에 굴복하여 알면서도 애써 모르는 척하는 경우가 사실 더 많았고, 라이헤나우처럼 적극 가담하는 경우도 있었다.** 할더는 애초부터 나치에 호의적이지 않았고 이런 잔악 행위가 부당한 것임을 잘 알았지만, 현직에 있을 때 특별한 의견을 제시하지는 않았다. 히틀러는 하류 인종으로 여기는 슬라브인, 유대인, 동방민족들의 국가인 소련이 우월한 독일을 절대로 이길 수 없으리라는 만용에 가까운 생각을 처음부터 하고 있었는지도 모르겠지만, 한 명의 병력도 아쉬운 상황에서 독일에 우호적인 상대마저도 적으로 만들어버리고 더불어 이런 정책을 수행하기 위해 전력을 낭비하는 행위는 결국 제3제국의 명을 단축하는 비수가 되었다.

모스크바를 사수하겠다는 의지를 가진 소련의 대대적인 반격으로 인해 소련 침공 이후 처음으로 전선이 뒤로 물러나는 상황이 닥치자, 일선의 지휘관들은 일단 후퇴하여 전선을 축소시켜 겨울을 넘기자는 요구를 계속했고, 할더도 이에 동조하며 히틀러의 동의를 구하려 했다. 하지만 브라우히치를 본보기로 해임시키고 스스로 육군 총사령관에 오른 히틀러의 명령은 '후퇴불가 현지사수'였다.* 그리고 이 시기를 전후하여 히틀러는 자신의 명령에 이의를 제기하거나 자의적으로 부대를 후퇴시킨 수많은 장군들을 순차적으로 해임시켰다. 독일군의 전성기를 야전에서 이끌어온 북부집단군 사령관 레프, 중부집단군 사령관 페도르 폰 보크Fedor von Bock, 남부집단군 사령관 게르트 폰 룬트슈테트Gerd von Rundstedt, 제2기갑군 사령관 구데리

---

* http://en.wikipedia.org/wiki/Johannes_Blaskowitz.

** 1941년 10월 10일 하달된 이른바 라이헤나우 명령서Reichenau Order를 근거로 라이헤나우가 국방군이 친위대의 학살 행위에 적극 협조하라고 지시한 인물이라고 알려져 있는데, 라이헤나우가 그 위치에 있었기 때문에 어쩔 수 없이 서명만 했을 뿐이었다는 의견도 있다. 하지만 공식 문서에 서명했다는 사실 자체가 무엇보다도 중요했기 때문에 그는 이에 대한 책임으로부터 결코 자유로울 수 없었다.

* 제프리 메가기, 김홍래 역, 『히틀러 최고사령부 1933~1945년』, 플래닛미디어, 2009, 333쪽.

안, 제4기갑군 사령관 에리히 회프너Erich Hoepner, 제9군 사령관 아돌프 슈트라우스Adolf Strauss 같은 수많은 명장이 군복을 벗었는데, 공교롭게도 이들 중 상당수는 반나치 성향의 인물들이었다.

할더는 히틀러의 군부 장악과 더불어 그 동안 군부를 지탱해온 수많은 명장들이 물러나는 모습을 보면서 그가 할 수 있는 일이 그리 많지 않다는 것을 깨달았다. 그런데 아이러니하게도 히틀러가 군부를 완전히 장악한 그 시점부터 독일의 몰락이 시작되었다. 비록 소련이 전술적으로는 많은 피해를 입었지만 전략적으로 승리를 거둔 1941년 12월의 모스크바 공방전은 그러한 징조의 시작이었다. 이제 국방군은 히틀러의 손아귀에 완전히 들어왔고, 전통의 총참모본부도 독일군의 싱크탱크가 아닌 히틀러의 명을 받들어 입맛에 맞는 세부 계획만 수립하는 기구로 전락했다.

발터 모델Walther Model의 지휘로 제1차 르제프 전투The 1st Rzhev Battles에서 승리를 거두어 소련의 동계 공세를 저지하고 전선을 안정화시키는 데 성공한 히틀러는 1942년에 공세를 재개할 결심을 하고 할더에게 작전을 짜라고 지시했다.* 할더는 독소전 개시 후 지난 6개월간의 전과를 돌이켜보았다. 그는 무려 2,000킬로미터를 전진했으면서도 1941년 겨울 이전에 점령을 목표로 했던 1차 진격선까지 도달하지 못한 가장 큰 이유를 애초 우려대로 주공을 세 방향으로 나눈 것에서 찾았다. 한마디로 이는 독일의 능력을 벗어난 것이었다. 따라서 1942년의 새로운 공세는 전략적 목표를 한곳으로 설정하고 이를 위해 다른 전선은 현 상태를 고수하기로 했다. 지난 겨우내 흐트러진 전선을 안정화시키기보다 일각이라도 돌파하는 새로운

---

* Christian Hartmann and Sergij Slutsh, *Franz Halder und die Kriegsvorbereitungen im Fruhjahr 1939*, Paderborn: Schoeningh, 1997, p.420.

공세를 계획한 것을 보면, 이때까지도 할더는 소련의 어마어마한 잠재력을 정확히 모르고 있었던 것이 분명하다.

17. 청색 계획의 끝

총참모본부는 모스크바처럼 상징적인 곳보다 현실적인 목표를 선정했는데, 그곳이 바로 소련의 국부가 집중되어 있는 코카서스Caucasus였다. 히틀러도 총참모본부가 제안한 청색 계획Fall Blau에 동의했고, 6월에 새롭게 개시될 공세를 위해 기존의 남부집단군을 A·B집단군으로 나눈 후 대폭 증강하기 시작했다. 할더는 B집단군이 전선을 볼가Volga 강까지 밀어붙여 진격로를 엄호하는 동안 A집단군에게 요충지 코카서스로 들어가 점령하도록 지시했다.* 모든 준비가 완료되자, 6월 28일 대대적인 진격을 개시했다. 태풍 작전 후 6개월 만에 재개된 독일의 대대적 공세였는데, 독일은 1년 전에 보여준 무서운 실력을 유감없이 재현했고, 그때처럼 소련군은 맥없이 무너져 내렸다.

그런데 독일이 진격을 개시한 지 두 달 만에 이상한 조짐이 나타났다. B집단군 예하의 제6군이 점령하기로 되어 있던 스탈린그라드Stalingrad에서 문제가 생겼던 것이었다. 지금까지와 달리 소련군의 저항이 만만치 않았고, 도심으로 들어가면서 진격에 애를 먹었다. 스탈린그라드는 도시 자체가 전력을 무한 소진시키는 거대한 블랙홀로 변하기 시작했다.** 예전에

---

* Peter Antill, *Stalingrad 1942*, Osprey, 2007, pp.17-19.
** Jeremy Isaacs, The World at War: Part 9. Stalingrad, Thames Television, 1973.

독일이 이 정도 공세를 가하면 소련의 저항 의지는 쉽게 꺾였는데, 자신의 이름이 걸려 있는 이곳을 사수하려는 스탈린의 의지 때문에 이번만큼은 달랐다. 이와 더불어 소련의 극렬한 저항은 히틀러가 이 도시에 더욱 매달리도록 만들었다. 두 악마의 자존심 때문에 양보하지 않는 격전이 계속 이어졌다. 할더는 청색 계획의 본질을 흐트러뜨리는 이런 상황에 당황했다.*

9월 초가 되자, 30여 개 사단을 무장시킬 수 있는 병력과 물자가 스탈린그라드에서 녹아내렸다. 스탈린그라드에 집중되고 있는 독일의 전력이 감당할 수 있는 한계를 넘어섰다고 판단한 할더는 앞으로도 상황이 더 나빠질 것으로 보고 히틀러에게 진언했다. 애초 목표는 A집단군이 담당하는 코카서스이고 스탈린그라드는 B집단군이 밀어붙일 볼가 강 전선의 일부이니, 굳이 점령하기 힘들면 도심에서 빠져나와 외곽에서 포위하자고 제안했다. 하지만 히틀러는 할더의 진언을 거부했다. 1941년 가을, 육군이 점령하기를 희망하던 레닌그라드를 외곽에서 봉쇄만 하도록 명령을 내린 바 있던 히틀러가 이번에는 반대로 행동했다. 할더뿐만 아니라 현지에서 고군분투하던 야전 지휘관들도 히틀러에게 스탈린그라드에 너무 집착하지 말 것을 요청했지만, 히틀러의 의사는 분명했다. 그는 지금까지 쏟아부은 것이 아까워서라도 이미 폐허로 변한 스탈린그라드를 반드시 차지해야 했던 것이었다.

결국 원대했던 청색 계획의 목표는 완전히 바뀌었고, 독일의 모든 것은 오로지 스탈린그라드에만 집중되었다. 할더는 이것이 상당히 위험한 상황임을 경고하며 또 다시 진언을 올렸으나, 히틀러는 이를 패배적인 발상으로 치부하며 그를 전격 해임했다. 9월 24일 할더의 후임으로 프랑스에 주

---

* Encyclopedia Britannica, Battle of Stalingrad.

소련은 놀라운 인내력으로 스탈린그라드를 방어해냈고, 이것은 제2차 세계대전의 균형추를 바꾸는 계기가 되었다.

둔한 D집단군의 참모장이었던 쿠르트 차이츨러Kurt Zeitzler가 발탁되어 제3제국의 제3대 육군 참모총장에 취임했다.* 하지만 히틀러의 이런 조치에도 불구하고 할더가 군복을 벗은 지 3개월 만에 스탈린그라드의 혈전은 70여 개 사단을 무장시킬 수 있는 병력과 물자를 투입하고도 독일의 패배로 막을 내렸다. 독일은 소모된 것을 즉시 복구할 능력이 모자랐고, 전선의 균형추는 이제 소련 쪽으로 기울기 시작했다. 이제부터 전쟁은 할더의 우려처럼 최악의 시나리오대로 흘러갔다.

---

* 제프리 메가기, 김홍래 역, 『히틀러 최고사령부 1933~1945년』, 플래닛미디어, 2009, 370-371쪽.

18. 가장 영광된 시기를 책임진 힘없는 참모총장

해임된 할더는 야인으로 지냈는데, 반나치 성향의 인물이라는 점 때문에 전직 참모총장임에도 불구하고 요주의 인물로 분류되어 게슈타포의 감시를 받았다. 자료에 따르면, 히틀러는 만일 자신이 제거된다면 군부 내에서 신뢰가 두터운 할더가 권력을 차지할 수 있는 인물들 중 하나라고 생각했다고 한다. 이러한 우려대로 할더는 1944년 7월 20일 히틀러 암살미수 사건이 발생하자, 다음날 사건에 가담한 관련 혐의자로 체포되었다. 당시 사건에 가담한 수많은 인물들이 사형되거나 자살했다. 그러나 할더는 그의 성향으로 보아 의심은 가지만 나치도 뚜렷한 혐의점을 발견할 수 없었는지, 1945년 1월 31일 미군에 의해 석방될 때까지 수용소에 수감되었다. 이후 할더는 2년간 전쟁 관련자 혐의로 연합군에 의해 일시 수감되었으나, 육군 참모총장임에도 반나치 성향의 인물이었고 단지 정권의 명령에 따라 군인으로서의 임무를 수행한 것 이외에 전쟁 범죄에 가담했다는 특별한 혐의가 발견되지 않아 1947년에 석방되었다. 그 뒤 그는 미 육군에서 제2차 세계대전 전쟁사를 기술하는 업무에 종사했다. 그가 기술한 내용은 오늘날 중요한 전쟁사 자료로 사용되고 있다.*

할더가 해임되던 당시는 스탈린그라드 공방전이 최고조로 치닫던 시기였다. 따라서 할더는 제3제국이 군사적으로 팽창하기 위해 본격적으로 시동을 건 1938년 9월에 참모총장에 취임하여 가장 극성기인 1942년 9월까지 근무한 셈이었다. 군사적으로만 따져보았을 때, 그는 제2차 세계대전 당시 독일군의 가장 영광된 시기를 책임졌던 참모총장이었다. 그가 독일

---

* http://en.wikipedia.org/wiki/Franz_Halder.

육군의 총참모본부를 이끌었을 때의 업적만 놓고 본다면, 1808년 프로이센의 초대 참모총장으로 부임한 게르하르트 폰 샤른호르스트Gerhard von Scharnhorst 이래 가장 거대한 군사적 결과를 남긴 참모총장이라고 할 수 있을 것이다. 역사적으로는 물론 독일 통일을 완수한 대몰트케나 알프레트 그라프 폰 발더제Alfred Graf Von Waldersee의 업적이 더욱 크고 대단하지만, 단지 군사적인 면만 놓고 본다면 1942년이 독일 역사상 가장 큰 대외적 팽창을 이루었기 때문이다.

하지만 그럼에도 불구하고 할더는 가장 힘이 없는 참모총장이기도 했다. 전통적으로 독일 참모총장은 또 하나의 권력인 군부를 이끌고 대표하는 실세였지만, 할더는 그렇지 못했다. 할더는 나치와 히틀러를 탐탁지 않게 생각했지만, 그들에 의해 참모총장이 되었고, 그들이 군부를 정권의 하수인으로 장악해가는 과정에서 군부의 권위를 지키기 위한 별다른 역할을 하지 못했다. 히틀러에게는 뛰어난 장군들이 많았는데, 이러한 장군들이 그 능력을 제대로 펴지 못하도록 가장 많이 방해한 인물이 바로 히틀러였다. 이러한 히틀러의 아집과 편집증 때문에 전쟁이 벌어지고 나서 많은 장군들이 역사에 등장하게 되었지만, 그나마 다행인 것은 히틀러가 그들이 더욱 크게 되는 것을 용납하지 않았다는 사실이다. 할더는 자신의 임무에 충실하고자 했던 참모총장이었지만, 역사적으로 볼 때 그 정도에서 자신의 역할을 끝낸 것이 어쩌면 다수에게는 오히려 좋은 일이 되었는지도 모른다.

프란츠 리터 할더

1931~1934	제6사단 참모장
1934~1935	제7포병대장
1935~1936	제7사단장
1936~1937	총참모본부 참모
1937~1938	제2참모차장
1938~1938	제1참모차장
1938~1942	참모총장
1942~1944	예비역
1944~1945	히틀러 암살미수사건으로 수감
1945~1947	전범으로 수감

part. 3

제3제국의 영원한 원수

원수 칼 루돌프 게르트 폰 룬트슈테트

Karl Rudolf Gerd von Rundstedt

여러 차례 낙마했으면서도 그때마다 오뚝이처럼 다시 일어나 정상의 위치를 회복한다는 것은 어려운 일이다. 그는 이미 전쟁이 일어나기 전에 히틀러에 의해 강제로 군복을 벗었지만, 즉시 일선부대의 최고 수장으로 복귀하여 제2차 세계대전 내내 야전에서 보낸 인물이었다. 그는 독일 군부의 최고 원로로 프로이센군의 전통과 가치를 숭상하여 부하들로부터 많은 존경을 받은 반면, 그에게 명령을 내리는 히틀러와 나치 정권과는 관계가 좋지 못했다. 이 때문에 그는 가장 높은 위치에서 야전을 누비고 다니며 놀라운 승리를 이끌어낸 주역인데도 툭하면 타의에 의해 자리에서 물러나야만 했다. 그럼에도 불구하고 그때마다 얼마 가지 않아 현역으로 다시 복귀하여 최고 지휘관으로 맡은 바 임무를 다했다. 히틀러가 인사권을 행사한 장군들 중에서 그 예를 찾아보기 힘들 만큼 수차례 등락을 거듭하며 최고 자리에서 제2차 세계대전을 지휘한 인물, 그가 바로 원수 칼 루돌프 게르트 폰 룬트슈테트다.

1. 건의를 항명으로 받아들인 히틀러의 선택

제3제국에는 어쩌면 너무 과분할 정도로 뛰어난 장군들이 많았다. 그런데 재미있는 사실은 전사에 길이 남을 만큼 뛰어난 명장들을 히틀러는 스스로 내쳐버렸고, 그 결과 전쟁 말기로 갈수록 입에 발린 소리만 잘하는 소인배들만 주변에 남게 되었다는 점이다. 가장 어처구니없는 예를 든다면, 1944년 말 군사적으로 문외한인 하인리히 히믈러Heinrich Himmler를 상上라인 집단군Army Group Upper Rhine 사령관으로 임명한 사실을 들 수 있다. 결론적으로 사람을 제대로 가려 쓸 줄 모르는 히틀러의 오판은 인류사를 돌이켜 볼 때 어쩌면 오히려 고마운 일이 되었다고 볼 수도 있을 것 같다.

수많은 독일의 장성들이 뛰어난 능력에도 불구하고 군복을 벗게 된 가장 큰 이유는 히틀러의 명령에 따르지 않았기 때문이었다. 물론 군인이 최고 통수권자의 말을 듣지 않으면 항명한 것에 해당되므로 사안에 따라 군복을 벗어야 하는 것이 마땅하겠지만, 히틀러는 정당한 건의조차도 자신의 권위에 도전하는 항명으로 여겼던 것이었다. 한마디로 전선의 상황을 이성적인 사고가 아니라 편집증적인 사고방식으로 판단하고 지휘관을 문책하거나 전보시켜버리는 경우가 다반사였다. 이러한 총통의 히스테리는 특히 작전상 후퇴를 한 경우에는 극으로 치달았다. 후퇴는 상황이 불리할 경우 써먹는 당연한 전술이고 그것이 반드시 패배를 의미하는 것도 아닌데, 히틀러는 후퇴와 패배를 동일시했다. 하인츠 구데리안, 에리히 폰 만슈타인, 프란츠 할더, 페도르 폰 보크, 리터 폰 레프, 빌헬름 리스트Wilhelm List, 에발트 폰 클라이스트 등 일일이 열거할 수 없을 만큼 수많은 장군들이 이렇게 전쟁 중에 해임되었고, 이들의 경우와 조금 차이가 있지만 에르빈 롬멜이나 귄터 폰 클루게Günther von Kluge처럼 히틀러의 최측근이었음에도 불구하고 자살을 강요받거나 자살을 선택할 수밖에 없었던 장군들도 있었다.

이와 같이 부침이 심했던 독일 장군들 중 대부분은 히틀러가 한번 내치면 지휘관으로 복귀하지 못하고 퇴임했다. 그렇다고 일선으로 다시 복귀한 희귀한 경우가 아주 없었던 것은 아니었다. 그 대표적인 인물이 바로 구데리안이었는데, 1942년 제2기갑군 사령관이었던 그는 예하부대를 소신에 따라 후퇴시켰다는 죄목(?)으로 군복을 벗게 되었지만, 히틀러도 그의 탁월한 재능을 잘 알고 있었기 때문에 1943년 무너진 기갑부대 재건을 위한 기갑군 총감Inspector-General of Panzer Troops이라는 직위에 복귀되었고, 전쟁 말기에는 육군 참모총장에까지 올랐다.*

전쟁 중반기 이후에 독일군을 지휘한 고위 장성들 대부분은 전쟁 초기에 초급 장성이거나 일부의 경우는 영관급이었다. 전쟁 개시 당시 군부를

* 독일어 Panzer는 기갑, 장갑, 기계화, 전차 등으로 해석되는데, 관련된 군, 집단, 군단, 사단을 일률적으로 한 단어로 표기하면 글을 이해하는 데 오히려 혼동을 줄 수 있어 이 책에서는 Panzer Armee는 기갑군, Panzer Gruppe는 기갑집단, Panzer Korp는 장갑군단, Panzer Division은 전차사단으로 표기했다.

책임졌던 최고 핵심들은 히틀러의 문책이나 하급자들의 승진으로 인해 전쟁이 진행되면서 급속도로 퇴출되어 나갔다. 그런데 이러한 급격한 변화에도 불구하고 전쟁 개시 당시에도 이미 최고위 지휘관이었으며 전쟁 종결 당시까지도 그 위치에서 활약했던 인물이 있었는데, 바로 칼 루돌프 게르트 폰 룬트슈테트Karl Rudolf Gerd von Rundstedt(1875~1953년)가 그 주인공이다. 다른 세상사도 마찬가지지만, 군인으로서 최고의 영예인 원수Field Marshal라는 계급은 단지 실력만 있다고 쉽게 얻을 수 있는 자리는 아니다. 룬트슈테트는 개전 초인 1940년에 군인으로서 최고의 계급이라 할 수 있는 원수에 올라 약간의 굴곡이 있었지만, 제3제국 말까지 종군한 몇 안 되는 인물이었다.

2. 혼란의 시기

룬트슈테트는 이름에서 알 수 있듯이 귀족 가문 출신으로, 17세인 1892년 자원입대하여 독일 제국군의 군인으로서 군무를 시작했다. 1902년 육군대학에 입학했고 독일 장교의 엘리트 코스라 할 수 있는 참모 과정을 우수한 성적으로 수료하여 1907년 베를린에 있는 제국 육군 참모본부에서 근무하게 되었다. 그 후 1910년 제11군단 참모부를 거쳐 제1차 세계대전 당시에는 소령으로 진급하여 사단참모장으로 근무했고, 종전 후 독일군이 10만 명으로 강제 축소되는 과정에서도 뛰어난 능력을 인정받아 군에 남게 되었다. 그는 1928년 제2기병사단장이 됨으로써 고급 지휘관이 되었고, 1929년에는 중장으로 승진했다. 1932년에는 베를린을 담당하던 핵심부대인 전통 깊은 제3사단의 사단장으로 영전했는데,* 그러다 보니 어쩔

1934년 나치 집권 초기의 군부 최고 실세들(제2군 사령관 룬트슈테트, 육군 총사령관 프리치, 전쟁성 장관 블롬베르크). 이들 모두는 나치가 군부를 대대적으로 숙청한 1938년 블롬베르크-프리치 사건 때 군복을 벗었다.

수 없이 정치적인 소용돌이에 휘말리게 되었다. 그해 7월 얼떨결에 수상에 오른 프란츠 폰 파펜Franz von Papen이 계엄령을 선포하자, 룬트슈테트는 무력을 동원하여 계엄령에 반발하던 프로이센 사회민주당 주정부를 무력화하는 데 참여했다.*

히틀러가 수상에 오른 1933년에 그는 육군의 최고위 인물이 되어 있었다. 이때부터 나치는 권력 강화를 위해 군부를 장악하려는 시도를 했다. 독일 군부는 대체로 나치에 대해 그다지 호의적이지 않았고, 하사관 출신의 히틀러와 그 주변 인물들에 대해 냉소적이었다. 다만 제1차 세계대전 이후 굴욕을 겪고 있던 군부는 재군비를 주창하던 나치에 묵시적으로 동조했을 뿐이었다.** 히틀러의 권위가 정점으로 치달은 1941년 전까지만

* http://www.spartacus.schoolnet.co.uk/GERrundstedt.htm.

* Charles Messenger, *The Last Prussian: a Biography of Field Marshal Gerd von Rundstedt 1875-1953*, Brassey's, London, 1991, pp.31-33.

해도, 히틀러는 자기에게 사사건건 반대의견을 내세우는 군부를 뒤에서 욕했을 만큼 군부를 장악하는 데 많은 노력이 필요했다.

1938년 독일은 협박만으로 수데텐란트를 강탈하는 데 성공했는데, 이때 제2군 사령관에 오른 룬트슈테트는 그의 부대를 이끌고 이곳을 접수했다. 수데텐란트 접수 후 얼마 되지 않아, 나치는 대대적인 군부 숙청을 단행했다. 당시 독일 육군 총사령관 베르너 폰 프리치와 참모총장 루드비히 베크를 비롯한 수많은 장성들이 군복을 벗게 되었고, 그 중에는 룬트슈테트도 포함되어 있었다.* 그런데 이렇게 군복을 벗은 장성들 중 대다수가 1년도 못 되어 현역으로 복귀했다. 비록 그들이 정치적으로는 그리 탐탁지 않았지만, 전쟁을 결심한 나치로서는 풍선처럼 늘어난 국방군을 효율적으로 관리하기 위한 고급 지휘관들을 신속히 확보하기 위한 방법으로 이보다 현실적인 대안이 없었기 때문이었다. 당시 원로로서 군부 내에서 지지를 많이 받던 룬트슈테트는 상급대장으로 복귀하여 폴란드 침공을 목적으로 새로 창설된 남부집단군Army Group South 사령관으로 부임했다. 사실 룬트슈테트는 나치 정권 시절 가장 많은 영예를 누린 장군들 중 하나였지만, 나치 이념에 특별히 충실했다거나 정치적으로 나치를 지지했다는 기록은 찾아보기 힘들다.**

** ZDF, Hitler's Warriors: Part IV. Manstein. The Strategist, ZDF-enterprise, 1998.

* http://en.wikipedia.org/wiki/Gerd_von_Rundstedt.

** Charles Messenger, *The Last Prussian: a Biography of Field Marshal Gerd von Rundstedt 1875-1953*, Brassey's, London, 1991, pp.75-83.

3. 피할 수 없었던 전쟁

1939년 9월 1일에 발발한 독일의 폴란드 침공은 이미 예견되어 있었고, 독일은 전쟁에서 이길 자신이 있었지만, 사실 엄청난 부담을 안고 있었다. 독일이 재군비를 선언한 후 4년 만에 처음 치르는 실전이어서 충분한 준비를 갖추었다고 자신할 수 없었을뿐더러 더구나 이번에는 프랑스와 영국이 가만히 있지 않겠다고 나섰기 때문이었다. 만일 독일이 폴란드를 침공할 경우 프랑스-영국 연합군이 서쪽에서 독일로 진격해 들어오면 현실적으로 이들을 막을 방법이 독일에게는 없었다. 전통적으로 양면전을 거부해온 독일이 선택할 수 있는 유일한 방법은 설령 프랑스와 영국이 교전에 나선다 하더라도 그들이 동원되기 이전에 최대한 빨리 폴란드를 굴복시킨 뒤 주력을 다시 서부전선으로 돌려서 연합군을 저지하는 것뿐이었다. 따라서 백색 작전으로 알려진 독일의 폴란드 침공 계획은 최대한 빨리 폴란드를 굴복시키는 데 초점이 맞추어졌다.*

이를 위해 그 동안 비밀리에 준비해온 기갑부대와 공군을 중심으로 한 실험적 전략을 도입했다. 사실 지리적으로 딱히 국경을 정하기 곤란할 만큼 평평한 폴란드의 평원은 이러한 전략을 처음 시도하는 데 가장 적절한 장소였다. 독일은 공군의 지원을 받는 강력한 기갑부대를 돌파의 축으로 하여 전 전선에서 동시에 폴란드로 밀고 들어가 바르샤바Warszawa를 함락시킴으로써 적어도 3주 내 전쟁을 종결시키고자 하는 혁신적인 작전을 기안했다. 당시만 해도 폴란드 정도의 나라를 3주 내 굴복시킨다는 것 자체가 놀라운 생각이었지만, 앞에서 언급한 것처럼 프랑스와 영국 때문에 독일

* Steven J. Zaloga, *Poland 1939: The birth of Blitzkrieg*, Osprey, 2002, pp.12-15.

공중포대 역할을 담당한 Ju-87 급강하 폭격기는 제2차 세계대전 초기 전격전의 신화를 뒷받침한 든든한 버팀목이었다.

은 반드시 그렇게 해야만 했다.* 독일은 서부전선을 경비할 일부 부대를 제외한 150여 만 명의 침공군을 2개 집단군으로 나누었는데, 25개 사단으로 구성된 북부집단군Army Group North은 폴란드 회랑을 제압하여 바르샤바를 북부에서 압박할 예정이었다. 독일의 실질적인 주력은 폴란드 평원을 평정하고 바르샤바를 남쪽에서 공격할 35개 사단으로 구성된 룬트슈테트의 남부집단군이었다.**

* Christian Hartmann and Sergij Slutsh, *Franz Halder und die Kriegsvorbereitungen im Frühjahr 1939*, Paderborn: Schoeningh, 1997, pp.467-487.
** http://en.wikipedia.org/wiki/Invasion_of_Poland_(1939).

4. 새로운 전쟁 방법

남부집단군의 예하 3개 야전군 중 바르샤바를 점령할 부대는 발터 폰 라이헤나우Walter von Reichenau가 지휘하는 제10군이었고, 그 중에서도 선봉은 새롭게 편성한 제16장갑군단이었다. 폴란드전에서 독일은 그 동안 이론으로만 상상하던 기갑부대를 처음 선보였는데, 전쟁 말기의 독일 기갑부대와 비교한다면 극히 초보적인 미미한 수준이었다. 그만큼 아직 기갑부대에 대한 정확한 체계나 이론이 정립된 상태가 아니었지만, 룬트슈테트는 소수의 의견을 과감히 수용하여 작전에 반영했다.

당시 독일 군부는 전통을 존중했고 작전 수립 및 전개에 있어서 보수적인 성향을 띠고 있었지만, 전선을 돌파하는 수단으로서의 가능성을 보여준 전차를 중심으로 새로운 전술을 구상하던 일단의 소장파 장성들도 존재했다. 비록 군권을 잡은 주류는 이들의 의견을 소수의 의견으로 취급했지만, 현대 기갑부대의 아버지인 구데리안을 비롯하여 전력의 집중과 속도를 강조했던 만슈타인, 그리고 이후 기갑부대의 맹장이 된 헤르만 호트Hermann Hoth, 게오르크-한스 라인하르트Georg-Hans Reinhardt, 하소 폰 만토이펠Hasso von Manteuffel, 구스타프 안톤 폰 비터스하임Gustav Anton von Wietersheim, 에리히 회프너Erich Hoepner, 베르너 켐프Werner Kempf, 에르빈 롬멜 등이 새로운 전술을 옹호했다.

그런데 여기까지는 주변의 다른 국가들도 사실 상황은 비슷했다. 제1차 세계대전의 악몽을 기억하는 각국의 많은 이론가들도 독일의 소장파처럼 강력한 기갑부대를 향후 전술의 핵으로 삼는 새로운 전술 방안을 고안해 냈다. 하지만 독일과 차이가 있다면, 그들은 이를 현실화하지 못했다는 것이었다.* 독일 군부의 최고 지휘부는 대체로 보수적이기는 했지만, 소장파의 일부 의견을 합리적으로 보고 수용하는 편이었다. 예를 들어 제2

차 세계대전 발발 직전 독일 육군의 최고위급 장성들 중 육군 총사령관 폰 브라우히치나 참모총장 할더가 보수주의자에 가까웠다면(하지만 상대적으로 그렇다는 것이지 이들도 동시대 프랑스나 영국의 지휘관들에 비하면 상당히 열린 자세를 가지고 있었다), 야전지휘관인 룬트슈테트와 에발트 폰 클라이스트Ewald von Kleist는 소장파를 옹호하는 입장이었다.

어쨌든 독일 군부는 계획보다는 조금 늦었지만 폴란드가 전쟁 개시 한 달 만인 1939년 10월 6일에 항복함으로써 1차적인 당면 목표를 달성했다. 비록 전쟁 초기 우려했던 대로 영국과 프랑스가 선전포고를 했지만, 서부 전선에서 의미 있는 실전은 벌어지지 않았다.*가장 큰 이유는 영국과 프랑스의 결전 의지가 부족했고, 또 독일의 폴란드 석권이 워낙 빨라 연합군이 움직일 틈을 주지 않았기 때문이었다. 후속 보병부대가 쫓아오지 못할 만큼 기갑부대가 너무 앞서 가는 바람에 폴란드군에게 포위되어 고립당하는 웃지 못할 경우도 있었고, 실험적으로 도입한 경사단Light Division이 실전에서는 그리 효과적이지 못하다는 경험칙을 얻기도 했지만,** 돌파의 핵으로서 맹활약한 기갑부대의 성공적인 데뷔 모습을 보고 룬트슈테트는 깊은 감명을 받았다.

5. 누구나 인정하는 지도력

1938년 나치에 의해 숙청당할 만큼 정권에 충성한 것은 아니었지만, 히

---

* 맥스 부트, 송대범 · 한태영 역, 『MADE IN WAR 전쟁이 만든 신세계』, 플래닛미디어, 2007, 446쪽.
* Jeremy Isaacs, The World at War: Part 2. Distant War, Thames Television, 1973.
** http://en.wikipedia.org/wiki/1st_Light_Division_(Germany).

틀러도 인정할 수밖에 없을 만큼 집단군처럼 거대한 규모의 부대를 통솔하는 군인으로서 룬트슈테트의 능력은 뛰어났다. 이러한 공로를 인정받아 그는 폴란드 점령 독일군 총사령관Commander in Chief of Poland 겸 동부전선 총사령관Commander in Chief East에 임명되었는데*, 이는 당시 히틀러를 비롯한 독일 군부가 승전의 주역으로 룬트슈테트를 첫 번째로 꼽을 만큼 그의 능력을 높이 평가했다는 증거다.

이후 룬트슈테트는 점령군 지역 사령관에 임명되는 경우가 잦았는데, 이 점은 종전 후 그에게는 치명적인 오점으로 작용하게 된다. 1945년 제2차 세계대전 종전 이후, 나치가 저지른 잔악한 전범 논란에서 자유로울 수 없었던 수많은 독일 장성들이 처벌을 받았다. 독일 점령 지역에서 전범 행위가 있었다면 당연히 당시의 책임자는 수사 대상이 될 수밖에 없었다. 룬트슈테트는 폴란드를 시작으로 점령 지역의 사령관으로 근무한 경험이 많아 정치적인 중립성에도 불구하고 전범논란에서 자유로울 수 없었다.** 룬트슈테트는 폴란드에서 유대인 탄압을 비롯한 끔찍한 학살 행위가 본격적으로 일어나기 전인 1939년 말에 짧은 점령군 사령관 임무를 마치고 새롭게 창설한 서부전선의 A집단군Army Group A 신임 사령관으로 부임했는데, 이것은 룬트슈테트가 점령지 통치보다는 전투 수행 임무에 더 적합한 인물이었다는 것을 말해준다.

이제 다음 목표는 독일에 선전포고를 한 프랑스였다. 제1차 세계대전의 악몽을 기억하는 독일 군부는 프랑스와 전쟁을 재촉하는 히틀러를 쿠데타로 끌어내릴 생각을 했을 만큼 개전을 망설였으나, 필연적으로 두 나라는

---

* http://en.wikipedia.org/wiki/Gerd_von_Rundstedt.

** Charles Messenger, *The Last Prussian: a Biography of Field Marshal Gerd von Rundstedt 1875-1953*, Brassey's, London, 1991, pp.335-348.

부딪칠 수밖에 없었다. 때문에 폴란드 전선의 승리를 책임졌던 인물들과 부대들이 대거 서부전선으로 이동했다. 그런데 1940년 초까지만 해도 독일의 프랑스 침공 계획은 설만 무성한 단계였다. 할더의 주도로 독일이 내심 생각하던 프랑스 침공안은 황색 계획으로 알려진 저지대 국가 돌파작전이었는데, 한마디로 슐리펜 계획의 재판이었다. 이 계획에서 독일의 주공은 벨기에와 네덜란드를 돌파하여 파리로 진군하기로 되어 있던 B집단군이었다.*

독일은 전력을 북부부터 남부로 순서대로 B, A, C의 3개 집단군으로 나누어 배치했는데, B집단군이 주공, A집단군이 조공, 그리고 C집단군이 마지노선의 프랑스군을 견제하는 역할을 담당하기로 되어 있었다. 그런데 적도 충분히 예상하는 황색 계획의 위험성을 강력히 비판하고 이를 대신할 새로운 작전 계획을 강력하게 개진한 인물이 있었는데, 그가 바로 폴란드 전역에서 남부집단군 참모장으로 근무하면서 룬트슈테트를 보필하고 이후 다시 A집단군 참모장으로 함께 영전한 만슈타인이었다.**

6. 다시 한 번 주력군의 사령관이 되다

만슈타인은 주공을 A집단군으로 변경하고 이곳에 기갑 세력을 집중하여 아르덴 삼림지대를 급속히 돌파함으로써 적의 주력을 대포위 섬멸하자는 어느 누구도 상상하지 못한 대담한 주장을 했다. 여기에 대해 직속상관

---

* 맥스 부트, 송대범 · 한태영 역, 『MADE IN WAR 전쟁이 만든 신세계』, 플래닛미디어, 2007, 449쪽.

** 알란 셰퍼드, 김홍래 역, 『프랑스 1940』, 플래닛미디어, 2006, 17쪽.

1940년 바스토뉴에 임시 설치된 A집단군 사령부를 방문한 히틀러와 총통을 안내하는 룬트슈테트의 모습.

인 룬트슈테트가 어떤 반응을 보였는지 정확히 알려져 있지는 않지만, 만슈타인의 안이 결재를 거쳐 독일 육군최고사령부까지 상신된 것으로 보아 상당히 긍정적으로 판단했던 것 같다. 그러나 참모총장 할더를 비롯한 독일 육군최고사령부의 총참모본부는 기갑부대의 집중 운용에 대해서는 여전히 의문을 품고 있었고, 더구나 대규모 기갑부대가 무성한 아르덴 삼림지대를 돌파한다는 것은 불가능하다는 견해를 가지고 있었다.*

그런데 만슈타인은 우연한 기회에 히틀러에게 자신의 계획을 직접 설명할 기회를 얻게 되었고, 히틀러가 이를 채택함으로써 낫질 작전이 최종적인 프랑스 침공안이 되었다. 제2차 세계대전 내내 전쟁에 세세히 간섭하는 것을 사명으로 알고 있던 히틀러에게 낫질 작전의 채택은 결과론적으

---

* Robert A. Doughty, *The Breaking Point: Sedan and the Fall of France, 1940*, Archon Books, 1990, p.22.

로 몇 안 되는 올바른 판단이었지만, 사실 기안자인 만슈타인이나 이를 적극 지지한 총통 외에 이것에 대해 확신을 가지고 있던 사람은 그리 많지 않았다. 낫질 작전으로 인해 룬트슈테트는 폴란드전에 이어 다시 한 번 독일 침공군의 주력을 지휘하는 막중한 임무를 부여받았다. 작전에 동원된 총 141개 사단 중 46개 사단이 A집단군에 집중되었고, 당시 독일이 보유한 10개 전차사단 중 7개 사단이 돌파의 핵으로 예정되어 있었다.*

1940년 5월 10일, 독일은 20여 년간 벌러왔던 프랑스에 대한 복수극을 시작했다. 독일군이 제일 먼저 행동을 취한 곳은 네덜란드와 벨기에였다. 하지만 이것은 사전에 치밀하게 계획된 페인트모션이었다. 보크가 지휘하는 B집단군이 팔쉬름예거Fallschirmjäger와 공군의 도움을 받아 저지대의 운하를 넘어 쇄도하여 들어가기 시작하자, 이를 주공으로 판단한 모리스 가믈랭은 60여 만 명의 연합군 주력을 벨기에로 진입시켰다. 바로 이때 룬트슈테트가 은인자중하던 A집단군에게 진격 명령을 하달했다. 1,000여 대의 전차들이 일제히 시동을 걸고 아르덴 삼림지대를 돌파하여 프랑스로 진격했다.**

7. 제3제국의 원수에 오르다

인간이 경험한 수많은 전쟁 가운데서 가장 확실하면서 짧게 승패가 갈린 전쟁이라면, 1940년에 있었던 독일의 프랑스 침공전을 들 수 있다.

---

* 알란 셰퍼드, 김홍래 역, 『프랑스 1940』, 플래닛미디어, 2006, 46-47쪽.
** Jeremy Isaacs, The World at War: Part 3. France Falls, Thames Television, 1973.

1940년 5월 10일부터 프랑스가 항복한 6월 25일까지 한 달 남짓한 기간 동안 벌어진 것으로 기록되어 있지만, 실질적인 전투는 6월 4일 연합군의 뒹케르크Dunkerque 탈출로 종결되었다. 20여 년 전 4년에 걸쳐 양측 모두 합쳐 무려 350여 만 명이 포화 속에서 희생되었던 지옥의 서부전선을 독일은 이후 전격전으로 불리게 되는 시대를 앞서간 독창적인 전략으로 신속하게 마무리 지어 세계를 놀라게 했다.

승리의 해법은 A집단군의 참모장이었던 만슈타인이 작성했고, 행동의 주체는 룬트슈테트가 지휘하는 A집단군이었다. 그 중에서도 클라이스트가 지휘하는 기갑집단Panzer Group Kleist *이 창 역할을 담당하여 전선의 한가운데를 뚫었고, 선봉은 구데리안, 호트, 라인하르트가 지휘하던 장갑군단들이 맡았다. 당시에 롬멜은 가장 앞장서서 진군하던 예하 전차사단장 중 하나였을 뿐이었다. 한마디로 한 번 정도 들어 보았음직한 독일의 수많은 명장들이 이 놀라운 승전의 대열에 참여했던 것이었다. 결과는 허무하게 패한 프랑스도 꿈이라고 생각할 정도였고 승자인 독일도 과연 우리가 승리한 것이 맞나 하고 믿기 힘들 만큼 놀라웠다.

프랑스 전투 승전 직후인 1940년 7월 16일 히틀러는 대대적인 군 인사를 단행했다. 바로 이때 육군에서만 10명의 장군이 원수로 승진하는 파격적인 승전 포상이 이루어졌는데, 당시까지 독일 육군에서 원수는 베르너 폰 블롬베르크Werner von Blomberg 단 한 사람밖에 없었고 종전 당시까지 독일 육군에서 배출된 원수가 총 20명이었다는 것을 고려하면, 히틀러가 이때의 승전을 얼마나 기뻐했는지를 알 수 있다.** 이때 승리의 주역이 된 룬트슈

---

* 집단Group은 야전군급 편제 단위인데, 통상 외부에서 보급 등을 지원받는 전투 중심 부대로 구성되어 있었으나 전쟁 후반기 들어 (야전)군으로 확대 개편되었다. 상위 제대인 집단군Army Group과는 다르다.

테트도 원수로 승진했고, 서부전선 총사령관Commander in Chief West이라는 막중한 보직을 부여받아 프랑스, 벨기에, 네덜란드, 룩셈부르크 지역의 모든 독일 주둔군을 관할하는 막강한 권한을 행사하게 되었다. 또 그는 영국 침공을 위한 준비를 지휘하기도 했는데, 이것을 이유로 영국 해협 전투에서 고초를 겪은 영국이 전후에 그를 전범으로 기소하려고 애를 쓰기도 했다.*

8. 히틀러의 의견에 동조한 사령관

룬트슈테트는 1939년부터 1940년 사이에 있었던 독일 팽창 초기에 주력군을 연이어서 지휘했기 때문에 누구보다도 많은 승장의 영예를 차지했다. 폴란드에서도 그랬지만 전투 종결 후 프랑스 주둔 점령군 총사령관으로 제일 먼저 임명되었다는 것 자체가 이를 보여주는 방증이다. 하지만 그럼에도 불구하고 전사의 이곳저곳을 아무리 살펴봐도 룬트슈테트는 이름만 몇 번 언급될 뿐이지 주요 인물로 소개되지는 않는다. 오히려 상부와 마찰을 일으키면서까지 일선에서 부대를 맹지휘한 구데리안이나 전쟁 전 총참모본부에 대항하며 자신의 소신을 굽히지 않았던 만슈타인 등이 구체적으로 거론되고 있는 것을 볼 수 있다. 그 이유는 아마도 독일의 지휘체계 때문에 그런 것이 아닌가 생각된다.

독일군, 특히 육군의 지휘체계는 프로이센 이래 정착된 뛰어난 참모제도를 지휘 기반으로 삼고 있었다. 참모제도는 오늘날 보편적인 것으로 생각

** http://en.wikipedia.org/wiki/List_of_German_Field_Marshals.

* Charles Messenger, *The Last Prussian: a Biography of Field Marshal Gerd von Rundstedt 1875-1953*, Brassey's, London, 1991, pp.335-348.

하고 있지만, 제1차 세계대전 종전 후 연합군, 특히 프랑스가 원천적으로 없애버리려고 혈안이 되었을 정도로 당시에는 독일이 발전시킨 독특한 군사 문화였다. 그렇기 때문에 실제로 작전 수립의 중핵이었던 브레인이나 이를 바탕으로 일선에서 돌파를 책임졌던 장군들에게 관심이 많이 가는 것은 당연한 것이라 할 수 있다. 더구나 룬트슈테트가 지휘했던 집단군이라는 편제는 이후 섹터가 확연히 구분된 독소전에서와 달리 1940년까지만 해도 행정적인 성격이 강했다. 그 이유는 폴란드와 프랑스 전역이 상대적으로 좁고 독일 본토와 가까워 각각의 집단군이 독자적으로 작전을 펼치기보다는 독일 육군최고사령부가 대부분 지휘를 총괄 책임졌기 때문이었다.*

이런 점에서 볼 때 독일의 진격이 정점으로 치닫던 1940년 5월 24일, A집단군 사령부를 방문한 히틀러의 지시를 받들어 룬트슈테트가 내린 됭케르크 공격 중지 명령은 그 동안 나름대로 정치에 대해 중립적인 입장을 견지하고 군부의 전통을 지켜왔던 그가 변절한 것이 아닌가 하는 논란을 불러일으켰다. 이런 그의 돌발적인 명령이 독일 육군최고사령부를 격분하게 만들었던 것이었다.** 한마디로 독일 육군최고사령부와 총참모본부를 배제하고 정식 지휘 계통 절차를 무시한 히틀러의 지시에 룬트슈테트가 즉시 맞장구를 쳤기 때문이었다.

원칙적으로 따진다면 히틀러에서 독일 육군최고사령부로, 그리고 다시 A집단군으로 명령이 하달되어야 하고 그 과정에서 의견을 조정해야 마땅했지만, 독일 육군의 상징인 독일 육군최고사령부와 총참모본부를 배제하

---

* 제프리 메가기, 김홍래 역, 『히틀러 최고사령부 1933~1945년』, 플래닛미디어, 2009, 165쪽.

** Christian Hartmann, *Halder Generalstabschef Hitlers 1938-1942*, Paderborn: Schoeningh, 1991, p.319.

고 하달된 히틀러의 임기응변적인 명령은 이런 절차를 완전히 무시한 것이었다. 형식뿐만 아니라 내용을 보더라도 쉽게 이해가 되지 않는 히틀러의 명령에 독일 육군최고사령부가 반발한 것은 어쩌면 너무나 당연했다. 그때까지는 히틀러도 군부의 위상을 함부로 무시하지 못하던 시점이었는데, 지휘관 입장에서 오판이라 생각되는 히틀러의 명령을 룬트슈테트가 별다른 이의 제기 없이 그것도 독일 육군최고사령부의 동의도 구하지 않고 수용한 행태에 분노를 느낀 것으로 보인다.*

룬트슈테트는 처음에는 정치적으로 중립을 견지한 인물로 평가되었지만, 전쟁 후부터는 이러한 그의 태도에 변화가 생긴 듯한 행동을 가끔 보여왔다. 이것으로 판단컨대, 룬트슈테트는 전범으로 처형당한 카이텔이나 요들처럼 나치 이념에 철저히 동조했던 것은 아니었지만, 구데리안이나 독일 해군 원수인 에리히 래더처럼 군인의 본분에만 충실했던 것도 아닌 것으로 보인다. 전술한 바와 같이 1940년 7월 16일 전무후무한 군부의 인사가 단행되어 육군에서만 무려 10명이 원수로 승진했는데, 단지 히틀러의 기분이 좋아 무조건 승진 인사가 단행된 것은 아니었다. 훗날 상급대장으로 옷을 벗은 구데리안, 호트, 할더의 예에서 알 수 있듯이 당시 원수라는 계급은 단지 전공만 크다고 오를 수 있는 자리는 아니었고, 그 밖에도 여러 가지 플러스알파가 요구되었다. 그런 점에서 볼 때 룬트슈테트는 히틀러가 원수의 계급을 부여하고 이용할 만한 가치가 있던 인물이었다고 볼 수 있다.

---

* 제프리 메가기, 김홍래 역, 『히틀러 최고사령부 1933~1945년』, 플래닛미디어, 2009, 185-186쪽.

9. 광대한 땅으로 달려 나간 침공군

1941년 6월 바다 건너 영국을 제외하고 전 유럽을 평정한 히틀러에게 남아 있는 최후의 상대는 바로 소련이었다. 어쩔 수 없이 1939년에 소련과 불가침조약을 맺고 폴란드를 나누어 먹었지만, 히틀러에게 소련이라는 나라는 일생을 걸고 반드시 처단해야 할 그런 나라였다. 단지 군사적인 점령이 아니라 독일 제3제국의 영원한 발전을 위해 인종청소까지 염두에 두고 있던 궁극적인 타도 대상이었다.* 독일은 소련을 최단 기간 내 정복할 바바로사 작전Operation Barbarossa을 입안하고, 350만 명에 이르는 사상 최대의 원정군을 조직했다.

하지만 소련을 침공할 모든 준비가 완료되었다고 확신한 사람은 히틀러와 그를 맹목적으로 추종하던 측근들을 제외하면 사실 그리 많지 않았다. 소련 영토는 지금까지 상대한 유럽의 다른 나라들과는 질적으로 달라서, 지금까지 독일이 써먹어 재미를 톡톡히 보았던 전격전이 과연 광대한 러시아 평원에서 먹힐 수 있는지 확신할 수 없었다. 폴란드나 프랑스에서 승리를 거두었기 때문에 심각하게 부각되지 않았지만, 선두부대의 돌파가 깊어질수록 필연적으로 발생할 수밖에 없는 보급의 문제가 러시아에서 어떻게 작용할지 판단하기 어려웠다. 하지만 히틀러의 확고부동한 결심에 대해 이러한 반론을 적극적으로 제시할 수 있는 인물은 독일에 단 한 명도 없었다. 왜냐하면 1941년 중반까지 군부의 많은 반대와 우려에도 불구하고 히틀러의 결심에 의해 시행된 대부분의 작전이 세계가 놀랄 만큼 찬란한 성공을 거두었기 때문이었다.

---

* 존 G. 스토신저, 임윤갑 역, 『전쟁의 탄생』, 플래닛미디어, 2009, 71-72쪽.

독일 육군최고사령부는 거대한 소련을 유린하기 위해 전력을 11개 야전군으로 재편하고, 이를 3개 집단군으로 나누어 원정군을 조직했다. 각각 북부집단군, 중부집단군, 남부집단군으로 명명된 새롭게 창설된 이들 집단군은 70만~100만 명의 병력과 장비로 중무장했다. 룬트슈테트는 폴란드 전역 후 일시 해체되었다가 5개 전차사단과 52개 보병사단을 근간으로 재창설된 새로운 남부집단군의 수장으로 다시 부임하여 바바로사 작전에 참여하게 되었다. 남부집단군의 1차 목표는 1941년 내 로스토프Rostov까지 점령하여 곡창지대이자 자원의 보고인 우크라이나를 석권하는 것이었다. 선봉은 프랑스 침공 전 당시에도 룬트슈테트의 창 노릇을 하던 제1기갑집단(클라이스트 기갑집단)이 맡았다.*

바바로사 작전에서 집단군의 성격이나 의의는 폴란드나 프랑스 전역과는 사뭇 달랐다. 러시아 평원이 독일 본토로부터 멀고 워낙 광대하다 보니 전 전선을 독일 육군최고사령부가 직접 관리하기란 사실상 불가능에 가까웠다. 그렇기 때문에 이전과 비교하여 바바로사 작전에서는 집단군 별로 담당할 섹터와 권한이 더욱 엄격히 구분되었다. 아니, 비록 독일 원정군이 역사상 보기 힘든 대군이라 하더라도 각각의 집단군의 작전이 겹치기 힘들 만큼 소련 영토가 아주 광활했다고 보는 것이 더 옳겠다. 각각의 집단군은 1차적 목표로 레닌그라드-모스크바-로스토프 선까지 진격하기로 되어 있었으나, 독일군 전체로 볼 때 모스크바로 진격할 중부집단군의 역할이 컸기 때문에 작전 개시 전 독일이 보유한 4개 기갑집단 중 2개 기갑집단이 여기에 할당되었다. 하지만 담당해야 할 면적으로만 따진다면, 룬트

* 폴 콜리어 외, 강민수 역, 『제2차 세계대전: 탐욕의 끝, 사상 최악의 전쟁』, 플래닛미디어, 2008, 585-586쪽.

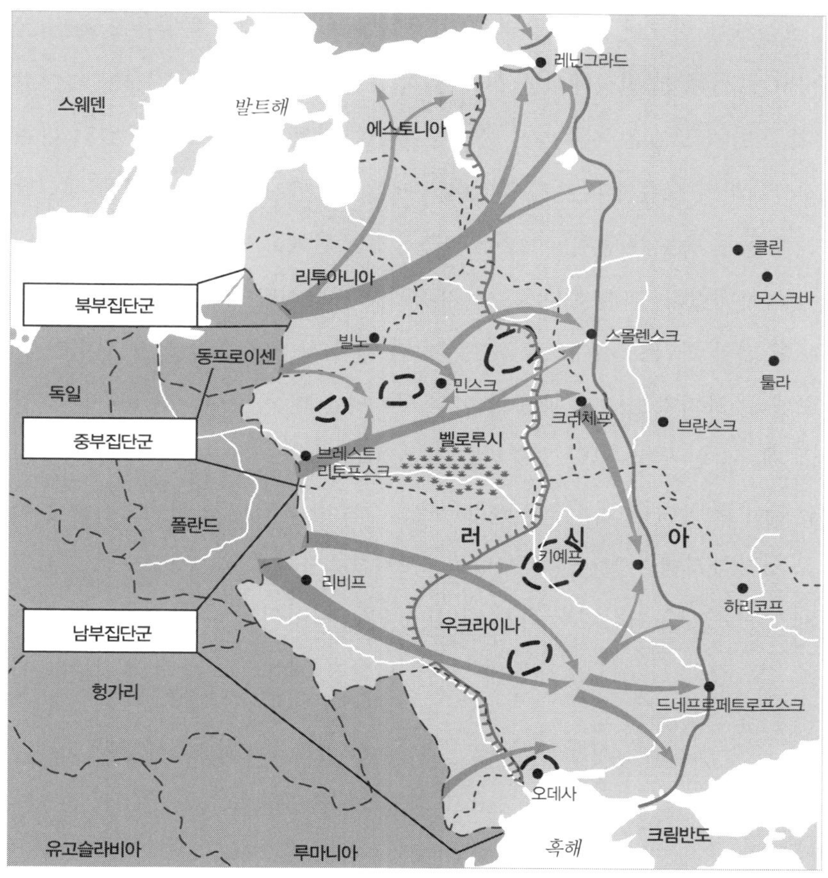

바바로사 작전에 따른 독일의 소련 침공로이다. 이 작전에 따르면 북부, 중부, 남부집단군으로 이뤄진 3개 병단이 각각 맡은 목표로 진격하기로 예정되어 있었다. 그런데 키예프에 70만의 소련군이 고립되자 히틀러는 이를 소탕하려 중부집단군의 주력부대를 남진시켰는데 이 때문에 모스크바로 향한 진격이 지체되었다.

슈테트의 남부집단군이 가장 컸다. 진격로 초입에 소택지와 산맥 같은 자연 장애물이 있어서 그런 것인지는 모르겠으나, 전체 전선의 반 정도를 남부집단군이 담당하도록 계획되어 있었다. 이러한 넓은 전선 때문에 다른 집단군과 달리 남부집단군에는 동맹국 루마니아 제3 · 4군이 작전 초기부터 참여했다.*

1941년 6월 22일 항상 그래 왔듯이 선전포고도 없이 독일은 2,000킬로미터에 걸친 전 전선에서 동시에 포격을 울리면서 앞으로 치달아 나아갔다. 초반의 모습은 지금까지 유럽을 석권하면서 독일이 보여주었던 다른 전선에서의 모습과 다르지 않았다. 아니, 지금까지의 모든 기록을 갱신할 만큼 돌격 속도가 엄청났고, 국경 근처에 포진하고 있던 소련군은 속절없이 녹아내렸다. 그때까지 독소불가침조약을 반신반의하던 스탈린은 당황하여 전황 파악도 제대로 하지 못한 채 현지 사수와 후퇴 불가 명령만 남발했다. 하지만 1937년 대숙청 이후 살아남은 많은 소련군 지휘관들은 장군 계급장만 달고 있던 오합지졸 같은 자들이어서 독일을 능가하는 엄청난 대군과 장비를 보유하고 있었음에도 불구하고 제대로 싸워보지도 못하고 항복하기에 바빴다.* 그렇다고 2,000킬로미터에 걸친 모든 전선이 이와 똑같은 상황이었던 것은 아니었다. 연일 이어지는 다른 집단군의 놀라운 전과와 달리, 룬트슈테트의 남부집단군은 예상외로 작전 초기부터 애를 먹고 있었다.**

10. 격렬한 저항 그리고 돌파

북부집단군과 중부집단군의 진격은 독일 방송매체가 매일같이 선전할

---

* Cromwell Productions, Scorched Earth-The Wehrmacht In Russia: Army Group South, 1999.

* 존 G. 스토신저, 임윤갑 역, 『전쟁의 탄생』, 플래닛미디어, 2009, 89쪽.

** Cromwell Productions, Scorched Earth-The Wehrmacht In Russia: Army Group South, 1999.

정도로 찬란했다. 북부집단군의 선봉을 맞은 만슈타인의 제56장갑군단은 개전 3일 만에 320킬로미터를 돌격하는 신화를 써 내려갔고, 중부집단군은 민스크Minsk에서 적군 30만 명을 소탕했고 곧이어 스몰렌스크Smolensk에서도 비슷한 대승이 예상되었다. 그에 비한다면, 남부집단군의 돌파는 상대적으로 지지부진했다. 전선이 넓은 탓도 있었지만, 소련군이 포위를 당하지 않고 적절히 후퇴 지연전을 펼쳐서 독일군 특유의 기동전을 펼칠 수 없었기 때문이었다. 전쟁은 아군끼리 경쟁하는 것이 아님에도 불구하고 룬트슈테트는 이러한 전선의 초기 상황에 많은 스트레스를 받았다.*

선봉 제1기갑집단을 비롯한 남부집단군 주력은 전선을 단절시킬 정도의 결정적인 돌파를 이뤄내지 못하고 있었다. 전쟁 전 소련은 보물창고인 우크라이나와 남부 러시아 방어를 위해 다른 전선에 비해 많은 예비 전력을 이곳에 집결해놓았기 때문에, 전력이 강화된 소련 남서전선군**의 저항은 다른 전선에서 보기 힘들 만큼 격렬했다. 오히려 남부집단군의 조공 정도로 여겨지던 독일 제11군과 루마니아 제3·4군이 오데사Odessa를 포위하여 고립시키는 등 흑해 연안을 따라 돌파를 이어가며 선전을 펼치고 있었다. 고심을 거듭한 룬트슈테트는 소련군이 필사적으로 방어하고 있던 키예프Kiev에만 매달려 있다가는 시간이 지체되리라고 판단하고 배후의 우만Uman을 먼저 강타하도록 작전을 지시했다.***

우만은 소련군이 필사적으로 항전하고 있던 키예프와 오데사의 중간 지점으로, 이곳을 점령하면 소련군의 연결점을 끊어버릴 수가 있었다. 우만

---

* Cromwell Productions, Scorched Earth-The Wehrmacht In Russia: Army Group South, 1999.

** 소련의 전선군은 독일의 집단군과 군 사이의 규모를 가진 편제다.

*** Glantz, *Barbarossa: Hitler's Invasion of Russia 1941*, Tempus, 2001, pp.204-207.

1941년 키예프 방어에 나선 소련군은 스탈린의 후퇴불가 명령으로 도심 안에서 녹아내리면서 독일에게 역사상 최대의 승리를 안겨주었다.

의 중요성을 알고 있던 소련군도 방어를 위해 제6군과 제12군을 전개시켜 놓고, 남부전선군에게 배후에서 지원하도록 지시했다. 룬트슈테트는 소련 남서전선군과 남부전선군의 틈을 노리고 제1기갑집단과 제17군에게 키예프를 우회하여 남진하도록 명령을 하달했다. 이들은 소련의 두 전선군 사이의 지경선을 찢고 신속히 남하하여 1941년 8월 8일 우만을 함락시키고 소련의 2개 야전군*을 소탕하는 전과를 올렸다.**

그런데 여기서부터 이야기가 묘하게 돌아가기 시작했다. 룬트슈테트는 우만이 함락되면 키예프의 배후가 위험하게 되므로 당연히 소련 남서전선군이 키예프를 버리고 동쪽 드네프르Dnepr 강 너머로 후퇴하리라고 예상했으나, 막상 우만이 함락되었는데도 소련군은 키예프에 그대로 머물러 있

* 소련의 (야전)군은 독일의 군과 군단 사이의 규모를 가진 편제다.
** http://en.wikipedia.org/wiki/Battle_of_Uman.

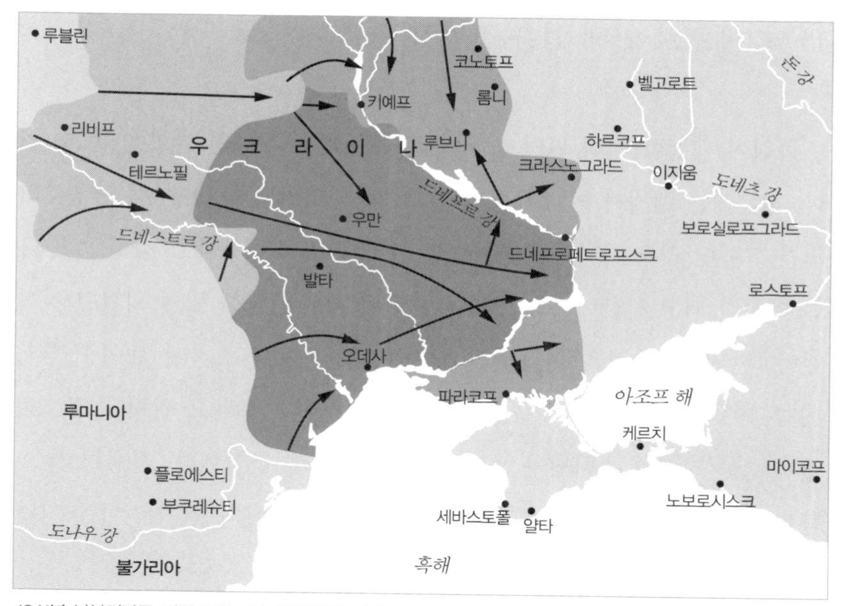

1941년 남부집단군 진격 방향 남부집단군은 개전 초기에 소련군의 강력한 저항에 막혀 진격이 지지부진했으나, 우만과 키예프에서 대승을 거두었다.

었고 오히려 주변의 소련군마저 이곳으로 몰려들고 있었다. 룬트슈테트의 예상은 군사전략상 타당한 것이었는데도 소련군은 그와 반대로 행동하고 있었던 것이었다.* 아무리 전쟁 초기에 소련군의 지휘체계가 엉망이고 변변한 지휘관이 없었다 하더라도, 수십만의 소련군을 적진 한가운데 고립시킬 수도 있는 자충수를 둔다는 것은 말이 안 되었는데, 소련은 그런 어이없는 짓을 실제로 벌인 것이었다.

* Arvato Services, *Army Group South: The Wehrmacht In Russia*, Arvato Services Production, 2006.

11. 키예프로 인해 얻은 것과 잃은 것

독일이 패전한 여러 원인 중 하나로 히틀러의 지나친 간섭을 들 수 있다. 히틀러는 현지사수, 후퇴불가를 고집하며 간섭했는데, 사실 처음부터 그가 그랬던 것은 아니고 초기에는 군부의 의견을 나름대로 경청했다. 다만 확전이 되고 시간이 흐르면서 히틀러의 간섭이 도를 넘게 되었던 것이었다. 반면, 스탈린은 히틀러의 말기 모습을 전쟁 초기에 보여주었다. 1937~1938년에 있었던 대숙청으로 공포체제를 구축하고 권력을 공고히 했던 그는 전쟁이 개시되자 군사작전에 시시콜콜 간섭했다. 전쟁 초기 스탈린의 간섭도 한마디로 요약하면 현지사수, 후퇴불가였는데, 이를 거역할 용기를 가진 사람은 소련에 한 명도 없었다.*

그런데 시간이 흐를수록 히스테리가 심해진 히틀러와 달리, 체제가 붕괴될 정도의 절체절명의 위기까지 몰렸던 스탈린은 시간이 갈수록 군부에 대한 간섭을 줄여나갔고, 결국 이것은 승리의 요인 중 하나가 되었다. 1941년 8월 키예프에서 벌어진 희한한 광경은 바로 스탈린의 간섭이 하늘을 찌를 당시의 일이었다. 우만이 점령당했는데도 스탈린의 현지사수 엄명 때문에 후퇴하지 못한 40여 만 명의 소련군이 키예프에 모여 있었고, 원래 키예프를 방위하던 부대 외에도 독일군의 압박에 밀려온 병력까지 이곳에 집결하게 되었던 것이었다. 아직까지 독일의 포위망이 완성된 것은 아니었지만, 이러한 거대한 소련군을 놔두고 남부집단군이 계속 앞으로 나간다는 것은 여간 껄끄러운 게 아니었다.**

---

* 존 G. 스토신저, 임윤갑 역, 『전쟁의 탄생』, 플래닛미디어, 2009, 88-89쪽.

** Arvato Services, *Army Group South: The Wehrmacht In Russia*, Arvato Services Production, 2006.

룬트슈테트는 심각한 고민에 빠져들 수밖에 없었다. 독일 제6군이 견제하고 있는 키예프의 대어를 낚으려면 우만까지 진격한 제1기갑집단과 제17군은 물론 드네프르 강 하구까지 진격한 남부집단군 제11군까지 회군시켜야 할 것으로 분석되었기 때문이었다. 한마디로 남부집단군 전체가 모든 작전을 종결하고 키예프에만 매달려야 한다는 것이었다. 그렇다고 수십만 명의 소련군이 집결한 키예프를 놔두고 그냥 앞으로 나가자니 영 껄끄러운 것이 아니었다. 문제는 키예프를 점령하면서도 전선을 계속 밀어붙이는 두 가지 난제를 남부집단군 단독으로 해결할 수가 없다는 것이었다.

룬트슈테트가 혼자 해결할 수 없는 난제에 봉착하자, 히틀러가 나서서 남부집단군에게 힘을 실어주었다. 이제 막 스몰렌스크를 점령한 중부집단군의 주공인 구데리안의 제2기갑집단을 90도 우회전시켜 키예프를 향해 남진시키기로 결정한 것이었다.* 모스크바를 바로 목전에 두었던 중부집단군은 물론 독일 육군최고사령부 안에서도 일부 반대의 목소리가 나왔지만, 결국 작전은 강행되었다. 제2기갑집단의 도움을 받은 룬트슈테트는 제1기갑집단, 제6군, 제17군을 남북으로 병진시켜 키예프를 포위하는 데 성공했고, 제2차 세계대전 당시 단일 전투로는 최고의 전과를 올린 전투로 기록된 키예프 전투를 승리로 이끌어냈다. 자료마다 차이가 있지만 사살, 행방불명, 생포된 소련군이 67만 명에 이르는 전무후무한 기록을 남겼다.**

그런데 독일은 전술적으로는 대승을 거두었지만, 전략적으로는 커다란 실기를 범하는 결과를 낳았다. 주력을 우회시킨 결과, 바바로사 작전의

* Glantz, *Barbarossa: Hitler's Invasion of Russia 1941*, Tempus, 2001, pp.227-233.
** 제프리 메가기, 김홍래 역, 『히틀러 최고사령부 1933~1945년』, 플래닛미디어, 2009, 283쪽.

1차 목표선의 중심인 모스크바를 점령할 기회를 놓쳐버린 것이었다. 소련이 공간과 병력을 내어주면서 사투를 벌이는 과정에서 독일은 천금 같은 시간을 잃었던 것이었다. 독일과 소련이 키예프에서 이전투구를 벌일 때 일시 소강상태에 빠진 소련군의 방어진지는 점점 깊어지기 시작했고, 키예프 전투가 종결되고 독일이 다시 주력을 원위치하여 진격을 개시한 10월에 긴 겨울이 시작되었다. 눈발이 휘날리고 기온이 곤두박질치고 진지에 몸을 감춘 소련군의 저항이 이어지자, 독일군의 진격은 급속히 둔화되었다.* 그 중에서도 가장 난감했던 것은 바로 소련군이었다. 개전 초기 3개월간 무려 300여 만 명의 소련군을 소탕했는데도 그 이상의 소련군이 증원되어 계속해서 전선을 사수하고 있었기 때문이었다.

1939년 이후로 신나는 승전만 경험한 독일군은 제대로 된 동계 장비도 준비하지 않고 바바로사 작전을 벌여 무시무시한 동장군의 공포를 경험하게 되었다. 병사들은 전투를 벌일 수 없었고, 전차와 차량은 얼어붙었으며, 대포도 발사할 수 없을 지경이었다. 남부집단군은 하르코프Kharkov를 우여곡절 끝에 점령하고 계속해서 1차 진격선의 최종 목적지인 로스토프를 공격했으나 여건은 좋지 못했다. 북부집단군은 레닌그라드를 포위한 채 진격을 포기했고, 중부집단군은 모스크바 앞에서 돈좌되어 소련의 역습에 오히려 후퇴하게 되었다.** 결국 각각의 전선을 책임졌던 집단군 사령부는 물론 독일 육군최고사령부 또한 더 이상의 전진은 여러 여건상 불가능하다는 결론에 도달하게 되었다. 따라서 전진을 일단 멈추거나 후퇴시켜

---

* John Erickson, *The Road to Stalingrad: Stalin's War With Germany*, Yale University Press, 1975, pp.269-275.

** Arvato Services, *Army Group Center: The Wehrmacht In Russia*, Arvato Services Production, 2006.

전선을 최대한 축소하여 피로에 지친 부대를 재건한 후 봄에 공세를 가하자는 의견이 주를 이루었다.

12. 두 번째 해임

공격을 멈추고 전선을 추스르자는 일선 지휘관들의 의견에 철저하게, 아니 과도하게 반기를 들고 나온 사람이 바로 히틀러였다. 1941년 10월 이전까지 군부의 작전에 과도한 개입을 삼가하며 나름대로 합리적인 모습을 보여주었던 히틀러가 이때부터 본격적으로 현지사수, 후퇴불가 마니아의 길을 가기 시작했다. 그럼에도 불구하고 소신이 있던 구데리안 같은 경우는 총통의 명령에 따르지 않고 과감하게 자신의 부대에게 후퇴를 명령하여 히틀러를 격분하게 만들었다. 결국 반대되는 의견을 올리거나 실제로 명령을 거부한 지휘관들에 대해 히틀러는 이들의 군복을 벗기는 것으로 답을 대신했다. 육군 총사령관 브라우히치를 비롯하여 3개 집단군 사령관인 레프, 보크, 룬트슈테트, 구데리안, 회프너, 라인하르트, 아돌프 슈트라우스Adolf Strauss 등 지금까지 독일의 승전을 이끌어온 수많은 야전의 맹장들이 이때를 기점으로 옷을 벗었다.* 그리고 이들을 대신하여 라이헤나우나 발터 모델Walter Model같이 친나치이거나 평소 히틀러에게 적극적인 충성심을 보여온 인물들이 그 자리에 올랐다.

히틀러는 독소전이 정체되는 것을 기화로 삼아 평소 나치에 대해 냉소

* 폴 콜리어 외, 강민수 역, 『제2차 세계대전: 탐욕의 끝, 사상 최악의 전쟁』, 플래닛미디어, 2008, 601쪽.

적이거나 비호의적인 장군들을 한 번에 물갈이하면서 군부를 완전히 장악하고자 했다. 사실 1941년 11월 이전까지 독일군은 엄청난 승전을 거듭해 왔기 때문에 단지 전선이 정체되었다는 이유 하나만으로 히틀러가 격노하여 지휘관들을 대대적으로 교체하는 초강수 문책을 했다고 보기에는 무리가 있다. 히틀러는 독일 군부를 자신의 발아래 놓으려는 기회를 호시탐탐 노리고 있었고, 독소전의 지지부진은 좋은 구실이 되었다. 당시 룬트슈테트가 처한 상황을 보면, 히틀러가 그렇게 한 이유를 충분히 이해할 수 있을 것이다. 하르코프 점령 후, 룬트슈테트는 진군을 멈추고 전력을 재정비해야 할 시기라고 히틀러에게 보고했으나, 히틀러는 계속 진격하여 로스토프를 점령하라고 명령했다.

결국 선봉의 제1기갑군은 11월 21일에 로스토프를 점령하는 데는 성공했지만, 예상대로 계속해서 전진하는 것은 너무 힘에 겨웠다. 후속 지원도 없이 앞으로 치고 나간 제1기갑군이 로스토프 시내로 진입하자, 외곽에 은밀히 포진하고 있던 야코프 체레비첸코Yakov Cherevichenko 휘하의 소련 남부전선군이 도시를 포위하기 시작한 것이었다. 약 다섯 배나 많은 소련군에게 포위될 위기에 처한 룬트슈테트는 히틀러에게 후퇴를 요청했지만, 히틀러는 이를 빌미삼아 룬트슈테트를 해임하고 라이헤나우를 신임 사령관으로 영전시켰다. 그런데 히틀러의 충복인 라이헤나우도 독일의 최정예부대인 제1기갑군을 로스토프 시내에서 녹아내리도록 방임할 수는 없었고, 결국 1941년 11월 27일 부대를 미우스Mius 강 서쪽으로 후퇴시킴으로써 1941년 공세를 마감했다.*

사실 제1기갑군은 너무 지쳐 있었기 때문에 하르코프에서 일단 공세를

* http://en.wikipedia.org/wiki/Battle_of_Rostov_(1941).

멈추고 부대를 정비해야만 했지만, 히틀러는 로스토프까지 진격하라는 명령을 내렸던 것이었다. 후속할 제11군은 크림 반도에서 아직 전투 중이어서 제1기갑군이 단독으로 돌파하기에는 너무 위험했다. 만일 제1기갑군이 로스토프에서 주저앉아 도시를 사수했다면 스탈린그라드의 비극은 1년 먼저 찾아왔을지도 모를 일이었다. 룬트슈테트는 병상에서도 부대를 지휘했을 만큼 충실하게 히틀러의 명을 받들고 상황을 정확히 판단하여 의견을 상신했지만, 히틀러는 후퇴 건의를 해임 구실로 삼았다. 반면 제1기갑군의 후퇴를 이끈 라이헤나우에게는 별다른 제재가 없었던 것만 보아도 룬트슈테트 해임에는 군부를 휘어잡겠다고 결심한 히틀러의 정치적인 고려가 무엇보다도 우선시되었음을 짐작할 수 있다.*

룬트슈테트는 뛰어난 전과가 있었고 군인의 본분에 충실했음에도 불구하고 정치적인 희생양이 되어 1938년 숙청 이후 다시 한 번 군무를 떠나게 되었다. 반면 히틀러는 심복들을 요소요소에 심어놓으면서 군부를 확실하게 장악해 나갔다. 그러던 중 1942년 초 독일은 소련의 대대적인 반격으로 전선 곳곳에서 심각한 위기에 직면하게 되었다. 특히 중부집단군은 게오르기 주코프Georgii Zhukov가 이끄는 소련 서부전선군의 대대적인 반격으로 모스크바를 앞에 두고 한없이 밀려 내려가기에 바빴다.** 결과적으로 1941년 11월 야전 지휘관들의 분석이 맞았지만, 히틀러는 지금 와서 그것을 인정할 수는 없었다. 아무리 물갈이를 했다 하더라도 전쟁 내내 300만 명의 대병력을 유지했던 독일 육군의 전통이나 인맥은 쉽게 바뀔 수 있는

---

* 폴 콜리어 외, 강민수 역, 『제2차 세계대전: 탐욕의 끝, 사상 최악의 전쟁』, 플래닛미디어, 2008, 600-601쪽.

** John Erickson, *The Road to Stalingrad: Stalin's War With Germany*, Yale University Press, 1975, pp.332-337.

것이 아니었다. 특히 지금까지 열심히 싸워온 수뇌부를 필요 이상으로 많이 경질한 데다가 전선의 상황도 그리 좋지 않자, 불만의 기운이 여기저기서 감지되었다. 안하무인 히틀러라도 이제는 국면 전환이 필요했다.

13. 서부전선의 수장으로 복귀하다

1942년 3월, 군복을 벗긴 지 4개월 만에 히틀러는 룬트슈테트를 다시 일선으로 복귀시켰다. 이는 히틀러에 의해 군복을 벗은 장성 중 야전부대 최고 지휘관으로 복귀한 유일무이한 경우였다. 해임 당시 룬트슈테트는 독일 육군의 최연장자로서 후배들로부터 많은 존경을 받고 있었기 때문에, 히틀러는 처음으로 맞게 된 혼란기에 그의 이러한 영향력이 필요했던 것이었다.* 그가 현역으로 복귀하면서 맞은 보임은 서부전선 총사령관이었다. 해당 직위는 1940년 독일이 프랑스를 평정하면서 창설한 서부전선최고사령부OB West, Oberbefehlshaber West의 책임자를 의미하는데, 이미 1940년에 초대 총사령관으로 근무했으니 룬트슈테트 개인으로서는 원대 복귀한 셈이었다. 그런데 1942년 당시 서부전선최고사령부는 영국과 해협을 경계로 마주하고 있었지만, 독일군 입장에서 보면 후방 조직이나 다름없었고 부대도 대부분 2선급 부대로 이뤄져 있었다. 따라서 총사령관의 권위도 동부전선의 야전 사령관에 비해 크지 못했다. 독일군의 핵심은 대부분 독소전을 진행 중인 동부전선에 몰려 있었는데, 사실 제2차 세계대전 내내 독일군의 80퍼센트는 동부전선에서 작전을 펼쳤다.

---

* http://en.wikipedia.org/wiki/Gerd_von_Rundstedt.

서부전선최고사령부의 주요 임무는 점령지 관리였지만, 영불 해협을 경계하면서 영국의 대륙 침공을 저지하는 것도 큰 임무였다. 가끔 동부전선에서 타격을 입은 정예부대들이 서부전선최고사령부 관할로 이동해 와서 부대 재편을 하곤 했지만, 재건이 완료될 때까지만 잠시 머무르는 형태여서 전선최고사령부 예하의 부대들이 동부전선이나 아프리카에 파견된 부대에 비해 병력이나 보유한 무기의 질이 좋은 편은 아니었다. 따라서 어마어마한 직책에도 불구하고 룬트슈테트의 실질적인 위상은 그리 크지 않았다.* 어쩌면 이것은 룬트슈테트를 복귀시켜 군부를 달래려 했던 히틀러의 고육지책이었을 수도 있다. 나이나 경력, 그리고 계급을 고려할 때 그를 복귀시키면서 집단군 사령관 이상의 보직을 줘야 하는데 그렇다고 동부전선으로 보낼 수는 없었던 것이었다. 히틀러는 복귀한 룬트슈테트가 얼굴마담 같은 단지 상징적인 존재 그 이상도 그 이하도 아니기를 원했다. 일부 자료를 보면 이런 점을 예상한 룬트슈테트도 처음에는 복귀를 고사하다가 마지못해 현역으로 복귀했다고 하는데, 1943년 가을까지 대서양 해안가에 방어선을 구축하는 데 적극적이지 않았다는 것이 그 증거라 할 수 있다. 물론 대서양 방벽Atlantic Wall으로 대표되는 독일의 서부전선 방어선은 뚝딱 하고 단시간 내 만들 수 있는 것이 아니었지만, 롬멜이 서부전선최고사령부의 예하부대 중 영불 해협을 경계하는 B집단군의 사령관으로 부임하면서 단기간 내에 방벽을 축성시킨 점을 고려하면, 룬트슈테트가 마지못해 복귀하여 방벽 구축에 적극적이지 않았다는 추측은 어느 정도 설득력이 있다고 볼 수 있다.**

---

* 스티븐 배시, 김홍래 역, 『노르망디 1944』, 플래닛미디어, 2006, 15쪽.
** 크리스터 요르겐센, 오태경 역, 『나는 탁상 위의 전략은 믿지 않는다』, 플래닛미디어, 2007, 312-313쪽.

1944년 서부전선최고사령부의 회의 모습(왼쪽에서부터 서부기갑집단 사령관 슈베펜부르크, G집단군 사령관 블라스코비치, 제3항공군 사령관 슈페를, 서부전선 총사령관 룬트슈테트, B집단군 사령관 롬멜).

룬트슈테트는 1942년 8월 19일에 있었던 영국의 황당한 디에프 상륙작전Dieppe Raid을 멋지게 방어해내면서 서부전선최고사령부의 진가를 보여주기도 했지만, 지금까지 수도 없이 거대한 전투를 겪은 독일 입장에서 본다면 그리 의미 있는 전투는 아니었다. 그런데 서부전선 방어의 중핵인 서부전선최고사령부의 가장 큰 문제는 다른 데 있었다. 그것은 바로 수장인 룬트슈테트의 권한이 크지 않았다는 데 있었다. 전후 룬트슈테트는 전범재판에서 1942년 복직 이후 거창한 직위와 달리 실질적인 권한이 없었다고 했는데, 이를 모두 인정할 수는 없지만 어느 정도는 맞는 이야기였다. 히틀러가 군부를 달래기 위한 일환으로 룬트슈테트를 복직시켰지만, 서부전선최고사령부 총사령관은 마치 바지사장처럼 실질적으로 권한을 행사하거나 전투를 지휘하지 못하는 한직이었다.

1944년 6월 노르망디 상륙작전 직전 기준으로 보았을 때 겉으로 들어난 서부전선최고사령부의 편제는 완벽했다. 예하부대로 대서양 연안을 방어

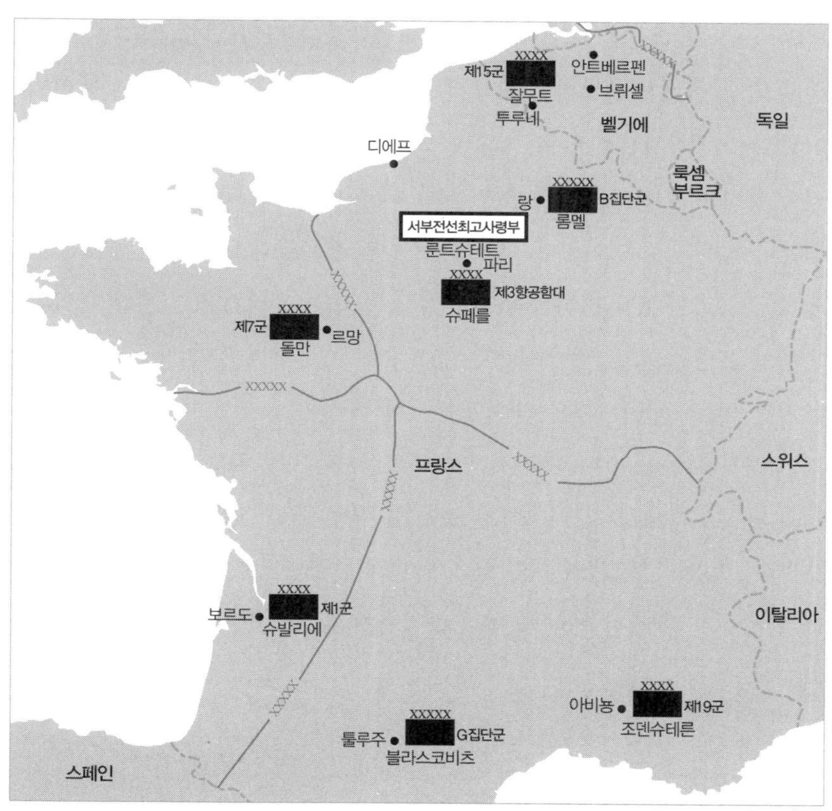

1944년 서부전선 독일군 방어도 예상되는 연합군의 상륙으로부터 서부전선을 방어하는 임무를 부여받은 서부전선최고사령부는 지도에서처럼 깔끔하게 전투서열이 구성되어 있었으나, 사령관 룬트슈테트는 자신의 명령이 사령부를 벗어나지 않는다고 자조했을 만큼 실제로 지휘체계는 엉망이었다.

하는 B집단군과 지중해를 담당하는 G집단군이 있었고, 직할 부대로 중무장한 서부기갑집단Panzer Group West이 있었다. 하지만 겉으로 보이는 것과 달리, 당시 서부전선최고사령부의 지휘체계는 중구난방이었다.* 우선 가장 강력한 주먹인 서부기갑집단의 전차들은 오로지 히틀러의 허가가 있어야

* 스티븐 배시, 김홍래 역, 『노르망디 1944』, 플래닛미디어, 2006, 15-16쪽.

만 이동이 가능했다. 그런데 노르망디 상륙작전 당일 연합군을 타격하기 위해 막상 전차가 필요한 상황에서 히틀러가 취침 중인 바람에 출동이 늦어졌고, 이것은 결국 뼈아픈 실책이 되고 말았다. 게다가 서부전선의 작전권을 행사하던 실세는 따로 있었는데, 그가 바로 히틀러의 총애를 받던 B 집단군 사령관 롬멜이었다. 롬멜은 상전인 룬트슈테트를 거치지 않고 독일 육군최고사령부나 히틀러에게 직접 보고를 올리거나 지시를 받았다. 1940년 프랑스 침공 당시 롬멜은 룬트슈테트 예하의 일개 사단장에 불과했지만, 1944년에는 같은 원수의 반열에 올라 있었고 서부전선에서 실질적인 대장 노릇을 했다. 따라서 명예 총감독 같은 룬트슈테트의 명령이 롬멜과 예하부대에게 전혀 먹히지 않았다. 이렇게 된 것은 히틀러 때문이라고 할 수 있었다. 전쟁 초기와 달리 이렇게 중구난방으로 갈라진 지휘체계는 결국 독일의 패전 원인 중 하나로 작용하게 된다.*

14. 세 번째 해임과 복귀

그래도 한때 독일 최고의 무력 집단을 지휘했던 룬트슈테트가 자존심을 세우려는 시도를 전혀 하지 않았던 것은 아니었다. 그는 롬멜과 대립각을 세웠던 적이 몇 번 있었는데, 한번은 연합군이 상륙할 경우 서부전선의 기갑부대를 어디에 배치하느냐 하는 문제를 놓고 격렬한 논쟁을 벌였다. 룬트슈테트는 핵심 기갑부대를 안전한 내륙 깊숙한 후방에 배치하고 있다가

* 폴 콜리어 외, 강민수 역, 『제2차 세계대전: 탐욕의 끝, 사상 최악의 전쟁』, 플래닛미디어, 2008, 717-720쪽.

연합군이 상륙하면 기동 타격하는 방식을 제안했다. 반反롬멜 성향을 보였던 서부기갑집단 사령관 레오 가이어 폰 슈베펜부르크Leo Geyr von Schweppenburg도 이러한 의견에 지지를 표했다. 반면 아프리카 전선에서 연합군의 항공전력 때문에 고생한 롬멜은 다른 생각을 가지고 있었다. 그는 제공권이 확보되지 않은 상태에서 기동거리가 먼 지역에 기갑부대를 배치하면 이동 중에 적의 공군에게 공격당할 가능성이 크기 때문에 해안가 부근에 기갑부대를 매복시키고 있다가 현장에서 연합군의 상륙을 저지해야 한다고 주장했다.*

하지만 앞에서 언급한 바와 같이 기갑부대의 이동을 명령할 수 있는 사람은 히틀러뿐이었고, 연합군의 노르망디 상륙이 일어난 후 우왕좌왕하다가 지휘권은 결국 롬멜에게로 돌아갔지만 그 또한 자신의 의도대로 기갑부대를 사용할 수 있는 시기를 놓치고 말았다. 연합군은 성공적으로 교두보를 확보했고, 돌파구를 점점 넓혀가고 있었다. 산전수전 다 겪은 룬트슈테트가 보았을 때 제압은 불가능했고, 이로써 독일의 양면전은 현실화되었다. 더구나 1944년 7월 동부전선은 독일이 일방적인 수세에 몰려 있었다. 직위에 더 이상 미련이 없던 룬트슈테트는 히틀러에게 연합군과 평화회담을 개최할 것을 직언했다. 하지만 분노한 히틀러의 대답은 1941년 11월처럼 이번에도 아주 간결했다.

히틀러는 룬트슈테트를 해임하고 클루게를 서부전선최고사령부 신임 총사령관으로 임명했다.** 룬트슈테트는 히틀러에게 해임당한 후 유일하게 복직된 인물이기도 했지만, 세 번씩이나 해임당한 인물이기도 했다. 하

---

* 스티븐 배시, 김홍래 역, 『노르망디 1944』, 플래닛미디어, 2006, 37쪽.
** http://en.wikipedia.org/wiki/Gerd_von_Rundstedt.

지만 두 달도 되지 않아 그는 다시 군복을 입게 되었다. 1944년 9월 히틀러는 룬트슈테트를 서부전선최고사령부 총사령관으로 재임명했다. 이번에는 그를 가까이하지 않으려고 했던 히틀러도 어쩔 수 없는 이유가 있었는데, 바로 1944년 7월 20일에 벌어진 히틀러 암살 미수 사건 때문이었다. 죽음을 간신히 면한 히틀러는 5,000여 명을 반정 세력으로 몰아 사형을 언도하는 복수극을 자행했다. 이때 직간접적으로 관련된 많은 인물들이 죽음을 맞이했는데, 여기에는 그가 심복이라 생각하던 롬멜과 클루게도 포함되어 있었다. 이로 인해 일순간 서부전선 지휘계통에 커다란 공백이 발생하자, 히틀러는 어쩔 수 없이 오랫동안 서부전선을 관리하고 자신에게 그래도 고분고분했던 룬트슈테트를 재기용할 수밖에 없었다.

이때 먼저 서부전선의 총책으로 급하게 부임한 인물이 총통의 소방수로 불리며 히틀러에게 두터운 신임을 받던 모델이었다. 방어전의 귀재로 동부전선의 수호자로 있다가 서부전선으로 온 모델은 급박한 상황 때문에 서부전선최고사령부Oberbefehlshaber West, OB West 총사령관과 B집단군 사령관을 겸직했을 만큼 한 번에 너무 많은 짐을 안고 있었다. 1944년 9월 3일 룬트슈테트가 서부전선최고사령부의 수장으로 복귀하면서 모델이 예하의 B집단군만을 담당하도록 교통정리가 되었는데, 석 달 전과는 사뭇 다른 양상이었다. 전임 B집단군 사령관 롬멜과 달리 내성적인 성격의 모델은 군부의 원로인 룬트슈테트의 지휘권을 존중하면서 원만한 관계를 유지했기 때문이었다.

1944년 9월 마켓가든 작전Operation Market Garden으로 불린 연합군의 공세가 있자, 룬트슈테트와 모델은 예비대를 적절히 운용하여 네덜란드에 고립된 영국군을 격멸시킴으로써 의미 있는 승리를 이끌어냈다.* 그런데 이런 분전에 자극을 받아서였는지 모르겠지만, 히틀러는 한마디로 입이 다물어지

벌지 전투 당시의 독일 선전 사진. 히틀러는 사진처럼 독일군이 기적을 만들어주기를 바랐으나, 독일의 마지막 도박은 일장춘몽으로 막을 내렸다.

지 않을 만큼 황당한 명령을 하달했다. 독일이 보유한 최후의 예비를 긁어모아 아르덴을 돌파하여 안트베르펜Antwerpen을 향한 대공세를 펼치라는 것이었다. 룬트슈테트의 반대는 너무나 당연한 것이었고, 작전을 실질적으로 이끌 B집단군 사령관 모델도 히틀러의 면전에서 반대의견을 제시했다. 더구나 모든 가용 자원을 서부전선으로 몰아주라는 명령에 독일 육군최고사령부는 강하게 반발했다. 참모총장부터 일선의 모든 지휘관까지 반대했지만, 히틀러의 히스테리를 막을 수는 없었다.* 결국 히틀러의 마지막 도박으로 알려진 1944년 12월 벌지 전투Battle of the Bulge에서 독일군은 초반에 한 번 빛을 발하더니 많은 병력과 자원을 하염없이 소모한 뒤 퇴각했다.

---

* Cornelius Ryan, *A Bridge Too Far*. Wordsworth Editions 1974, pp.55-59.
* 스티븐 J. 잴로거, 강경수 역, 『벌지전투 1944(1)』, 플래닛미디어, 2007, 45-46쪽.

15. 제2차 세계대전을 관통했던 인물

히틀러는 이러한 참담한 결과에도 불구하고 승리에 대한 미련을 버리지 못하고 있었다. 1945년 3월 룬트슈테트가 동부전선은 어쩔 수 없다 하더라도 서부전선에서 연합군과 종전을 위한 협상을 하자고 히틀러에게 제시하자, 히틀러는 마지막으로 그를 해임하고 알베르트 케셀링Albert Kesselring 공군 원수를 후임으로 앉혔다. 그러나 이것은 사실 아무런 의미가 없었다. 야인으로 다시 돌아간 룬트슈테트는 독일 항복 바로 직전인 1945년 5월 1일 미군에게 체포당했다.* 고령이고 군복을 벗은 상태였지만 그의 책임을 묻지 않고 넘어갈 수 없었을 만큼 그가 제2차 세계대전에 남긴 발자국은 컸다. 그는 제2차 세계대전 내내 독일 최고위직에 있으면서 야전에서 직접 전쟁을 지휘한 유일한 인물이었기 때문이었다.

이후 체포된 룬트슈테트의 처리를 놓고 연합군 내에서 많은 논란이 불거져 나왔다. 영국과 소련은 전범이니 엄중히 처벌하자고 주장했고, 미국은 명령을 받고 군무에 충실했던 군인이었으니 처벌하기는 좀 곤란하다는 입장이었다. 그가 군부의 실세로 군림하던 1939~1941년에 가장 크게 곤혹을 치른 상대들이 바로 영국과 소련이었기 때문에, 영국과 소련이 이렇게 나온 것은 어찌 보면 당연했다. 영국은 그를 본토로 이송하여 심문했고, 조사 과정에서 그가 심장 발작을 여러 차례 일으켰을 정도로 심문 강도가 높았다. 소련은 그를 처벌하기 위해 줄기차게 신병인도를 요구했다. 그가 친나치는 아니고 정치적으로 중립적이었다는 데에는 모두 의견이 일치했으나, 바바로사 작전 초기 남부집단군 사령관으로 있을 때 발생한 대량 학

* http://en.wikipedia.org/wiki/Gerd_von_Rundstedt.

살에 대해서는 책임이 있다는 점이 논쟁을 불러일으켰다. 당시 남부집단군 예하 제6군 사령관이었던 라이헤나우가 1941년 10월 점령 지역에서 잔인한 인종청소 명령을 내렸는데, 라이헤나우 명령서로 알려진 이 보고서를 상급자인 룬트슈테트가 예하의 다른 부대들에 전달했다는 점이 전후 그의 발목을 잡았다.

전범으로 재판을 받는 룬트슈테트의 모습. 조사 도중 수차례 심장 발작을 일으켰을 만큼 영국의 심문 강도는 높았다.

비록 그가 히틀러나 나치 정권과 떼어놓기 힘들 만큼 친밀했던 것은 아니었지만, 제2차 세계대전 내내 원수의 계급장을 달고 실세이건 형식적인 것이건 군부의 최고 직위에 복무한 유일한 인물이라는 점은 엄연한 사실이었고, 이 점은 전후에 그에게 불리하게 작용했다. 차라리 할더나 만슈타인처럼 해임 후 복직하지 않고 야인으로만 있다가 종전을 맞았다면, 이러한 논쟁에서 조금은 자유로울 수 있었을 것이다. 그런데 룬트슈테트는 고령과 건강 악화의 사유로 재판을 받지 않았고, 미국의 입김이 작용하여 1949년 별다른 처벌 없이 석방되었다. 그 후 그는 1953년에 78세를 일기로 사망했다.*

정권의 실세는 아니었지만, 전쟁 기간 내내 최고위직에 있으면서 영달을 누렸고, 또 말년에 있을 수도 있었던 어려움을 무난히 넘긴 것을 보면, 룬트슈테트는 상당한 행운아였던 것 같다. 그는 군부의 최고참이면서도 권위를 내세우지 않고 공평한 자세로 근무하여 독일군 전반으로부터 존경을 받은 인물이었다. 이런 점 때문에 히틀러도 그를 탐탁지 않게 여기면서도 수시로 재기용했던 것이었다. 하지만 우유부단한 성격도 함께 지니고 있어 중요한 결정을 내릴 때 망설이거나 예하부대나 지휘관들의 다툼이 있을 경우 조정하는 능력이 부족하다는 평을 받기도 했다.

필자가 룬트슈테트라는 인물에 대해 관심을 가지게 된 이유는 그가 제2차 세계대전 유럽 전사의 처음부터 끝까지 그것도 항상 집단군 사령관 이상의 최고 직위에서 전쟁의 주역으로 참여한 것으로 나오기 때문이었다. 따라서 룬트슈테트라는 인물만 쫓아가면 제2차 세계대전 유럽전선의 대부분을 확실하게 살펴볼 수가 있다. 그는 폴란드, 프랑스, 영국, 소련과의 전투를 이끈 주역이었을 뿐만 아니라, 점령군의 수장으로 민사 작전도 책임졌으며 서부전선에서 제3제국의 마지막을 지켜본 인물이기도 했다. 제2차 세계대전 당시 추축국과 연합국의 수많은 장성들 중에서 이런 인물을 찾아보기는 힘들다. 그는 수차례 반복된 경질과 기용 속에서 오뚝이처럼 살아남은 가장 장수한 원수로서 제2차 세계대전 기간 내내 야전에서만 보냈다. 전사에서 가장 많이 언급되는 인물이지만, 의외로 많이 알려져 있지 않고 회고록이나 자서전을 남기지 않아 그의 본심을 자세히 알기는 힘들다. 과연 그의 눈에 비친 제2차 세계대전은 어떠했을까? 두고두고 흥미로운 주제가 아닐 수 없다.

---

* Charles Messenger, *The Last Prussian: a Biography of Field Marshal Gerd von Rundstedt 1875-1953*, Brassey's, London, 1991, p.275.

칼 루돌프 게르트 폰 룬트슈테트

1925~1926	제18연대장
1926~1928	제2군 참모장
1928~1932	제2기병사단장
1932	제3사단장
1932~1938	제2군 사령관
1938	퇴역
1939	남부집단군 사령관(폴란드)
1939	동부전선 총사령관(폴란드)
1939~1940	A집단군 사령관(프랑스)
1940~1941	서부전선 총사령관(프랑스)
1941	남부집단군 사령관(동부전선)
1941~1942	퇴역
1942~1944	서부전선 총사령관(프랑스)
1944	퇴역
1944~1945	서부전선 총사령관(프랑스)
1945	퇴역
1945~1949	전범으로 수감

part. 4

너무 높은 곳에 올라간 허수아비

원수 **빌헬름 보데빈 구스타프 카이텔**

Wilhelm Bodewin Gustav Keitel

철학과 과학의 나라답게 흔히 독일 하면 가장 먼저 떠오르는 것이 합리적인 사고방식이다. 이러한 사고방식은 프로이센군의 엄격한 전통을 물려받은 제2차 세계대전 당시의 독일군에게서도 발견할 수 있다. 하지만 전사의 구석구석을 살펴보면 이러한 생각을 여지없이 무너뜨리는 어이없는, 경우에 따라서는 한심하기까지 한 사례들을 그리 어렵지 않게 발견할 수 있다. 그러한 사례들 중 대표적인 것이 바로 전쟁이 격화될수록 비합리적이고 비효율적으로 변한 독일 국방군최고사령부다. 새롭게 재건된 국방군을 보다 효율적으로 관리하기 위해 탄생한 국방군최고사령부는 시간이 갈수록 행정, 정책, 지휘, 그 어떠한 기능도 제대로 발휘하지 못했다. 문제는 국방군최고사령부라는 조직 자체가 아니라 그것을 좌지우지하는 사람이었고, 예외 없이 그 문제의 핵심에는 안하무인 히틀러와 합리적일 수 있는 조직을 제대로 이끌지 못하고 히틀러의 꼭두각시 노릇을 한 국방군 총사령관이었던 그가 있었다. 가장 높은 곳에 있었지만 실권이 없었고 스스로를 그렇게 만들어갔던 인물, 그가 바로 원수 빌헬름 보데빈 구스타프 카이텔이다.

1. 권력의 속성

역사 이래 지금까지도 모든 권력에는 분명한 서열이 있다. 일반적으로 외부에 드러난 서열과 실제 서열은 대부분 일치하지만, 내각책임제를 실시하는 영국이나 스페인처럼 설령 절대 지존이 있다 하더라도 단지 군림만 하고 실제로는 권력을 행사할 수 없는 경우도 많다. 이처럼 겉으로는 1인자라 하더라도 그 위치가 단지 형식적일 뿐 그에 걸맞은 권력을 행사할 수 없는 경우라면, 그 다음 서열인 2인자에 대해서는 굳이 말할 필요조차 없을 것이다. 고도로 민주화된 사회에서도 이런 현상은 흔하다. 예를 들어, 법률상 권력 서열 2인자라 할 수 있는 미국의 부통령은 대통령 유고시에만 필요한 존재라는 이야기가 있을 정도이니, 사실 그 누구도 부통령을 평소에 실제로 권력을 행사할 수 있는 미국의 2인자로 보지 않는다. 자본주의 사회에서 이런 예를 흔히 볼 수 있는데, 서열상 2인자인 월급쟁이 사장이 경영권을 승계받을 예정인 젊은 재벌 2세 과장보다 입김이 세다고 말할 수 없다. 드러내기를 싫어하고 감추고 싶은 것도 많은 독재국가의 경우는 이런 경향이 더욱 큰데, 한마디로 직위나 직급과는 전혀 상관없이 헤게모니를 장악한 권력 실세의 의중에 의해 모든 것이 결정된다. 그렇기 때문에 조직표상에 있는 2인자의 위치는 단지 형식적인 자리로만 남는 경우가 부지기수다.

이렇게 시대와 환경이 다른 가운데서도 겉으로 드러난 서열 2인자가 실제로 그에 걸맞은 권한이 없는 경우가 허다한 이유는 바로 유기체와 같은 권력의 속성 때문이다. 권력은 철저히 힘에 의해서 나누어지는데, 최고의 권력을 거머쥔 자는 최대한 이를 지키고 보호하고자 한다. 권력에 대한 도전은 외부에서 올 수도 있지만, 역사적으로 볼 때 내부에서 일어나는 경우가 많다. 특히 실제로 권력자 다음의 위치를 점하고 있는 자는 자신의 자리에 만족하지 않고 최고 권력자의 권위를 무너뜨리려 도전할 잠재적 가능성이 크다. 그렇기 때문에 절대 권력자일수록 확실한 2인자를 두지 않았고, 또 확실한 2인자가 대두되는 것도 용납하지 않았다.

이처럼 실질적으로 2인자의 위치를 점하고 있는 경우도 그러한데, 단지 명목상의 2인자라면 겉으로 보이는 화려함과 달리 속된말로 바지사장이나 다름없다. 대부분의 바지사장들은 실제적으로 주어진 권한이 그리 크지 않지만, 막상 일이 터지면 1인자를 대신하여 책임을 지는 역할을 주로 담당한다. 하지만 애초부터 권력에 도전할 의사가 없거나 절대자에게 절대 충성을 맹세한 경우라면, 단지 형식적인 2인자의 위치라도 그것은 가문의 영광으로 삼을 만큼 좋은 자리임에 틀림없고 조직의 규모가 크면 클수록 더욱 그렇다. 계급사회인 군은 권력의 순서가 어느 곳보다 확연히 구분되어 있고 계급과 직급별로 행사할 수 있는 권한이 분명히 나누어진다. 당연히 계급이 높고 편제표상 상위 보직에 있는 군인일수록 행사할 수 있는 힘이 크다. 그런데 군 조직 또한 앞에서 언급한 다른 조직처럼 겉으로 드러난 계급이나 직위에 걸맞은 권력을 행사하지 못한 예를 전사를 통해 얼마든지 찾아볼 수 있다.

군의 최고 통수권자는 국가원수다. 따라서 쿠데타 등으로 현역 군인이 정치권력의 전면에 나선 경우가 아니라면, 군 통수권 순위 2인자가 대개의 경우 군 내부 서열 1인자라고 할 수 있다. 하지만 앞에서 언급한 것처럼 계급과 직급에 따라 위계질서가 분명한 군 조직이라 하더라도 겉으로 드러난 어마어마한 계급과 위치와는 달리 바지사장과 같은 경우도 심심찮게 찾아볼 수 있다. 제2차 세계대전 당시 독일군에서도 이런 경우가 있었다. 명목상 서열로 명실 공히 히틀러 다음으로 군부 내 최고의 직위였고 그것도 나치 정권 등장부터 제2차 세계대전 패망 시점까지 계속하여 그 자리를 유지했지만, 군부는 물론 그 자리에 있도록 힘을 실어준 히틀러마저도 독일군 최고의 위치에 있는 인물로 보지 않았던 사람이 있었다. 빌헬름 보데빈 구스타프 카이텔Wilhelm Bodewin Gustav Keitel(1882~1946)이 바로 그 주인공이다.

2. 항복조인식에 등장한 최고위자

1945년 5월 7일, 독일과 가까웠던 프랑스의 국경 도시 랭스Rheims에서 타전된 독일의 무조건 항복 소식은 세계를 기쁘게 했지만, 독일을 사이에 두고 프랑스와 정반대편에 있는 소련의 스탈린을 분노하게 만들었다. 이 뉴스는 지긋지긋한 전쟁이 드디어 끝났음을 뜻하는 커다란 사건임에는 틀림없었지만, 독일이 미국과 영국이 주축이 된 서부전선의 연합군최고사령부SHAEF, Supreme Headquarters Allied Expeditionary Force에 찾아가 항복했다는 사실은 피를 퍼부어대며 베를린을 점령한 소련의 존재를 은연중 무시한 것이나 다름없었기 때문이었다. 히틀러가 자살한 후 유언에 따라 독일의 대통령에 오른 칼 되니츠Karl Dönitz는 국방군최고사령부OKW, Oberkommando der Wehrmacht의 작전부장인 상급대장 요들을 그의 대리인으로 내세워 연합국 측에 항복했는데, 되니츠가 이렇게 지시한 이유는 최대한 많은 독일군을 미국 측에 항복시켜 그들을 소련의 보복으로부터 구하기 위해서였다. 독일은 그들이 소련 영토에서 벌인 죄과를 너무나 잘 알고 있어서 복수심에 눈이 뒤집힌 소련군의 자비를 바랄 수 있는 입장이 아니었다. 한마디로 소련의 복수가 무서워서 일말의 자비를 바라고 서부전선의 연합국 측에 항복했던 것이었다.*

요들은 명령을 받들어 랭스에 있는 연합군 최고사령부에 직접 찾아가서 항복 문서에 서명을 했는데, 비록 이곳에 소련군의 연락관인 이반 수슬로파로프Ivan Susloparov가 파견 나와 있었지만 거의 옵서버 수준에 불과했고, 배후에서 독일의 항복을 받는 실질적인 주체는 연합군의 최고사령관들인 드와이트 아이젠하워Dwight Eisenhower와 버나드 몽고메리Bernard Montgomery였다. 이런 눈에 빤히 보이는 독일의 꼼수를 읽은 소련이 분노한 것은 어찌 보면 당연했다. 소련은 물질적으로 연합국 측으로부터 많은 도움을 받았지만, 지난 전쟁 내내 독일군의 80퍼센트를 상대했고, 무려 2,000만 명으로 추산되는 인민들의 목숨과 폐허로 변한 국토를 포연에 날려버렸다. 더구나 마지막으로 30만 명의 피와 2,000여 대의 전차, 1,000여 기의 전투기를 쏟아부으면서 지난 5월 2일 제3제국의 심장인 베를린에 적기를 꽂아 전쟁의 대미를 장식한 것도 소련의 붉은 군대였다.**

독일과 연합국 일방이 단독 강화를 하지 않겠다는 얄타 회담Yalta Conference

---

*Jeremy Isaacs, The World at War: Part 25. Reckoning, Thames Television, 1973.
** Le Tissier, *The Battle of Berlin 1945*, Jonathan Cape, London, 1988. pp.196-207.

의 내용에 따라 소련은 연합국 측에 별도로 독일의 항복을 받겠다는 의사를 표시했고, 그 결과 다음날인 5월 8일 베를린에서 또 다른 항복조인식 행사가 벌어졌다. 이번 행사의 주인공은 스탈린의 대리인으로 참석한 독일 점령군 총사령관인 주코프 원수였고, 반면 연합국 참석자들은 참관자에 불과했다.* 소련은 오로지 자신들만을 위한 항복조인식 행사에서 그들의 권위를 더욱 돋보이게 하기 위해 요들보다 상급자가 항복 서명을 하도록 독일 측에 요구했다. 항복조인식이 소련 점령군의 임시사령부가 된 베를린 인근 칼스호르스트Karlshorst에 있는 독일군 공병학교에서 열리자, 일단의 독일 대표단이 문서에 서명하기 위해 나타났다. 이때 해군 한스-게오르크 폰 프리데부르크Hans-Georg von Friedeburg 제독과 공군 한스-위르겐 슈툼프Hans-Jürgen Stumpff 상급대장을 이끌고 최고 책임자로 등장한 인물은 카이텔 원수였다.**

당시 카이텔의 직위는 국방군 총사령관이었는데, 이는 육·해·공군을 모두 망라하는 상급조직인 국방군최고사령부의 수장에 해당했고, 전날 연합국 측에 찾아가 항복 서명한 요들은 형식상 그의 참모장에 불과했다. 카이텔은 지난 1933년 국방군최고사령부의 전신이라 할 수 있는 전쟁성의 무력국Armed Forces Office 국장에 오른 후 지금까지 그 자리에 계속 있어왔다. 한마디로 말해 그는 서열상 히틀러 다음이었고 독일 군부 내에서는 최고 권력자였기 때문에 소련이 원하는 인물에 부합했다. 따라서 이러한 인물로부터 항복 사인을 받아낸 소련은 득의양양했다. 소련은 전날 랭스에서 받아낸 항복 문서를 임시적인 것으로 취급하고, 카이텔의 서명을 받은 항

---

* 폴 콜리어 외, 강민수 역, 『제2차 세계대전: 탐욕의 끝, 사상 최악의 전쟁』, 플래닛미디어, 2008, 824쪽.

** http://en.wikipedia.org/wiki/German_Instrument_of_Surrender.

전날 프랑스 랭스에서 열린 연합국과 독일의 항복조인식에 불만을 품은 소련은 1945년 5월 8일 베를린에서 별도의 행사를 열었는데, 이때 독일을 대표하여 카이텔이 항복 서명을 했다.

복 문서만을 공식 문서로 채택했다. 이처럼 독일 국방군 총사령관의 서명으로 전쟁이 정식으로 끝나게 되자 소련은 여기에 만족해했지만, 사실 패망한 독일에서조차 카이텔을 군부의 최고 수장으로 생각한 사람은 단 한 사람도 없었다. 심지어 그 자리를 계속 차지하고 있던 카이텔조차도 똑같은 생각을 하고 있었다.

3. 나치를 지지했던 엘리트 장교

카이텔은 1882년 카셀Kassel 인근의 소도시인 헬름셰로데Helmscherode의 중산층 가정에서 태어났다. 유소년기에 어떻게 지냈는지에 대한 자세한 기록은 없으나, 1901년 사관후보생으로 군대에 입대하여 처음 복무한 곳이

제6니더작센Niedersachsen야전포병연대라고 알려져 있다. 제1차 세계대전 당시에는 서부전선의 제46야전포병연대에서 포병 장교로 참전했고, 전쟁 초기인 1914년 벨기에에서 포탄 파편에 맞아 큰 상해를 입기도 했다. 부상에서 회복한 후 참모로 근무했다고 하는데, 구체적으로 어느 부대에서 근무했는지는 알려져 있지 않다.* 제1차 세계대전 종전 후 독일군이 타의에 의해 10만 명으로 대폭 감군되는 과정에서도 그는 군에 계속 남아 있었는데, 이 점을 고려하면 훗날의 일반적인 평판과 달리 카이텔을 무능한 인물이라고 단정 짓기는 어렵지 않나 생각된다. 왜냐하면 당시에 대폭 감군이 되자 장교 중 실력이 있는 자들만 선별되어 군에 남을 수 있었기 때문이었다.

관운이 있었는지, 아니면 적어도 그때까지는 능력 있는 장교로 인정받았는지는 모르겠지만, 그는 1924년 국방성(1933년 전쟁성으로 명칭이 바뀜)의 병무국Troop Office에서 근무하게 되었는데, 당시 병무국은 일종의 위장 조직이었다. 연합국들이 패전한 독일에서 없애버리고 싶어하던 것들이 많았는데, 그 중 하나가 참모제도였다. 비록 독일에서 처음 시작한 것은 아니었지만, 참모제도는 독일군 특유의 군사제도로 완전히 자리 잡았고, 승전국들은 베르사유 조약으로 참모라는 단어를 언급하는 것조차 금지할 정도로 이를 철저히 없애버리려고 했다.** 하지만 한스 폰 젝트의 주도로 내실을 다지며 재건에 나선 독일은 비밀리에 참모제도를 유지했는데, 국방성 예하에 있던 육군 지휘부Army Directorate의 일개 부서였던 병무국이 바로 위장된 총참모본부였다. 겉으로는 일반 군사 행정 업무를 담당하는 부서였지만,

---

* http://en.wikipedia.org/wiki/Wilhelm_Keitel.
** 유종규, '샤른호르스트와 폰 젝트의 軍事改革 比較', 국방대학원, 2001, 51쪽.

실제로는 구독일 제국 육군의 총참모본부를 그대로 유지하고 있었다.*

카이텔이 병무국에 근무했다는 사실은 그에 대한 일반적인 고정관념과는 달리 그가 상당한 엘리트였음을 짐작케 한다. 물론 독일에서 참모를 거쳤다고 모두 훌륭한 군인이라고 단정 지을 수는 없지만, 보통의 능력으로 총참모본부에서 근무하기는 상당히 어려웠다. 프로이센 이래 독일군의 주류는 몇몇 귀족 가문이 대대로 차지할 만큼 배타적인 철옹성이나 다름없었지만, 참모조직만큼은 예외였다. 독일군 역사상 최초의 참모총장인 게르하르트 폰 샤른호르스트Gerhard von Scharnhorst 이래 독일군의 핵심 브레인 집단으로 자리 잡게 된 참모들은 철저하게 실력으로만 선발되었다.** 그 덕분에 많은 평민들도 군에서 실력만으로 신분 상승을 할 수 있는 기회를 얻게 되었다. 이렇게 선발된 참모들은 결국에는 독일 통일과 제국 창건의 주역이 되었다. 이처럼 엘리트 의식이 강한 최고의 조직에 카이텔이 몸담았다는 사실은 주목할 만하다.

카이텔은 1933년 나치 집권 초기부터 열렬한 나치 지지자였다. 어떻게 해서 친나치가 되었는지 자세히 알려진 것은 없지만, 적어도 이때까지는 그의 정치적 신념 때문에 나치를 지지했던 것으로 보인다.*** 사실 히틀러 집권 초기만 해도 독일 군부는 이단아 같은 나치에 대해 시큰둥한 반응을 보였으나, 히틀러가 내세운 베르사유 조약 폐기와 독일군 재무장 주장에 대해서는 당연히 전폭적인 지지를 보냈다. 집권 초기에 히틀러도 자신에게 고분고분하지 않았던 또 하나의 권력인 군부의 눈치를 볼 수밖에 없었고, 이를 장악하기 위해 많은 노력을 기울였다. 히틀러는 그러한 노력의

---

* 제프리 메가기, 김홍래 역, 『히틀러 최고사령부 1933~1945년』, 플래닛미디어, 2009, 35쪽.
** 유종규, '샤른호르스트와 폰 젝트의 軍事改革 比較', 국방대학원, 2001, 81-82쪽.
*** Walter Gorlitz, *The Memories of Field Marshal Keitel*, Stein & Day, 1966, pp.38-42.

히틀러의 군부대 시찰에 동행한 카이텔. 나치 정권 당시의 선전 사진을 보면 히틀러 옆에 카이텔이 서 있는 모습을 어렵지 않게 발견할 수 있다. 그만큼 그는 총통의 시야를 벗어나지 않으려 애썼다.

일환으로 친나치 성향의 인물들을 군부의 중심 세력으로 만드는 다각적인 시도를 했다. 이때부터 발터 폰 라이헤나우를 중심으로 하는 일군의 친나치 계열 장군들이 서서히 주목을 받기 시작했다. 그 와중에 카이텔은 전쟁성 무력국의 책임자 자리에 오르게 된다.*

4. 국방군 총사령관에 오른 의외의 인물

어떻게 생각하면 카이텔이 무력국 국장에 오른 것은 순전히 우연이었고, 본인에게는 생각지도 않은 호박이 넝쿨째 그냥 굴러온 형국이었다. 그

* ZDF, Hitler's Warriors: Part I. Keitel. The Lackey, ZDF-enterprise, 1998.

리고 그렇게 찾아온 복을 그는 끝까지 움켜쥐었다. 이 때문에 결국 사형까지 당하는 신세가 되었지만, 적어도 나치 독일에서 그는 군인이 누릴 수 있는 최고의 명예를 호사스러울 정도로 누렸다. 어쩌면 이것도 능력이라고 할 수 있을지 모른다. 각종 자료를 살펴보면 카이텔을 무능한, 아첨꾼 등으로 묘사하고는 하는데, 그럼에도 불구하고 제3제국의 시작부터 마지막까지 같은 자리를 지켰다는 것은 사실 대단하다고 볼 수 있다. 제2차 세계대전 당시 활약한 독일군 장성들을 통틀어 정권의 중핵이었던 괴링을 제외하고 그처럼 계속 한자리를 꿰차고 있던 예는 발견하기 힘들다. 전쟁이 격화될수록 자의건 타의건 간에 장군들의 인사이동이 잦았는데도 불구하고 카이텔만은 예외였다.

마음에 들지 않으면 실력 여부와 상관없이 장군들의 군복을 벗기던 히틀러의 인사 스타일을 고려할 때, 총통에게 잘만 보이면 일단 자리를 보존할 수는 있었다. 하지만 단지 총통과 가깝다는 이유만으로 한자리를 오래 지킬 수 있는 것은 아니었다. 실력이 있으면 실력이 있다고, 무능하면 무능하다고 자리를 수시로 바꾸는 것이 전시의 일반적인 모습인데, 그는 그런 급격한 변화 속에서도 오로지 한자리만을 지켰다. 카이텔이 1938년 임명되어 제3제국 패망 시까지 차지하고 있던 국방군최고사령부의 수장인 국방군 총사령관 직은 서류상으로 총통을 제외하면 그 위에 더 이상의 자리가 없는 독일군에서 최고로 높은 직책이었다.* 국방군 총사령관은 최대 350만 명까지 커나갔던 독일군을 형식상 모두 책임졌는데, 군이 그의 관할 범위를 벗어난 무력 조직이라면 무장친위대밖에 없었다. 그런데 이상한 것은 쟁쟁한 실력자들의 집단인 독일 군부에서 이 자리를 탐내는 사람

* http://en.wikipedia.org/wiki/Oberkommando_der_Wehrmacht.

이 없었다는 점이다.

무능하다고 소문난 사람이 계속 자리를 차지하고 다른 사람들도 그 자리를 굳이 탐하지 않았다면, 국방군최고사령부가 겉으로 드러난 권위적인 명칭과는 달리 힘이 없었다는 말이 된다. 실제로 사령관인 카이텔의 명령은 국방군최고사령부에 근무하는 소수 병력에게만 통했다. 따라서 카이텔이라는 인물을 알아보려면, 그를 위한 기구였다는 평가까지 받았던 국방군최고사령부에 대해 먼저 자세히 알아볼 필요가 있다. 제2차 세계대전 당시 국방군최고사령부는 오로지 카이텔에 의한, 그리고 카이텔을 위한 기구로만 존재했지만, 사실 그 탄생은 카이텔과 전혀 관련이 없었고 히틀러와 나치와도 관련이 없었다. 국방군최고사령부의 개념은 독일군의 발전을 염두에 둔 진보적인 구상에서 비롯되었지만,* 군부의 권력 다툼 때문에 이상한 형태로 탄생하게 되었다.

제1차 세계대전을 끝으로 새롭게 떠오른 항공 전력을 별도의 공군으로 독립시켜 군을 육군, 해군, 공군의 3군 체제로 나누는 것이 세계적인 추세가 되었다. 하지만 그 이전부터 육군과 해군은 상당히 이질적인 조직으로 여겨져왔고, 사실 이 점은 단지 독일만의 문제는 아니었다. 엄밀히 말해 상륙작전을 벌이지 않는다면 육군과 해군이 함께 작전을 벌일 일도 없었다. 하지만 시대가 바뀌면서 전쟁 환경이 변하자, 이들 군을 보다 유기적으로 통솔할 필요성이 제기되었다. 이러한 목적으로 구상된 것이 여러 군을 효과적으로 관리할 상급 조직이었다. 궁극적으로는 이 상급 조직에 군령軍令 권한까지도 부여해야 한다고 보았는데, 이는 상당히 합리적인 생각이었다. 사실 독일 제국(제2제국)에서는 제국 육군과 제국 해군Kaiserliche

* Harold Deutsch, *Hitler and His Generals*, University of Minnesota, 1974, p.14.

Marine을 총괄하는 기구는커녕 정식 명칭조차 존재하지 않았고, 제1차 세계대전 후 새롭게 탄생한 바이마르 공화국군Reichswehr이 독일군 전체를 통칭하는 최초 단어로 등장했을 정도였다.*

5. 독일 군부의 암투

전후 독일군은 전체가 겨우 10만 명에 불과해서 바이마르 공화국군을 굳이 육군과 해군을 구분지어 나누기도 민망했고, 더구나 공군은 보유가 금지되어 있었다. 하지만 독일은 베르사유 조약의 굴욕에도 불구하고 젝트와 같은 선각자를 중심으로 내실을 다지며 은밀하게 커나갈 준비를 하고 있었다. 이 과정에서 미래의 독일군에 대한 여러 가지 구상을 하면서 다시 한 번 육 · 해 · 공군을 아우르는 조직의 필요성이 제기되었다. 바이마르 공화국군은 대통령의 위임을 받은 국방성 장관의 통제하에 있었는데, 국방성은 단순한 행정 조직에 불과했다. 당시 국방성의 병무국에서 근무하던 여러 인물들은 국방성보다 각 군을 직접 총괄할 유기적인 기구의 필요성을 주장했다. 가장 대표적인 인물들이 베르너 폰 블롬베르크Werner von Blomberg와 베르너 폰 프리치였다. 블롬베르크는 이후 현역 군인으로 전쟁성 장관까지 올랐던 제3제국 최초의 원수였고, 프리치는 제3제국 초대 육군 총사령관이었다. 젝트가 물러난 후 독일 군부를 좌지우지한 가장 큰 거물이자 실세였던 이 둘은, 새로운 상급 조직의 필요성에는 공감했지만 각론적인 방법에서는 조금 차이가 있었다.

---

* http://www.feldgrau.com/main1.php?ID=1.

히틀러의 군부 장악에 맞선 육군 총사령관 프리치와 참모총장 베크. 이들은 독일군의 자존심을 지킨 인물들로 군부 내에서 많은 존경을 받았지만, 히틀러에 의해 제거되었다. 베크는 1944년 벌어진 히틀러 암살미수사건의 핵심 인물이었다.

블롬베르크는 3군을 모두 지배할 수 있도록 전쟁성을 확대개편하자고 주장했고, 라이헤나우가 이에 동조하고 나섰다. 한편 프리치는 해군과 공군을 육군의 예하로 포함시키는 형태의 단일 지휘체계를 주장했는데, 오랜 동지이자 제3제국 초대 참모총장에 오른 루드비히 베크가 이를 적극 지지했다.* 독일은 한때 세계 제2위의 막강한 해군을 보유한 적도 있었지만, 전통적으로 육군 강국이었기 때문에 프리치의 주장과 같은 생각은 당시까지도 계속되고 있었다. 그렇기 때문에 군의 헤게모니는 육군이 잡아야 한다고 생각하는 보수적인 육군 인사들이 의외로 많았다. 따라서 해군과 공군을 같은 위치에서 보고 그보다 상급 조직을 두자고 주장하던 블롬베르크와 라이헤나우는 육군임에도 불구하고 육군의 눈 밖에 나게 되었다. 역사에서 프리치와 베크는 대표적인 반나치 성향의 인물들로 존경을

* 제프리 메가기, 김홍래 역, 『히틀러 최고사령부 1933~1945년』, 플래닛미디어, 2009, 74-76쪽.

받고*, 블롬베르크와 라이헤나우는 친나치라는 이유로 매도당하는 경우를 많이 볼 수 있는데, 군 조직 통합에 관한 군사적인 입장만 놓고 본다면 오히려 블롬베르크와 라이헤나우가 열린 생각을 가지고 있었다고 볼 수 있다.

그런데 군부의 격렬한 논의와는 별개로 군 조직을 통합하려는 인물이 있었는데, 그가 바로 히틀러였다. 히틀러는 군부를 손에 넣기 위해서는 군을 쉽게 통솔할 수 있는 수단이 필요하다고 보았고, 그 일환으로 새로운 조직을 구상했다. 해군의 경우는 사실 제1차 세계대전 이전 세계 2위였던 제국 해군 수준으로 단기간 내 회복이 불가능하여 군부 내에서 세력이 미약했고, 공군의 경우는 자신의 수하에 괴링이 있었기 때문에, 통합의 방해가 되는 육군의 높은 벽을 허무는 것이 선결과제라고 히틀러는 생각했다. 이런 이유로 당시 블롬베르크와 라이헤나우가 히틀러의 눈에 들어온 것은 어쩌면 당연한 일이었는지 모른다. 닭이 먼저인지 달걀이 먼저인지는 모르겠지만, 이들이 친나치로 손꼽히는 이유도 아마 이로부터 비롯되지 않았나 싶다. 그러나 1938년 블롬베르크가 프리치와 함께 히틀러에 의해 군부 제압의 일환으로 동시에 제거되고 직선적인 성격의 라이헤나우가 작전 문제로 히틀러와 자주 충돌해 전쟁 중에 결국 눈 밖에 나게 된 점을 미루어 생각하면 그들을 나치에 아부한 모리배라고 단정하기는 힘들 것 같다.

적어도 나치가 정권을 획득한 1933년부터 프리치가 물러난 1938년까지는 군부의 권력을 빼앗고 지키기 위한 암투가 치열했던 시기였다. 히틀러는 재무장 선언의 전 단계로 1933년에는 기존의 국방성을 전쟁성으로 바꾸

* J. W. Wheeler-Bennett, *The Nemesis of Power: The German Army in Politics 1918-1945*, Macmillan, 1964, p.508.

었고, 1934년에는 단순한 행정 조직에 불과하던 바이마르 공화국군을 육군최고사령부OKH, Oberkommando des Heeres, 해군최고사령부OKM, Oberkommando der Marine 그리고 공군최고사령부OKL, Oberkommando der Luftwaffe 체제로 확대 개편했다.*

6. 우연히 오르게 된 가장 높은 자리

군 조직이 대폭적으로 바뀌면서 현역인 블롬베르크가 제3제국 최초의 원수로 승진되어 전쟁성 장관에 임명되자, 군부를 장악하려던 나치와 이를 지키려던 육군이 인사 문제를 놓고 충돌했다. 참모총장 베크는 뜨거운 감자가 될 가능성이 농후한 전쟁성 무력국장 자리를 육군이 선점해야 한다고 생각했다. 더구나 그 자리는 나치에 충성을 다하던 라이헤나우가 바로 직전까지 차지하고 있던 자리였기 때문에 무슨 일이 있어도 반드시 육군이 관할해야 한다고 생각했다. 그는 육군최고사령부 인사국장인 빅토르 폰 슈베들러Viktor von Schwedler에게 무력국장 후보에 적합한 인물을 천거해달라고 하면서 "굳이 머리가 좋을 필요는 없고 육군을 위해 열심히 일할 단순한 인물이어야 한다"는 조건을 내걸었다. 슈베들러는 육군에서 가장 단순한 인물이라면 카이텔밖에 없다고 하면서 그를 추천했다. 결국 이런 우연한 기회를 거쳐 카이텔은 베크의 보고를 접한 육군 총사령관 프리츠의 천거로 1935년 10월 무력국장에 오르게 되었다.**

---

* 제프리 메가기, 김홍래 역, 『히틀러 최고사령부 1933~1945년』, 플래닛미디어, 2009, 84-85쪽.
** 제프리 메가기, 김홍래 역, 『히틀러 최고사령부 1933~1945년』, 플래닛미디어, 2009, 92-93쪽.

그런데 카이텔의 능력이 뛰어나지 않다는 것은 사실이었지만, 문제는 육군의 바람과 달리 오히려 라이헤나우를 능가할 정도로 히틀러에 대한 충성심이 대단했다는 것이었다. 한마디로 혹을 떼려다가 혹을 붙인 경우였다. 그 이전에 나치와 히틀러에 대해 카이텔이 어떻게 행동했는지 알려진 것이 그리 많지 않아 단정 지을 수는 없지만, 이때부터 그는 육군이 아니라 오로지 총통을 위해서만 존재하는 것처럼 행동했다고 전해진다.* 사실 이런 총통에 대한 그의 존경심을 육군 수뇌부가 미리 알았더라면 그는 아마 그 자리에 오르지 못했을 것이다. 1938년 히틀러는 육군 수뇌부에 대한 대대적인 숙청을 단행하여 그 동안 눈에 가시 같던 프리치 외에 무려 60여 명에 달하는 육군 인사들의 옷을 벗기거나 좌천시켜버렸다. 그러면서도 육군의 반발을 무마시키기 위해 육군에게 거부되고 있던 블롬베르크를 꼬투리를 잡아 함께 옷을 벗겼다. 또한 히틀러는 자신이 직접 독일군 전체를 총괄할 수 있도록 전쟁성을 폐지하고 그 동안 무수히 논의가 되던 국방군최고사령부를 설치했다.

국방군최고사령부는 전쟁성 무력국을 확대 개편한 형식이었는데, 구조상 육군최고사령부, 해군최고사령부, 그리고 공군최고사령부가 국방군최고사령부의 하부 조직이 되었다. 당연히 국방군최고사령부의 책임자가 누가 될 것인지가 초미의 관심사였다. 그때 히틀러가 블롬베르크에게 당시 무력국장이던 카이텔에 대해 물어보았다.

"총통각하! 그는 후보에서 빼십시오. 그는 전에 저의 말에 따라 움직이는 사환에 지나지 않았습니다. 그런 큰 조직의 수장 직을 맡기에는 부족합니다."

---

* ZDF, Hitler's Warriors: Part I. Keitel. The Lackey, ZDF-enterprise, 1998.

블롬베르크가 이렇게 대답하자, 히틀러가 말했다.

"그렇소? 내가 원하는 사람이 바로 그런 사람이오!"

카이텔은 순식간에 대장으로 승진하여 국방군총사령관이라는 어마어마한 자리에 오르게 되었다.*

이때 히틀러는 다음과 같은 총통 훈령을 하달했다.

"이제부터 국방군에 대한 지휘권은 내가 행사한다. 전쟁성의 임무는 국방군최고사령부로 이전된다. (중략) 국방군최고사령부의 국방군 총사령관은 나를 대신하여 권위를 행사하고 나의 지령에 따라 평시에 3군을 관할하며 제국 방위를 책임진다."**

대대적인 군부 숙청이 있었음에도 불구하고 국방군최고사령부가 탄생하자, 자신들보다 상급 지휘부의 존재를 인정하려 들지 않는 육군의 반발은 극심했다. 참모총장 베크를 중심으로 하는 육군최고사령부는 이를 되돌리고자 노력했지만, 이제 방법은 없어 보였다.

그런데 총통 훈령에 중요한 것이 빠져 있었다. 그것은 바로 국방군최고사령부의 군령軍令에 대한 언급이 없다는 점이었다. 즉, 국방군최고사령부는 평시에 군정軍政만 담당하고 전시에는 명령을 내릴 수 없는 일종의 행정조직이 되어버린 셈이었다. 따라서 국방군최고사령부는 전시에 육군최고사령부에 관여할 수 없었고, 평시에도 단지 총통의 명령만 하달하는 기구가 되어버렸다.*** 어쩌면 히틀러는 국방군최고사령부가 권한이 커지는

---

* Walter Görlitz, *The Memories of Field Marshal Keitel*, Stein & Day, 1966, pp.47-49.

** Waldemar Erfurth, *Die Geschichte des deutschen Generalstabes von 1918 bis 1946*, Musterschmit, 1960, p.207.

*** 제프리 메가기, 김홍래 역, 『히틀러 최고사령부 1933~1945년』, 플래닛미디어, 2009, 114-121쪽.

것을 원하지 않았고, 다만 비대해진 육군을 견제하는 정도의 임무만을 수행하길 바랐는지 모른다. 제2차 세계대전 동안 국방군최고사령부와 카이텔이 한 행적과 히틀러가 전쟁 중에 국방군최고사령부의 국방군 총사령관이 아니라 육군최고사령부의 육군 총사령관에 스스로 올랐다는 점*은 이러한 심증을 더욱 굳게 만든다. 하지만 무엇보다도 총통이 처음부터 국방군최고사령부 책임자로 능력이 있는 사람이 아니라 단순한 사람을 원했다는 사실 자체가 이를 뒷받침하는 증거라고 할 수 있다.

7. 실권이 없는 국방군최고사령부

사실 모든 군을 통합하는 상급 조직을 주장했던 블롬베르크와 라이헤나우, 그리고 프리치와 베크처럼 육군을 중심으로 해군과 공군이 예속되는 형태의 조직을 구상했던 이들 모두가 원한 것은 실질적인 권력이었다. 이들은 모두 군부의 권력이 집중될 이러한 새로운 조직의 주인공이 바로 자신이라는 환상을 가지고 있었다. 이들 간의 권력 다툼은 엉뚱하게도 전혀 생각지도 못한 카이텔이 국방군최고사령부 책임자에 오름으로써 허망하게 끝나고 말았다. 이렇듯 원론적인 면에서는 찬성을 하면서도 세부적인 면에서는 좀처럼 타협하기 힘든 극단적인 대결 속에서 히틀러의 간섭으로 탄생하게 된 국방군최고사령부는 처음부터 이상한 위치를 점한 어정쩡한 조직이 되어버렸다. 처음에 국방군최고사령부에 대한 히틀러의 의중이 어떠했는지는 모르겠지만, 제2차 세계대전 전사를 통해 볼 때, 국방군최고

* http://en.wikipedia.org/wiki/Oberkommando_des_Heeres.

사령부는 이를 최종적으로 만들어낸 히틀러조차도 이를 통해 군을 통제한 모습을 찾아보기 힘들 정도로 갈수록 관심 밖의 조직이 되었다.

국방군최고사령부는 조직표상 예하라 할 수 있는 육군최고사령부, 해군최고사령부, 공군최고사령부로부터 보고받을 권한이 있고 별도로 작전을 수립할 수 있었지만, 문제는 이들에게 명령을 내릴 수 없고, 이들 역시 국방군최고사령부의 요구에 따를 필요가 없다는 점이었다.* 즉, 작전을 구상해도 자신들이 주가 되어 실행할 방법이 없는, 한마디로 예전의 전쟁성은커녕 예하 부서였던 무력국 수준에도 못 미치는 빛 좋은 개살구에 지나지 않았다. 국방군최고사령부는 형식상 별도의 상급 조직이었으므로 겉으로는 블롬베르크의 주장이 채택된 듯 보였지만, 실상은 전혀 그렇지 못했다.** 전쟁성 장관이자 당시 유일한 원수로서 당연히 계속 군권을 유지하길 원했던 블롬베르크는 국방군최고사령부의 이런 모습에 실망했고, 프리치나 베크는 국방군최고사령부가 생긴 이상 육군최고사령부의 권위가 국방군최고사령부에 의해 손상받지 않도록 노력했다. 결국 국방군최고사령부는 탄생과 동시에 방치된 셈이었다.

국방군최고사령부가 이렇게 된 데는 군부의 핵심인 육군 내부의 문제뿐만 아니라 해군과 공군의 태도도 한몫했다. 육군의 독주를 탐탁지 않게 생각하고 있던 해군이나 공군 모두 별도로 상부의 기구가 생기건 육군 위주로 군을 통합하건 간에 결국 주체는 육군이라는 사실을 직시하고 있었다. 사실 별도 기구를 만들자던 라이헤나우도 국방군 총사령관 직속 참모조직을 육군 2명, 해군 1명, 공군 1명으로 구성하자고 했을 정도였다. 해군 총

---

* 제프리 메가기, 김홍래 역, 『히틀러 최고사령부 1933~1945년』, 플래닛미디어, 2009, 150쪽.
** 제프리 메가기, 김홍래 역, 『히틀러 최고사령부 1933~1945년』, 플래닛미디어, 2009, 96쪽.

해군 총사령관 래더와 카이텔이 히틀러와 악수를 나누고 있는 모습.

사령관 래더는 육군이 해군을 간섭하려는 의도를 탐탁지 않게 생각하여 국방군최고사령부가 없거나 아니면 있더라도 권한이 없기를 은근히 바랐다.* 반면, 공군 총사령관 괴링은 한 술 더 떠서 국방군최고사령부의 권한 여부와 상관없이 자신이 그 자리도 겸직할 수 있게 해달라고 히틀러에게 요구하다가 거부당했다.** 한마디로 모두의 이해타산 때문에 결국 국방군최고사령부는 내각책임제의 왕과 같은 존재가 되어버렸다.

사실 세상의 어느 누구도 권력을 가진 진정한 실력자가 되기를 마다하지 않는다. 그럼에도 불구하고 실권이 없는 바지사장 직책이라도 감수하

---

* Williamson Murray, *The Change in the European Balance of Power 1938-1939*, Princeton Univ. Press, 1984, p.28.

** R. J. Overy, *Goering*, Routledge & Kegan Paul, 1984, pp.32-33.

고 그 자리에 연연하는 사람을 주변에서 어렵지 않게 찾아볼 수 있다. 여러 가지 이유가 있겠지만, 제일 먼저 겉으로나마 누릴 수 있는 화려함에 대한 유혹을 그 이유로 꼽을 수 있다. 대부분의 보통 사람들에게 화려한 사무실과 멋진 비서, 그리고 기사 딸린 고급 승용차의 유혹을 물리치기는 상당히 어려운 일이다. 카이텔이라고 예외는 아니었다. 그에게 실권이 쥐어졌다면, 그 또한 자신에게 부여된 권력을 휘두르는 데 결코 주저하지 않았을 테지만, 겉으로 보이는 것과 달리 그는 상당히 영리해서 이것을 먼저 요구하지 않고 우선 보이는 화려함만을 선택했다. 히틀러를 비롯한 나치 정권 최고위층과 함께하고 있는 장면이 대부분인 그의 사진들은, 어쨌든 그가 누가 뭐래도 겉으로는 제3제국에서 가장 높은 위치에 있는 군인이었음을 입증해주고 있다.

8. 눈치가 빠른 출세 지향의 장군

적어도 카이텔은 얼떨결에 차지한 이런 화려한 자리를 마다할 생각이 결코 없었고, 오랫동안 지키고자 했다. 그가 언급한 적은 없지만, 적어도 그 자리에 오래 있다 보면 언젠가는 자신의 권위를 행사할 수 있게 될 것이라고 생각했을 것이다. 그는 국방군 총사령관이라는 타이틀이 자신에게 너무 과분한 직책임을 잘 알고 있었다. 당시 군부에는 실력으로 그를 능가하는 인물들이 많았다. 이런 상황에서 카이텔이 이 명예스러운 자리를 지키기 위해 선택한 방법은 권력에 대한 아부였다. 다행히도 그가 아부의 대상으로 삼은 히틀러는 그에게 이로운 쓴소리는 경기가 날 정도로 싫어한 반면, 달콤한 감언이설은 너무나 좋아하는 스타일이었다. 처음부터 그랬는지는 잘 모르겠지만, 최후의 순간까지 카이텔은 히틀러와 나치에 대한 존경심과 찬양을 멈추지 않았고 그것이 옳다고 주장했다.*

기록에 드러난 히틀러에 대한 카이텔의 충성심은 거의 맹목적인 수준이었고, 본인과 히틀러는 물론이고 남들도 그렇게 인정할 정도였다. 그는 중요 회의석상에서 무조건 히틀러의 의견에 찬성했고, 총통의 의견에 반대하는 의견을 나서서 차단하는 일에 솔선수범했다. 히틀러가 그를 충직한 개에 비유했을 만큼, 그는 마치 그것이 그의 존재 이유라도 되는 것처럼 행동했다. 그는 나치 이념을 적극 지지하면서 군 내부에 나치 문화와 사상을 전파하는 데 누구보다도 앞장섰다. 그는 장남인 칼하인츠 카이텔Karl-Heinz Keitel이 친위대에 자원입대하여 제33친위기병사단장에 올랐을 정도로 히틀러에 대한 그의 충성심을 보여줄 수 있는 모든 방법을 동원해 표현했다. 주변 사람들은 그를 부를 때 이런 그의 모습을 빗대어 '아첨꾼'이라는 뜻을 지닌 '라카이텔Lakeitel'이라고 공공연히 부르곤 했다.**

그가 처음부터 히틀러에게 몸을 낮춘 이유는 여러 가지가 있었겠지만, 가장 큰 이유는 자신에 대해 그 누구보다도 잘 알고 있었기 때문이었다. 귀가 있는 이상 주변에서 그를 놀려대는 소리를 못 들었을 리 없고 히틀러의 비아냥도 충분히 잘 알고 있었지만, 그의 능력에 비해 과분할 정도로 높은 자리를 계속해서 지키려면 총통에게 더욱더 매달려야 했다. 히틀러가 무서운 존재라는 것을 독일 군부 내에서 가장 빨리 깨달은 인물이 어쩌면 카이텔이었을지 모른다. 그는 초창기 군부의 권위를 대표한다고 자타가 공인하던 육군 총사령관 프리치와, 나치의 군부 장악에 끝까지 저항했던 육군

---

* Walter Görlitz, *The Memories of Field Marshal Keitel*, Stein & Day, 1966, pp.103-105.

** ZDF, Hitler's Warriors: Part I. Keitel. The Lackey, ZDF-enterprise, 1998.

참모총장 베크도 결국 히틀러에게 무릎을 꿇는 모습을 가까이에서 지켜보았다. 또한 히틀러가 친히틀러 세력으로 평가되던 전쟁성 장관 블롬베르크마저도 필요에 따라 단칼에 날려버리는 모습을 똑똑히 지켜보았다.*

특히 블롬베르크의 낙마는 카이텔에게 보통의 충성만으로는 히틀러 옆에 붙어 있을 수 없다는 교훈을 확실히 각인시켰다. 공적으로는 카이텔의 상관이었고 사적으로는 카이텔의 사돈(장남 칼하인츠가 블롬베르크의 사위였음)이었던 블롬베르크는 히틀러에게 잘 보이려고 애썼지만 프리치가 낙마할 때 함께 군복을 벗어야 했다. 히틀러는 육군의 지지를 받는 프리치를 제거하려면, 적어도 그와 동시에 육군이 극도로 싫어하는 인물도 함께 제거해야 육군의 반발을 잠재울 수 있다고 생각했던 것이었다. 블롬베르크는 자신도 육군이었지만 자신의 조직을 보호하기보다는 나치에 빌붙어 출세를 지향하다 보니 육군 내에서 미움을 받는 존재가 되었다. 카이텔은 블롬베르크를 교훈 삼아 히틀러에게 맹종하되, 적어도 육군을 적으로 만드는 행위는 하지 않았다. 무식한 아첨꾼이라는 소리를 듣던 그도 그 때문에 육군 내에서는 미움을 받지 않았다.** 카이텔은 머리가 좋았든가, 아니면 적어도 눈치가 빠른 인물이었음에 틀림없다.

9. 그가 살아남는 방법

1938년 전쟁성의 폐지와 국방군최고사령부의 창설, 그리고 대대적인 군

* http://en.wikipedia.org/wiki/Blomberg-Fritsch_Affair.
** Peter Bor, *Gespräche mit Halder*, Limes, 1950, pp.115-116.

부 숙청으로 이어진 독일 군부의 급격한 변화는 8월 말 육군 참모총장 베크의 해임으로 대미를 장식했다. 히틀러는 시간이 갈수록 자신과 나치에 대해 반감을 드러내는 그를 가만 놔둘 수 없었다. 사실 베크는 프리치를 제거할 당시 함께 목을 날려야 할 대상이었으나, 군부의 동요를 막고자 잠시 유보하고 있던 상태였다.* 그런데 이때 카이텔이 육군의 환심을 사는 행동을 했다. 히틀러는 육군 총사령관 프리치의 후임으로 대표적인 친나치 장군 라이헤나우를 생각하고 베크의 후임은 유보한 상태에서 카이텔에게 신임 육군 참모총장을 추천해보라고 했다. 프리치-베크 체제의 공고함을 알고 있던 카이텔은 이들과 가까워 육군의 지지를 받고 있으면서도 상명하복에 철저한 제1참모차장 프란츠 할더가 적임자라고 판단했다. 사실 카이텔과 할더는 병무국에서 함께 근무했기 때문에 사적으로 막역한 사이였다.

카이텔은 할더를 찾아가 제3제국 육군의 제2대 참모총장 직을 제의했다. 비록 명목상 직책은 자신이 훨씬 더 높았지만, 만일 히틀러가 카이텔에게 국방군 총사령관과 육군 참모총장 중 하나를 택하라고 했다면 분명히 후자를 택할 만큼 독일에서 육군 참모총장 직은 그야말로 대단한 자리였다. 그런데 이런 영광스러운 자리를 제의받은 할더가 조건을 붙였다. 라이헤나우와 함께 일할 수 없다는 것이었다.** 육군최고사령부를 대표하는 총사령관과 참모총장은 군권을 분점하는 사이가 아니라 서로 협력해야 하는 사이였지만, 직선적인 라이헤나우가 틀림없이 이런 협조관계에 문제를 일으킬 것이라는 이유에서였다. 사실 1942년 청색 작전Fall Blau 직전 남부집단군 사령관이었던 라이헤나우는 히틀러 면전에서 "총통이 돌격 명령을

---

* Williamson Murray, *The Change in the European Balance of Power 1938-1939*, Princeton Univ. Press, 1984, p.184.

** http://en.wikipedia.org/wiki/Frantz_Halder.

내린다 하더라도 자신은 따르지 않겠다"고 쏘아붙여 히틀러를 당황하게 만들었을 만큼 자기 주관이 강한 인물이었다.*

하지만 가장 큰 이유는 육군 내에서 라이헤나우도 블롬베르크처럼 경원 대상이었기 때문이었다. 결론적으로 그들이 나서서 추구하던 통합 기구 신설 방향은 원론적으로는 맞았지만, 그들이 일방적으로 나치 정권에 빌붙어 육군의 반발을 무릅쓰고 진행했기 때문에 미움을 받았던 것이다. 이런 사실을 잘 알고 있던 카이텔이 히틀러에게 상황을 조심스럽게 설명하자, 의외로 히틀러는 할더의 의견을 순순히 받아들여주었다. 대대적인 군부 숙청을 단행하기는 했지만 아직까지는 히틀러가 군부를 완전히 무시할 수 있는 상태가 아니어서 채찍 이외에 당근도 던져줄 필요가 있었기 때문이었다. 이와 더불어 히틀러는 군부의 주류를 견제하고자 소장파, 비귀족 출신, 비프로이센 출신을 중용했는데, 할더는 거기에 부합하는 인물이기도 했다. 또한 카이텔은 총통에게 육군 총사령관 후보로 유순한 성격의 발터 폰 브라우히치를 천거하여 수락을 받았다.**

이렇게 하여 제3제국 육군의 제2대 수뇌부이자 전쟁을 초기에 지휘한 브라우히치-할더 체제가 수립되었고, 그 이면에는 카이텔의 관여가 결정적인 요소로 작용했다. 카이텔은 누구에게나 비웃음을 받는 인생을 살았지만, 그럼에도 불구하고 이와 같은 이유 때문에 누구에게도 특별히 미움을 받지는 않았다. 우리는 군복을 입었으면서도 정작 군 이외의 다른 분야에서만 능력을 발휘한 카이텔의 모습 때문에 그의 숨은 능력을 제대로 평가하지 못한 것은 아닐까.

---

* Walter Görlitz, *Reichenau*, Grove Weidenfeld, 1989, pp.208-218.

** 제프리 메가기, 김홍래 역, 『히틀러 최고사령부 1933~1945년』, 플래닛미디어, 2009, 109쪽.

지금까지 알아본 것처럼 국방군최고사령부가 시작부터 이상한 모습으로 출발하여 결국에는 있으나마나 한 기구로 전락하자, 이 조직의 수장인 카이텔이 군인으로서 할 수 있는 것은 사실 아무것도 없었다. 엄밀히 말해, 국방군 총사령관은 군을 통솔하고 전쟁을 지휘하는 것이 아니라 외부 의전행사에서 독일군을 대표하는 형식적인 자리에 불과했다. 또한 조기축구회의 총무처럼 국방군최고사령부를 실질적으로 이끌어가는 인물은 작전부장 요들이었다. 때문에 그는 어마어마한 직책과 계급에도 불구하고 고작 부관과 운전병에게만 명령을 내릴 수 있었다.

10. 히틀러의 선택

1939년 3월, 히틀러는 육군 총사령관 브라우히치와 참모총장 할더를 호출하여 중요한 명령을 내렸다. 폴란드를 침공할 것이니 이에 맞는 계획을 수립하라는 것이었다. 사실 이런 히틀러의 의도는 새삼스러운 것이 아니었다. 체코슬로바키아까지 정리된 이상 다음 목표는 폴란드일 게 뻔했고, 이를 모르는 사람은 세상에 없었다. 이러한 히틀러의 명령은 어정쩡한 모습으로 출발한 국방군최고사령부의 위상에 결정타를 날렸다. 총통은 전쟁계획을 수립하고 시행할 주체로 육군최고사령부를 선택한 것이었다. 히틀러를 개인적으로 대면할 수 있었던 카이텔조차 이런 사실을 까맣게 모르고 있었다. 결국 4월 초가 되어서야 이런 사실을 알게 된 국방군최고사령부가 할 수 있는 일이란 아무것도 없었다. 이미 할더의 주도로 백색 계획으로 명명된 폴란드 침공안은 확정 단계에 있었고, 육군최고사령부로부터 이런 세부안을 통보받은 국방군최고사령부는 이를 문서화하여 히틀러의 재가를 받은 뒤 관계 부대에 배포하는 일만 했을 뿐이었다.*

해군은 단치히Danzig를 해상에서 봉쇄하는 임무를 담당했지만, 그리 비중이 크지 않아 굳이 육군과 합동작전을 펼칠 필요가 없었다. 사실, 제2차 세계대전이 발발했을 때 해군 총사령관 래더가 "이제 우리가 할 일은 용감하게 싸우다가 장렬하게 죽는 것을 보여주는 일밖에 없다"고 한탄했을 만큼 독일 해군은 전쟁 준비가 되어 있지 않았다. 히틀러도 독일 해군에게 그리 큰 기대를 하지 않았기 때문에 간섭을 하지 않았고, 그 덕분에 독일 해군은 정치색을 띠지 않았다. 공군은 1930년대 말에 자타가 공인하는 세계 최강의 반열에 오를 만큼 독일의 재군비 선언 후 획기적으로 군비를 증강하는 데 성공했지만, 육군을 근접에서 지원하는 역할만 담당하도록 특화되었다. 물론 이런 결과는 전격전을 완성하는 데 많은 도움이 되었지만, 이로 인해 공군은 거대한 규모에도 불구하고 독자적으로 작전을 펼칠 수 있는 전략 공군으로 발전하지 못했다. 이런 결과의 영향을 극명하게 보여준 것이 바로 1940년의 영국 본토 항공전Battle of Britain**이었다.

결국 내륙국 폴란드와의 전쟁은 육군이 주도하여 이끌어 나가고 해군과 공군은 조연으로서만 참여하기로 했다. 히틀러가 육군최고사령부에게 침공 준비에 관한 전권을 준 것은 일면 타당하지만, 그렇다고 그가 스스로 만든 국방군최고사령부를 굳이 무시할 필요까지는 없었다. 실제 작전 세부안 작성과 실행을 육군최고사령부에서 하라고 국방군최고사령부를 통

---

* Walter Warlimont, *Hitler's Headquarters 1939-1945*, Presidio, 1991, pp.35-39.

** 독일의 프랑스 점령 후인 1940년 7월 10일부터 10월 31일까지 영국 해협을 사이에 두고 영국과 독일이 벌인 전투로 흔히 공군만의 전쟁이라고도 통칭한다. 독일이 해협을 건너 영국을 침공하기 위하여 대대적인 폭격으로 영국의 전쟁의지를 꺾고자 했으나, 영국의 끈질긴 대응과 독일의 판단 실수가 겹쳐 영국이 독일의 공세를 방어하는 데 성공했다.

해 명령을 내려도 되었을 것을 히틀러는 이런 최소한의 절차조차도 무시했다. 이런 황당한 사태에 대해 카이텔이 어떠한 반응을 보였는지 알려진 것은 없다. 하지만 사실 국방군최고사령부와 자신을 허수아비로 만든 히틀러의 행위가 결코 달갑지는 않았을 것이다. 결국 카이텔이 폴란드 침공전에서 담당한 역할은 승전 퍼레이드에서 총통과 함께 앞자리에 서서 사열을 받는 일밖에는 없었다. 승리를 지휘한 육군최고사령부의 위상은 높아졌고, 국방군최고사령부의 존재는 희미해졌다. 그럼에도 불구하고 카이텔은 이러한 수모를 표현하지 않고 총통에 대한 찬양의 소리만 높였다.

히틀러가 국방군최고사령부를 만들어놓고 막상 실전에 들어갈 때 육군최고사령부를 직접 찾았던 이유는 여러 가지가 있다. 우선 작전을 진두지휘하고 싶어하는 그의 급한 성격 때문이기도 했지만, 보다 현실적인 이유는 다른 데 있었다. 인재 구성에서 국방군최고사령부가 육군최고사령부를 따라올 수준이 되지 못했기 때문이었다. 국방군최고사령부가 신설 조직인 데다가 처음 탄생 때부터 성격이 어중간하다 보니 독일 군부의 정예들이 이곳으로 가는 것을 꺼려했다. 카이텔을 도와 국방군최고사령부를 지탱한 유일한 인물인 작전부장 요들이 육군 참모차장 만슈타인에게 이런 말을 한 적이 있다.

"창피하지만, 뛰어난 인재들은 전부 육군최고사령부에 몰려 있습니다. 만약 장군(만슈타인) 같은 인물이 국방군최고사령부에 계셨다면, 총통께서 이런 식으로 홀대하지는 않았을 것입니다."*

즉, 히틀러도 군사적 모험을 시작하려 할 때는 자신에게 아부하는 자들보다는 뛰어난 인재들이 필요했던 것이었다.

---

* 제프리 메가기, 김홍래 역, 『히틀러 최고사령부 1933~1945년』, 플래닛미디어, 2009, 78쪽.

11. 권력 다툼의 최종 승자가 된 총통

국방군최고사령부가 1938년 탄생하면서 스스로 권위 없는 조직이 되고자 했던 것은 물론 아니었다. 비록 카이텔이 히틀러에게 절대적으로 굴종하고 있었지만, 그 또한 단순한 바지사장의 역할 이상을 원한 것은 사람인 이상 너무나 당연했다. 국방군최고사령부를 가장 심하게 견제했던 것은 당연히 육군최고사령부였고, 그 때문에 처음부터 두 조직 사이에 알력이 심했다. 두 조직은 초록 계획을 둘러싸고 처음으로 정면충돌했다. 히틀러는 체코슬로바키아를 제3제국에 병합하기 위한 야욕을 노골적으로 표명하면서 군사적 도발까지 염두에 두고 있었다. 군부는 아직은 군사행동을 벌일 때가 아니라고 생각했지만, 계획을 수립하라는 총통의 명령까지 거부할 수는 없었다. 당시 육군 참모총장 베크의 주도로 수립한 침공 계획이 바로 초록 계획이었는데, 막 탄생한 국방군최고사령부가 이 계획을 실행하는 주체가 되겠다고 나선 것이었다. 그런데 바로 이때 히틀러가 애매한 태도를 보였다.

1938년 2월, 히틀러는 3군의 통합 감독 및 군정에 관한 권한은 국방군최고사령부가 행사한다고 정의하고 각 군 최고사령부는 주요 사안을 카이텔에게 보고하라는 훈령을 내렸다. 이때 베크는 계획을 수립한 주체가 실행하는 것이 당연하고 합리적이라고 주장하는 한편, 국방군최고사령부에게는 그런 능력이 없다는 극언까지 하면서 총통의 훈령에 강력히 반발했다. 총통도 이것이 어느 정도는 타당하다고 생각하여 베크의 의견을 경청했다. 막상 두 조직이 대립하자, 히틀러는 현실적으로 군부의 실세들이 몰려 있는 육군최고사령부의 손을 들어주었다. 국방군최고사령부는 초록 계획 수립 단계부터 배제되어 있었기 때문에 이를 막상 실행하려면 육군최고사령부에게 실행을 일임하는 수밖에 없었고, 핵심인 군령도 행사할 수 없었다. 결국 무력의 핵심인 전통 깊은 육군에 대한 통제권이 누구에게 있느냐 하는 것이 문제로 대두되자, 카이텔과 요들은 육군최고사령부의 벽이 엄청나게 높음을 깨닫게 되었다.*

하지만 초록 계획은 실시되지 못했다. 히틀러가 체코슬로바키아를 외교적 협박만으로 강탈하는 데 성공했기 때문이었다. 독일은 처음에는 수데텐란트만 먹겠다고 했으나, 얼마 지나지 않아 나머지 영토도 강탈해버렸다.** 결국 초록 계획은 국방군최고사령부와 육군최고사령부 사이의 불협화음 속에서 실행되지 못한 채 문서상의 계획으로만 남게 되었다. 표면적으로는 신설된 국방군최고사령부의 도전을 육군최고사령부가 방어한 형국이었지만, 둘 다 잘못 알고 있는 것이 있었다. 그것은 바로 실질적인 승자는 두 조직 중 하나가 아니라 히틀러라는 사실이었다. 육군은 자신들의 권한을 지켜냈다고 생각했지만, 군부의 권력은 서서히 히틀러의 발 아래로 옮겨가고 있던 중이었다. 반나치의 마지막 핵심 인물인 베크가 제거되자, 더 이상 육군도 히틀러에게 대놓고 저항하지 못했다. 신임 총사령관 브라우히치는 처음부터 나치에게 인간적인 약점이 잡혀 있던 상태였고,*** 베크의 후임인 할더는 종잡을 수 없는 모습을 종종 보여왔다.

할더는 참모차장 당시 상관인 베크에게 쿠데타를 일으키자고 설득한 적이 있었지만, 참모총장에 오른 이후로는 히틀러의 지시에 대부분 순종하

---

* 제프리 메가기, 김홍래 역, 『히틀러 최고사령부 1933~1945년』, 플래닛미디어, 2009, 121-123쪽.

** http://en.wikipedia.org/wiki/Germans_in_Czechoslovakia_(1918-1938).

*** 브라우히치는 다른 여자와 결혼하기 위해 현재의 아내와 이혼 절차를 밟고 있었는데, 이때 위자료의 상당 부분을 히틀러가 지원했다. 그는 이러한 사적인 흠결 사항과 약점으로 인해 권력 앞에서 항상 무력한 모습을 보였다.

는 모습을 보여왔다. 간혹 작전을 놓고 총통과 격론을 펼치기도 했지만, 그렇다고 베크처럼 직위를 걸고 자신의 주장을 관철하지는 못했다. 그는 제3제국 최장의 참모총장이었지만, 역설적이게도 그가 재임하는 동안 육군은 히틀러의 사병이 되어버렸다. 어쩌면 애초에 히틀러는 국방군최고사령부를 이용해 육군최고사령부의 권위를 무너뜨리고자 했는지 모른다. 사실 그에게는 국방군최고사령부나 육군최고사령부라는 조직보다 실제로 군부를 완전히 장악하는 것이 더 중요했다. 히틀러는 마침내 자신의 의도대로 독일군을 자신이 직접 통솔할 수 있게 되었는데, 그 조짐은 폴란드 침공 작전 수립 당시에 이미 보였다. 당시 히틀러는 두 조직의 대립을 굳이 이용할 필요가 없을 만큼 세력이 커져 있었다.

12. 세워진 자존심과 찾아온 기회

1939년 9월 1일 독일이 폴란드를 침공함으로써 제2차 세계대전이 발발했다. 이것은 재군비 선언 후 독일군이 최초로 실전에 투입된 경우였다. 할더는 국방군최고사령부에 변동사항을 보고했지만, 말이 보고였지 그것은 모든 것을 총통의 지시와 육군최고사령부의 의지대로 실행한 후 결과를 알려주는 사후 통보에 불과했다. 폴란드 전역에서 국방군최고사령부는 단지 각 군이 통보한 내용을 취합하여 문서화하는 역할만 담당했다. 특히 할더는 카이텔과 요들에게 절대로 작전에는 관여하지 말라고 경고까지 했을 정도로 자신만만했다.* 할더는 육군의 자존심을 지켰다고 생각했는지

* 제프리 메가기, 김홍래 역, 『히틀러 최고사령부 1933~1945년』, 플래닛미디어, 2009, 165쪽.

모르겠지만, 얼마 가지 않아 그도 다양한 방법으로 군부를 좌지우지하는 총통의 능력에 압도당했다. 9월 17일 소련군이 폴란드를 침공하자, 구체적으로 소련이 차지할 범위에 대해 사전에 언질을 받지 못한 일부 일선 부대는 점령지역을 내놓으라는 소련군과 충돌하기도 했다.

그런데 이에 관한 후속 명령이 국방군최고사령부를 통해 하달되었다. 할더는 분개했지만, 히틀러는 정책에 관련한 부분은 국방군최고사령부의 관할이라고 못 박아버렸다. 작전 수립과 실행에만 매달려 있던 육군최고사령부는 결국 이 부분에 대한 어떠한 저항도 할 수 없었다. 왜냐하면 그들도 국방군최고사령부를 종이호랑이로 만들 때 정책에 관련한 부분은 단순히 행정적인 것으로 보아 쉽게 양보한 상태였는데, 이것이 그렇게 중요한 부분인지 뒤늦게야 깨달은 것이었다.* 카이텔은 총통의 도움으로 막판에 최소한의 자존심을 살렸다고 생각했는데, 그에게 이보다 더 큰 절호의 기회가 찾아왔다. 폴란드를 석권한 후인 1939년 12월 히틀러가 국방군최고사령부 작전부장 요들을 총통 관저로 호출하여 노르웨이 공략에 관한 작전을 수립하라고 지시한 것이었다. 사령관인 카이텔이 전쟁 내내 허수아비나 다름없었지만, 이러한 히틀러의 지시는 국방군최고사령부가 전쟁 말기까지 그래도 전사의 한 페이지를 장식한 조직으로 남게 되는 계기가 되었다.

폴란드를 석권한 후 다음 목표는 두말할 필요도 없이 프랑스였다. 이 목표를 달성하기 위해 중요한 임무가 다시 한 번 육군최고사령부에 부여되었다. 그런데 폴란드와 달리 만만치 않은 프랑스와 연합국인 영국을 상대하기 위해서는 충분한 사전 정비작업이 필요했다. 제1차 세계대전 당시

* 제프리 메가기, 김홍래 역, 『히틀러 최고사령부 1933~1945년』, 플래닛미디어, 2009, 169쪽.

연합군에 의해 외부와 고립될 만큼 철저히 봉쇄당해 결국 패전하게 된 뼈아픈 과거를 안고 있던 독일은 자국 해군으로 연합국 해군을 맞상대할 수는 없었지만 적어도 독일의 초입이자 앞바다인 발트 해와 북해에서 영국이 마음 놓고 활동하지 못하게 해야 했다. 그리고 이와 더불어 장기간의 전쟁을 수행하기 위해서는 전략 물자인 석유와 철광석이 필요한데, 스웨덴 북부 키루나Kiruna에서 채굴된 철광석이 독일로 공급되는 통로인 북유럽의 노르웨이를 점령할 필요가 있었다.*

독일은 덴마크와 노르웨이를 점령하여 발트 해와 북해를 통해 들어오는 전략 물자의 안정적인 공급 통로를 확보하는 동시에 바다 건너 영국을 견제하는 지렛대로 삼고자 했는데, 이 임무가 국방군최고사령부에 떨어진 것이었다.** 이러한 총통의 지시에 카이텔은 극도로 흥분했고, 요들은 베저위붕 작전Operation Weserübung으로 명명된 북유럽 침공 계획을 국방군최고사령부 작전부의 주도로 수립했다. 나중에 이러한 소식을 알게 된 할더는 경악했지만, 총통의 명령은 상당히 타당성이 있었다. 첫째로 육군최고사령부는 황색 계획으로 명명된 프랑스 침공 계획에 전력을 다해야 하는 상황이었고, 둘째로 노르웨이 침공은 육군을 비롯해 해군과 공군이 유기적으로 함께 작전을 펼쳐야 하기 때문에 국방군최고사령부가 전면에 나설 수밖에 없었다. 사실 엄밀히 말하면 후자가 바로 국방군최고사령부의 설립 목적이자 존재 이유이기도 했다.

---

* Doug Dildy, *Denmark and Norway 1940: Hitler's boldest operation*, Osprey, 2007, pp.13-15.
** Walter Warlimont, *Hitler's Headquarters 1939-1945*, Presidio, 1991, p.83.

13. 작전의 주체가 된 국방군최고사령부

그런데 작전을 수립하고 실시하려 했을 때 국방군최고사령부의 치명적인 문제점이 노출되었다. 국방군최고사령부가 직접 명령을 내릴 수 있는 부대가 하나도 없다는 점이었다. 국방군최고사령부는 라이벌인 육군최고사령부는 물론이고 해군최고사령부와 공군최고사령부에도 명령이 아니라 협조만을 요청할 수 있었는데, 이는 당시 국방군최고사령부가 종이호랑이에 불과했음을 단적으로 말해주고 있다. 더구나 요들이 이끄는 국방군최고사령부 작전부는 육군최고사령부의 총참모본부와 상대할 수 없을 만큼 맨파워도 부족했다. 그리고 작전이 개시되었을 때 동원된 육·해·공군의 이기적인 주장은 국방군최고사령부를 곤혹스럽게 만들었다.* 표면적으로는 전광석화같이 덴마크와 노르웨이를 석권했지만, 각 군의 알력으로 충돌이 일어난 경우가 부지기수였다. 그리고 이에 대한 항의가 카이텔에게 집중되었다.** 카이텔은 아마도 이 점에 대해서 하고 싶은 말이 많았겠지만, 잘못하면 그의 무능함을 대대적으로 공개하는 꼴이 될지도 모른다는 생각에 적극적으로 대처하지 못했다.

하지만 베저위붕 작전은 국방군최고사령부가 육군최고사령부처럼 별도로 작전을 수립할 수 있는 주체가 되었음을 만천하에 알려주었다. 카이텔은 수완을 발휘하여 점령지역을 계속해서 국방군최고사령부의 관할하에 둘 수 있도록 총통의 허락을 받았다. 이 때문에 독일 군부 내에서 국방군최고사령부와 육군최고사령부의 경쟁 구도가 표면으로 드러나기 시작

---

* 제프리 메가기, 김홍래 역, 『히틀러 최고사령부 1933~1945년』, 플래닛미디어, 2009, 175쪽.

** Walter Warlimont, *Hitler's Headquarters 1939-1945*, Presidio, 1991, pp.89-91.

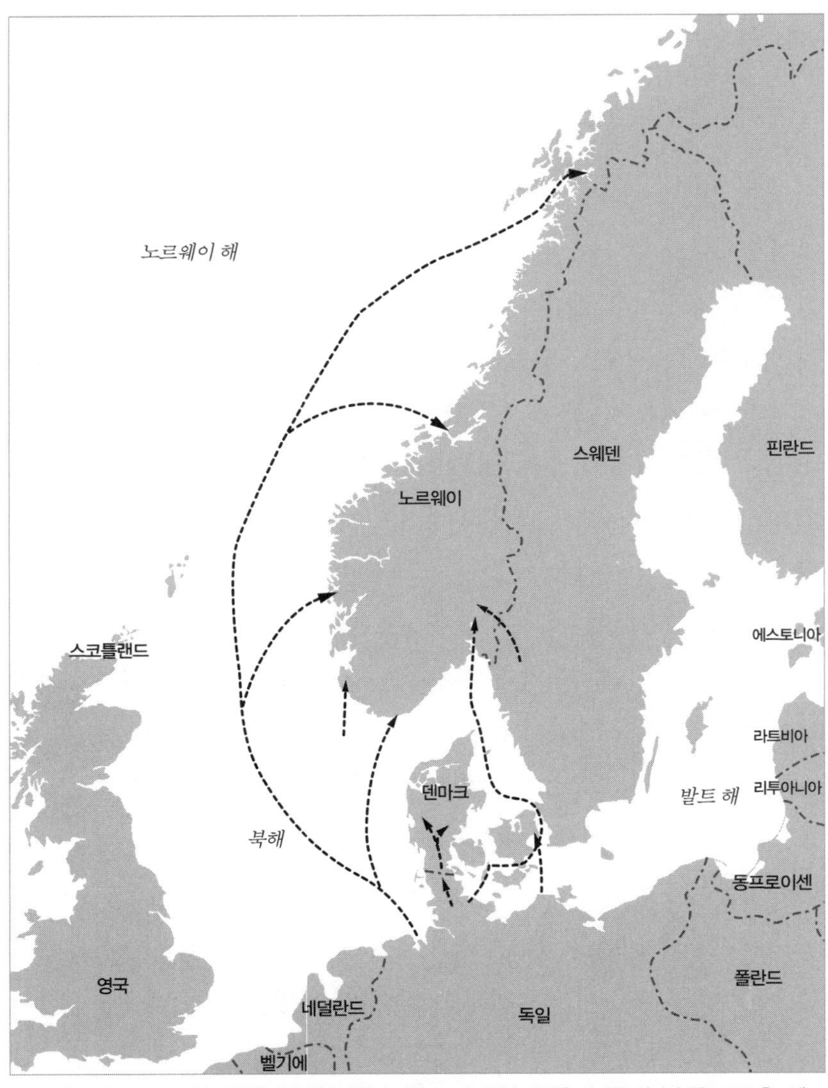

국방군총사령부가 주도하여 시행한 베저위붕 작전의 개요도 베저위붕 작전은 바다를 건너야 했으므로 육 · 해 · 공군의 긴밀한 협조가 필요했다. 한마디로 국방군총사령부의 설치 목적에 부합하는 작전이었다. 하지만 실제로 각 군의 알력으로 작전 실행 중 많은 잡음이 발생했다.

했다. 할더와 육군최고사령부는 이런 사실을 인정하려 들지 않은 반면, 카이텔은 자신감을 얻었다. 하지만 계속해서 국방군최고사령부의 위상을 드높이기를 원하던 카이텔의 바람과 달리, 국방군최고사령부가 작전의 주체로 나선 전역은 발칸 반도처럼 부수적인 전선에 불과했고, 주요 작전은 여전히 육군최고사령부가 주도했다. 하지만 이때 북유럽 점령지역의 관할권이라도 얻은 것은 다행이었다. 왜냐하면 추후 국방군최고사령부는 노르웨이, 덴마크 점령지역을 발판으로 점령지역의 관할 구역을 점점 넓혀가는 데 성공했기 때문이었다.

소련 침공 후 육군최고사령부가 동부전선에 전념하면서 독일 본토와 서부전선은 국방군최고사령부가 관할하는 형태로 교통정리가 되었는데, 사실 이는 1942년 이후 육군최고사령부도 모든 것을 다 처리할 수 없을 만큼 전선이 무한정 커지게 된 데도 이유가 있다. 하지만 이것은 어디까지나 행정적인 관할의 문제이지 작전이나 명령에 대한 통제권이 국방군최고사령부에 이전되었다는 의미는 아니었다. 아무리 힘들어도 육군최고사령부는 자신들이 가지고 있어야 할 것은 어떻게든 지키고자 했다. 하지만 시간이 갈수록 격화되는 이러한 국방군최고사령부와 육군최고사령부의 대립은 도토리 키 재기에 불과했다. 언제부터인가 독일군에 대한 명령은 히틀러만 할 수 있게 되었고, 그 어떤 장군도 독단적으로 작전을 펼 수 없게 되었다. 하다못해 전쟁 후반기에는 전차부대의 이동이나* 무기의 개발마저 총통의 허가 없이는 할 수 없을 정도였다.** 그런 상황에서 국방군최고사령부의 역할은 무의미할 뿐이었고, 시간이 흐를수록 총통의 명령 출납기관

---

* 폴 콜리어 외, 강민수 역, 『제2차 세계대전: 탐욕의 끝, 사상 최악의 전쟁』, 플래닛미디어, 2008, 720쪽.

** http://en.wikipedia.org/wiki/StG_44.

1941년 콩피에뉴의 열차에서 독일과 총통을 대신하여 프랑스로부터 항복을 받는 카이텔. 이 열차는 1918년 제1차 세계대전 때 독일이 연합군에게 항복한 장소였는데, 히틀러는 바로 이곳에서 프랑스의 항복을 받는 이벤트를 벌였다.

성격을 띠게 되었다.*

총통의 권한이 강화될수록 카이텔의 아부와 충성은 점점 더 심해졌다. 나치의 선전 사진에서 카이텔이 제3제국의 다른 핵심 인물들과 함께 히틀러의 바로 옆에 서 있는 모습을 자주 볼 수 있지만, 그들 가운데서 카이텔처럼 권한이 없는 인물도 드물었다. 하지만 카이텔은 형식적인 자리에서나마 여러 실력자들과 함께할 수 있다는 사실에 만족했다. 어쩌면 이것이 그가 어떻게든 그 자리를 지키려고 했던 이유인지 모른다. 사실 독일이 프랑스를 굴복시키는 데 그가 한 일이 거의 없었는데도 불구하고 그는 가장 영광스러운 자리를 차지했다. 바로 콩피에뉴Compiegne의 열차에서 프랑스로부터 항복을 받을 당시 독일군의 대표자로 참석한 것이었다.**적어도 표

* 제프리 메가기, 김홍래 역, 『히틀러 최고사령부 1933~1945년』, 플래닛미디어, 2009, 184쪽.

** http://en.wikipedia.org/wiki/Second_Armistice_at_Compiègne.

면적으로 그는 군부를 대표하는 최고 인사인 국방군 최고사령관이었기 때문이었다. 그 뒤 그는 이 공로를 인정받아 원수로 진급했는데, 사실 그에게 이것은 너무 과분한 것이었다.

14. 히틀러의 간섭

프랑스전 승리 후 1940년 7월 16일 단행된 대대적인 승진 잔치에서 무려 12명의 장군들이 군인으로서 최고의 영예인 원수로 승진했다. 그런데 대부분의 인물들이 야전에서 부대를 지휘한 장군들인 데 반해, 카이텔은 그냥 책상만 지키면서 히틀러의 말동무를 해주다가 벼락출세하여 원수의 자리에 올랐다. 당시에 원수로 진급한 인물들 모두가 그에 걸맞은 업적을 올렸다고 일률적으로 말하기는 힘들지만, 특히 카이텔은 다른 진급자들과 비교했을 때 줄을 잘 서서 원수가 된 경우라고 보아도 무방할 정도였다. 히틀러는 대규모 승진 인사 시 형식상 군부의 최고라 할 수 있는 국방군 총사령관을 그냥 놔두기 뭐했던 것이었다. 어쨌든 카이텔은 겉으로 봤을 때 군인으로서 누릴 수 있는 모든 영광을 거머쥔 인물이 되었다. 그는 비록 실속 없고 주변에서 아첨꾼이라는 험담을 듣고는 있었지만, 총통에게 맹목적으로 충성을 받친 대가로 이러한 영광을 원 없이 누렸다.* 자료에도 나와 있듯이 카이텔은 총통의 비위를 맞추는 데 탁월한 능력이 있었다. 군부는 그의 이런 점을 역으로 적절히 이용하여 대부분 껄끄러운 내용이 담긴 건의 사항을 그의 입을 빌려 총통에게 전하곤 했다. 카이텔이 이러한 역할을 자임했

---

* ZDF, Hitler's Warriors: Part I. Keitel. The Lackey, ZDF-enterprise, 1998.

는지는 모르겠지만, 어쨌든 본의 아니게 그는 총통과 군부를 매끄럽게 소통시키는 통로가 되었다. 초기에는 그의 이러한 역할이 상당히 긍정적으로 작용한 사례도 많았다고 전해진다. 이러한 역할 덕분에 카이텔이 무시는 당했어도 미움은 받지 않았던 것이었다. 사실 할더를 참모총장으로 추천한 예에서도 볼 수 있듯이 국방군최고사령부와 육군최고사령부가 대립하는 동안에도 카이텔과 할더는 의사소통이 원활한 편이었다.* 엄밀히 말해 직급으로만 따진다면, 카이텔의 상대는 육군 총사령관 브라우히치이고 할더는 국방군최고사령부 작전부장 요들과 동급인데, 할더는 요들을 철저히 무시하고 상급자인 카이텔만 상대했다. 어쩌면 할더는 그것이 육군최고사령부와 총참모본부의 위상을 나타나는 행위라고 생각했는지 모른다.

카이텔의 임무는 회의에 참석하여 무조건 총통의 의견을 찬양하고 비판을 잠재우는 것이었다. 그러면서도 아주 사소한 예이기는 하나 가끔은 그가 주가 되어 총통에게 고언을 하기도 했다. 하지만 히틀러의 히스테리가 극을 향해 치달아가던 1942년을 끝으로 그는 오로지 예스맨의 역할에서 벗어나지 못했다. 그가 히틀러에게 반항(?)한 마지막 사건은 바로 빌헬름 리스트Wilhelm List 해임 건이었다. 리스트는 야전 지휘관 중 드물게 국방군최고사령부의 카이텔은 물론이고 요들과도 막역한 사이로 지냈다. 특히 국방군최고사령부의 주도로 펼친 발칸 반도 작전 후 점령지역을 책임질 남동전선 사령관으로 리스트를 총통에게 추천한 것도 카이텔이었다. 이후 리스트는 1942년 청색 계획 당시 코카서스를 점령할 A집단군 사령관이 되었는데, 배후를 책임질 B집단군이 스탈린그라드에 잡혀 이전투구를 벌이자 무턱대고 앞으로 달려 나가기가 곤란한 형편이었다.

---

* 제프리 메가기, 김홍래 역, 『히틀러 최고사령부 1933~1945년』, 플래닛미디어, 2009, 107쪽.

결국 리스트가 총통에게 진격을 멈추겠다고 하자, 히틀러는 상황을 파악하기 위해 요들을 급파했다. 현장을 확인하고 돌아온 요들이 더 이상 진격이 곤란하다고 보고하자, 카이텔도 리스트와 요들의 의견에 동조했다. 하지만 히틀러에게서 나온 답은 엄청난 분노와 리스트의 해임이었다. 1942년 들어 장군들에 대한 해임이 일상적인 것이 되어버렸지만, 이번 해임의 강도는 카이텔도 몸서리칠 만큼 엄청났다.* 총통이 A집단군 사령관을 겸임하겠다는 것이었다. 이미 히틀러는 브라우히치를 면직시키고 본인이 육군 총사령관에 스스로 올라 있던 상태였는데, 여기에 더해 A집단군 사령관의 자리까지 차지한 것이었다. 한마디로 육군최고사령부가 무너지는 소리가 들렸다. 예하부대를 히틀러가 직접 지휘하는 이상 참모총장 할더의 영이 설 리 없었다. 어차피 1941년 겨울을 기점으로 히틀러와 할더는 서로를 극도로 미워하는 사이가 되어버린 상태였다.

15. 마지막 충성의 기회

이런 급박한 상황에서 카이텔이 할 수 있는 일이란 무조건 입을 닫는 것이었다. 그는 옷을 벗고 싶은 마음이 추호도 없었기 때문에 총통에 대한 충성심이 변함없다는 것을 각인시키려고 부단히 노력했다. 우연한 기회에 찾아온 국방군 총사령관과 원수라는 자신의 능력에 과분할 정도로 어마어마한 명예를 카이텔은 끝까지 지키고자 했다. 여기에는 다른 이유가 있을 리 없었다. 그는 히틀러에게 미움을 사지 않기 위해 최선을 다했다. 한때

---

* Walter Görlitz, *The Memories of Field Marshal Keitel*, Stein & Day, 1966, pp.305-306.

히틀러는 권태기의 부부처럼 카이텔이 식상했는지 교체를 진지하게 검토한 적이 있었지만, 그 자리에 올라 자신의 귀를 즐겁게 해줄 인물이 그리 많지 않다는 사실을 알고는 포기했다. 어차피 카이텔은 있어도 그만 없어도 그만인 인물이었고, 국방군최고사령부는 사실상 요들이 모든 것을 이끌어나가고 있는 상태였다. 브롬베르크에게 말했던 것처럼 히틀러는 카이텔의 능력을 보고 그를 발탁한 것은 아니었다.

카이텔이 히틀러에게 충성심을 보일 수 있는 방법은 바지사장 역할에만 전념하는 것뿐이었다. 따라서 그는 누구도 나서서 하기 싫어하는 꺼림칙한 일에 적극 앞장섰다. 소련 침공 후 소련군 정치장교를 생포하면 즉시 사살하라는 명령과 점령지역에서 자행되는 친위대의 테러 행위를 국방군이 적극 도우라는 명령처럼 군사작전과 전혀 관계가 없는 비인도적인 부분에 대한 명령을 그의 이름으로 내렸다.* 공식적으로 이런 명령을 내릴 사람이 필요했는데, 바지사장인 카이텔이 자의 반 타의 반으로 이를 담당한 것이었다. 이것은 결국 그를 교수대에 서게 만드는 결정적인 증거들이 되었다. 그가 최일선에서 전투를 지휘한 여러 장군들과 비교했을 때 전쟁 과정에서 어떤 역할도 제대로 하지 못했으면서도 전후 전범 재판에서 중형을 선고받게 된 이유가 바로 여기에 있다. 일이 터지면 몰매를 당하는 바지사장의 모습 그대로였다.

계속되는 맹목적인 구애에도 별다른 반응을 보이지 않던 히틀러에게 카이텔이 다시 부각되는 일이 발생했다. 그것은 바로 1944년 7월에 벌어진 히틀러 암살미수사건이었다. 항상 그랬듯이 히틀러가 주재하는 회의에 거수기 역할을 하려 참석한 카이텔은 폭탄이 터지자 부상을 당하고도 히틀

---

* The Location of The International Military Tribunal for Germany: Judgment.

러를 구하기 위해 필사적으로 달려들었다. 이런 그의 행동은 시간이 갈수록 사람을 믿지 않던 히틀러를 감동시켰다.* 총통의 명을 받아 사건 조사를 지휘하게 된 카이텔은 음모에 연루된 인물들을 발본색원하여 처벌하는 일련의 보복 과정을 일사천리로 진행했다. 이제 그는 점점 위기에 몰리는 총통에게 꼭 있어야 할 사람으로서 인정받게 되었다. 하지만 그렇다고 해서 군인으로서 그에게 주어진 권한이 변한 것은 아니었다. 히틀러가 카이텔에게 원한 것은 처음부터 애완견 역할뿐이었고, 그는 여기에만 충실하면 되었다.**

한자리에 모인 공군 총사령관 괴링, 카이텔, 친위대장 히믈러, 히틀러의 모습.

어차피 가뭄에 콩 나듯 국방군최고사령부에 작전을 세워보라고 내리는 히틀러의 명령도 카이텔이 아닌 요들의 몫이었다. 카이텔은 시간이 흘러 서서히 닥쳐온 제3제국의 위기와 함께 권위가 점차 추락해가는 히틀러를 위해 분골쇄신했지만, 그가 동원할 수 있는 수단은 없었다. 그가 국방군 총사령관의 직책으로 명령을 내릴 수도 없었고, 그의 지시를 받들어 움직

* Walter Görlitz, *The Memories of Field Marshal Keitel*, Stein & Day, 1966, pp.221-225.

** ZDF, Hitler's Warriors: Part I. Keitel. The Lackey, ZDF-enterprise, 1998.

일 부대도 애초부터 없었다. 오로지 말로만 히틀러를 즐겁게 하면 되었다. 1945년 4월 30일 히틀러가 자살을 했고, 그것은 카이텔에게 재앙이었다. 그가 존재할 수 있었던 유일한 목적이자 이유가 사라져버린 것이었다. 그런데 여기에서 그의 돌쇠 같은 충성심을 다시 한 번 확인할 수 있다. 제3제국에서 히틀러의 측근으로 제2인자임을 자처하던 인물들은 많았지만, 막판에 혼자 살길을 찾기 위해 단독 강화를 모의하던 괴링이나 히믈러 등과 달리 카이텔은 마지막 순간까지도 총통에 대한 일편단심을 바꾸지 않았던 것이었다.

16. 총통을 대신한 항복 서명

전사를 읽다가 자연스럽게 존재를 알게 된 다른 독일 장군들과 달리, 필자가 카이텔이라는 인물에 대해 관심을 가지게 된 것은 순전히 사진 때문이었다. 히틀러가 자신의 권위를 과시하기 위해 수많은 장군들을 거느리고 찍은 사진들을 보면, 예외 없이 멋진 콧수염을 가진 잘생긴 한 명의 장군이 항상 그 옆에 있었다. 그렇다면 상당히 고위직 인물일 것이라고 짐작하면서 사진 설명을 보니 아니나 다를까 국방군 총사령관 카이텔 원수라고 되어 있었다. 한마디로 어마어마한 직책에 걸맞은 인물이라고 생각했다. 그런데 한편으로 의문이 생겼다. 카이텔이라는 이름을 책자에서 본 것도 같은데 구체적으로 어떤 장군이었는지 도통 기억이 나지 않았던 것이다. 제2차 세계대전 당시에 활약한 수많은 독일 장군들 중 국방군 총사령관이라는 최고의 위치에 있었고 더구나 전쟁 내내 같은 자리를 지키고 있던 인물이 생소하다는 것 자체가 의외였다.

이후 카이텔에 대해 알아보면 볼수록 의문투성이 그 자체였다. 어쩌면 개인에 대한 이력보다 그가 사령관으로 있던 국방군최고사령부의 위상 때문이었는지 모른다. 그것은 지금까지 합리적인 사고방식과 생활 습관을 가지고 있다고 우리가 막연히 생각하던 독일과 독일인에 대한 선입관을 여지없이 깨뜨리는 확실한 증거였다. 전선에서 맹활약하던 독일군의 모습과 달리, 사실 제2차 세계대전 당시 독일군의 체계는 한마디로 기대 이하인 경우가 대부분이었다. 앞에서 국방군최고사령부와 육군최고사령부의 한심한 대립도 언급했지만, 전쟁 중 독일군이 체계적이지 못하고 합리적이지 못한 부분은 사실 한두 가지가 아니었다. 국방군과 달리 별도의 지휘체계를 가진 무장친위대를 운영한 것도 그렇지만 공군이 기갑부대를 보유했다는 사실은 실소를 자아낸다.* 무기만 해도 실험정신이 강해서인지 종류를 다양화하기는 했지만, 대량생산에 적합하지 못해 항상 공급 부족에 시달렸다.

카이텔과 그를 떼어놓고 설명하기 힘든 국방군최고사령부는 당시 비효율적인 독일군의 모습을 보여주는 한 단면에 지나지 않는다. 모든 결과에는 원인이 있듯이 이런 어이없는 결과를 가져온 사람은 바로 히틀러였다. 역사적인 잘못을 어느 특정인 한 사람에게 몰아붙이기는 힘들지만, 제2차 세계대전의 악행을 밑에서 거슬러 올라가다 보면 최종적으로 반드시 만나게 되는 인물이 히틀러일 만큼 그는 상당히 예외적인 악의 화신이었다. 이런 무소불위의 권력자에게 빌붙어 부귀영달을 꾀한 인물들은 역사적으로 흔한데, 카이텔도 그런 한심한 인물들 중 하나였다. 자료에 묘사된 모든 문구가 예외 없이 아부와 무능으로 점철될 만큼 그는 장군으로서 갖춰야 할 능력을 갖추지 못한 인물로 소개되고 있다. 하지만 지금까지 살펴본 것

* http://en.wikipedia.org/wiki/Fallschirm-Panzer_Division_1_Hermann_G%C3%B6ring.

뉘른베르크 재판 당시 카이텔의 모습. 그는 재판 과정에서도 총통에 대한 경외감을 굳이 감추지 않았고, 자신의 행위가 정당했음을 주장했다.

처럼 겉으로 보이는 그의 이런 모습 뒤에는 권력에 철저히 순응할 줄 아는 나름대로의 처세술이 있었다.

분명히 그는 똑똑한 인물이었다. 하지만 그런 영민함을 국가와 군을 위해서 발휘하지 못하고 해바라기처럼 오로지 한 사람만을 위해서 특화시켰다. 그것이 군인인 카이텔에게는 불행이었다. 전성기 당시에는 실권이 없는 꼭두각시로 조롱거리가 되었지만, 모두가 몸을 숨긴 제3제국의 마지막 순간에 나서서 전쟁을 종결지은 제3제국의 마지막 군인이 바로 카이텔이었다. 그는 재판 과정에서도 총통에 대한 경외감을 굳이 감추지 않았고 자신의 행위가 정당했음을 주장했다. 바지사장에 불과했던 그도 마지막 자존심을 지키기 위해 당당한 제3제국의 핵심 인물이었음을 입증하려 했던 것은 아니었을까? 그는 최후의 순간에도 독일의 원수임을 강조하며 교수형 대신 총살형을 요청했다. 하지만 그렇다고 해서 그에 대한 역사적인 평가가 달라지는 것은 아니었다. 그는 너무 높이 올라간 허수아비였다.

빌헬름 보데빈 구스타프 카이텔

1933~1934	제3보병부대장
1934~1935	제6보병부대장
1934~1935	제22사단장
1935~1938	전쟁성 무력국장
1938~1945	국방군 총사령관
1945~1946	전범으로 수감
1946	사형

part. 5

잃어버린 승자

원수 프리츠 에리히 폰 만슈타인

Fritz Erich von Manstein

당연한 이야기이지만, 장군들도 평가를 받는다. 엄밀히 말하면 조직 생활을 하는 일반인과 별반 차이가 없지만, 장군들의 경우는 한 가지 특징이 있다. 바로 평시냐 전시냐에 따라서 평가의 기준이 완전히 달라질 수 있다는 것이다. 전시에는 승리를 이끌어야 좋은 평가를 받는다. 하지만 평시에 제대로 준비가 되어 있지 못한 군인은 전시에 결코 승리할 수 없다. 그런 점에서 볼 때 그는 명장이 되기 위한 준비가 완료된 인물이었다. 어려서부터 군인이 되고 싶다고 할 만큼 뼛속까지 타고난 군인이었던 그는 인류의 최대 고통이었던 제2차 세계대전이 벌어지자 그를 알고 있던 모든 이들의 예상처럼 명장의 반열에 올랐다. 역사상 최고로 평가받는 기동전의 대가이자 뛰어난 전략가였던 인물, 제2차 세계대전 당시 연합국과 추축국 모두를 통틀어 최고의 명장이라고 손꼽히는 인물, 그가 바로 원수 프리츠 에리히 폰 만슈타인이다.

1. 벙커 앞에 나타난 노신사

해가 바뀌어 1945년 3월이 되었을 때 독일이 전쟁에서 이길 가능성은 전무했다. 히틀러와 나치의 선전 매체들은 최후에는 독일이 승리할 것이라고 계속해서 떠들어댔지만, 국민돌격대Volkssturm라는 이름으로 노인과 소년들에게까지 허접한 무기를 쥐어주고 나가서 싸우라고 독려할 만큼 상황은 비관적이었다. 바로 그 즈음 초로의 신사가 베를린 인근 소도시인 초센Zossen에 위치한 거대한 벙커 입구에 나타났다. 그 벙커는 지난 1939년 독일이 폴란드를 침공하여 제2차 세계대전이 발발한 이후 독일의 모든 전쟁을 가장 막후에서 지휘한 육군최고사령부와 국방군최고사령부가 함께 머물던 거대한 지하시설물로 독일 군부의 심장과 같은 곳이었다. 여담으로 전후 동독을 점령한 소련주둔군사령부가 1994년 철군 직전까지 주둔하여 사용했을 만큼 방대한 규모였다.

초센의 벙커는 전시에는 물론이고 평시에도 민간인이 함부로 접근하기 힘든 곳인데, 이 초로의 신사는 그곳에서 근무 중인 장교들의 안내로 쉽게 안으로 들어가더니 독일군을 총괄하고 있던 육군 참모총장 구데리안과 단독으로 면담까지 했다. 이 노신사는 당시 전역한 예비역으로 군복을 벗은 상태였지만, 구데리안과는 육군대학 동기로 막역한 사이였다. 그는 한때 육군 원수에까지 올라 전선에서 정열적으로 부대를 지휘한 장군이었지만, 1년 전인 1944년 3월 30일 히틀러에 의해 전격 해임되었다. 히틀러가 수많은 장군들의 옷을 벗길 때 내세운 대표적인 명분처럼 그 또한 현지사수엄명을 어기고 부대를 임의로 후퇴시켰다는 이유로 해임되었다. 그 후 그는 야인으로 돌아갔지만, 한시도 전황에 대해 관심을 끊은 적이 없었고 연이어 들려오는 독일군의 패배 소식에 안타까워할 만큼 뼛속 깊은 곳까지 군인이었던 인물이었다.

그는 시급한 전황을 언급하면서 자신을 복귀시켜 지휘권을 줄 것을 구데리안에게 강력히 요구했으나,* 사실 당시 구데리안이 그의 부탁을 들어줄 수 있는 형편은 아니었다. 오히려 구데리안 자신이 총통과의 잦은 충돌로 참모총장 자리에서 물러나야 할 형편이었다. 사실 그의 요청이 있기 전에 초센에 있는 인물들은 물론이고 군부 전체가 먼저 그의 복귀를 간절히 원하고 있었으나, 총통이 그의 복귀를 불허했다. 시간이 지나 어느 틈엔가 장군들에 대한 인사권을 총통이 쥐게 되자, 전쟁 말기인 1944년에는 총통에 대한 충성심이 인재 등용의 첫 번째 기준이 되었다. 이런 경향은 특히 히틀러 암살 사건이 미수로 그치면서 히틀러가 극적으로 목숨을 건진 이후부터 더욱 심해졌다. 하지만 분명한 것은 편집증에 빠진 히틀러와 그의 몇몇 추종자들을 제외한 군부의 대다수가 이 노신사의 현역 복귀를 간절히 희망하고 있었다는 점이었다.

---

* ZDF, Hitler's Warriors: Part IV. Manstein. The Strategist, ZDF-enterprise, 1998.

그는 후대는 물론이고 전쟁 기간 중에도 독일뿐만 아니라 연합국 측까지 서슴없이 당대 최고의 장군으로 인정한 인물이었다. 당연히 전선의 어려운 상황 때문에 그를 복귀시키자는 소리가 더욱 높아졌으나, 총통의 고집 때문에 그는 현역으로 복귀하지 못하고 종전을 맞이했다. 어쩌면 히틀러에 의해 군복을 벗게 된 이 인물이 현역으로 복귀하지 못한 것은 인류사를 놓고 볼 때 오히려 다행이라고 할 수 있을지 모른다. 비록 악인이 우두머리로 있는 군대의 장군으로서 전쟁에 참전했지만 역사상 최고로 평가받는 기동전의 대가이자 뛰어난 전략가로 전혀 손색이 없는 인물, 그가 바로 프리츠 에리히 폰 만슈타인Fritz Erich von Manstein(1887~1973년)이다. 그는 비록 일반 대중들에게는 그리 널리 알려져 있지 않지만, 전문가라면 누구나 제2차 세계대전을 통틀어 최고의 지휘관으로 첫손에 꼽기를 주저하지 않을 만큼 뛰어난 인물이었다.

2. 타고난 장군의 길

만슈타인은 제국의 수도인 베를린에서 프로이센 귀족이며 포병대장이었던 에두아르트 폰 레빈스키Eduard von Lewinski의 열 번째 아들로 태어났다. 따라서 원래 성姓은 폰 레빈스키von Lewinski였으나, 아들이 없는 이모부 게오르크 폰 만슈타인Georg von Manstein의 아들로 입양되면서 만슈타인이라는 성을 얻게 되었다. 그의 조부와 외삼촌들은 1870년 프로이센-프랑스 전쟁에 참전한 장군들이었고, 외가 쪽으로는 훗날 탄넨베르크 전투의 승장이자 바이마르 공화국의 대통령이 된 파울 폰 힌덴부르크와도 인척관계였다. 그의 양아버지가 된 게오르크도 독일 제국군의 육군 중장까지 올라갔던 무인이었다.* 그는 한마디로 독일 최고의 군인 명문가 출신으로서 엄청난 후광을 업고 태어난 셈이었다. 이 책에 소개한 여러 독일 장군들처럼 프로이센 이래 독일에서 가업으로 군인의 길을 택한 예는 그리 어렵지 않게 찾아볼 수 있다.

특히 독일 군부의 고급 장교들은 대대로 귀족 가문 출신들이 차지하고 있다시피 했는데, 만슈타인도 처음부터 그러한 가풍 아래 인성을 키워온 전형적인 인물이었다. 한마디로 군대에서 원한다면 남들보다 쉽게 출세할 수 있는 여건을 갖추고 있었다.

그의 아들 루디거 폰 만슈타인Rudiger von Manstein의 증언에 따르면, 한마디로 만슈타인은 군인 체질이었고, 어려서부터 군인이 되고 싶다고 할 만큼 처음부터 뼛속까지 타고난 군인이었다.** 1900년, 그는 겨우 13세의 나이에 베를린에 있는 6년 과정의 군사학교Cadet Corps에 입학해서 군인으로서의 자질을 키워왔다. 이곳은 복종과 동료애, 그리고 충실한 임무 수행을 교육 방침으로 삼고 있었다. 한마디로 군국주의에 걸맞은 인재를 키워내는 곳이었다. 그러한 교육을 받은 만슈타인은 다양한 의견을 수렴하는 민주적 가치관을 혐오했고, 상부의 명령에는 절대 복종해야 한다고 생각했다.***

군사학교를 마친 그는 1906년에 제3근위보병연대에 장교 후보로 입대하여 이듬해에 소위로 임관했다.**** 당시 그의 활동 내용에 대해 알려진 것은 없지만, 1913년에 육군대학Prussian War Academy에서 공부하게 된 것으로 봐서 대단히 촉망받는 초임 장교였음을 짐작할 수 있다. 육군대학은 독일

* http://en.wikipedia.org/wiki/Erich_von_Manstein.
** ZDF, Hitler's Warriors: Part IV. Manstein. The Strategist, ZDF-enterprise, 1998.
*** ZDF, Hitler's Warriors: Part IV. Manstein. The Strategist, ZDF-enterprise, 1998.
**** http://www.achtungpanzer.com/gen8.htm.

군의 핵심이라 할 수 있는 고급 참모가 되기 위해서 반드시 거쳐야 하는 코스로, 그야말로 엘리트들의 요람과 같은 곳이었다.* 주목할 만한 점은 구데리안이 그의 동기였다는 사실이다. 후일 프랑스 전역에서 독일의 트레이드마크가 된 전격전의 신화라는 기적을 이끈 가장 중요한 두 인물이라 할 수 있는 만슈타인과 구데리안은 이처럼 함께 수학하면서 서로의 사상을 가장 충실히 이해하는 동지가 되었고, 이후 앞서거니 뒤서거니 하면서 시공을 초월해 존경받는 장군으로 전사에 커다란 발자국을 남겼다.

제1차 세계대전이 발발한 1914년에 그는 일선 야전부대의 참모장교로 근무했다. 그는 초급 장교로는 특이하게도 서부전선과 동부전선에 모두 참전했다. 그 이유는 아마도 그가 참모였기 때문이 아닌가 추측되는데, 당시 야전부대의 참모들은 대부분 지휘관이 영전할 때 함께 옮겨가는 경우가 많았다. 일선 야전부대의 참모여서 최전선에서 주로 근무한 그는 근무하는 동안 여러 차례 부상을 당하기도 했지만, 이는 그에게 오히려 커다란 경험이 되었다. 전쟁 말기인 1916년부터는 서부전선에서 근무했고, 이때 베르됭 전투Battel of Verdun에도 참가했다.** 베르됭 전투는 뚝심을 발휘한 프랑스의 인내와 용기가 빛을 발하여 독일의 패배로 종결되었지만, 만슈타인이 최전선에서 지옥의 베르됭 전투를 경험한 것은 이후 그가 장차전을 치르는 새로운 방법을 연구했을 때 가장 큰 반면교사가 되었음에 틀림없다.

* http://en.wikipedia.org/wiki/Prussian_War_Academy.

** http://www.bridgend-powcamp.fsnet.co.uk/Generalfeldmarschall%20Erich%20von%20Manstein.htm.

3. 민주주의를 부정한 인물

전쟁 후에 체결된 베르사유 조약에 따라 독일군이 대대적으로 감군되었음에도 불구하고, 만슈타인은 능력을 인정받아 현역에 남게 되었다. 1920년에는 중대장, 1922년에는 대대장을 거치면서 지휘관으로서 자질을 익혔고, 1927년에는 여러 가지 이름으로 비밀리에 유지되고 있던 참모조직에서 복무하며 경력을 쌓았다. 그 덕분에 만슈타인은 훌륭한 지휘관으로서의 능력과 더불어 뛰어난 참모의 자질을 고루 연마할 수 있었다.* 당시까지만 해도 참모제도는 이를 금지한 승전국의 간섭으로 겉으로 드러낼 수 없는 비밀결사와 같은 모습으로 존속할 수밖에 없었는데, 그러한 조직의 일원이었다는 사실은 그의 능력이 뛰어났음을 유추할 수 있게 해준다. 이 시기에 그 또한 바이마르 공화국군에 잔류한 다른 군인들과 마찬가지로 독일군에게 큰 굴욕을 안겨준 베르사유 조약에 대해 강한 반감을 가지고 있었다.

이와 더불어 그는 대외적으로 무기력하고 내부적으로 혼란만 야기하는 바이마르 공화국에 대해 강한 불신감을 가지고 있었다. 1871년에 무력으로 통일을 이룬 뒤 제국주의 정책을 고수한 독일에서 1919년에 바이마르 공화국이 성립하면서 처음으로 등장한 민주주의는 상당히 낯선 제도였다. 만슈타인뿐만 아니라 군부 인사 대부분은 어려서부터 군국주의 교육을 받아온 관계로 의회에서 벌어지는 정쟁을 혼란으로 단정할 정도였다. 아들 루디거에 따르면, 만슈타인은 제국 의회Reichstag를 몹시 경멸했을 만큼 군국주의적이었다.** 그래서 정권을 잡은 나치가 1934년에 독일군의 팽창

---

* Erich von Manstein, *Lost Victories*. St. Paul, Zenith Press, 1982, p.20.
** ZDF, Hitler's Warriors: Part IV. Manstein. The Strategist, ZDF-enterprise, 1998.

을 인위적으로 막아오던 베르사유 조약을 일방적으로 파기하고 재군비를 선언하면서 일당독재를 선언하자, 그는 군부의 어느 누구보다도 이를 적극 지지했다. 하지만 단지 이를 가지고 만슈타인이 나치라거나 나치에 가까웠던 인물이라고 말하기에는 곤란한 점이 많다.

군이 괴링이나 카이텔 같은 골수 나치가 아니더라도 베르사유 조약 자체가 독일에게 워낙 굴욕적이었기 때문에, 당시 조약의 제한을 가장 많이 받고 있던 독일 군부가 이러한 나치의 정책에 찬성한 것은 어쩌면 너무나 자연스러운 현상이었다. 사실 어느 나라든 군부는 국가를 우선시하는 보수적인 성향을 띠게 마련인데, 이런 군부가 특히 국방과 관련된 부분을 외적인 요인에 의해 제한을 받는다면 당연히 굴욕감을 느낄 것이다. 만슈타인은 정부의 형태가 어떻든 합법적이면 되고 군인은 나라에 충성을 다해야 한다고 믿었던 인물이었다. 그가 바이마르 공화국을 신뢰하지 않았던 것은 정치적 혼란상보다도 군에 대한 간섭 때문이었다. 예전에 군은 황제에게 형식상 허락을 얻기만 하면 되는 독립적인 권력이나 다름없었지만, 바이마르 공화국에서는 모든 세세한 내용을 의회에 보고하고 통제까지 받아야 했기 때문에 이것을 군에 대한 모욕으로 생각했다.*

특히 나치 집권 초기에 만슈타인은 영광된 독일의 재현을 약속한 나치에 대한 지지와는 별개로 군의 위치를 호시탐탐 노리던 나치 돌격대를 혐오했다. 히틀러는 군부의 지지를 얻기 위해 군을 정치적 간섭으로부터 보호해주겠다고 선언하면서 그 증거로 1934년 에른스트 룀Ernst Röhm을 숙청함과 동시에 돌격대SA를 붕괴시킴으로써 군부에게 신뢰감을 주었다.** 하

---

* ZDF, Hitler's Warriors: Part IV. Manstein. The Strategist, ZDF-enterprise, 1998.
** Alan Bullock, *Hitler and Stalin: Parallel Lives*, Fontana Press, 1998, pp.334-341.

지만 당시 히틀러가 제시한 당근이 군을 총통의 사병으로 만들기 위한 음모의 시작이라는 것을 아무도 몰랐다. 1935년 7월, 만슈타인은 재군비 선언 이후 그 동안의 가면을 벗고 새롭게 탄생한 육군최고사령부의 총참모본부 제1과장에 임명되어 작전 부분의 실무 책임자가 되었고, 1936년에 소장으로 승진하면서 총참모본부 제1참모차장이 되었다.* 그가 연이어 거친 보직은 계급과 상관없이 독일군의 작전을 최종적으로 기안하는 실권을 가진 막강한 자리였을 만큼, 만슈타인은 재건되어 새롭게 탄생한 독일 육군Das Heer의 핵심으로 부상했다.

4. 참모총장을 꿈꾸던 야심가

군인으로서 만슈타인이 꿈꾸던 자리는 육군 참모총장이었다. 비록 제3제국 육군에서 참모총장이라는 자리가 가장 높은 계급이나 군부의 최고 연장자를 의미하지 않았고, 형식상 육군의 수장인 육군 총사령관 보직이 새롭게 생겼지만, 게르하르트 폰 샤른호르스트Gerhard von Scharnhorst가 프로이센 초대 참모총장으로 군부를 이끈 이후로 독일 육군에서 참모총장이라는 자리는 그 이상의 의미를 내포하고 있었다. 제국 육군Kaiserliche Heer 당시까지만 해도 참모총장은 실질적인 군부의 제1인자로서 전시에는 모든 것을 자의에 의해 지휘하고 그에 따른 책임까지 졌던 마치 내각책임제의 수상과도 같은 권력자였다. 재군비 선언 이후 독일 육군에서 참모총장은 협의의 의미로 육군최고사령부 총참모본부의 수장, 즉 육군 총사령관의 참모

* http://www.spartacus.schoolnet.co.uk/GERmanstein.htm.

장 자격으로 그 입지가 축소되었지만, 전통만큼은 여전했다.*

제1차 세계대전의 승전국들이 없애버리고 싶어했을 만큼 독일군의 총참모본부는 그 어느 누구도 건드리기 힘든 난공불락의 요새 같은 조직이었다. 군을 통솔하고 군령을 내리기 위한 모든 세부 계획이 완성되는 곳이고 전시에는 군을 통솔하는 두뇌였다. 때문에 아무리 축소되었다 하더라도 총참모본부를 이끄는 참모총장의 권한은 막강하여 육군 총사령관도 참모총장의 의견을 존중하여 협의를 거친 후 명령을 하달했다.** 비록 제2차 세계대전이 격화되면서 히틀러가 이러한 모든 체계를 깨뜨려 버렸지만, 적어도 전쟁 초기까지만 해도 작전 수립에 대한 참모총장의 권한은 절대적이었다. 만슈타인이 육군최고사령부의 요직을 거치며 제1참모차장까지 승승장구하는 동안 그를 이끌어준 대표적인 인물은 독일 군부의 자존심을 지키기 위해 히틀러와 나치에 맞선 육군 총사령관 프리치와 베크였다.***

사실 보이지 않는 수많은 끈으로 연결되어 있던 프로이센, 귀족, 참모 출신들로 구성된 소수 특정 인맥이 독점하다시피 한 독일 군부의 핵심 집단은 제1차 세계대전 패배 이후 많이 약화되기는 했지만 이를 증오하던 히틀러조차도 단번에 제거하지 못했을 만큼 상당히 뿌리가 깊었다. 그 덕분에 만슈타인은 처음부터 출세가 보장되었을 만큼 출발부터 남과 달랐다. 물론 그를 이끌어준 인맥의 역할을 무시할 수는 없었지만, 그의 능력도 출세의 요소로 크게 작용했다. 필자 또한 제2차 세계대전 당시 최고의

---

* Trevor N. Dupuy, *A Genius for War: The German Army and General Staff: 1897-1945*, Prentice Hall, 1977, pp.88-92.

** 제프리 메가기, 김홍래 역, 『히틀러 최고사령부 1933~1945년』, 플래닛미디어, 2009, 137쪽.

*** 제프리 메가기, 김홍래 역, 『히틀러 최고사령부 1933~1945년』, 플래닛미디어, 2009, 875쪽.

지략가로 그를 첫 번째로 손꼽을 만큼, 만슈타인은 독일 육군 참모총장이 되었다 해도 전혀 손색이 없을 만큼 뛰어난 인물이었다. 하지만 프로이센, 귀족, 참모 출신이라는 출발점은 오히려 능력이 뛰어난 그를 참모총장이 되지 못하게 만들었다. 왜냐하면 능력과 상관없이 이것들은 최종 인사권자인 히틀러가 극히 싫어했기 때문이었다.*

1938년 만슈타인이 제1참모차장에서 물러난 다음 그 자리를 물려받은 이는 당시 제2참모차장으로 함께 근무했던 할더였는데, 그가 1년 후에 나치 독일의 제2대 육군 참모총장에 오른 것만 보아도,** 만슈타인이 참모총장을 꿈꾸었던 것은 당시 시점에서 무리가 아니었다. 하지만 지금까지 그의 출세를 담보하던 요소가 그의 한 단계 도약을 막아버렸고, 오히려 군부의 핵심이었던 프리치와 베크의 라인이었다는 점 때문에 그는 좌천이 되었다. 엄밀히 말하면 할더도 베크를 추종했고 오히려 만슈타인과 달리 반히틀러 성향이 강했지만, 프로이센, 귀족 출신이 아닌 데다가 자신을 드러내지 않는 고분고분한 성격이어서 참모총장에 오를 수 있었다. 반면, 만슈타인은 히틀러의 집권 초기에 나치를 지지했고 전쟁 내내 총통의 명령에도 순종했지만, 히틀러는 그의 뛰어난 능력에 경외감을 표하는 것과는 별개로 출신을 문제 삼아 그를 완전히 믿지는 않았다.

---

* ZDF, Hitler's Warriors: Part IV. Manstein. The Strategist, ZDF-enterprise, 1998.
** Christian Hartmann, *Halder Generalstabschef Hitlers 1938-1942*, Paderborn: Schoeningh, 1991, pp.87-94.

5. 군부 숙청으로 꺾인 날개

정권을 잡은 히틀러는 군부를 장악하기 위한 일환으로 1938년 대대적인 숙청을 단행했다. 프리치의 옷을 벗기는 것을 신호탄으로 해서 이듬해까지 프리치와 베크에 가까웠던 수많은 장군들을 강제 예편 또는 좌천시켜버렸다. 이때 프리치의 신임을 받으며 제1참모차장까지 올라갔던 만슈타인도 자의 반 타의 반으로 쫓겨나와 슐레스비히에 있던 제18보병사단장으로 전보했는데, 엄밀히 말하면 좌천이었다. 당시 슐레스비히로 임지를 옮기면서 "다시는 베를린으로 돌아올 일이 없을 것이다"*라고 가족에게 알렸을 만큼 만슈타인은 나치의 군부 장악시도에 엄청난 분노를 표한 것으로 알려져 있다. 하지만 이와 같은 그의 말은 존경하고 따르던 프리치의 실각과 자신을 좌천시킨 정권에 대한 일종의 항의였지만, 엄밀히 말하면 만슈타인 또한 군부의 주류로서 기득권을 고수하려던 세력 중 하나였음을 의미하는 것이기도 했다.

1938년에 있었던 숙청으로 많은 친나치 성향의 인물들이 군부의 핵심으로 부상했지만, 이것은 우리가 흔히 피상적으로 떠올리는 피의 숙청 같은 경우는 아니었다. 그 동안 특정 인맥이 독일 군부를 좌지우지한 것은 부인할 수 없는 사실이었으며, 건전한 개혁을 위해서라도 이들을 한 번 정도는 정리할 필요가 있었다. 이때를 기점으로 할더, 구데리안, 호트, 롬멜처럼 그 동안 아웃사이더로 있던 많은 소장파들이 서서히 부상하기 시작했다. 전쟁을 앞둔 1939년에 현실적인 이유로 룬트슈테트, 레프, 에발트 폰 클라이스트Ewald von Kleist 등 당시 숙청된 많은 이들이 현역으로 다시 복

* ZDF, Hitler's Warriors: Part IV. Manstein. The Strategist, ZDF-enterprise, 1998.

귀했을 만큼 적어도 1941년까지는 히틀러도 군부를 완전히 장악하지는 못한 상태였고, 군부의 의견을 나름대로 수용하기도 했다. 더구나 1938년 사건의 중핵인 프리치조차 비록 대령으로 강등된 상태였지만, 명예 포병연대장으로 복직하여 폴란드 침공전에 참전했다.*

1939년 4월 소장으로 진급한 만슈타인은 1939년 8월 18일 신편된 남부집단군의 초대 참모장으로 부임했다. 독일의 폴란드 침공이 예견된 상태에서 초대 사령관으로는 군부에서 신망이 높아 다시 현역으로 복귀한 룬트슈테트가 부임했다. 이때 만슈타인은 이후 그의 트레이드마크가 된 기동전을 실전에 처음 적용해볼 수 있는 작전안을 기획하기에 이른다. 항상 그렇듯이 공격을 하려는 쪽은 처음에 타격할 공격로를 선정하는 것부터 작전안을 구상하게 마련이다. 평평한 동유럽 평원과 습지로 연결된 독일과 폴란드의 국경지대는 자연적으로 형성된 뚜렷한 축선이 없기 때문에 전통적으로 다양한 공격로를 구상할 수 있는 장점이 있는 반면, 주력을 한 곳으로 집중하기 곤란하다는 단점도 있었다. 이 점은 방어에 나설 폴란드군도 마찬가지여서 방어부대를 넓게 산개시켜야 했다.**

당시 남부집단군은 약간의 직할부대를 제외하고 대부분 예하부대는 제8 · 10 · 14군의 3개 야전군으로 구성되어 있었다. 전통적인 전술에 따르면 이들 주력을 적당한 섹터로 나누어 함께 진군시키면서 폴란드군을 각개 격파해야 했지만, 만슈타인의 생각은 이와 달랐다. 그의 구상은 주력을 나누지 않고 단 한곳을 정하여 전선을 돌파한 후 적진 배후까지 급속히 기동시켜 퇴로를 막아버림과 동시에 좌우에서 조공으로 하여금 포위망을 완

* http://en.wikipedia.org/wiki/Werner_von_Fritsch.

** Steven J. Zaloga, *Poland 1939: The birth of Blitzkrieg*, Osprey, 2002, pp.14-16.

성하게 하는 것이었다. 제1차 세계대전의 서부전선처럼 적을 하나하나 일일이 쳐부수기보다는 신속하게 포위하여 항전 의지를 꺾어 조기에 항복을 유도하는 것이 작전의 요체였다. 즉, 낚시질이 아니라 거대한 그물을 던져 단 한 번에 포획하는 전술이었다. 만슈타인이 대부분의 기갑부대를 라이헤나우가 지휘하는 제10군에 집중시켜 돌파를 담당하도록 하고, 제8 · 14군은 좌우에서 포위망을 형성하도록 하는 구상을 내놓자, 사령관 룬트슈테트는 이를 채택했다.*

6. 예정된 전쟁

1939년 9월 1일 독일은 폴란드를 침공했고, 만슈타인이 참모장으로 있던 남부집단군도 노도와 같이 바르샤바를 향해 진군을 개시했다. 그리고 한 달이 지난 후 폴란드라는 나라는 지구상에서 사라져버렸다. 사전 밀약에 따라 폴란드의 동쪽을 차지하기로 한 소련의 개입으로 전쟁은 쉽게 종결되었지만, 사실 애초에 참모총장 할더가 3주 내에 끝내려고 했던 것과 비교하면 폴란드전을 끝내는 데 훨씬 더 시간이 걸린 셈이었다.** 재군비 후 독일군이 처음으로 실전에 투입되면서 그 동안 연구되었던 다양한 전술들이 시험적으로 사용되었는데, 예상보다 훨씬 더 좋은 결과를 얻은 부분도 있었지만 기대에 못 미치는 부분도 많은 것으로 조사되었다. 그 중 핵심은 전쟁의 새로운 총아로 떠오른 기갑부대의 운용에 관한 부분이었

---

* http://en.wikipedia.org/wiki/Erich_von_Manstein.
** 제프리 메가기, 김홍래 역, 『히틀러 최고사령부 1933~1945년』, 플래닛미디어, 2009, 157쪽.

1939년 바르샤바를 점령한 독일 기갑부대. 엄밀히 말해 폴란드 전역은 독일에게 실험적인 무대였다.

다. 보수적인 군부의 핵심들은 기갑부대를 완전히 신뢰하지 않았지만, 만슈타인은 이를 통해 새로운 희망을 보았다.*

만슈타인은 운용의 묘만 더 잘 살린다면 구데리안을 비롯한 소장파 장성들이 주장하는 것처럼 돌파의 중핵으로 기갑부대가 결코 손색이 없을 것이라고 생각했다. 경사단처럼 효과가 없거나 너무 급속히 돌파를 시도하다가 보병부대와 분리되어 적에게 포위된 경우 등은 단지 경험이 없어 그랬던 것으로 보았고 충분히 개선이 가능할 것으로 판단했다. 다행히도 새롭게 도약을 시도하던 독일군에게 폴란드 전선은 이를 실험하고 피드백하기에 가장 좋았던 예방주사였다. 독일이 폴란드를 침공했을 때 독일에 대해 선전포고를 한 프랑스와 영국이 장차전의 상대로 예정되어 있었지만, 적극적인 교전 의지가 없던 연합국과 양면 전쟁을 피하려던 독일의 충

* Friedrich W. von Mellenthin, *Panzer Battles*, Ballantine Books, 1956, pp.120-128.

돌은 막상 일어나지 않았다.* 이제 폴란드를 평정한 독일은 서부전선에 전력을 집중할 수가 있었고, 이로써 일촉즉발의 거대한 전쟁은 예정된 것이나 다름없었다. 그러나 연합국은 한마디로 폴란드와 차원이 다른 상대였다.

이 점은 독일에 대해 느끼는 연합국의 심정도 마찬가지여서 양측은 먼저 움직이지 못한 채 으르렁대기만 할 뿐이었다. 이렇다 할 전투가 일어나지 않아 기묘한 전쟁Phoney War이라고 불린 기간 동안에 훈련 중 포탄이 상대편으로 날아가면 "미안하다. 방금 것은 연습 중 실수였다"라고 확성기로 방송했을 정도였다.** 사실 양측 모두 20여 년 전 서부전선에서 있었던 지옥을 똑똑히 기억하고 있었고, 다시 맞붙는다면 끔찍했던 과거가 재현될 것이라는 막연한 두려움을 안고 있었다. 이런 이유로 프랑스는 그들이 만들어놓은 마지노선에 안주했고, 독일도 섣불리 이를 돌파할 생각을 하지 못했다. 지난 전쟁에서 독일이 실패한 가장 결정적인 이유는 기동력의 부족과 열악한 통신 인프라로 인해 전선이 단절되면서 초기 진격이 마른Marne에서 저지되었기 때문인 것으로 분석되었다.*** 총참모본부는 이런 교훈을 거울삼아 당시 독일의 전략이었던 슐리펜 계획을 보완한 프랑스 침공 계획을 수립해놓았다.

참모총장 할더의 주도로 기안된 프랑스 침공안인 황색 계획은 독일군 주력이 네덜란드와 벨기에를 돌파하여 파리로 진격하는 것이 골자였다.

---

* 폴 콜리어 외, 강민수 역, 『제2차 세계대전: 탐욕의 끝, 사상 최악의 전쟁』, 플래닛미디어, 2008, 104쪽.

** Jeremy Isaacs, The World at War: Part 3. France Falls, Thames Television, 1973.

*** 피터 심킨스, 강민수 역, 『모든 전쟁을 끝내기 위한 전쟁: 제1차 세계대전 1914~1918』, 플래닛미디어, 2008, 67-69쪽.

한마디로 슐리펜 계획의 재판이었는데, 최선책이라기보다는 마지노선 때문에 어쩔 수 없이 선택할 수밖에 없었던 차선책이었고, 사실 대안도 없어 보였다. 하지만 문제는 프랑스 또한 그것을 충분히 예견하고 있었다는 사실이었다.* 강력한 마지노선 때문에 독일이 독일-프랑스 국경으로는 침공하지 않으리라고 예견하고 있던 프랑스와 영국 원정대는 독일의 침공로를 제1차 세계대전 당시와 같은 벨기에로 생각하고 있었다. 따라서 이들은 강력한 예비 병력을 국경에 포진시키고 있다가 독일의 주공이 벨기에로 진입할 때 즉각 대응한다는 전략을 구상하고 있었다. 한마디로 플랑드르 평원은 제1차 세계대전 당시의 지옥이 재현될 장소로 지목되었고, 이것은 불가피해 보였다.

7. 낫질 작전

폴란드 전역에서 활약한 독일군은 서부전선으로 이동하여 재배치되기 시작했다. 이때 새롭게 편성된 A집단군의 사령관으로 영전한 룬트슈테트는 만슈타인을 참모장에 앉혔다. 그만큼 만슈타인에 대한 룬트슈테트의 신뢰는 컸다. 서부전선의 중앙을 담당한 A집단군은 황색 계획에서 프랑스군과 벨기에군을 견제하는 조공 역할을 하기로 예정되어 있었다. 육군최고사령부가 수립한 황색 계획은 수차례 손질을 해서 세부 내용이 정정되었지만, 저지대국가를 돌파할 전선 북부의 B집단군이 주공을 담당하기로

* 폴 콜리어 외, 강민수 역, 『제2차 세계대전: 탐욕의 끝, 사상 최악의 전쟁』, 플래닛미디어, 2008, 111쪽.

한 내용만큼은 변함이 없었다. 그런데 만슈타인은 적도 충분히 예상하는 이런 뻔한 스토리의 황색 계획을 강력히 비판했다.* 공격의 성공을 위해서는 적이 예측하지 못하도록 초전에 기습하는 것이 필수인데, 황색 계획은 시간과 공간이라는 기습의 두 가지 요소 중 어느 것 하나 충족시키지 못했기 때문이었다.

만슈타인은 연합국도 이미 선전포고와 함께 동원령을 실시하여 전쟁을 준비하고 있는 이상 개전 시기를 조절하는 것만으로는 기습 효과를 얻기는 힘들다고 판단하고, 시간에서 기습 효과를 얻지 못한다면 전혀 예측하지 못한 공간을 침공로로 이용함으로써 기습 효과를 달성하는 것이 옳다고 생각했다. 만슈타인은 황색 계획을 대신할 새로운 프랑스 침공 계획을 구상하여 육군최고사령부에 제시했다. 만슈타인은 프랑스에 포진하고 있던 프랑스군과 영국 대륙 원정군을 분리시키기 위해 주공을 B집단군이 아닌 전선 중앙의 A집단군으로 변경하고 기갑 세력을 이곳에 집중하여 누구도 예상하지 못한 통로를 급속 돌파해 적의 배후를 단절함으로써 적의 주력을 대포위하여 섬멸하자는 이른바 낫질 작전Sichelschnitt을 주장했다. 이때 만슈타인이 제시한 회심의 통로는 아르덴 구릉지대였다.**

이곳은 알프스처럼 험준하지는 않았지만, 벨기에, 룩셈부르크, 프랑스, 독일의 자연적인 국경선을 형성할 만큼 중첩된 산악지대였다. 따라서 방어 입장에 있던 프랑스도 그랬지만 독일 역시 대규모 주력부대를 이곳을 통해 공격하겠다는 생각은 원천적으로 배제하고 있었다. 게다가 기술적으로 전차의 이동이 전혀 불가능하지는 않았지만, 대규모 기갑부대가 이곳

---

* http://en.wikipedia.org/wiki/Erich_von_Manstein.
** 알란 셰퍼드, 김홍래 역, 『프랑스 1940』, 플래닛미디어, 2006, 17쪽.

을 신속히 통과할 수는 없다고 단정할 정도였다. 만슈타인은 이런 이유 때문에 아르덴이 최적의 공격 통로라고 생각했다. 그는 사전에 공병대를 투입하여 진격로를 미리 개척한 후 기갑부대를 은밀히 전진 배치시켜놓으면 전쟁이 개시되었을 때 이곳을 순식간에 돌파할 수 있으리라고 판단했다. 당시 연합군의 배치 상황을 고려할 때 만일 A집단군이 아르덴을 통과하여 스당Sedan 인근을 돌파한다면 연합군 주력의 배후를 순식간에 잘라버릴 수 있을 것으로 예상했다.*

이것은 1939년 폴란드에서 남부집단군이 주력을 한곳으로 모아서 이를 창으로 삼아 전선을 찢고 들어가 배후를 타격함과 동시에 적의 주력을 대포위한 전략을 응용한 것이기도 했다. 그러나 할더가 이끄는 육군최고사령부는 폴란드에서 이미 경험했음에도 불구하고 기갑부대의 집중 운용과 쾌속성에 대해서는 여전히 의문을 품고 있었고, 게다가 대규모 기갑부대가 산림지대를 돌파한다는 것은 불가능하다고 생각하여 이를 기각했다. 하지만 만슈타인은 기각에도 불구하고 자신의 주장을 굽히지 않고 계속해서 의견서를 육군최고사령부에 제출함과 동시에 주변에 황색 계획의 위험성을 역설하고 다녔다. 참모총장 할더는 그의 이러한 행동에 격분한 나머지 만슈타인을 후방에 새로 창설한 제38군단장으로 좌천시켰다. 하지만 이 좌천은 단지 똑똑한 참모 정도로만 알려진 만슈타인이 본격적으로 세상에 명성을 떨치게 되는 계기가 되었다.

* 폴 콜리어 외, 강민수 역, 『제2차 세계대전: 탐욕의 끝, 사상 최악의 전쟁』, 플래닛미디어, 2008, 114쪽.

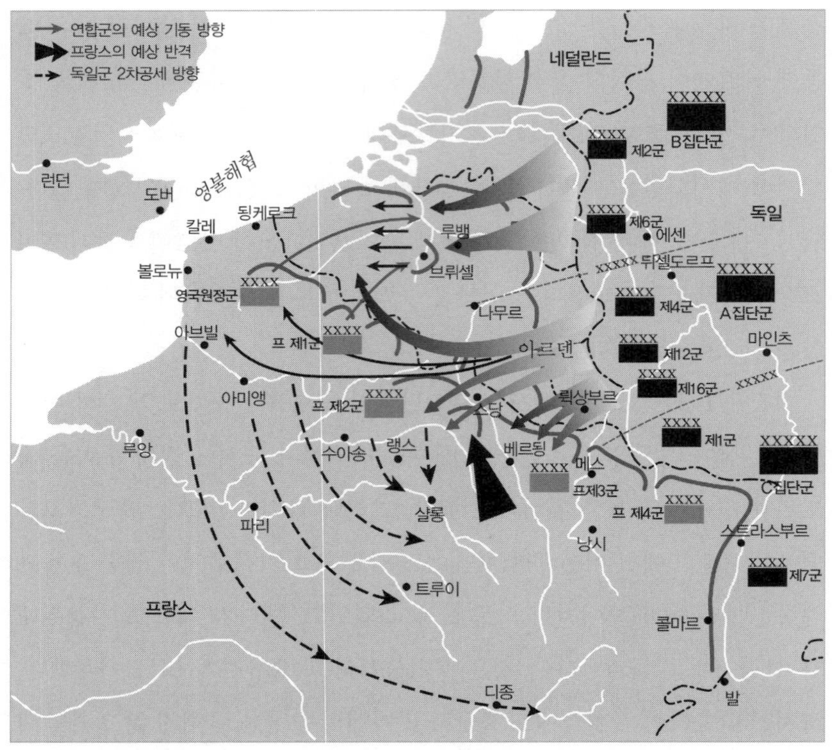

만슈타인 계획 1939년 10월 31일 만슈타인이 입안한 낫질작전에 의거 독일의 주공은 A집단군으로 바뀌었고 기갑부대들이 이곳으로 집중되었다. 전쟁 개시와 함께 아르덴을 돌파한 독일의 주력은 전무후무한 돌파를 선보이며 영불해협을 향해 달려갔고, 배후가 순식간에 차단당하면서 포위된 연합국 주력은 간신히 영국으로 탈출했다. 그리고 그것으로 전쟁은 막을 내린 것과 다름없었다.

8. 우연히 찾아온 기회

만슈타인이 베를린 인근에 새로 창설된 제38군단장으로 좌천된 지 얼마 지나지 않아 히틀러가 제38군단을 방문했고, 이때 만슈타인은 직접 자신의 계획을 히틀러에게 설명할 기회를 얻게 되었다. 그 동안 군부를 채근하여 하루라도 빨리 프랑스를 침공하자고 재촉하던 히틀러는 당시 총참모본부가 제시한 황색 계획을 탐탁지 않게 생각하고 있던 중이었다. 그런데 때마침 만슈타인이 제안한 낫질 작전은 자신의 구미에 정확히 맞아떨어졌던 것이었다. 결국 총통의 지시를 받은 총참모본부는는 만슈타인의 계획을 보완하여 프랑스 침공을 개시하기로 결정했다. 드디어 1940년 5월 10일, 비밀리에 공병들이 미리 닦아놓은 아르덴 숲의 전차 이동로와 교량을 이용해 독일의 기갑부대가 진격했다. 독일 A집단군이 계획대로, 아니 그 이상의 놀라운 속도로 적진을 돌파하여 프랑스-영국군 주력의 배후를 차단하자, 이로써 사실상 프랑스 전역은 종말을 고하게 되었다.*

비록 낫질 작전이 채택되기는 했지만, 만슈타인은 막상 프랑스 전역이 개시되었을 때 총참모본부로 영전하거나 직전 보직이었던 A집단군 참모장으로 복직하지 못한 채 계속 후방에 머물러 있어서 실제로 작전에 관여하지 못했다. 이를 통해서 우리는 당시 만슈타인에 대한 견제가 얼마나 심했는지를 추측할 수 있다. 물론 그의 지휘하에 있던 제38군단이 뒤늦게 참전하고도 독일 육군 중 최초로 센Seine 강을 도하해 파리로 돌진해 들어가는 영광을 얻었고, 그 공로로 그가 중장으로 진급하고 포상까지 받았지만, 그가 구상한 원대한 계획을 자신이 주체가 되어 시현하지는 못했다. 낫질 작전으로 만슈타인이 유명해지자, 군부의 여러 경쟁자들은 긴장했다. 사실 전임자 베크가 참모총장이었을 때 만슈타인과 할더는 제1 · 2참모차장 자리를 나누어 차지하고 있던 사이였다. 만슈타인이 참모총장이 되고자 하는 야망이 컸기 때문이었는지는 모르겠지만, 먼저 참모총장이 된 할더는 그의 권위와 자리를 지키려고 애를 썼다.

만슈타인이 황색 계획을 적극적으로 부정하고 나서자, 할더는 참모총장

---

* Karl-Heinz Frieser, *Blitzkrieg-Legende*, Oldenbourg Wissensch. Vlg, 1996, p.192.

1940년 파리에서 행진하는 독일군. 제1차 세계대전 당시 4년 동안 수백만 명의 피를 가져다 바치고도 승리하지 못했던 서부전선을 독일은 단 6주 만에 종결시켜 세계를 놀라게 했고, 그러한 계획을 입안한 만슈타인의 명성은 널리 퍼졌다.

으로서 인사권을 발동하여 만슈타인을 좌천시켜버렸다. 당시 독일군에서 참모들은 계급과 상관없이 작전에 관한 의견을 상신할 수 있었고 그것이 타당하다면 토의를 거쳐 채택하는 것이 일반적인 관례*였는데도 불구하고 만슈타인을 좌천시켜버린 것은 상당히 이례적인 사건이었다. 만슈타인이 군부의 주류에 속했던 반면 비주류에 속했던 할더는 당연히 만슈타인이 부각되는 것을 부담스러워할 수밖에 없었다. 그렇다고 해서 만슈타인이 전쟁 기간 동안 야전으로만 돌게 된 이유가 단지 할더의 견제 때문만은 아니었다. 최종 인사권자인 히틀러가 군부의 기존 주류 세력이라는 이유로 만슈타인을 완전히 신뢰하지 않았기 때문이기도 했다.

겉으로 총통에 순종하는 모습을 보였던 만슈타인도 사실 히틀러에 대한

---

* http://en.wikipedia.org/wiki/German_General_Staff.

불신이 컸다. 이런 생각은 히틀러의 군부에 대한 간섭이 노골적으로 나타나기 시작한 전쟁 중반기 이후에는 더욱 증폭되었다. 만슈타인이 전쟁 후반기에 남부집단군 사령관으로 있을 당시 참모였던 한스-게오르크 크레브스Hans-Georg Krebs는 "만슈타인은 히틀러를 자만에 넘친 상병 출신이라고 평가절하했고, 그가 독일군 최고 명령권자임을 끔찍하게 생각했다"* 고 증언했을 정도였다. 프랑스 전역 종결 후 만슈타인은 육군최고사령부의 주요 보직이나 예전의 집단군 참모장처럼 거시적으로 작전을 수립하고 행사할 수 있는 보다 실권이 있는 자리를 원했을지도 모른다. 하지만 자신이 구상한 계획대로 프랑스에서 독일군이 기념비적인 거대한 승리를 거뒀음에도 불구하고 만슈타인은 계속해서 군단장 보직에 머물렀고, 1941년 2월 소련 침공을 목적으로 새로 신설된 제56(장갑)군단장으로 전보되었다.**

9. 질풍노도 같은 진격

우여곡절 끝에 채택된 낫질 작전이 유능한 참모로서 만슈타인의 명성을 널리 알리는 계기가 되었지만, 전사에 길이 남는 위대한 지휘관으로서 그의 업적이 구체적으로 각인된 곳은 동부전선이었다. 프랑스 전역과 달리, 바바로사 작전Operation Barbarossa 수립 당시 만슈타인은 일선의 군단장이다 보니 이렇다 할 역할을 하지 못했다. 낫질 작전의 놀라운 성과를 고려한다면 만슈타인을 육군최고사령부에 복귀시켜 전략을 구상하는 역할을 맡길

---

* ZDF, Hitler's Warriors: Part IV. Manstein. The Strategist, ZDF-enterprise, 1998.
** http://www.bridgend-powcamp.fsnet.co.uk/Generalfeldmarschall%20Erich%20von%20Manstein.htm.

만도 한데 히틀러는 그러지 않았다. 만일 히틀러가 만슈타인을 철저히 신뢰했다면 아무리 일선 군단장이라 하더라도 사상 최대의 원정군을 꾸려 소련과의 일전을 준비하는 과정에서 개인적으로 한 번 정도는 작전에 대한 의견을 만슈타인에게 물어보았을 텐데, 전혀 그러지 않았다. 히틀러가 의도적으로 그랬는지는 모르겠지만, 그 동안 전형적인 참모로서 데스크맨에 가까웠던 만슈타인은 오히려 전선에 나가 최고의 지휘관이 되었다.

1941년 6월 22일, 독일이 소련을 전격 침공하면서 독소 전쟁이 개시되었다. 독소 전쟁은 강철과 강철이 충돌한 인류사 최대의 재앙이었는데, 의외로 대부분의 사람들이 이러한 사실을 모르고 있다. 우리는 보통 제2차 세계대전 때 유럽에서 나치를 이길 수 있었던 것은 전적으로 노르망디 상륙작전을 이끈 연합군의 노력 덕분이라고 알고 있지만, 이것은 냉전 시기에 공산주의 종주국이었던 소련의 전과를 보이지 않게 폄하하기 위해 일부 왜곡된 것이라고 할 수 있다. 사실 제2차 세계대전 유럽 전역에서 전체 추축국 전력의 80퍼센트 이상을 상대한 것은 소련이었다. 전후에 추산된 소련의 순수 사망자가 최소 2,000만 명이었다는 사실은 독소 전쟁이 얼마나 참혹한 전쟁이었는지를 단적으로 대변해준다.*

제8전차사단, 제3차량화보병사단, 제290보병사단으로 구성된 만슈타인의 제56장갑군단은 레프Wilhelm von Leeb 원수가 지휘하는 북부집단군의 주먹인 제4기갑집단에 속해 있었다. 제4기갑집단은 프랑스 전역에서 실험적으로 조직된 클라이스트 기갑집단이 훌륭한 전과를 거두자 소련 침공을 앞두고 독일군을 대대적으로 재편해 탄생시킨 4개 기갑집단Panzer Group 중 하

* 폴 콜리어 외, 강민수 역, 『제2차 세계대전: 탐욕의 끝, 사상 최악의 전쟁』, 플래닛미디어, 2008, 900쪽.

나였는데, 이후 1941년 10월에 기갑군Panzer Army으로 승격했고, 르체프 전투, 스탈린그라드 전투, 하르코프 전투, 쿠르스크 전투 등에서 활약하며 전사에 큰 족적을 남겼다.* 초대 사령관 회프너는 참군인으로 평가받는 독일 기갑부대의 선구자 중 한 명으로 군부에서 신망이 높았다.

개전 후 사흘간 보여준 제56장갑군단의 진격은 한마디로 경이 그 자체였다. 무려 320킬로미터를 전진하는 놀라운 기동력을 과시했는데, 이것은 무주공산의 대지를 그냥 달려간 것이 아니라 첩첩이 방어막을 치고 있던 소련군들을 괴멸시키면서 이룬 놀라운 진격이었다.** 만슈타인의 초기 돌격은 프랑스전 당시 그의 육군대학 동기인 구데리안의 아르덴 돌파와 더불어 전사에 길이 남는 독일 전격전의 신화로서 아직까지도 인구에 회자되고 있다. 독소 전쟁 발발 후 키예프 전투가 9월 26일에 종결될 때까지 독일군이 보여준 질풍노도 같은 공격은 그야말로 하나의 신화가 되었다. 독일군이 300여 만 명의 소련군을 붕괴시키고 불과 석 달 만에 점령한 땅을 소련이 되찾는 데 무려 3년이 걸렸을 정도였으니, 그 속도가 어느 정도였는지 유추할 수 있을 것이다. 그런데 그보다 놀라운 사실은 이때까지 3개 집단군 중 예정대로 진격한 병단은 북부집단군밖에 없었다는 점이다.*** 모든 부대가 그렇게 할 수는 없어도 적어도 각 병단의 선봉부대들은 제56장갑군단 정도의 진격을 해야 애초 예정한 진격선까지 도달할 수 있었다. 하지만 두고두고 회자되는 만슈타인의 초기 진격처럼 모든 선봉부대들이 같은 속도로 앞으로 내달린다는 것은 현실적으로 불가능했다. 이것은 바

* http://www.axishistory.com/index.php?id=2055.

** http://www.achtungpanzer.com/gen8.htm.

*** Cromwell Productions, Scorched Earth-The Wehrmacht In Russia: Army Group North, 1999.

바로사 작전이 시작부터 잘못되었기 때문에 벌어진 결과였다.

10. 스스로 멈춘 진격

그렇게 된 가장 큰 이유는 히틀러의 간섭 때문이었다. 히틀러가 칠칠치 못한 이탈리아 때문에 엉뚱한 곳에 간섭하느라 개전 시기가 늦어졌던 것이었다. 게다가 사실 독일 군부도 소련을 너무 얕잡아보고 있었다 바바로사 작전을 기안한 신중한 할더마저도 넉넉잡고 10월이면 모스크바를 점령할 것으로 예상했을 만큼 독일은 너무 낙관적으로 생각하고 있었다. 하지만 현실은 전혀 그러하지 않았다. 독일이 가장 크게 실수한 것은 전쟁을 수행할 수 있는 소련의 잠재력을 무시했다는 점이다.* 석 달 동안 소련군 300만 명과 많은 장비들이 붕괴되었으면 상식적으로는 더 이상 저항할 수 없어야 했는데도, 소련군은 실제로 전혀 그렇지 않았다. 계속되는 붕괴와 패배로 인해 소련이 프랑스처럼 백기를 들고 무릎 꿇어야 마땅한 시점에도 전선에 등장하는 소련군은 그대로였고 오히려 시간이 갈수록 더욱 끈질기게 저항했다.

게다가 쓰나미처럼 곧바로 진격하여 모스크바라는 전략적 목표물을 점령해야 했는데도 불구하고 독일은 아니, 히틀러는 이 시점에서 주력을 다른 곳으로 틀어버렸다. 이미 전의를 상실해 우크라이나의 키예프에 고립되어 있는 소련군을 소탕하기 위해 독일 원정군의 주공으로서 모스크바를 코앞에 두고 있던 중부집단군의 주력부대들을 남쪽으로 우회시키는 바람

* 존 G. 스토신저, 임윤갑 역, 『전쟁의 탄생』, 플래닛미디어, 2009, 80-82쪽.

에 모든 것이 늦춰지고 말았다. 키예프 전투는 남부집단군을 지원하기 위해 주력이 빠진 중부집단군뿐만 아니라 레닌그라드로 향하던 북부집단군에도 영향을 미치는 등 전선 전체에 걸쳐 큰 변화를 가져왔다. 키예프 평정 후 10월말 히틀러는 태풍 작전Operation Typhoon으로 명명한 모스크바 공략을 재개하면서 북부집단군의 핵심인 제4기갑군을 중부집단군에 배속시켜 버렸다. 이로 인해 지금까지 독일군 최고의 진격 속도를 자랑하던 북부집단군은 탄력을 잃고 레닌그라드 앞에서 진격이 돈좌되었다. 결국 동계 전투용 장비도 제대로 준비되지 않은 상태에서 겨울이 찾아들었고, 독일의 전광석화와 같은 진격은 전선 전체에 걸쳐 서서히 막을 내렸다.*

바로 그 즈음이던 1941년 9월에 만슈타인은 남부집단군 예하 제11군의 사령관에 임명되었다. 독일은 모스크바로 향한 재진격을 준비하는 것 외에도 소련의 보물창고인 우크라이나와 남부 러시아에 대해 계속 관심을 기울이고 있었다. 이 때문에 남부집단군의 역할에 큰 기대를 걸었고, 이러한 전략 목표를 달성하기 위해 그 동안 특유의 기동력을 선보인 만슈타인을 상급대장으로 승진시켜 남부집단군의 핵심 야전군 지휘관으로 임명했다. 히틀러는 만슈타인을 가까이 두지는 않았지만 최대한 이용하려 했는데, 이는 어쩌면 만슈타인도 바라던 바였는지 모른다. 군단장과 달리 야전군 사령관이면 작전을 전략적으로 구사할 수 있는 입장이었다. 즉, 한정된 공간이기는 하지만 자신만의 전쟁을 할 수 있다는 의미였다. 참모는 조언을 하는 입장이지만 사령관은 이를 참조해 직접 명령을 내릴 수 있었다.

히틀러는 전략요충지인 크림 반도를 제압할 임무를 만슈타인에게 부여하며 북부전선에서 보여주었던 그의 놀라운 돌파력을 남부전선에서 재현

---

*Jeremy Isaacs, The World at War: Part 6. Barbarossa, Thames Television, 1973.

1941년 러시아 평원을 가로질러 전진하는 독일 기갑부대. 하지만 그해 겨울을 끝으로 독일군의 신화는 서서히 막을 내리기 시작했다.

해주기를 바랐다. 흑해, 아조프 해, 그리고 소련의 젖줄인 카프카스를 확보하기 위해 반드시 먼저 확보해야 할 곳이 크림 반도였는데, 1941년 9월에 만슈타인은 제11군 사령관으로 부임하자마자 우크라이나와 크림 반도를 연결하는 병목지점이자 전략요충지인 아르미얀스크Armyansk를 점령하는 데 성공했다.* 지리적으로 크림 반도는 아르미얀스크와 카프카스와 연결되는 케르치Kerch 해협만 막아버리면 자연적으로 고립되는 구조였다. 그렇기 때문에 아르미얀스크를 점령하면 크림 반도의 반을 틀어막는 것이나 다름없었다. 지금까지 보여준 독일군의 능력을 고려할 때 반도를 석권하

* Robert Kirchubel, *Operation Barbarossa 1941 (1): Army Group South*, Osprey, 2003, pp.88-91.

고 케르치 해협을 건너 카프카스로 진격하는 것은 그리 어려워 보이지 않았다. 그런데 정작 사령관인 만슈타인은 크림 반도의 점령이 그리 만만한 일이 아니라고 생각했다.

11. 무서운 결심

일부 병목지점의 확보가 크림 반도의 완전한 점령을 의미하는 것은 아니라고 만슈타인은 생각했다. 크림 반도를 완전히 제압하기 위해서는 우선 반도 남서쪽의 전략요충지인 세바스토폴Sevastopol을 공략해야만 했다. 추축국 해군력만으로 흑해의 제해권을 장악할 수 없는 상황이었으므로, 바다를 통해 크림 반도의 소련군을 지원할 수 있는 전략 통로인 세바스토폴을 장악해야 크림 반도를 완전히 평정할 수 있다고 생각했던 것이었다.* 독일이 지난 1940년에 프랑스에서 무려 30여 만 명의 연합군을 궁지에 몰아넣고도 이를 소탕하지 못한 가장 큰 원인은 바다로 빠져 나갈 수 있는 통로를 제거하지 못했기 때문이었다. 한때 세계 제2위의 제국 해군Kaiserliche Marine을 보유한 적도 있었지만, 재군비 선언 이후에도 전력 증강이 가장 이루어지지 않은 부분이 나치 독일 해군Kriegsmarine이었을 만큼 해군 전력은 독일의 약점이었다. 그렇기 때문에 세바스토폴은 반드시 장악해야만 했다.

세바스토폴은 구석에 위치한 일개 항구도시에 불과했지만, 만슈타인은 이 도시를 장악하기 힘들 것이라고 예상했다. 지형이 험한 세바스토폴은

* Robert Forczyk, *Sevastopol 1942: Von Manstein's triumph*, Osprey, 2008, pp.11-15.

크림 전쟁, 제1차 세계대전, 러시아 내전 등을 거치면서 수세기에 걸쳐 만들어진 난공불락의 요새였다. 더구나 독일은 해군이 약하여 바다로부터의 공격은 일단 제외하고 이곳을 차지해야 했다. 1941년 10월, 세바스토폴을 제외한 모든 크림 반도 지역을 평정한 독일군은 전열을 정비해 서서히 포위망을 좁혀 들어갔지만, 만슈타인의 예측처럼 요새에 웅거한 소련군의 격렬한 저항에 부딪혀 진격이 저지되었다. 만슈타인은 루마니아군까지 합쳐 총 35만의 병력을 이곳에 집중시켰으나, 요새선 돌파에는 실패했다.* 애당초 한 달 동안 공격해서 세바스토폴을 점령한다는 것 자체가 무리였다.

반면 이반 페트로프Ivan Petrov(1896~1958년)가 지휘하는 소련군은 불과 10만 명에 불과했는데, 독소 전쟁 전체를 통틀어 이 정도로 적은 소련군이 그들보다 몇 배나 많은 독일군을 그것도 독일 공세 시기에 방어한 것은 희귀한 예로 치부될 정도였다. 이는 그만큼 세바스토폴 요새가 견고하여 방어하는 데 유리했다는 의미이기도 했다. 마치 제1차 세계대전 당시의 서부전선 같은 상황이 되어버렸는데, 이때 아마 만슈타인은 초임 장교 시절 겪은 베르됭 전투를 떠올렸을 것이다. 사실 만슈타인의 특기는 공간을 최대한 이용하여 적의 중심을 가르는 동시에 양면에서 대포위하여 적의 항전 의지를 신속히 꺾어버리는 것이었는데, 이는 제1차 세계대전 당시 고착화된 전선을 타개하기 위한 방법으로 고안한 전술이었다. 그는 경우에 따라서는 공간을 확보하기 위해 일부러 후퇴도 감행했는데, 종종 이런 모습이 무조건 후퇴불가 현지사수만을 고집하는 히틀러와 충돌을 일으켰다. 그런데 세바스토폴은 공간을 확보할 곳도 우회할 곳도 없는 전선이었다.

---

* John Erickson, *The Road to Stalingrad: Stalin's War With Germany*, Yale University Press, 1975, pp.289-294.

엄밀히 말하면 이런 전선은 만슈타인이라 해도 특별히 대안으로 제시할 만한 전술이 없었다. 적의 거점을 하나하나 점령하면서 각개 격파하는 데는 당연히 시간이 많이 걸리고 피해가 클 수밖에 없었다. 만슈타인은 세바스토폴을 계속되는 희생을 감수하며 하나하나 점령하는 것보다 완전히 초토화하는 것이 빠르다고 결론 내리고 폭탄의 비를 쏟아 부어 지구상에서 완전히 없애버릴 결심을 했다.* 전투 지역을 제압하는 초토화 작전은 많은 민간인 피해를 양산하기 때문에 도덕적으로 비난받는 경우가 많다. 하지만 목숨을 건 전쟁터에서 도덕을 따지는 것은 어쩌면 사치일지도 모른다. 그는 육군최고사령부에 요청해서 당시 독일이 동원할 수 있는 모든 포병 예비 전력을 세바스토폴 인근으로 집결시켰는데, 이때 동원된 포병 전력은 만슈타인의 비장한 결심을 알 수 있을 만큼 그야말로 어마어마한 수준이었다.

12. 원수에 오르다

이때 동원된 야포는 총 1,300여 문이었는데, 600밀리 구경의 칼Karl 자주박격포도 무시무시했지만, 백미는 방렬하는 데만 1개월 이상이 소요되는 역사상 최대의 거포인 800밀리 구경의 슈베러 구스타프Schwerer Gustav였다. 한마디로 당시 독일 포병이 동원할 수 있는 모든 예비 자원을 동원했던 것이었다.** 만슈타인은 이러한 거대 포병 전력이 전부 집결할 때까지 독일

* http://en.wikipedia.org/wiki/Erich_von_Manstein.
** http://en.wikipedia.org/wiki/Siege_of_Sevastopol_(1941%E2%80%931942).

군의 희생을 막고자 모든 공격을 중지시켰다. 준비가 완료된 1942년 6월 1일, 독일은 세바스토폴에 대한 공격을 재개해 지난 7개월간의 치열했던 공방전과 지루했던 대치를 끝내려 했다. 천지를 찢는 무시무시한 독일군의 포격은 장장 열흘간 밤낮 없이 계속되었는데, 특히 사상 최초로 실전에 투입된 괴물 구스타프가 울부짖는 소리는 800킬로미터 정도 떨어진 오데사Odessa에서도 들렸고, 공격을 가하는 독일군에게도 공포를 불러일으킬 정도였다.

드디어 지난 7개월간 독일의 어떠한 공격도 가볍게 튕겨버린 세바스토폴의 요새들이 무시무시한 포격에 하늘을 향해 차례차례 뚜껑을 열었고, 만슈타인은 보병들에게 벌어진 틈을 향해 돌격 명령을 내렸다. 이런 지옥의 불벼락 속에서도 기적적으로 살아남은 소련군이 저항을 계속했지만, 치열한 백병전 끝에 7월 3일 독일군은 요새를 완전히 함락함으로써 8개월간 계속된 길고 긴 무시무시한 공성전을 승리로 이끌었다.* 우리가 관념적으로 알고 있는 것과 달리 만슈타인은 세바스토폴에서 마치 제1차 세계대전 당시 무지막지하게 포탄을 날려 보낸 후 보병을 돌격시켜 아비규환을 연출했던 것같이 일견 잔인하고 냉정한 측면이 엿보이는 전술을 사용했다. 이것은 다시 말해 만슈타인이 승리를 위해서라면 상당한 희생과 파괴를 무릅쓸 수 있는 냉정한 지휘관이기도 했다는 사실을 보여주는 예다.

하지만 만슈타인은 시간이 촉박했음에도 불구하고 준비가 완료될 때까지 무의미한 돌격은 거부했을 만큼 합리적인 사고방식을 가지고 있었다. 어쨌든 이 전투를 마지막으로 크림 반도 내 전투를 마무리 지은 만슈타인은 30여 개 소련군 사단을 분쇄시켜 흑해 연안을 독일의 수중에 넣음과 동

---

* Robert Forczyk, *Sevastopol 1942: Von Manstein's triumph*, Osprey, 2008, pp.84-88.

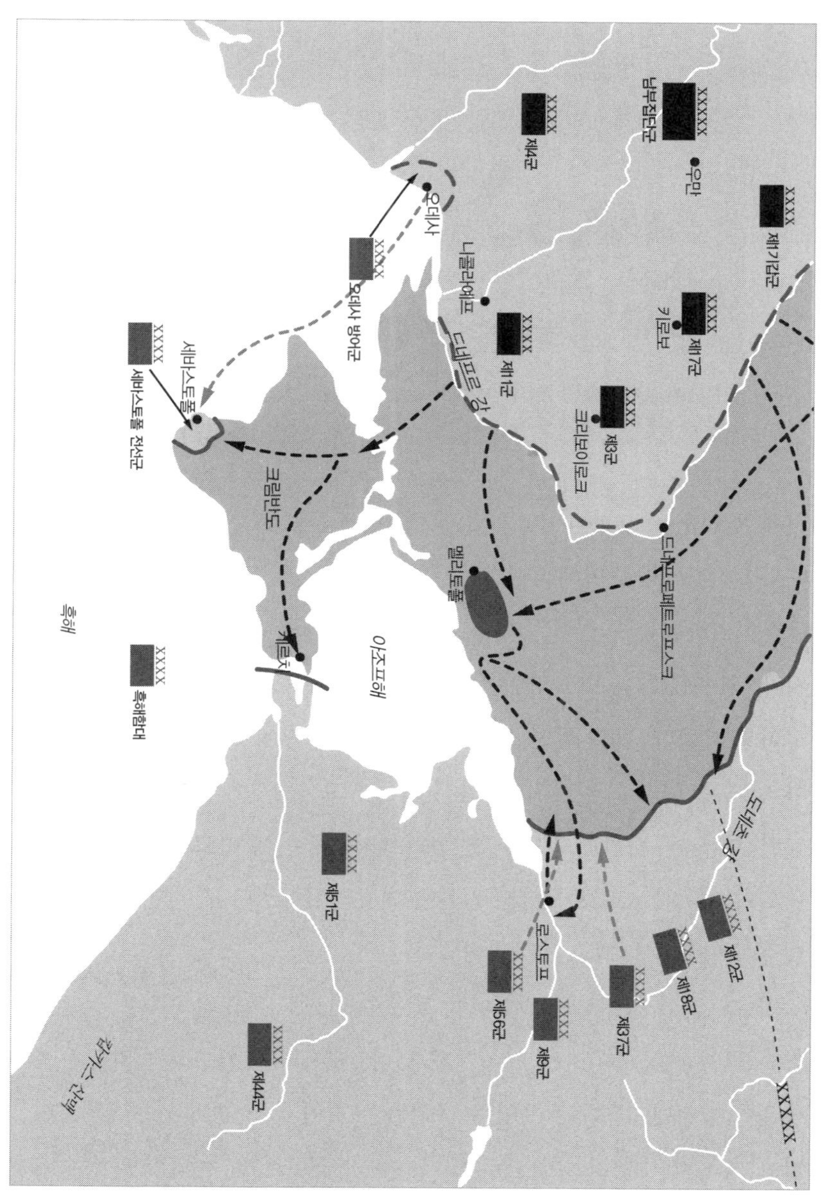

크림 반도 전역과 세바스토폴 전투 크독일이 전선을 도네츠 강까지 밀어붙였지만 배후의 크림 반도가 완전히 장악된 상태는 아니었다. 크림반도는 흑해, 아조프 해, 캅카스를 장악하기 위해 반드시 확보해야 할 요충지였는데 그중에서도 핵심은 세바스토폴이었다. 하지만 세바스토폴은 천혜의 요새였고 명장 만슈타인이 이끄는 독일 11군도 이곳을 장악하는데 8개월이 걸렸다. 세바스토폴 점령 후 만슈타인은 원수로 승진했고, 이후 그는 이 전투를 가장 자랑스럽게 생각했다.

1942년 점령된 세바스토폴 막심 고리키 요새. 만슈타인은 자신을 원수로 만들어준 세바스토폴 전투를 가장 자랑스럽게 생각했다.

시에 소련군을 우크라이나 밖으로 밀어낸 공로로 원수로 진급하게 되었다. 크레브스의 증언에 따르면, 세바스토폴 전투는 만슈타인이 "가장 자랑스러워하는 전투였다." 비록 그가 꿈꾸던 육군 참모총장이 되지는 못했지만, 원수에 오른 만슈타인은 소련군 사이에서도 가장 두려운 인물로 명성이 자자했다. 독일 국민 사이에서는 바로 직전에 최연소 원수가 된 롬멜이 인기를 누리고 있었지만, 당시 육군최고사령부에서 참모로 근무하고 있던 요한 폰 킬만제그Johann von Kielmansegg의 증언에 따르면, "군부 내에서 최고의 지휘관으로 손꼽혔던 인물은 만슈타인이었다."* 한마디로 그는 프로들이 인정하는 최고였던 것이었다.

만슈타인이 원수로 승진했다는 점은 한편으로 히틀러에게 어느 정도 신임을 얻었음을 의미하는 것이기도 했다. 왜냐하면 원수라는 계급은 단지 싸움만 잘한다고 얻을 수 있는 직위는 아니었고 무엇보다도 위정자의 의지와 정치적인 고려가 중요하게 작용했기 때문이다. 여담으로 원수가 되

* ZDF, Hitler's Warriors: Part IV. Manstein. The Strategist, ZDF-enterprise, 1998.

어도 하나도 이상하지 않은 인물인 구데리안은 위정자의 비위를 맞추지 못하는 특유의 직선적인 성격 때문에 상급대장으로 군무를 마쳤다. 만슈타인이 원수가 되었을 때 그의 능력을 누구보다도 잘 알고 있던 수많은 독일의 젊은 장군들은 그가 신임 육군 총사령관이 되기를 희망했다."* 당시 히틀러는 모스크바 공략 실패의 책임을 물어 육군 총사령관인 브라우히치를 해임시키고 대신 자신이 그 자리를 차지하고 있었는데, 그때까지만 해도 사람들은 이것을 히틀러가 열 받아서 한 우발적인 행동으로 보았다. 하지만 만슈타인은 계속 야전에 남게 되었고, 하사관 출신의 히틀러는 자살하는 날까지 그 자리를 움켜쥐고 있었다.

13. 그에 관한 여러 가지 평가

치열한 격전 끝에 제11군이 크림 반도를 차지했지만, 승리 이면에는 엄청난 피해가 있었다. 10만 명의 병력으로 끈질긴 방어에 나선 소련군은 전멸이라는 전대미문의 참화를 당했지만, 승자인 추축국도 이와 비슷한 10만 명의 병력을 잃었다.** 때문에 만슈타인은 크림 반도에서 부대를 재정비하고 재편하는 일에 우선 매달릴 수밖에 없었다. 그런데 이때의 행적으로 인해 만슈타인은 전후 전범재판에서 곤혹을 치렀다. 당시 크림 반도 인근에 살고 있던 약 1만 명의 유대인과 볼셰비키들이 학살되었는데, 이곳을 점령한 제11군 사령관인 만슈타인이 이러한 행위에 직접 관여했다는 주장

---

* ZDF, Hitler's Warriors: Part IV. Manstein. The Strategist, ZDF-enterprise, 1998.
** 제프리 메가기, 김홍래 역, 『히틀러 최고사령부 1933~1945년』, 플래닛미디어, 2009, 364쪽.

이 전후에 대두되어 결국 전범으로까지 기소되었던 것이었다. 재판에서 만슈타인은 자신은 학살 명령을 내린 적도 없고 전선에서 부대를 지휘하느라 후방에서 벌어진 학살 행위 자체를 몰랐다고 반박했지만,* 주둔군 최고사령관으로서 이러한 행위를 모르지는 않았을 것이라는 게 중론이었다.

재판 당시 기록을 보면, 그는 "설령 학살을 알았다 하더라도 친위대가 하는 일은 간섭할 수가 없었고, 친위대 또한 상부의 명령에 따라 행동한 것"이라고 변명했는데, 사람들은 이 말을 학살에는 직접 관여하지 않았지만 이를 알면서도 모르는 척 외면했다는 뜻으로 받아들였다. 크레브스는 "만슈타인은 오직 전쟁에만 신경 쓰는 것을 핑계로 곤란한 문제에 대해서는 철저히 책임을 회피했다"고 하면서 "그는 천재적인 군인이었지만 도덕적이지는 않았다"고 언급했다. 육군최고사령부에서 참모로 복무했던 울리히 드 마지에르Ulrich de Maziere의 증언은 이것을 뒷받침해준다. 그는 만슈타인이 "자신에게 주어진 임무에 충실해야 한다고 교육을 받아왔고 또 그렇게 장군이 된 인물"이라고 정의하면서 "상부의 명령에 되도록 충실히 따랐다"고 덧붙였다.** 전사를 살펴보면, 그는 히틀러에 대해 종종 불만을 표시했지만 대부분 뒷담화 수준이었고, 구데리안이나 라이헤나우처럼 면전에서 직설적으로 대응하지 못했다.

만슈타인의 제11군이 재편에 착수하는 동안 크림 반도를 석권한 것을 발판 삼아, 1942년 여름에 독일은 실패로 귀결된 모스크바라는 정치적 목표물보다는 카프카스의 자원을 염두에 두고 주공격 방향을 남부집단군 관할 지역인 우크라이나와 남부 러시아로 바꾸었다. 독일은 히틀러가 주도

---

* http://www.bridgend-powcamp.fsnet.co.uk/Generalfeldmarschall%20Erich%20von%20Manstein.htm.

** ZDF, Hitler's Warriors: Part IV. Manstein. The Strategist, ZDF-enterprise, 1998.

해 청색 작전으로 명명한 하계 공세를 위해 기존의 남부집단군을 증강시켜 신편된 A · B집단군으로 나누었다.* 전선 남부의 이러한 움직임과 별개로 세바스토폴 점령에 사용한 무차별적인 파괴 작전은 철옹성으로 변한 요새화된 소련의 다른 도시들을 점령할 수 있는 하나의 해결책으로 부상했다. 당시 전선 북부의 레닌그라드에서는 독일군이 공세를 한 번 멈춘 이후 소련군이 도심 외곽에 참호선을 구축하고 격렬하게 저항하는 바람에 도시를 완전 점령하는 데 많은 애를 먹고 있었다. 이를 위해 세바스토폴을 점령한 만슈타인이 호출되어 8월 초에 그가 독소전 초기에 기적의 진격을 선보이며 맹활약했던 북부집단군으로 전보되어갔다.

이때 특이하게도 레닌그라드 점령을 목표로 북극광 작전Operation Nordlicht이 국방군최고사령부의 주도로 계획되었는데,** 아마도 이는 당시에 육군최고사령부가 청색 작전에 올인하고 있었고 레닌그라드를 점령하기 위해서는 국방군최고사령부가 관할하는 노르웨이 주둔 독일군과 동맹군인 핀란드군의 참여가 필수적이었기 때문인 것으로 판단된다. 만슈타인은 육군최고사령부와 격렬히 권력 투쟁을 하던 국방군최고사령부와도 관계가 원만했다. 만슈타인과 할더가 육군최고사령부의 제1 · 2참모차장으로 함께 있었을 때, 할더는 국방군최고사령부를 탐탁지 않게 생각하고 있었고, 참모총장이 된 이후에도 마찬가지였던 반면, 만슈타인은 국방군최고사령부의 작전부장인 요들이 수시로 찾아와 조언을 구했을 만큼 국방군최고사령부와 사이가 좋았다. 아마도 국방군최고사령부가 주도로 레닌그라드 공략 작전을 구상하게 되자 평소 호의적이던 만슈타인이 필요했던 것으로 보인다.

---

* 폴 콜리어 외, 강민수 역, 『제2차 세계대전: 탐욕의 끝, 사상 최악의 전쟁』, 플래닛미디어, 2008, 610-611쪽.

** http://en.wikipedia.org/wiki/Operation_Northern_Light.

14. 레닌그라드 그리고 스탈린그라드

그런데 그 당시 만슈타인이 구체적으로 어느 부대를 지휘했는지가 불분명하다. 당시 북부집단군 사령관은 게오르크 폰 퀴흘러Georg von Küchler 원수였고, 레닌그라드를 포위한 제18군 사령관은 게오르크 린데만Georg Lindemann이었다.* 이를 근거로 만슈타인은 크림 반도에서 제11군이 재편을 완료하는 동안 지휘관이라기보다는 북부집단군의 군사고문과 같은 역할을 담당하지 않았나 생각된다. 그가 레닌그라드로 옮겨갔을 때, 공교롭게도 소련이 선공을 했다. 1942년 8월 27일 소련군이 라도가Ladoga 호수 서쪽의 좁은 돌출부에 몰려 있던 제18군을 기습한 것이었다. 그 동안 독일군이 형성한 레닌그라드 포위망에 갇혀 간간이 저항만 하던 소련군이 갑자기 밖으로 치고 나오자 독일군은 당황했다. 만슈타인은 소련군의 기세가 예상외로 만만치 않음을 깨닫고 정면 대응을 피하면서 독일군을 뒤로 빼내 소련군을 앞으로 몰려들게 만들었다.

결국 만슈타인의 계획대로 호수 옆의 좁은 통로를 지나 앞만 보고 달려온 소련군은 어느덧 제18군이 포진하고 있는 개활지 한가운데 들어오면서 오도 가도 못하는 상황이 되어버렸다. 좁은 통로를 사이에 두고 격렬한 공방전이 벌어졌지만, 9월말에 위치의 우위를 점하고 있던 독일군이 6만 명의 소련군을 격멸시키자, 소련군은 다시 레닌그라드의 포위망 안으로 밀려들어갈 수밖에 없었다.** 하지만 만슈타인은 그곳에 계속 머무를 수 없었다. 그 순간 저 멀리 동부전선의 남쪽 볼가 강 유역에서 엄청난 일이

* http://www.feldgrau.com/AOK.php?ID=17.
** http://en.wikipedia.org/wiki/Operation_Northern_Light.

벌어지고 있었기 때문이었다. 1942년 8월 23일 개시된 청색 작전에서 애초 독일의 계획은 A집단군이 남하하여 카프카스의 유전과 곡창지대를 차지하는 동안 B집단군이 스탈린그라드를 중심으로 하는 볼가 강 교두보를 장악하는 것이었는데, 언제부터인가 작전의 본질이 완전히 변질되어 히틀러와 스탈린이라는 두 악마의 자존심 대결이 되어가고 있었다. 그 이유는 스탈린그라드('스탈린의 도시'라는 뜻)라는 도시의 이름이 갖는 상징성 때문이었다.

만일 이 도시의 이름이 예전 이름대로 차리친Tsaritsyn *이었다면 히틀러도 군이 청색 작전 전체를 망치면서까지 이곳을 점령하기 위해 피를 쏟아붓지 않았을 것이고, 스탈린 역시 막대한 희생을 감수하면서까지 끝까지 이 도시를 사수하느라 그토록 목매지 않았을지도 모른다. 포악하고 잔인한 성격이 꼭 닮은 히틀러와 스탈린은 작전 전체를 전략적으로 바라보지 못하고 스탈린의 이름을 딴 이 도시에만 집착하고 있었던 것이었다. 1942년 11월 22일, 도심에서 이전투구를 벌이던 30만 명의 독일 제6군이 소련군의 기습 포위작전에 의해 스탈린그라드에 고립되자, 총참모본부는 이곳을 사수하느냐 아니면 후퇴하느냐를 두고 고심했다. 제6군 사령관 프리드리히 파울루스Friedrich Paulus나 B집단군 사령관 막시밀리안 폰 바익스Maximilian von Weichs를 비롯한 일선 지휘관들이 탈출을 요청했지만, 그 동안 자존심을 걸고 싸운 히틀러는 이곳을 차지하자마자 뒤로 돌아 나오는 것이 아쉬워 독일군에게 현지사수를 엄명했다.

히틀러는 루프트바페로 하여금 공중 보급을 실시해 현지를 사수하면서 구원군을 보내 스탈린그라드에 고립된 제6군을 구출할 생각을 했는데, 이

* 여제女帝의 도시라는 뜻.

때 구원투수로 낙점된 인물이 바로 만슈타인이었다. 제6군의 고립과 주변 전력의 붕괴로 전력이 순식간에 와해되자, 스탈린그라드 작전 지구를 관할할 돈Don 집단군이 새롭게 창설되었고, 레닌그라드를 공략하고 있던 만슈타인이 돈 집단군 사령관에 임명되었다.* 북부집단군으로 전보된 지 불과 석 달 만인 1942년 11월에 전선 남부의 급박한 상황으로 인해 만슈타인은 다시 흑해연안으로 가게 되었다. 이번에는 신설된 돈 집단군의 사령관으로 영전된 것이었지만, 돈 집단군은 아직 예하부대도 결정되지 않았을 만큼 제대로 편성되어 있지 않았다. 만슈타인은 자신의 분신과도 같은 제11군 사령부 요원들을 바탕으로 돈 집단군의 머리를 신속히 조직했다.

15. 망설일 수 없는 상황

독일의 집단군은 시간이 흐르면서 그 규모와 성격이 조금씩 바뀌었지만, 기본적으로는 독립된 전쟁을 수행할 수 있는 거대 병단이었다. 전선의 규모가 작았던 폴란드와 프랑스 전역에서는 육군최고사령부가 전선을 직접 진두지휘했지만, 독일에서 멀리 떨어진 거대한 동부전선에서는 각 집단군의 역할이 상당히 컸다. 예를 들어, 바바로사 작전 초기의 3개 집단군은 각각 분리되어 개별적으로 전쟁을 벌인 것이나 다름없었다. 다시 말해, 집단군 사령관은 자신의 판단하에 제한된 전쟁을 치를 수 있는 위치에 있었다. 만슈타인은 비록 자신이 꿈꾸어온 참모총장이나 한때 거론되던 육

* 폴 콜리어 외, 강민수 역, 『제2차 세계대전: 탐욕의 끝, 사상 최악의 전쟁』, 플래닛미디어, 2008, 622-625쪽.

군 총사령관의 자리는 아니었지만, 드디어 자신의 의도대로 작전을 기획하여 전쟁을 치를 수 있는 위치에 오른 것이었다. 그러나 이것조차도 히틀러의 간섭이 없다는 전제하에서만 가능했다.

만슈타인과 돈 집단군에 하달된 임무는 단 하나, 스탈린그라드에 고립된 제6군을 구하는 것이었다. 만슈타인은 루프트바페의 총수인 괴링이 호언장담한 대로 공군이 제6군에게 공중 보급을 실시해 시간을 벌어주면 그 사이에 돈 집단군이 소련군 포위망을 격파해 제6군과 다시 연결할 수 있을 것이라고 상황을 낙관적으로 보았다.* 하지만 급하게 창설된 돈 집단군의 사령관으로 부임한 만슈타인은 자신이 지휘할 배속부대를 살펴보고는 아연실색하지 않을 수 없었다. 돈 집단군은 집단군이라는 명칭에 걸맞지 않게 너무나 초라했다. 서류상에 편제된 예하부대에는 스탈린그라드에 고립되어 있던 제6군, 제4기갑군, 붕괴된 루마니아 제3 · 4군까지 포함되어 있었는데, 구출작전에 투입 가능한 부대는 제4기갑군 중 탈출에 성공한 제48장갑군단의 일부 부대와 저 멀리 프랑스에서 긴급 이동한 제6전차사단, 중부집단군에서 전개한 제17전차사단, 인근 A집단군에서 배속을 변경한 제23전차사단밖에 없었다.**

하지만 만슈타인은 망설일 시간이 없었다. 그는 곧바로 부대 개편에 착수해 제48장갑군단 잔여 부대를 중심으로 칼 아돌프 홀리트Karl Adolf Hollidt가 이끄는 홀리트 파견군Armeeabteilung Hollidt을 구성하고, 또 하나의 강력한 주먹으로 긴급 이동 전개한 3개 전차사단을 근간으로 해서 선봉부대를 구성하고 지휘관 호트의 이름을 따서 호트 기갑집단Panzer Group Hoth이라고 칭했다.

---

* Peter Antill, *Stalingrad 1942*, Osprey, 2007, pp.75-78.
** Dana V. Sadarananda, *Beyond Stalingrad: Manstein and the Operations of Army Group Don*, Praeger, 1990, pp.74-78.

사실 이 군단급 2개 부대를 제외하면 돈 집단군의 나머지 부대들은 스탈린그라드에 고립되어 있었다. 하지만 더 큰 문제는 스탈린그라드에 고립된 부대들이 양동작전을 하지 못하고 히틀러의 명령을 받들어 현지를 사수해야만 한다는 점이었다. 만약이지만 당시에 스탈린그라드에 고립된 부대들이 밖으로 치고 나와 구원부대와 연결했다면 구원될 가능성은 상당히 컸다. 하지만 히틀러는 현지사수를 고수했다.*

만슈타인이 아무리 명장이라 해도 이렇듯 빈약한 전력으로 중무장한 소련 남서전선군을 격파해 돌파구를 뚫고 200킬로미터를 전진한 뒤, 스탈린그라드에서 소련 돈 전선군에게 첩첩이 포위된 제6군을 구출하라는 것은 사실 말도 안 되는 임무였다. 그러나 그렇다고 망설일 여유는 없었다. 지체하면 할수록 스탈린그라드의 포위망은 더욱 단단해질 것이고, 자칫하면 카프카스까지 남하한 독일 A집단군마저 위험에 빠질 가능성도 있었기 때문이었다. 만슈타인은 고립된 제6군을 구출하기 위해 12월 11일 전선을 박차고 앞으로 나가기 시작했다. 겨울폭풍 작전Operation Winter Storm으로 명명된 돈 집단군의 구출작전이 시작되자, 돈 집단군은 순식간에 중무장한 최정예부대로 구성된 소련의 남서전선군을 양단해 동쪽으로 밀어붙이는 기적과도 같은 괴력을 발휘했다.** 전세를 뒤집었다고 생각하던 소련은 만슈타인의 괴력에 당황했다.

---

* 폴 콜리어 외, 강민수 역, 『제2차 세계대전: 탐욕의 끝, 사상 최악의 전쟁』, 플래닛미디어, 2008, 625쪽.

** Peter Antill, *Stalingrad 1942*, Osprey, 2007, pp.80-82.

16. 비극적인 결과

12월 22일, 만슈타인은 스탈린그라드 서쪽 35킬로미터까지 접근하여 제6군 사령관 파울루스에게 서쪽으로 탈출해 돈 집단군과 전선을 연결하라고 지시했다. 스탈린그라드 안에 고립되어 사투를 벌이고 있던 제6군 병사들은 구원군이 근처까지 다가왔다는 소식에 환호했고 크리스마스는 안전하게 보낼 수 있을 것으로 낙관했다. 하지만 그것이 만슈타인이 할 수 있는 전부였다. 히틀러의 현지사수 명령을 금과옥조로 여기던 파울루스의 거부로 고립된 제6군은 천재일우의 탈출 기회를 놓치고 말았다. 더 이상 버틸 수 없었던 만슈타인은 뒤로 돌아 후퇴할 수밖에 없었고, 총통도 마지못해 이를 승인했다.* 결국 일시적으로 밀렸던 소련 남서전선군은 병력을 대폭 증원해서 지쳐 있던 돈 집단군을 다시 서쪽으로 밀어붙였다. 이로써 제6군은 그들을 구하러 근처까지 다가왔던 돈 집단군의 포성을 더 이상 들을 수 없게 되었다.**

스스로 고립을 자초하고 더 이상 외부의 도움을 기대할 수 없게 된 제6군은 1943년 2월에 소련군에게 항복했다. 도시에 고립된 독일군 33만 명 중 15만 명이 시체로 발견되었고, 살아서 포로가 된 병력은 24명의 장성을 포함한 9만 명뿐이었다. 그러나 이들 대부분도 포로수용소에서 발병한 발진티푸스에 의해 약 한번 제대로 써보지도 못하고 떼죽음을 당했다. 결국 전쟁이 끝난 뒤 고향으로 살아서 돌아간 사람은 겨우 5,000명뿐이었다.***

---

* 폴 콜리어 외, 강민수 역, 『제2차 세계대전: 탐욕의 끝, 사상 최악의 전쟁』, 플래닛미디어, 2008, 626쪽.

** Erich von Manstein, *Lost Victories*. St. Paul, Zenith Press, 1982, p.332.

*** http://en.wikipedia.org/wiki/Battle_of_Stalingrad.

1943년 스탈린그라드에서 항복한 독일 제6군. 독일은 스탈린그라드에서 회복하기 어려운 피해를 입고 이를 기점으로 내리막길로 들어섰다.

독소 전쟁 개전 초기 1년간 무려 500만 명이 넘는 소련군이 죽거나 포로가 되었는데, 이와 비교한다면 스탈린그라드에서 입은 독일군의 피해는 상대적으로 아주 작았다고 할 수 있다. 사실 스탈린그라드 전투에서 소련이 승리했지만, 승리를 얻기 위해 소련이 바친 대가는 무려 독일의 세 배 정도에 달했다. 하지만 이를 기점으로 독소 전쟁의 균형추가 기울기 시작했다는 것은 잠재적인 독일의 전쟁 수행 능력이 그만큼 소련에 비해서 절대적으로 열세였다는 증거다.

소련은 무너진 부대라도 재편해 다음날 곧장 전선에 재등장시켜 독일을 경악하게 만든 반면, 독일은 부대가 한번 소모되면 복구하거나 보충하는데 다음을 기약할 수 없을 정도였다. 이 점은 전쟁 시작 전에 독일에서 어느 누구도 예상하지 못한 결과였고, 또한 소련이 이 무시무시한 전쟁에서 결국 승리할 수 있었던 가장 큰 이유였다. 결국 스탈린그라드의 패배는 독일에 심각한 후유증을 남겼고, 제2차 세계대전의 균형추를 움직인 결정적인 계기가 되었다.*

최근에는 제6군의 현지 사수 덕분에 카프카스로 진격했던 독일 A집단군이 안전하게 후퇴할 수 있는 길을 확보할 수 있었고, 이런 전략적 이유 때문에 만슈타인이 제6군을 구원하는 데 적극성을 보이지 않았다는 주장이 나오기도 하지만, 당시 여건에서는 만슈타인이 이용할 수 있었던 자원이 없었고 더 이상 공세를 지속할 수 없었다는 점만큼은 논란의 여지가 없다. 또한 A집단군이 신속히 탈출할 수 없도록 방해한 것은 소련군이 아니라 사실 히틀러였다. 스탈린그라드의 위기를 우려하며 지켜본 A집단군 사령관 리스트가 카프카스를 포기하고 후퇴하겠다고 했을 때, 히틀러는 격앙된 반응을 보이며 리스트를 해임함과 동시에 자신이 A집단군 사령관을 겸임하는 횡포를 부렸다. 결국 히틀러는 A집단군마저 스탈린그라드의 비극을 피할 수 없게 되자, 그제서야 책임을 피하려고 클라이스트를 신임 사령관으로 임명하면서 후퇴를 허가했다.

필자 개인적으로는 만슈타인이 지휘하고 호트가 선봉에 섰던 1942년 겨울의 겨울폭풍 작전을 제2차 세계대전 최고의 돌파전으로 평가하고 싶다. 공세에 나선 약 다섯 배나 많은 소련군을 가르며 무려 150킬로미터를 내달린 것 자체가 한마디로 기적이었다. 당시 막 뒤집기에 성공한 소련군은 독소전 초기의 소련군과 한마디로 차원이 달랐는데, 이런 상대를 맞아 독일 돈 집단군은 소수의 병력으로 성공적인 돌파를 벌였던 것이었다.

---

* (주)두산, enCyber두산백과사전.

17. 하리코프의 복수전

1943년 2월, 남부집단군이 새로이 창설되었다. 이는 스탈린그라드 전투로 긴급 편성되었던 돈 집단군을 중심으로 청색 작전에서 심대한 타격을 입은 후 거의 해체 수준에 있던 B집단군, 그리고 카프카스에서 간신히 탈출에 성공한 A집단군의 일부 예하부대들을 해체하여 새롭게 창설한 부대였다.* 비록 스탈린그라드에 고립된 제6군을 구원하는 데는 실패했지만 맡은 바 소임을 다한 만슈타인은 신설 남부집단군의 지휘관이 되었다. 청색 작전의 실패로 독일은 단기간 내 회복하기 힘든 엄청난 손실을 입었지만, 단지 지도상에 그어진 전선만 놓고 본다면 지난 6개월 전 청색 작전 실시 이전의 출발점으로 다시 돌아온 것과 같았다. 만슈타인은 소련의 추격권 밖인 하리코프Khar'kov 서쪽으로 예하부대를 이동시키고 재정비에 몰두했다. 바로 이때 스탈린그라드에서 치욕을 입은 독일에 복수할 기회가 의외로 일찍 찾아오게 되었다.

스탈린그라드에서 대승을 거둔 소련은 전선의 주도권이 완전히 자기들에게 넘어온 것으로 믿었다. 사실 이것은 일부 맞는 얘기이기도 했지만, 소련의 기대와 달리 주도권이 아직 완전히 넘어온 것은 아니었고, 전쟁은 2년 동안 더 지속되었다. 스탈린그라드의 승리 이후 소련군은 독소 전쟁 초기 독일군이 물불 안 가리고 러시아로 밀려들어온 것처럼 이제는 독일군을 그렇게 몰아붙이면 되는 것으로 착각하고 있었다. 소련군은 치열했던 공방전의 승리에 도취되어 역습에 대한 대비도 없이 진격을 계속해 하리코프로 몰려 들어갔다. 소련군은 도시 외곽에서 방어를 하던 독일군을

---

* http://www.feldgrau.com/hgrpsud3.html.

간단히 돌파해 기분 좋게 도시를 탈환했으나,* 사실 소련군은 멋모르고 독일군이 쳐놓은 그물 안에 들어온 가엾은 하룻강아지 꼴이었다. 만슈타인은 도심으로 밀려들어온 소련군의 배후를 순식간에 끊고 파울 하우저Paul Hausser가 지휘하는 강력한 제2친위장갑군단으로 하여금 도심을 청소하도록 명령했다.

독일군이 집중적으로 어마어마한 타격을 가하자, 퇴로가 막힌 채 도심으로 진입해 있던 소련군은 대책 없이 녹아내리기 시작했다. 1943년 3월 15일에 전투가 종결되었을 때, 마르키안 포포프Markian Popov가 지휘하던 전차군을 포함한 무려 20여 개 사단으로 구성된 4개 군 규모의 거대한 소련군이 붕괴했다. 독일군은 순식간에 하리코프와 벨고로트Belgorod를 재점령하면서 스탈린그라드에서 소멸된 제6군에 대한 앙갚음을 했는데, 이를 제3차 하리코프 전투라고 한다.** 이 전투는 독일이 제2차 세계대전 기간 중 마지막으로 성공한 공세로 기록되었다. 이후 독일은 쿠르스크 전투나 벌지 전투에서 공세를 펼치기는 했지만, 승리를 엮지는 못했다. 스탈린그라드를 산의 정상이라고 표현한다면 하리코프는 하산 도중에 잠시 만난 또 다른 봉우리에 불과했고, 독일은 이 봉우리를 지나 앞으로 계속 내려오게 되었다.

그런데 하리코프의 대승은 쿠르스크Kursk를 중심으로 하는 동부전선의 중앙부를 독일 쪽으로 불룩하게 돌출시키는 기묘한 모양을 만들었는데, 이것은 독일과 소련이 운명을 건 일전을 벌일 수밖에 없는 당위성을 양측에 동시에 안겨주었다. 독일은 만일 이곳만 재점령한다면 전선을 축소시

---

* Peter McCarthy & Mike Syron, *Panzerkieg: The Rise and Fall of Hitler's Tank Divisions*, Carroll & Graf, 2002, pp.178-179.

** Erich von Manstein, *Lost Victories*. St. Paul, Zenith Press, 1982, pp.431-451.

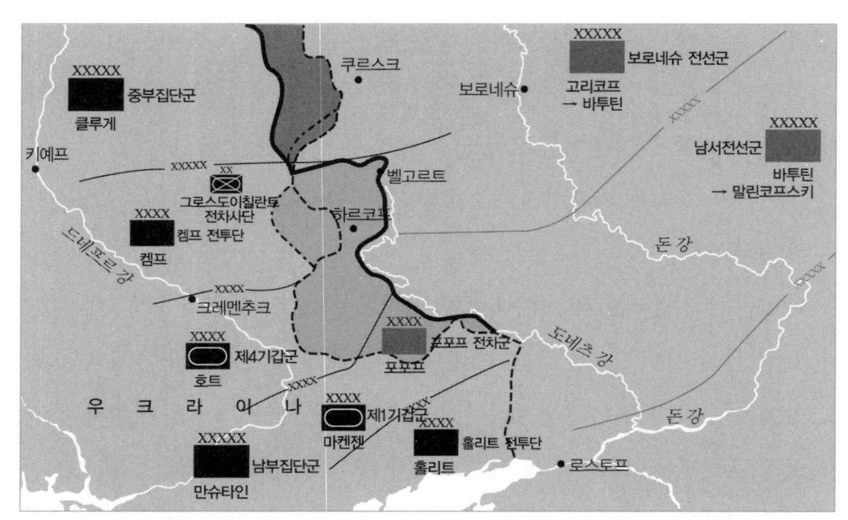

제3차 하리코프 전투 1943년 3월, 스탈린그라드의 승전에 들떠 있던 소련군을 순식간에 붕괴시켜버린 제3차 하리코프 전투는 소련의 의표를 찌른 기습 작전으로, 독소 전쟁에서 독일이 승리한 마지막 공세로 기록되었다.

켜 전력을 회복할 시간을 벌 수 있을 것으로 판단했고, 소련의 입장에서는 당연히 이러한 독일의 예견된 진격을 막아야 했다. 독일은 독소 전쟁의 주도권을 회복하고자 결심하고 치타델 작전Operation Citadel이라고 명명한 쿠르스크 전투를 준비했다.* 그런데 히틀러는 스탈린그라드의 교훈을 망각하고 치타델 작전 준비 과정에서 또다시 지나친 참견을 했다. 하리코프에서 일선 지휘관들이 총통의 현지사수엄명을 어기고 놀라운 승리를 거두었지만, 이곳에서도 히틀러는 자신의 과오를 반성하지 못하고 계속 자신의 고집대로만 행동하려 했다.

* 폴 콜리어 외, 강민수 역, 『제2차 세계대전: 탐욕의 끝, 사상 최악의 전쟁』, 플래닛미디어, 2008, 630쪽.

18. 잃어버린 승리

역사상 최대의 전차전으로 기록된 쿠르스크 전투를 준비하고 있던 만슈타인은 이왕 소련과 결전을 벌이려면 하리코프의 패배로 소련군의 전열이 흩어져 있고 방어 준비가 갖춰지기 전인 지금 즉시 공격하자고 주장했고, 여기에 중부집단군 사령관 클루게가 동조했다. 반면, 중부집단군 예하의 제9군 사령관 모델을 중심으로 하는 일부 지휘관들은 독일도 준비가 되지 않았으니 5호 전차 같은 신무기의 배치가 완료된 이후에 공세로 나가자는 의견을 피력했다. 이때 히틀러가 후자의 손을 들어주자, 만슈타인은 이에 반발했으나 프로이센 육군의 전통을 계승한 독일 육군의 전통과 상명하복의 명령체계를 존중하여 총통의 고집에 따랐다.* 히틀러 축출 음모를 구상하던 세력의 일원인 헤닝 폰 트레스코브Henning von Tresckow가 만슈타인이 돈 집단군 사령관 당시에 찾아와 반란 참여를 권유한 적이 있었는데, 이때 만슈타인은 "히틀러의 명령에는 반드시 따라야 하며 독일 육군 원수는 반란에 참여하지 않는다"고 했을 정도로 개인적으로 히틀러를 미워하는 것과 명령을 따르는 것은 전혀 별개라고 생각했다.**

남부집단군에서 참모로 근무한 후버투스 폰 훔볼트Hubertus von Humboldt에 따르면, "하르코프 전투 당시 만슈타인은 뭔가 믿는 구석이 있다고 생각될 만큼 처음부터 자신만만했는데, 그것이 총통으로부터 제2친위장갑군단을 사용하여 자신의 구상대로 작전을 펼 수 있도록 허락받았기 때문이었던 반면, 쿠르스크 전투에서 히틀러가 자신의 의견을 따르지 않아 실망

---

* 폴 콜리어 외, 강민수 역, 『제2차 세계대전: 탐욕의 끝, 사상 최악의 전쟁』, 플래닛미디어, 2008, 631-632쪽.

** http://en.wikipedia.org/wiki/Erich_von_Manstein.

1943년 쿠르스크 전투에서 파괴된 독일 5호 전차. 히틀러가 이 전차의 배치 완료 후 전투를 개시하자고 주장했을 정도로 이 전차에 큰 기대를 걸었지만, 준비가 덜 된 상태에서 너무 급하게 데뷔시키는 바람에 비전투 손실이 큰 실망스런 결과를 얻었다.

했다"*고 할 만큼 만슈타인은 항상 히틀러의 눈치를 보았다. 어쨌든 히틀러의 결정은 만슈타인의 우려대로 소련군이 전력을 증강시켜 방어막을 공고히 할 시간을 주는 결과를 낳았다. 마지막 예비 전력이라고 할 만한 90만 명의 병력과 2,500여 대의 기갑 장비로 무장한 독일군과 150만 명의 병력과 3,500여 대의 기갑 장비를 준비한 소련군이 건곤일척의 대회전을 벌이게 되었는데, 간첩을 통해 독일의 계획을 간파하고 있던 소련군이 철통같은 방어막을 형성해놓은 후 먼저 공격을 개시하면서 전투는 시작되었다.

작전 초기에 독일군은 소련군의 선제공격과 잘 갖춰진 대응태세 때문에 돌파구를 형성하는 데 난항을 겪었으나, 전투가 계속되자 전투 능력이 앞선 독일군이 많은 피해에도 불구하고 조금씩 진격에 속도를 내기 시작했다. 그런데 바로 이때 이탈리아에 연합군이 상륙했다는 소식을 들은 히틀

* ZDF, Hitler's Warriors: Part IV. Manstein. The Strategist, ZDF-enterprise, 1998.

러가 다시 한 번 간섭을 했다. 그는 이탈리아를 방어하기 위해 몇몇 주요 부대를 철수시키는 자충수를 두었다.* 만슈타인이 "총통 각하! 지금 쿠르스크에는 소련의 모든 병력, 기갑 전력, 포병 화력이 집결되어 있습니다. 이때에 이것을 분쇄해야 합니다. 이런 기회는 절대로 다시 오지 않습니다"라며 철군을 극렬히 반대했지만, 똥고집의 화신 히틀러가 만슈타인의 말을 듣지 않고 병력을 철수시키고 작전을 철회하면서 결국 장대한 쿠르스크 전투는 독일의 패전으로 막을 내리게 되었고, 독일은 무의미한 전투에 그들의 마지막 재산을 털어버렸다.**

최근에 쿠르스크 전투에서 과연 소련군이 승리했다고 볼 수 있는가에 대한 논쟁이 일고 있는데, 실질적으로 소련군의 피해가 더 컸고 알려진 것보다 독일군의 피해는 경미했다고 사료에 나와 있다. 만슈타인도 자신의 저서에서 쿠르스크 전투의 백미인 프로호로프카Prokhorovka 기갑전은 잃어버린 승리라고 했을 정도였다.*** 다만 독일군이 히틀러가 작전을 철회함으로써 소련군의 방어망을 뚫지 못한 상태로 전투가 종료된 것만은 사실이다. 이제 독일군은 병력과 장비의 열세로 더 이상 공세적으로 나올 수가 없었고, 결과적으로 쿠르스크 전투는 동부전선에서 독일이 실시한 마지막 공세로 기록되었다. 확실히 독일군이 수세에 몰렸지만, 하리코프에서 뼈아픈 경험을 얻은 소련군은 무작정 앞으로 치고 나오지 않고 전선을 최대한 밀착시켜 독일군을 몰아붙이기 시작했다. 독일군이 수세에 몰린 것은 부인할 수 없는 사실이었고, 이를 극적으로 다시 반전시키기는 어려워 보였다.

---

* 마크 힐리, 이동훈 역, 『쿠르스크 1943』, 플래닛미디어, 2007, 145-148쪽.

** Alan Clarke, *Barbarossa: The Russian-German Conflict 1941-1945*, William Morrow, 1966, pp.337-340.

*** Erich von Manstein, *Lost Victories*. St. Paul, Zenith Press, 1982, pp.481-485.

19. 마지막 불꽃

만슈타인은 쿠르스크에서의 실패로 인해 이제는 총통의 고집이 꺾였을 것이라고 생각하면서 동부전선의 총책임자로 자신을 지명해주기를 바랐다. 만슈타인은 총통이 뒤로 빠지고 자신의 책임하에 전쟁을 치를 수 있다면 분명히 지금보다 더 잘할 수 있으리라고 자신하고 있었다. 군부의 많은 이들도 이러한 만슈타인의 의지에 공감했지만, 문제는 히틀러가 절대로 자신의 과오를 인정하는 인물이 아니라는 것이었다. 만슈타인은 자신이 동부전선의 총책임자가 되어 전선을 이끌기를 희망한다는 의견을 수시로 주변에 피력하고 다녔는데, 이를 히틀러는 불쾌하게 생각했다.* 총통은 아직까지도 자신의 잘못을 모르고 있었고, 그러한 고집은 그가 자살하기 직전까지도 결코 변하지 않았다. 히틀러는 모든 결과를 남의 탓으로 돌렸고, 계속해서 군에 관한 모든 것을 거머쥔 채 자신의 생각대로만 전쟁을 수행하려 했다.

만슈타인은 자신보다 히틀러의 신임이 두텁고 말 주변이 좋은 중부집단군 사령관 클루게로 하여금 고집불통의 총통을 설득하도록 했으나, 히틀러는 전선의 지휘관들이 줄기차게 요구하는 지휘에 관한 자유 재량권을 단호히 거부했다. 이제 만슈타인은 더 이상 자신이 전선에서 할 수 있는 것이 없다는 사실을 깨달았다.** 손발이 꽁꽁 묶여버린 상태에서 기동전의 전문가인 그가 할 수 있는 일이란 사실 별로 없었다. 예하부대에 배치된 티거Tiger 같은 중전차를 사용하려 해도 총통에게 일일이 허락을 받아야

---

* 제프리 메가기, 김홍래 역, 『히틀러 최고사령부 1933~1945년』, 플래닛미디어, 2009, 417-418쪽.

** ZDF, Hitler's Warriors: Part IV. Manstein. The Strategist, ZDF-enterprise, 1998.

했다.* 설령 허락을 받아냈다 해도 현지사수만을 최고의 가치로 여기는 히틀러의 명령 때문에 이를 효과적으로 사용할 수 없었다. 만슈타인은 전략상 필요 없는 곳을 과감히 비워주고 이렇게 확보한 공간을 이용하여 기동전을 펼치기를 원했지만, 히틀러는 작전상 후퇴라는 개념을 전혀 인정하려 들지 않았다.

이제 독일군이 선택할 수 있는 방법은 후퇴뿐이었는데도 철수에 대해 히스테리를 부리는 히틀러의 발작은 계속되었다. 그런데 히틀러의 명령을 좇아 무의미하게 현지사수에만 나선다는 것은 붕괴를 의미했다. 히틀러는 지원도 해주지 않으면서 독일의 젊은이들에게 무조건 현지에 주저앉아 싸우다가 죽으라고만 강요했다. 1944년 이후 많은 독일군 부대들이 히틀러의 고집 때문에 무의미하게 현지를 사수하다가 붕괴된 경우가 부지기수였다. 1943년 9월 전선의 상태가 악화일로로 치닫자, 만슈타인은 히틀러의 허락을 간신히 받아 남부집단군을 드네프르Dnepr 강 연안으로 철수시켰다.** 전략상으로는 오데사까지 일시에 후퇴해버리는 것이 동부전선 전체를 짧게 단축시키고 방어선을 좀더 튼튼히 구축할 수 있는 좋은 방법이었지만, 히틀러가 일거에 200킬로미터를 후퇴시켜 주지 않을 것이 명약관화했기 때문에, 이 정도의 후퇴도 그야말로 감지덕지할 형편이었다.

남부집단군이 철수하면서 드네프르 강 연안에 기동전을 펼칠 수 있는 공간이 생기자, 만슈타인은 이곳을 이용한 회심의 반격전을 구상했다. 그는 마침 제1·2친위사단처럼 쿠르스크 전투 후에 시급히 재건된 핵심 기갑부대들을 사용해도 좋다는 허락을 받았다. 비록 그해 초 하르코프에서 보여

---

* 스티븐 배시, 김홍래 역, 『노르망디 1944』, 플래닛미디어, 2006, 15쪽.
** 폴 콜리어 외, 강민수 역, 『제2차 세계대전: 탐욕의 끝, 사상 최악의 전쟁』, 플래닛미디어, 2008, 638쪽.

준 것 같은 공세는 더 이상 독일군의 여력으로는 불가능했지만, 적어도 추격해 들어오는 소련군에게 심대한 타격을 안겨줄 자신은 있었다. 만슈타인을 쫓아온 소련군은 보로네슈 전선군Voronezh Front을 비롯하여 4개 전선군으로 이루어진 270만 대군이었다. 루마니아군과 더불어 이를 막아내야 했던 남부집단군은 120만 명으로 구성되어 있었다. 그렇기 때문에 만슈타인은 즐겨 사용하던 대포위 전략을 사용할 수 없었고, 기갑부대를 송곳처럼 숨겨두었다가 소련군 전선의 취약 부분을 찢고 들어가 적을 붕괴시킨 뒤 후퇴하는 식으로 치고 빠지는 전술을 반복하면서 소련군을 따돌렸다.*

20. 패배를 모르던 지휘관

피아의 상황을 아주 잘 알고 있던 만슈타인이 처음부터 노린 것은 승리가 아니라 적을 괴롭히면서 패배를 당하지 않는 것이었다. 1943년 가을이 되었을 때 전쟁에서 독일이 승리할 수 없음은 공공연한 비밀이 되었고, 전선의 지휘관들이 할 수 있는 것이라고는 아군의 피해를 최대한 줄이며 소련군의 공세를 누그러뜨리는 것밖에 없었다. 하지만 이러한 전투도 아무나 할 수 있는 것은 아니었다. 만슈타인이 지휘한 전투로서는 보기 드문 장기전이었던 드네프르 전투가 1944년 1월 말에 종결되었을 때, 단순히 서류상에는 소련의 승리로 기록되었지만 그것은 지리적으로 그들의 영토를 회복했기 때문에 그런 것이었고, 그 이면을 들여다보면 소련의 피해는

* Arvato Services, *Army Group South: The Wehrmacht In Russia*, Arvato Services Production, 2006.

자못 심각한 지경이었다. 소련은 60만 명의 전사자를 포함해 150만 명의 희생자를 낸 반면, 독일의 피해는 50만 명 정도에 불과했다. 한마디로 소련의 전술적 패배라고 보아도 크게 문제가 없는 결과였다.* 그러나 소련은 이를 쉽게 회복한 반면, 독일에게 50만 명이라는 피해는 쉽게 회복될 수 없는 엄청난 규모의 피해였다.

약 1,000킬로미터에 걸친 남부집단군 관할 전선에서 지난 4개월간 벌어진 치열했던 공방전의 백미는 코르순Korsun에서 있었던 전투였다. 1944년 1월 500여 대의 전차로 중무장한 20여 만 명의 소련군이 코르순 일대에 집결한 6만여 명의 독일군을 포위해버렸는데, 이때 만슈타인이 망설이지 않고 구원부대를 즉시 투입함과 동시에 포위당한 제11 · 52군단에게 포위망을 뚫고 나오라고 지시한 덕분에 약 한 달간의 격전 끝에 고립된 독일군은 탈출에 성공했다. 이때 만슈타인이 고립된 독일군을 구해낼 수 있었던 것은 그로서는 보기 드물게 히틀러의 명령을 어기고 고립된 부대들에게 탈출할 것을 지시했기 때문이었다. 당시에도 히틀러는 오로지 현지사수 후퇴불가를 외쳤지만 그렇게 하다가는 스탈린그라드의 비극이 재현될 것이 분명했으므로, 육군최고사령부를 비롯한 일선 지도부는 총통에게 코르순에 고립된 부대들이 후퇴할 수 있도록 허락해달라고 강력히 요청했다. 결국 히틀러의 후퇴 명령이 하달되었을 때는 일선에서 이미 구출전이 종료된 뒤였다.**

독소전 개시 이후 소련군이 만슈타인을 밀어붙인 적은 있었지만 단 한 번도 제대로 이겨본 적이 없었기 때문에, 소련군에게 만슈타인은 어느새

---

* http://en.wikipedia.org/wiki/Lower_Dnieper_Offensive.

** Niklas Zetterling & Anders Frankson, *The Korsun Pocket: The Encirclement and Breakout of a German Army in the East 1944*, Drexel Hill, 2008, pp.278-281.

1944년 코르순에 포위된 부대를 구출하기 위해 진격하는 구원군. 이 전투 후 히틀러는 자신의 명령 전에 임의로 부대를 후퇴시켰다는 이유로 만슈타인을 해임해버렸다.

도저히 극복할 수 없는 공포의 대상이 되어버렸다. 세바스토폴 공성전 정도를 제외하면 소련군은 항상 압도적인 전력으로 독일군과 맞붙었지만, 만슈타인은 결코 넘을 수 없는 벽이었다. 한마디로 만슈타인이 지휘하는 부대와 겨룰 때는 단지 겉으로 셀 수 있는 병력과 장비의 우위가 전혀 고려의 대상이 되지 못했다. 그런데 이러한 무서운 저승사자를 독일은, 아니 히틀러는 스스로 내쳐버리게 된다. 히틀러는 결국 코르순에 갇힌 독일군의 후퇴를 허락했으면서도 막상 만슈타인이 자신의 허락 이전에 부대를 철수시켰다는 사실을 알고 몹시 격노했다. 오만방자한 희대의 독재자는 자신이 허락한 시점에서는 탈출이 불가능했다는 사실은 전혀 인정하려 들지 않고 오로지 만슈타인의 판단만을 꼬투리 삼았던 것이었다.*

이제 만슈타인과 히틀러는 서로를 원하지 않게 되었다. 만슈타인은 그나마 그에게 허락된 범위 내에서 부대를 지휘하려 안간힘을 썼지만, 히틀

* ZDF, Hitler's Warriors: Part IV. Manstein. The Strategist, ZDF-enterprise, 1998.

러는 만슈타인의 모든 것을 미워했다. 코르순 전투 후 만슈타인은 전열 재정비를 위해 남부집단군에 재차 철수를 지시했는데, 패전과 전략적 후퇴를 구별하지 못한 히틀러는 이를 패전으로 인정했다. 아니, 만슈타인을 제거할 만한 명분을 찾았다고 보는 것이 타당하다. 1944년 3월 30일, 히틀러는 만슈타인을 전격적으로 해임해버렸고, 이후 종전 때까지 재기용하지 않았다. 어려운 상황 속에서 한 명의 유능한 지휘관이 아쉬웠던 육군최고사령부를 비롯한 군부가 총통의 결정을 말렸지만, 독재자의 의지를 꺾을 수는 없었다. 아마 전쟁 중 전사했다면 롬멜을 몇 배 능가하는 전설이 되었을 위대한 장군 만슈타인은 이로써 전사에서 소리 없이 사라지게 되었고, 야인의 신분으로 독일의 비참한 패배를 바라보았다.

21. 영원한 군인

한마디로 만슈타인은 연합군과 독일군 모두가 제2차 세계대전 중 가장 유능한 장군으로 손꼽는 데 주저하지 않는 군인이었다. 육군최고사령부에서 참모로 근무한 킬만제그는 "전선에서 만슈타인보다 뛰어난 작전을 구사했던 인물은 없었다"*라고 언급했을 만큼 만슈타인은 독보적이었다. 만슈타인을 해임시킨 히틀러가 표면적 사유를 "그는 뛰어나지만 나치가 아니어서 믿을 수 없다"**고 언급했을 만큼 총통도 그의 능력만은 어쩔 수 없이 인정했다. 영국의 세계적인 군사이론가였던 바실 헨리 리들 하트Basil

* ZDF, Hitler's Warriors: Part IV. Manstein. The Strategist, ZDF-enterprise, 1998.
** http://www.spartacus.schoolnet.co.uk/GERkliest.htm.

Henry Liddell Hart는 다음과 같이 기술했다. "만슈타인은 연합군에게는 가장 두려운 천재였으며 제2차 세계대전의 모든 지휘관 중 가장 유능한 인물이었다. 그는 스탈린그라드 이후 공세를 취하는 소련군의 대병력을 유인해 포위 섬멸시키는 믿을 수 없는 기적을 만들었고, 그가 가는 곳에는 항상 승리가 따랐다. 만일 히틀러가 그의 작전에 관여하지 않았다면 역사가 달라졌을 것이다."*

만슈타인에게 연이어 굴욕적인 패배를 당한 소련에서 그는 결코 잊을 수 없는 미움의 대상이었다. 4년에 걸쳐 동부전선에서 셀 수 없을 만큼 수많은 전투가 벌어졌지만, 소련은 그를 제대로 이겨본 적이 단 한 차례도 없었다. 단지 결과만 놓고 소련이 이겼다고 주장할 만한 전투는 여러 차례 있었지만, 그런 경우에도 만슈타인이 패했다고 볼 수가 없었다. 이런 사실은 누구보다도 소련이 더 잘 알고 있었다. 소련이 자신을 미워한다는 것을 만슈타인도 잘 알고 있었기 때문에, 그는 해임 후 1945년 1월에 거주하던 리그니츠Liegnitz에서 사랑하는 가족을 이끌고 서쪽으로 이사했다. 가족을 소련의 보복으로부터 보호하고 싶은 본능적인 이유에서였다. 이처럼 그는 평범한 가장이기도 했지만, 글 서두에서 언급한 것처럼 그 이후 홀로 육군 최고사령부에 찾아가 백의종군을 요청했을 만큼 자신에게 주어진 의무를 죽을 때까지 다하려 했던 군인이기도 했다.**

종전 후인 1945년 8월 23일에 만슈타인은 슐레스비히에서 영국군에게 체포되었는데, 이때 소련이 폴란드와 크림 반도에서 자행된 학살 사건과 관련하여 그를 전범으로 기소해 벌을 주겠다며 신병을 인도해달라고 난리

---

* B. H. Liddell Hart, *The Other Side of the Hill*, Pan Books, 1999, pp.228-230.
** ZDF, Hitler's Warriors: Part IV. Manstein. The Strategist, ZDF-enterprise, 1998.

를 쳤다. 하지만 그는 런던 인근에 위치한 제11포로수용소에 수감되어 재판을 받았고, 1949년에 18년 금고형을 선고받고 복무했으나, 건강상의 이유로 1953년에 석방되었다.* 사실 만슈타인은 영국의 입장에서는 별로 관련이 없어 소련이 재판권을 갖는 것이 일견 타당했다. 예를 들어, 영국군에게 함께 체포된 클라이스트의 경우는 소련의 강력한 요구에 따라 1948년에 신병이 인도되었다. 하지만 만슈타인의 명성을 잘 알고 있던 영국은 얼떨결에 굴러 들어온 거대한 호박으로부터 알아내고 싶은 것이 너무 많아 소련의 요구를 거부했다. 한마디로 만슈타인은 그와 칼을 섞지 않은 상대로부터도 인정을 받았던 것이었다.

만슈타인이 수감 당시에 수많은 연합국 측의 군사 관계자들이 그로부터 군사적인 지식을 한마디라도 더 듣고 싶어서 줄을 섰다는 이야기가 전해질 정도인데, 그 군사관계자들 중 한 명이 바로 앞에서 언급한 리들 하트였다.** 비록 적국의 패장을 대놓고 존경할 수는 없었지만, 이처럼 만슈타인은 누구에게나 경외의 대상이었다. 하다못해 소련조차도 미워하는 감정 이면에 그에 대한 두려움을 함께 가지고 있었다. 종전과 동시에 다가온 냉전은 뛰어난 전략가 만슈타인을 그냥 야인으로 놔두지 않았다. 독일을 부흥으로 이끈 서독의 수상 콘라트 아데나우어Konrad Adenauer가 그를 1955년에 새롭게 창설한 연방군Bundeswehr의 군사고문으로 소환한 것이었다.*** NATO의 일원으로 서방을 최전선에서 보호하는 임무를 띠고 탄생한 연방군의 제1주적은 바로 철의 장막 동쪽에 있는 소련이었는데, 이들을 막기

---

* http://www.bridgend-powcamp.fsnet.co.uk/Generalfeldmarschall%20Erich%20von%20Manstein.htm.

** http://en.wikipedia.org/wiki/Erich_von_Manstein.

*** ZDF, Hitler's Warriors: Part IV. Manstein. The Strategist, ZDF-enterprise, 1998.

위해 소련의 저승사자였던 만슈타인이 필요했던 것이었다.

22. 인간 만슈타인

만슈타인의 회고록과 전사에 기록된 그의 업적을 살펴보면, 놀라운 전과와 지휘 능력에 많은 사람들이 감탄하고 찬사를 보낸다. 하지만 이러한 뚜렷한 기록에도 불구하고 만슈타인의 업적에 대해 의문을 제기하는 경우가 종종 있는데, 가장 큰 이유는 앞에서 살펴본 것처럼 그의 정치적인 처신 때문이었다. 비록 권력 핵심의 주변에서만 맴돌던 정치군인은 아니었지만, 히틀러의 눈치를 많이 보았던 것은 부인할 수 없는 사실이었다. 줄기차게 낫질 작전을 주장하여 좌천당했던 것처럼 그는 부대를 지휘함에 있어서도 고집스러운 면이 없지 않았지만, 히틀러의 엉뚱한 지시에 적극적인 항변 한 번 제대로 못하고 주로 순종했던 것처럼 권력에는 약한 사람이었다. 또한 본인이 나치는 아니었지만 그의 부인은 광적인 나치 신봉자였고, 점령지에서 소련군 포로 대학살에 관여하지는 않았지만 방임했다는 등의 여러 가지 비판이 제기되고 있다.

그래서인지 그가 쓴 회고록은 잘된 것은 자기 탓, 잘못된 것은 남의 탓으로 돌리는 자화자찬 수준에 불과하다는 극단적인 이야기까지 나오기도 한다. 하지만 여기서 먼저 이해해야 할 부분이 있다. 제2차 세계대전 종전 때까지 사실상 독일은 국민이 주권을 행사해본 경험이 없는 전제주의 국가였다. 뿐만 아니라 특히 귀족 출신이 많은 독일 군부의 지휘관 중 권위적인 최고 지도자의 명령을 함부로 거역하는 사람은 많지 않았다. 처음 언급한 것처럼 만슈타인은 독일 역사상 최초의 민주공화국인 바이마르 공화국에 대해서 상당히 냉소적이었다. 전범재판에서도 그는 명령을 충실히 따르고 이행한 군인임을 내세웠으며, 군인과 군대에 민주적인 절차가 필요한지에 대해 의문시했을 정도였다. 사실 만슈타인뿐만 아니라 당시 많은 독일 군부의 장성들이 이러한 성향을 보인 데는 앞에서 언급한 것처럼 독일이 제대로 된 민주주의를 경험한 역사가 워낙 일천했기 때문이다.

만슈타인은 평소 지휘를 전쟁술 또는 전략 게임이라 불렀을 만큼 거시적으로 전장을 지휘했지만, 히틀러가 허락하지 않으면 군이 직위와 계급을 걸고 과감히 실행하지는 않았다. 그는 히틀러가 독일군 최고 명령권자임을 끔찍하게 생각했으면서도 그가 내린 명령은 당연히 따라야 한다고 믿었다. 하지만 이런 그의 모습을 정치 지향적이었다고 볼 수는 없다. 왜냐하면 그는 태어나서 지금까지 그렇게 길들여진 군인이었기 때문이었다. 그의 주장처럼 민주주의의 가치관을 제대로 알지도 못할 만큼 그는 한 번도 군인의 길을 벗어난 적이 없는 전제주의 국가의 무인이었다. 하지만 이처럼 일부 흠결사항이 있다 해도 결코 그의 군사적 업적을 깎아내릴 수는 없다. 생과 사를 확신할 수 없는 전투에서, 그것도 독소 전쟁과 같은 파괴적인 거대한 전장에서 항상 소수로 다수를 압도하는 모습을 보여주었던 만슈타인의 업적을 능가하는 지휘관이 과연 있었는가?

전선에서 만슈타인은 지휘에 있어 공과 사를 엄격히 구별할 줄 알았던 인물이었다. 점령지에서 거처를 꾸밀 때 야전 침대와 작전을 연구할 책상 외에는 일체의 사치를 거부했다고 전해지며, 또한 병사들과 똑같은 식사를 함으로써 부하들에게 모범을 보였다. 1942년 원수로 진급하여 레닌그라드에 파견 나갔을 때 사랑하는 장남 게로 폰 만슈타인Gero von Manstein이 인근 전투에서 전사했다는 사실을 보고받고도 묵묵히 작전에 임했을 정도였다. 홈볼트는 “만슈타인이 관대하거나 다정다감하지 않은 상당히 엄격한

1942년 장남 게로와 함께 찍은 사진. 이 사진을 찍은 지 얼마 되지 않아 게로는 전사했다.

인물이었다"*고 했다. 그는 점령지역에서 친위대가 벌이는 학대 행위에 대해서 대놓고 반감을 표시하지는 않았지만, 부하들이 군율을 벗어나서 행동하지 않도록 통제했다. 비록 그가 인도주의 때문이 아니라 전투 이외의 행위에 간섭하다가 전력을 낭비하지 않도록 하기 위한 의도에서 그렇게 한 것이었지만, 결국 그의 이런 행동은 부하들이 점령지에서 학대 행위를 하지 못하게 막았다.

23. 위대한 패장

제2차 세계대전이 워낙 거대했기 때문에, 이 시기에 활약한 장성급 이상의 지휘관들은 셀 수 없이 많다. 특히 수백만 명에 달하는 군대를 전쟁

* ZDF, Hitler's Warriors: Part IV. Manstein. The Strategist, ZDF-enterprise, 1998.

내내 유지했던 독일이나 소련의 경우는 오히려 장군의 수가 부족하여 전쟁 수행에 많은 곤란을 겪었을 정도였다. 그 정도로 많은 인물들 중에서 이 분야의 전문가들이 첫 손에 꼽는 데 주저하지 않는 만슈타인은 두말할 필요 없이 최대의 전쟁에서 가장 뛰어난 활약을 보여준 인물이었다. 그는 무수한 승리를 엮어냈음에도 불구하고 패전국의 장군이었기 때문에 승장이라 할 수는 없지만, 그 누구도 그를 패장으로 단정 지을 수는 없다. 그는 권력자의 눈치를 보았지만, 그렇다고 아부하여 무조건 비위를 맞추려 하지도 않았고, 프로이센 군인으로서의 자부심을 지키기 위해 부단히 노력했다. 적어도 그가 군인으로서 추구하는 방향에 있어서는 자존심을 끝까지 지키려 했다.

그는 제3제국의 군인으로서 전선에서 열과 성을 다해 싸웠지만, 국가와 정권의 지휘를 받는 군인으로서만 행동했기 때문에 전후에도 많은 존경을 받았다. 연방군 창설 초기에 수많은 조언을 했고, 또 그의 생일 때 NATO 최고사령관을 비롯한 수많은 연방군 관계자들이 직접 방문하여 축하를 해주었다는 사실만 보아도 그가 군인 이외의 길은 가지 않으려 했다는 것을 확실히 알 수 있다. 서독 정부나 연방군에게 있어서 침략의 주체였던 나치나 친나치적인 행위에 관련된 자들은 철저히 단죄해야 할 대상이었다. 예를 들어, 참군인 중 한 명이라고 평가를 받았지만 친나치 인사로 분류되었던 전 해군 제독 되니츠가 1980년에 사망했을 때 연방군에서 그의 장례식 참석을 금지하는 훈령이 공식적으로 내려왔던 것을 고려하면,* 만슈타인은 나치와 무관한 인물이었다.

---

* Damon Stetson, "Doenitz Dies; Gave Up for Nazis :Admiral Doenitz Is Dead; Surrendered for the Nazis", *New York Times*, 1980 December 26.

사실 이데올로기처럼 기존에 몰입된 사상으로 이분법적으로 편을 가르지 않는다면 명장인지 아닌지는 역사가 판단해줄 문제다. 왜냐하면 전쟁이라는 것은 살육을 피할 수 없는 잔인한 시공간이어서 거기에서 나온 결과는 두고두고 평가를 내려야 하는 경우가 많기 때문이다. 전쟁 자체가 바로 악이기 때문에 엄밀히 말해 전쟁에서는 선이라는 행위를 찾아낼 수가 없다. 굳이 고른다면 덜 악하고 보다 더 본분에 충실했던 경우만 호의적인 판단을 내릴 수 있을지 모른다. 만슈타인은 약점이 많은 보통 사람들과 결코 다르지 않은 평범한 한 명의 인간이었지만, 앞에서 언급한 관점에서 볼 때 막상 그보다 뛰어난 업적을 이룩한 장군을 찾는다는 것은 상당히 어려운 일이다. 졸장들의 경우를 반추한다면 누구나 장군이 될 수는 있지만, 명장은 결코 아무나 될 수 없다. 만슈타인은 히틀러가 미워했을 만큼 출발 당시부터 장군이 될 만한 좋은 조건을 가지고 있었지만, 단지 그것 때문에 명장이 되었던 것은 아니었다.

물론 그도 신이 아닌 사람이기 때문에 판단을 그르쳐 실기失期한 작전도 있었다. 그리고 나치의 폭정이나 학살극에 소신을 갖고 적극적으로 반대하지도 못했다. 그러나 우리는 이런 이유만으로 그를 평가절하할 수는 없다. 분명한 것은 그가 군인으로서 이룬 업적을 놓고 볼 때 동시대에 이보다 위대한 성과를 얻은 인물을 찾기 힘들다는 것이다. "장군 한 사람의 명성은 사병 만 명의 피로 이룬 결과다"라는 이야기가 있지만, 이순신과 원균의 예에서 알 수 있듯이 같은 병사와 장비를 가지고도 승리를 이끄는 사람이 따로 있는 것을 보면 오히려 "위대한 장군 한 사람이 사병 만 명의 피를 구할 수 있다"가 맞는 말인 것 같다. 일방적인 후퇴에서도 뒤돌아서서 소련군을 곤혹스럽게 했던 만슈타인은 비록 전쟁에서는 패했지만, 전투에서는 항상 승리했던 위대한 패장이라 할 수 있다.

프리츠 에리히 폰 만슈타인

1935~1936	총참모본부 제1과장
1936~1938	제1참모차장
1938~1939	제18사단장
1939	남부집단군 참모장(폴란드)
1939~1940	A집단군 참모장
1940~1941	제38군단장(프랑스)
1941	제56장갑군단장(동부전선)
1941~1942	제11군 사령관(동부전선)
1942~1943	돈 집단군 사령관(동부전선)
1943~1944	남부집단군 사령관(동부전선)
1944~1945	퇴역
1945~1949	전범으로 수감

part. 6

기갑부대의 영원한 맹장

원수 파울 루드비히 에발트 폰 클라이스트

Paul Ludwig Ewald von Kleist

어려서부터 군인의 길을 가고자 결심하고 각고의 노력 끝에 장군이 되었다면 이왕이면 명장으로 그 명예를 드높이고 싶은 것이 사람의 자연스러운 욕심이다. 그는 분명히 명장이었지만, 문제는 그가 충성을 받쳐야 할 대상이 조국인 독일이라기보다는 희대의 악마였던 히틀러라는 사실이었다. 이 점은 제2차 세계대전 당시 대부분의 독일 장군들이 공통적으로 느끼던 것이었다. 그는 히틀러와 나치를 좋아하지 않았고, 자신의 이름으로 창설된 세계 최초의 야전군급 기갑부대를 지휘하여 승리를 이끌어냈으면서도 롬멜처럼 선전 도구로 이용되는 것을 경계했을 만큼 겸손했다. 그래서인지는 모르겠지만, 전사에 자주 등장하면서도 의외로 세인들에게 많이 알려져 있지 않다. 하지만 독일이 전 유럽을 석권하며 팽창하고 있을 때 그처럼 맹활약한 장군도 드물다. 야전군 규모의 기갑부대를 최초로 지휘하여 전격전의 신화를 만들어내는 데 일조했고 이후 기갑부대의 숨어 있는 명장 반열에 오른 인물, 그가 바로 원수 파울 루드비히 에발트 폰 클라이스트다.

1. 장군의 이름으로 지어진 부대명

일일이 파악하지 못했지만, 인명이나 묘호로 부대 이름이 지어진 경우가 국군에 그리 많은 것 같지는 않다. 해군이나 공군 부대에 대해서는 문외한이라 잘 모르겠고, 그나마 많이 알려진 육군 부대에서만 찾아본다면 광개토부대, 을지부대, 율곡부대, 권율부대 등이 우선 생각나는데, 이 또한 역사에 길이 남을 만한 위인들 중에서 특히 국방이나 안보에 관련이 있는 존경받는 인물의 이름을 따서 작명하는 경우가 대부분이다. 그런데 이런 애칭 같은 부대명과 별개로 공식 단대호는 따로 있다. 즉, 제X군단, 제XX사단처럼 단대호로 불리는 공식 제대명이 따로 있고, 당연히 기록에는 단대호가 쓰인다. 그런데 애칭도 아닌 정식 단대호가 흔히 사용하는 숫자가 아니라 인물명, 그것도 생존해 있는 인물의 이름을 딴 부대명들이 전사에는 종종 등장한다. 한국 전쟁 당시의 스미스특임대TFT Smiths나 킨특임단TFT Keans 같은 경우가 그러한 예인데, 대부분 기존 부대에서 차출되어 한시적 목적으로 구성된 부대의 경우 종종 지휘관의 이름을 따서 부대명을 짓곤 했다. 다시 말해, 부대를 조직한 상급부대도 일일이 단대호를 부여할 필요를 굳이 느끼지 못했을 만큼 이들 부대는 대부분 단기간 동안 특정 목적에만 운영되었다. 이와 같이 역사적인 인물이 아닌 지휘관의 이름으로 따서 부대명을 짓는 경우는 앞에서 언급한 TFT처럼 가동 기간이나 부대의 규모가 제약을 받는 경우가 대부분이다.

그런데 여단전투단BCT이나 연대전투단RCT과 같이 특정 목적에 투입하기 위한 한시적인 조직이라고 정의하기도 조금 애매하고 규모도 군단급 이상인 대규모 부대가 지휘관의 이름을 정식 부대명으로 하여 전사에 등장한 경우가 있었다. 이러한 부대들 중 전사에 찬란한 기록을 남길 만큼 업적이 뛰어난 경우도 많았는데, 특히 제2차 세계대전 당시 독일군 부대 중에서 이런 예를 쉽게 찾아볼 수 있다. 구데리안 기갑집단Panzer Group Guderian, 호트 기갑집단Panzer Group Hoth, 홀리트 전투단Armeeabteilung Hollidt 등이 바로 그 대표적인 예다. 지휘관이었던 하인츠 구데리안, 헤르만 호트, 칼 아돌프 홀리트 같은 인물들이 뛰어난 지휘 능력을 발휘해 이름값을 톡톡히 했기 때문에, 그들의 이름을 걸고 지휘한 부대 또한 전사에 길이 남게 되었는지 모른다.

그런데 정확히 맞는지는 모르겠지만, 제2차 세계대전 당시 독일군 부대 중 지휘관 이름으로 단대호를 정하여 전사에 처음 등장한 부대는 클라이스트 기갑집단Panzer Group Kleist이 아닌가 생각된다. 오늘날 기준으로 볼 때 일부 부족한 점도 있었지만, 클라이스트 기갑집단은 세계 최초의 야전군급 기계화부대였다. 이러한 기념비적인 부대를 지휘한 부대장 파울 루드비히 에발트 폰 클라이스트Paul Ludwig Ewald von Kleist(1881~1954년)는 제2차 세계대전 당시 다른 명장들 못지않은 뛰어난 장군으로서 대폴란드전, 대프랑스전, 대발칸전, 대소련전 등 독일이 참전한 대부분의 전역에 주요 지휘관으로 참전하여 전사 곳곳에 이름을 남겼고 원수까지 승진했지만, 의외로 세인들에게 많이 알려지지는 않았다. 나서지 않는 그의 성격 때문이었는지는 모르겠으나, 그는 누구보다도 제2차 세계대전을 격정적으로 보낸 장군이었다.

2. 복귀한 예비역

클라이스트는 1881년 8월 8일 독일 브라운펠스Braunfels에서 명문 귀족 가문의 자제로 태어났는데, 그의 가계는 프로이센의 원수를 역임한 인물까지 배출했을 만큼 무인들도 많았다. 그의 유년기는 잘 알려져 있지 않지만, 19세가 되던 1900년에 제3친위포병연대에서 소위로 군무를 시작하여 직업군인의 길을 간 것으로 보아, 어려서부터 무인이 되고자 했던 것 같다. 초급 장교 시절인 1908년부터 1912년 사이에 하노버Hanover에 있는 기병학교와 베를린의 참모연수원 등에서 공부하면서 고급 장교의 자질을 쌓은 클라이스트는 영관급 장교가 된 30대 중반에 제1차 세계대전을 맞아 기병대 지휘관으로 탄넨베르크 전투에 참전했고, 이후 사단본부나 군단본부 등에서 참모로 근무하는 등 주로 동부전선에서 활동했다.*

종전 후 승전국의 군비 축소 압력에 의해 강제적인 감군이 이루어졌음에도 불구하고 클라이스트는 군에 남게 되었는데, 이것은 군인으로서의 그의 재능이 뛰어났음을 알 수 있는 대목이다. 그는 바이마르 공화국 시절 주로 기병부대의 참모나 전술연구관 등으로 근무했고, 1932년에는 장군의 반열

---

* http://www.islandfarm.fsnet.co.uk/Generalfeldmarschall%20Paul%20Ludwig%20Ewald%20von%20Kleist.htm.

에 올랐다. 1930년대 중반은 나치가 베르사유 조약을 파기하면서 재무장과 함께 독일군의 엄청난 팽창이 시작되고, 군 내부에서는 장차전에 대한 연구가 활발하게 이루어진 시기였다. 이때 전차와 차량화 보병을 집중하여 상대의 종심을 깊숙이 파고들어가 순식간에 타격한다는 새로운 개념의 전쟁을 주장하던 구데리안 같은 소장파 인물들이 서서히 대두되기 시작했다.*

클라이스트는 참모로서의 경험도 풍부했지만, 야전에서는 주로 기병부대를 지휘했기 때문에 기동전에 대한 이해가 높은 편이었고, 기병대를 대신하여 장차전에서 전선의 주역이 될 것이 확실한 기갑부대에 대해서 관심이 많았다. 그래서 구데리안 같은 후배들의 새로운 의견을 어느 누구보다도 귀담아들었다. 제2기병사단장을 거쳐 1935년에 제8군단장이 된 클라이스트는 1936년 8월 독일의 슐레지엔 무혈점령 당시 부대를 지휘했으나, 이때부터 나치의 독재와 전횡에 대해서 상당히 부정적인 견해를 가지기 시작했다. 그는 공공연히 이런 견해를 피력하여 집권층의 미움을 사는 바람에 1938년에 히틀러가 대대적으로 군부를 숙청했을 때 자의 반 타의 반으로 전역하여 군을 떠나게 되었다.**

그런데 라인란트 주둔, 오스트리아 합병, 수데텐란트 병합 당시와 달리, 단치히를 내놓으라는 독일의 외교적 협박에 굴하지 않고 폴란드가 끝까지 맞서기로 하자, 전쟁 발발은 눈앞에 가시화되었다. 히틀러는 겉으로는 폴란드를 힘으로 누를 자신이 있다고 강한 척했지만 내심 영국과 프랑스가 두려웠기 때문에 막상 무력을 동원해 전쟁을 벌이려고 하자 조심스러워질 수밖에 없었다. 그런데 이 점은 오히려 군부가 더 우려하고 있었다. 비록

---

* 폴 콜리어 외, 강민수 역, 『제2차 세계대전: 탐욕의 끝, 사상 최악의 전쟁』, 플래닛미디어, 2008, 125쪽.

** http://www.spartacus.schoolnet.co.uk/GERkliest.htm.

소련과 불가침조약을 맺기는 했지만, 폴란드와 전쟁을 벌이는 동안에는 등 뒤에 있는 프랑스와 영국을 신경 쓰지 않을 수 없었기 때문에 이들이 움직이기 전에 최대한 빨리 폴란드를 점령하는 방향으로 침공 작전을 수립했다.* 이를 위해 폴란드 침공전을 앞두고 많은 부대들이 동원되었고, 당연히 이들을 지휘할 경험 많은 지휘관들도 필요했다. 반나치 성향의 인물로 분류되어 군복을 벗게 된 클라이스트도 이런 이유로 예편된 지 1년 만인 1939년 8월에 58세의 나이로 현역에 복귀했다.** 아마 전쟁 말기였으면 이런 정치적 성향의 인물은 복귀하기 힘들었을 테지만, 1939년만 해도 히틀러가 군부를 완벽하게 장악하지 못한 상태였기 때문에 군 내부에서 신망이 높았던 클라이스트의 복귀가 이처럼 쉽게 이루어질 수 있었다.

3. 실험적인 전장

필요에 의해 1년 만에 현역에 복귀한 클라이스트는 그 동안의 공백 때문이었는지, 아니면 나치 정권의 견제 때문이었는지 모르겠지만, 최전선의 주력부대가 아니라 후방이라 할 수 있는 슬로바키아에 주둔하고 있던 제22군단의 군단장으로 부임하여 폴란드 전역에 참전하게 되었다. 당시 제22군단은 남부집단군 예하였던 제14군의 예비였는데, 예하에 단지 제2산악사단만 편제되어 있던 전투력이 미약한 부대였다.*** 상급부대인 제

---

* 제프리 메가기, 김홍래 역, 『히틀러 최고사령부 1933~1945년』, 플래닛미디어, 2009, 156-157쪽.

** http://en.wikipedia.org/wiki/Paul_Ludwig_Ewald_von_Kleist.

*** François de Lannoy & Josef Charity, *Panzertruppen: German armored troops*

14군 사령관 리스트가 클라이스트와 동기였고 폴란드 침공전의 핵심 군단급 부대라 할 수 있는 제19장갑군단장 구데리안과 제16군단장 회프너가 후배라는 점으로 보아, 클라이스트는 폴란드 전역 개시 시점에서 분명히 한직에 있었다. 롬멜이나 모델의 경우처럼 공과에 따라 급속히 승진이 이루어진 경우가 전쟁 후반기에는 종종 있었지만, 사실 전쟁 초기에 독일군의 서열은 대체로 임관 순서에 따르는 편이었기 때문에, 폴란드 전역에서 클라이스트가 위치에 걸맞지 않는 직위에 있었던 것은 틀림없다.

폴란드 전역은 독일군으로서는 상당히 시험적인 무대였다. 비록 히틀러가 재무장을 선언하고 순식간에 독일이 유럽의 군사대국으로 급성장했지만, 재건한 독일군을 실전에 투입해본 적이 없기 때문이었다. 다시 말해, 폴란드 침공전은 독일로서는 제1차 세계대전 종전 이후 처음으로 그들의 부대를 사용하는 무대였다.* 따라서 독일은 그 동안 시험적으로 연구하고 개발한 여러 전략을 사용할 수 있게 되었는데, 그 핵심은 전차와 기동화된 보병을 집중 운용하여 공격의 중심축으로 삼는 것이었다. 그 동안 전차를 비롯한 기갑부대는 독립적으로 운용되지 못하고 보병을 지원하는 정도로만 인식되어왔지만, 일부 선각자들은 전선 돌파의 주역으로 집중화된 기갑부대를 창설할 것을 주장했다. 이러한 주장을 펼친 인물들은 제1차 세계대전 승전국을 포함한 군사선진국 전반에 걸쳐 있었다고 보아도 무방한데, 막상 이를 현실화한 기갑부대를 전선에 데뷔시킨 것은 패전국 독일이었다. 폴란드전에서 독일은 7개 전차사단Panzer Division과 2개 차량화보병사단Motorized Infantry Division을 편제하여 이를 공격의 창으로 사용하고자 했다. 하

1935-1945, Heimdal, 2002. pp.68-72.

* Steven J. Zaloga, *Poland 1939: The birth of Blitzkrieg*, Osprey, 2002, pp.20-25.

지만 이때만 해도 독일군 역시 구데리안을 비롯한 소장파 장군들을 제외한 대다수의 지휘부가 전통적인 전술을 옹호하는 보수적인 사고방식을 가지고 있었기 때문에 집중화된 기갑부대의 효과에 대해서는 반신반의하고 있던 상태였다.* 따라서 어렵게 창설된 귀중한 전차사단을 각 군단별로 쪼개서 배치했고, 그 동안 소장파가 속도전의 핵심으로 줄기차게 요구해온 집중화된 기계화부대는 구데리안의 제19(장갑)군단이 유일했을 정도로 아직까지는 실험적인 형태로 부대를 운용했다. 새로운 시도에 대해 가치관의 혼란을 겪고 있었기 때문이기도 했지만, 히틀러의 재군비 선언 후 어렵게 확보한 새로운 독일군의 소중한 전력 자산인 전차를 한 바구니에 담아놓았다가 유사시에 한 번에 잃고 싶지 않았기 때문이기도 했다.**

병력 면에서는 폴란드를 일방적으로 압도하지 못했지만 앞서간 전술과 무장으로 부대를 개편한 독일은 전쟁이 개시되자 폴란드를 순식간에 제압하기 시작했다. 특히 실험적 성격이 농후했던 군단급 기갑부대인 제19군단은 예상외의 놀라운 돌파 능력을 보여주었는데, 후속 보병부대가 쫓아오지 못할 정도로 전차부대가 너무 앞서가는 바람에 고립되는 경우까지 발생할 정도였다. 이와 더불어 제14 · 15 · 16군단처럼 시험적으로 편성된 준기계화부대들도 일반 보병부대에 비해 월등한 실력을 유감없이 보여주었지만, 생각지도 못한 문제점이 노출되기도 했다. 독일군의 신화가 되어 트레이드마크로 각인된 기갑부대도 이와 같이 처음부터 확실한 편제와 무장이 이뤄진 것은 아니었고, 실전에서 사용할 전술 또한 완벽하게 정리된 것도 아니었다.*** 결국 폴란드전은 이론적으로만 구상하던 기갑부대의

---

* 맥스 부트, 송대범 · 한태영 역, 『MADE IN WAR 전쟁이 만든 신세계』, 플래닛미디어, 2007, 441쪽.

** Len Deighton, *Blitzkrieg*, Panther Books, 1985, pp.37-41.

운용 및 전술에 관한 초기의 여러 가지 문제점을 개선하고 발전시키는 계기가 되었고, 후속하며 이를 현장에서 목도한 클라이스트는 여기에서 기갑부대의 가능성을 발견했다.

4. 장차전의 주역으로 떠오른 기갑부대

독일이 폴란드를 평정한 후 독일 기갑부대의 실질적인 창설자인 구데리안은 그 동안 심혈을 기울여 만든 기갑부대의 성과를 평가했다. 그 결과, 많은 수의 전차사단이 창설되어 전쟁에 데뷔했지만 보병부대에 속한 사단급 규모의 기갑부대는 전선을 쾌속 돌파하여 적의 종심을 깊숙이 타격하는 중추 전력으로는 부족하다는 것을 깨닫고, 더욱 집단화된 기갑부대가 반드시 필요하다는 결론을 내렸다. 폴란드 침공전 당시 구데리안은 제3전차사단, 제2차량화보병사단, 제20차량화보병사단과 약간의 직할부대로 이뤄진 제19군단을 지휘했는데, 이 부대는 사실 구데리안이 직접 창설하고 훈련시키고 실전에도 투입한 최초의 장갑군단Panzer Corps이었다.* 제19군단(이하 제19장갑군단으로 표기)은 군부 내에서 많은 찬반격론 끝에 시험적으로 창설되어 전선에 나서게 되었지만, 실전에서 기대 이상의 놀라운 돌파력을 보여주었다. 하지만 이것도 구데리안이 애당초 구상하던 야전군급 규모보다는 작은 규모였는데, 그 이유는 아무도 어느 정도의 규모가 적

*** David Westwood, *The German Army 1939-1945 Vol 1: Higher Formations*, Naval and Military Press, 2009, pp.177-180.

* François de Lannoy & Josef Charity, *Panzertruppen: German armored troops 1935-1945*, Heimdal, 2002. pp.38-45.

당한지 아는 사람이 없었고 당시 가지고 있는 군비만 가지고 무작정 규모를 크게 할 수도 없었기 때문이었다. 재건된 독일군은 분명히 강해지기는 했지만, 그렇다고 1939년 당시 국방군이 자타가 모두 공인할 만큼 상대를 일방적으로 압도할 정도는 아니었다.

폴란드 침공전에서 제19장갑군단은 비스툴라Vistula 강을 도강하여 동프로이센에서 진격하기로 되어 있던 제3군과 연결함으로써 단치히를 고립시키는 임무를 맡았으나, 다른 보병부대가 쫓아오지 못할 정도의 공격력과 기동력을 선보이며 폴란드의 한가운데 배후인 브레스트리토프스크Brest-Litovsk 지역으로 쾌속 남하해 일직선으로 치고 올라오던 남부집단군과 연결하게 되었다. 당시 이들의 진격거리는 다른 군단의 세 배 이상일 정도였다. 1939년 9월 17일 부크Bug 강변에서 제19장갑군단과 연결된 부대가 바로 클라이스트가 지휘하던 제22군단이었다. 제22군단은 르포프Repov를 점령하기 위해 부크 강을 향해 진격하던 중이었는데, 북에서 폴란드를 가로질러 내려온 제19장갑군단과 조우하여 포위를 완성했던 것이었다.* 이때 놀라운 기동력을 선보인 제19장갑군단의 활약을 바로 눈앞에서 지켜본 클라이스트는 기갑부대에 대해 깊은 감명을 받고 기갑부대가 장차전의 주역임을 더욱 확신하게 되었다.

폴란드를 소련과 손쉽게 나누어 먹은 독일은 애당초 계획보다 조금 늦었지만 불과 4주도 안 되어 전역을 일단락 짓고 서부전선에 대한 견제에 들어갔다. 프랑스나 영국은 본격적으로 무력을 동원하지는 않았지만, 독일이 폴란드를 침공했을 때 이미 선전포고를 한 교전국이었다.** 하지만

---

* Steven J Zaloga, *Poland 1939: The birth of Blitzkrieg*, Osprey, 2002, pp.76-81.

** 제프리 메가기, 김홍래 역, 『히틀러 최고사령부 1933~1945년』, 플래닛미디어, 2009, 166쪽.

1940년 프랑스 전선에서 예하부대를 시찰하는 클라이스트.

영불 연합군이 말로만 전쟁을 하고 행동으로는 나서지 않자, 히틀러는 자신감을 얻었다. 패전 아닌 패전을 당한 제1차 세계대전의 억울함을 설욕하기 위해서라도 독일은 프랑스를 반드시 제압할 필요가 있었다. 이제 전운은 서부 유럽에 드리워졌고, 히틀러는 프랑스에 대한 공격을 준비하라고 군부에 지시했다. 프랑스는 독일에 선전포고를 하고도 막상 행동으로 옮기지 않을 만큼 몸을 사리고 있었지만, 당대의 육군 강국이었고 폴란드처럼 만만한 상대가 결코 아니었다.

프랑스와의 싸움은 제1차 세계대전 때 사용한 전통적인 전술로는 이길 가능성이 없었고, 더구나 대부분의 진격로는 마지노선처럼 요새화되어 있어 돌파하기 어려워 보였다. 격론 끝에 만슈타인이 제안한 낫질 작전이 침공안으로 채택되었는데, 강력한 돌파력을 가진 주력을 삼림지대로 우회 돌파시켜 영불 연합군을 절단하는 것이 작전 개요였다.* 이를 위해서 폴란드전에서 그 가능성을 선보인 기갑부대가 전선의 주역으로 등장하게 되

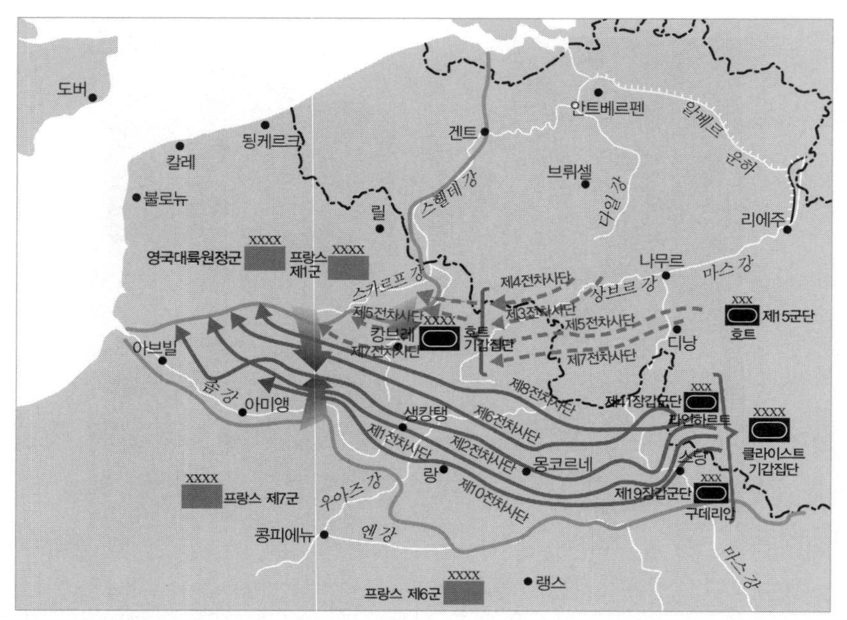

1940년 아르덴을 돌파하여 대서양으로 내달리는 클라이스트 기갑집단 클라이스트 기갑집단은 독일군의 창이 되어 아르덴 고원지대를 단숨에 돌파하여 대서양을 향해 치달아 순식간 연합군 주력의 배후를 단절시켰다.

었다. 1940년 육군최고사령부는 제4군, 제12군, 제16군으로 편제되어 있던 A집단군을 대프랑스전의 주공으로 정했다. 이와는 별개로 기존 제22군단을 확대 개편하여 아르덴의 고원지대를 돌파하여 선봉부대 역할을 할 강력한 야전군급 기갑부대를 조직했는데, 지휘관으로 1940년 6월 상급대장으로 승진한 클라이스트가 그대로 영전했다. 이로써 폴란드 전선에서는 2선급 부대였던 제22군단이 최초의 야전군급 기갑부대인 클라이스트 기갑집단으로 재탄생하여 등장한 것이었다.*

* 폴 콜리어 외, 강민수 역, 『제2차 세계대전: 탐욕의 끝, 사상 최악의 전쟁』, 플래닛미디어, 2008, 113쪽.
* http://www.axishistory.com/index.php?id=2065.

5. 그 이름도 빛나는 클라이스트 기갑집단

히틀러는 클라이스트가 나치에 호의적이지 않다는 것을 알고 있었지만, 그의 지휘력만큼은 높이 평가하여 1940년 2월 서부전선에서도 핵심 중의 핵심이라 할 수 있는 강력한 기갑부대의 지휘권을 그에게 주었다. 사실 여기에 대해 정확히 밝혀진 것은 없지만 적어도 야전군 사령관 정도의 군부 인사 중 클라이스트만큼 기갑부대에 대한 이해도가 높은 인물은 없었던 것으로 추측할 수 있다. 이때까지만 해도 소수가 지지하는 만슈타인의 낫질 작전을 수용하는 등 히틀러는 군부의 작전이나 인사에 있어서 나름대로 평정심을 유지하고 있었다. 클라이스트 기갑집단은 사료에 따라서 A집단군 예하의 여타 야전군처럼 야전군 제대로 표기하는 경우도 있고,* A집단군 예하 제4군 소속의 군단급 독립부대로 보는 경우도 있다.** 전자의 경우는 집단Group이라는 애매한 제대를 야전군으로 가는 과도기적인 제대로 보아서 그런 것 같고, 후자는 임시적인 조직으로 보았기 때문인 것 같다. 필자 개인적인 생각으로는 클라이스트 기갑집단을 만일 제4군의 예하부대로 본다면 제4군의 규모가 7개 군단으로 구성된다는 이야기인데 이것은 당시 독일군의 야전군급 부대로서는 너무 규모가 너무 크다는 점, 그리고 클라이스트 기갑집단이 프랑스 전역 후 확대 개편되어 종국에는 제1기갑군이 된 점을 고려한다면, 다른 야전군과 동등한 입장인 A집단군의 직할 제대로 보는 것이 옳다고 본다.

어쨌든 클라이스트 기갑집단은 당시 독일군이 보유하고 있던 최정예 부

---

* http://en.wikipedia.org/wiki/Army_Group_A.
** 알란 셰퍼드, 김홍래 역, 『프랑스 1940』, 플래닛미디어, 2006, 31쪽.

클라이스트 기갑집단을 나타내는 K 표식이 그려진 전차의 모습.

대들로 구성된 막강한 전력으로서 이후 전격전의 신화를 연출하는 주역이 되었다. 구데리안의 제19장갑군단과 라인하르트가 지휘하는 제41장갑군단으로 구성된 클라이스트 기갑집단은 전쟁이 개시되자, 쾌속의 진격을 계속하여 연합군을 일거에 절단시켜버림으로써 대프랑스 전역을 실질적으로 마무리하는 전사에 길이 남을 쾌거를 거두었다. 그 돌격 속도가 어느 정도였는지 알려주는 유명한 일화가 있다. 당시 선봉의 제19장갑군단의 진격이 얼마나 빠른지 이를 걱정한 클라이스트가 후속 부대와 연결하기 위해 구데리안에게 진격 속도를 조절하라고 명령했다. 그런데 구데리안은 계속 속도를 내어 진군해야 한다고 주장하며 항명을 했고, 이에 분노한 클라이스트는 구데리안을 면직시켜버렸다(하지만 구데리안은 곧바로 복직되었다).*

클라이스트는 진격은 하되 후속 부대와의 단절은 곤란하다고 생각한 반

* http://www.spartacus.schoolnet.co.uk/GERguderian.htm.

면, 구데리안은 그의 이론을 확신하며 하루라도 빨리 진군을 계속하여 적을 절단하는 것이 승리의 관건이라고 보았다. 클라이스트도 구데리안도 다른 독일 장성들에 비해 기갑부대의 효용성에 대해 확실한 신념을 가지고 있었지만, 세부적인 운용 방법에 있어서는 군대 선후배만큼의 차이가 분명히 존재했다. 이런 차이가 발생한 가장 큰 이유는 그들 모두 군사 역사상 아무도 가보지 못한 미개척의 길을 가고 있었기 때문이었다.

어쨌든 이후 전사에 신화로 기록된 대프랑스 침공전의 주역이었던 클라이스트 기갑집단은 당연히 그 명성을 독일뿐만 아니라 전 세계에 드높였는데, 그것이 어느 정도였냐면 클라이스트 기갑집단의 영광을 대변하는 다음과 같은 군가가 나왔을 정도였다.

클라이스트 기갑집단의 노래*

서부전선의 적들에게 우리는 힘을 보여주었다.

언제 어디서나 우리는 최강이다!

첩첩산중이라도, 초원이 진창이라도

어떤 장애도 우리는 극복할 수 있다.

우리가 돌격하다 죽을지라도,

승리는 우리의 것이다.

전진! 전진! 전차여, 전진하라!

전진! 전진! 엔진의 굉음이 울려 퍼진다!

전진! 전진! 승리를 위해 우리는 몸을 바친다!

총통의 정신이 우리를 이끈다.

---

* http://ingeb.org/Lieder/imwesten.html.

우리는 클라이스트 기갑집단, 클라이스트 기갑집단!

우리는 클라이스트 기갑집단, 클라이스트 기갑집단!

6. 유고슬라비아 정벌과 후유증

프랑스를 평정한 클라이스트 기갑집단은 1941년 4월 동부전선으로 이동하여 유고슬라비아 침공전에 투입되었는데, 여기에서도 눈부신 전격전을 다시 한 번 선보였다. 추축국에 가담한 불가리아에서 북진을 개시한 클라이스트 기갑집단은 북쪽에서 남진하여 내려오는 제2군은 물론이고 동맹군인 이탈리아 제1군과 헝가리 제3군보다 빨리 베오그라드를 점령해버렸는데, 진격 거리가 다른 부대의 두 배가 넘을 정도였다. 그런데 마지막에 자세히 언급하겠지만, 이때 유고슬로비아에서 실시한 작전 때문에 클라이스트는 종전 후에 엄청난 시련을 겪게 된다.

25작전Operation 25으로 명명된 추축국의 유고슬라비아 침공은 세르비아 지역을 방어하던 유고슬라비아 제5군과 제6군이 클라이스트 기갑집단에 붕괴되면서 불과 10일 만에 종결되었다. 이탈리아의 요청에 의해 참전하기는 했지만, 나치의 유고슬로비아 정벌은 여러 가지 목적이 있었는데, 그중 가장 큰 목적은 이곳에서 세력을 넓히려다가 계속 코피만 터지고 있던 이탈리아를 후원하여 독일이 추축국 세력의 맹주로 자리를 확고히 하는 것이었지만, 부수적으로 바바로사 작전에 앞서 친슬라브적 성향을 보이던 유고슬라비아를 먼저 다스려놓음으로써 배후를 단속하기 위한 목적도 있었다. 유고슬라비아 침공전은 원래부터 유고슬라비아와 사이가 나빴던 주변국들인 이탈리아, 헝가리, 루마니아, 불가리아, 알바니아 등이 나치 독일과 연합하여 사방에서 동시에 공격함으로써 쉽게 결판이 났다.* 이러한 전광석화 같은 작전을 성공시킨 주역인 클라이스트 기갑집단은 유고슬라비아 항복 이후 점령군으로 베오그라드에 진주하게 되었다.** 하지만 발칸 반도에서의 감격적인 승리로 독일이 필연적으로 얻게 된 또 다른 대가는 바바로사 작전의 연기였다. 애당초 1941년 5월로 예정된 소련 침공은 히틀러가 유고슬라비아 원정을 결심하면서 불가피하게 연기되었고, 그 늦춰진 시간은 결국 모스크바 바로 앞에서 동장군과 진흙장군에 가로막혀 독일군이 멈추게 된 원인 중 하나가 되었다.

그런데 유고슬라비아의 주요 구성원이면서도 다수인 세르비아인들에게 차별을 받고 있던 크로아티아인들이 독일 점령 후 유고슬라비아로부터 독립하여 친독적인 파시스트 괴뢰국가인 크로아티아 공화국을 건국하더니 독일의 힘을 배경삼아 원래부터 감정이 많이 쌓인 세르비아인에 대한 대대적인 테러를 자행했다. 이때 약 50만여 명의 세르비아인들이 인종청소라는 명목으로 대량 학살된 것으로 알려져 있다.*** 제2차 세계대전 종전 후 이러한 끔찍한 사건에 대한 책임 문제가 거론되었는데, 당시 유고슬라비아 점령국이자 크로아티아의 후견국이었던 나치 독일에 대한 책임 추궁이 당연히 이루어졌고, 이와 더불어 점령군의 주요 지휘관이었던 클라이스트가 전범으로 기소되어 결국 옥중에서 생을 마감하는 운명을 맞게 되었다.

어쨌든 유고슬로비아 전역의 주역이 된 클라이스트 기갑집단은 1941년 10월에 제1기갑집단Panzer Group 1으로 부대명을 바꿨다(어떤 기록에는 유고슬

---

* 제프리 메가기, 김홍래 역, 『히틀러 최고사령부 1933~1945년』, 플래닛미디어, 2009, 218쪽.
** http://en.wikipedia.org/wiki/Invasion_of_Yugoslavia.
*** Britannica Online Encyclopedia: Independent State of Croatia.

1941년 베오그라드를 점령한 제1기갑집단.

라비아 전역 참전 직전인 1941년 4월에 부대명을 바꿨다고 되어 있다). 하지만 이런 외형적인 변화와 상관없이 클라이스트는 계속해서 이 부대를 지휘했다.* 이 시점을 전후하여 대프랑스전에서 임시적인 기갑조직으로 처음 편제되어 실험적으로 운용된 클라이스트 기갑집단은 앞으로의 전쟁에서 그 흐름을 주도할 새로운 형태의 군사조직으로 확고히 자리매김하게 되었다. 하지만 이때까지만 해도 집단이라는 명칭이 말해주듯이 아직까지는 다른 야전군에 비해서 축소 편제된 형태였다.

통상 독일의 야전군Army은 4~6개 군단으로 편제되어 있었는 데 반하여, 기갑집단은 2, 3개 장갑군단을 주축으로 한 3, 4개 군단으로 편제되어 있었고, 직할부대도 미약한 편이었으며, 보급과 같은 지원도 상당부분을 상급부대나 인접부대에 의존했다. 따라서 기갑집단의 병력이 일반 야전군보

* François de Lannoy & Josef Charity, *Panzertruppen: German armored troops 1935-1945*, Heimdal, 2002. pp.88-91.

다 적었기 때문에 집단을 야전군과 군단 사이의 편제로 보기도 하지만, 화력과 기동력을 포함한 전투력 및 작전 영역에 있어서는 기갑집단이 보통의 야전군을 능가할 정도였다. 독일군은 역사상 최대의 원정 전쟁이 될 바바로사 작전을 앞두고 대대적인 군 구조를 개편했는데, 그 핵심은 돌파의 주역이 될 대대적인 기갑조직을 확충하는 데 있었다. 대프랑스 전선에서 클라이스트 기갑집단 1개 편제만 조직해 운용한 독일군은 소련 침공전을 위해서 4개 기갑집단을 만들었다. 이러한 개편에는 실험적인 집단화된 기갑부대를 데뷔시켜 성공적으로 작전을 이끈 클라이스트의 공로가 크게 작용했다.

7. 침공전의 주력부대 기갑집단

독소전 당시 독일이 동시에 운용하던 최대 전차 전력은 3,000대를 조금 웃도는 정도였다고 추산하고 있다. 상당히 많은 것 같지만, 남북으로 2,500킬로미터 가까이 되던 동부전선을 생각한다면 제2차 세계대전의 무적 독일군 기갑부대를 떠올릴 만큼의 많은 양으로 보기는 힘들다. 반면 개전 초기에 소련군이 보유한 전차는 독일이 최초 추산한 1만 대보다 훨씬 많은 2만4,000대 수준이었다.* 그럼에도 불구하고 독일군 하면 막강한 기갑부대의 이미지를 떠올리게 되는 것은 앞에서도 여러 번 설명한 것처럼 기갑 전력을 분산시키지 않고 집중하여 운용했기 때문이다. 이런 독일군의 성공적인 기갑부대 운용 사상은 처음부터 완벽하게 확립된 것은 아니

* David M. Glantz, *Soviet Military Intelligence in War*, Frank Case, 1990, pp.457-459.

었다. 구데리안같이 행동하는 이론가들이 폴란드전과 프랑스전을 거치면서 실수를 개선하여 발전시키고 이와 더불어 많은 지휘관들이 집중화된 거대 기갑부대의 지휘 및 작전을 적극적으로 이해하고 응용한 덕분에 탄생하게 된 것이었다.

클라이스트 기갑집단의 성공적인 작전 수행 과정을 지켜보고 대만족한 독일군은 앞에서 설명한 것처럼 바바로사 작전 직전에 3개 기갑집단을 신설해 총 4개 기갑집단을 편제했다. 북부집단군에 회프너의 제4기갑집단을, 중부집단군에 구데리안의 제2기갑집단과 호트의 제3기갑집단을, 남부집단군에는 클라이스트의 제1기갑집단을 배치하여 소련 공격의 핵심으로 삼았다.* 이들 부대의 사령관인 회프너, 구데리안, 호트는 프랑스전 당시 클라이스트 기갑집단의 예하 군단장이었거나 아니면 인근에서 함께 작전을 펼친 경험이 있어, 클라이스트로부터 기갑군의 지휘 및 운용에 관한 조언을 직간접적으로 들을 수 있었다. 이처럼 클라이스트 기갑집단과 사령관 클라이스트는 어느새 대규모 독일 기갑부대의 표준이 되어 있었다.

전공을 치하하는 의미도 있었는지 모르겠지만, 이들 4개 기갑집단은 소련을 침공하여 한참 신나게 진격하고 있던 1942년 10월 5일에 창설된 지 1년도 되지 않아 정식 야전군인 기갑군Panzer Army으로 승격되었다. 클라이스트 기갑집단이 모태인 제1기갑집단은 이때 제1기갑군The 1st Panzer Army으로 승격되었고, 사령관 클라이스트는 주력인 제1기갑군을 이끌고 남부 러시아와 우크라이나를 석권하는 맹활약을 펼쳤다. 1942년 여름, 5개 전차사단과 9개 보병사단으로 구성된 제1기갑군은 전선을 돌파하여 우크라이

* 폴 콜리어 외, 강민수 역, 『제2차 세계대전: 탐욕의 끝, 사상 최악의 전쟁』, 플래닛미디어, 2008, 575쪽.

나의 수도인 키예프를 방어하던 20개 사단 규모의 소련군을 구데리안이 지휘하던 제2기갑군과 협공하여 포위 격멸하는 대승을 거두었다. 이 전투에서 소련군은 사상자 20만 명에 포로가 50만 명에 이르는 참패를 당했는데, 독일, 소련을 막론하고 제2차 세계대전 때 있었던 단일 전투로는 최대의 전과였다.*

하지만 1941년 7월 7일에 개시되어 9월 26일까지 진행된 키예프 전투는 그 찬란한 전술적인 대승에도 불구하고 초기 독소전에서 독일이 범한 최대의 전략적 실수로 평가되고 있다. 어차피 독일의 봉쇄로 소련군이 고립되어 있는 상황에서 주력이 전략 거점을 향해 진격을 계속하면서 천천히 소련군을 제압하는 것이 옳았다는 의견이 다수를 차지하고 있기 때문이다. 물론 배후에 70만 명에 달하는 대규모 소련군을 남겨놓고 앞으로만 진격하는 것이 과연 옳은 작전이었겠느냐, 그렇기 때문에 배후의 위협이 될 수 있는 키예프의 소련군을 포위 섬멸한 작전이 옳았다는 주장도 일부 있기는 하다. 하지만 결과론적으로는 그것이 독일의 실수였다는 의견에 필자도 동의하는데, 그 이유는 다음과 같다.

8. 키예프 전투에 대한 소고

독소전 초기 소련군은 말 그대로 오합지졸의 대명사였다. 독일은 이런 틈을 타서 신속히 모스크바와 레닌그라드 같은 전략적 목표물을 점령해야 했다. 소련과 핀란드 간에 벌어진 겨울 전쟁**에서 확연히 들어난 것처럼

* http://en.wikipedia.org/wiki/Battle_of_Kiev_(1941).

1937년에 있었던 스탈린의 대대적인 숙청으로 인해 소련군은 변변한 지휘관 한 명 없는, 한마디로 껍데기만 거대한 군대였다. 스탈린이 대숙청으로 약 500만 명을 처형하고 2,000만 명을 강제수용소에 넣은 공포정치를 실시한 것은 사실 역사적 미스터리가 아닐 수 없다. 이러한 피의 시기는 역사적으로 권력을 획득하는 과정에서 발생하는 것이 일반적인데, 스탈린은 이미 1920년대에 계급투쟁에서 승리하고 1930년대에 누구도 범접하지 못할 만큼 권력을 공고히 했음에도 불구하고 이런 일을 자행했기 때문이다.

당시 소련 군부도 엄청난 정치적 박해를 당했는데, 혁명 초기에 외세의 간섭으로부터 소련을 구한 미하일 니콜라예비치 투하체프스키Mikhail Nikolayevich Tukhachevskii 원수를 비롯한 수많은 고위 장성들이 반혁명분자로 몰려 형장의 이슬로 사라졌다. 당시의 광풍이 어느 정도였냐면 대부분의 사단장급 장성들이 숙청되어 당성이 강한 중대나 대대급 지휘관들이 순식간에 몇 단계를 건너뛰어 자리를 메웠을 정도였다. 이와 같이 소프트웨어적으로 붕괴된 소련군이 독소전 초기에 독일군에게 일방적으로 터진 것은 너무나 당연한 것이었다.* 지휘력도 붕괴되고 전술도 부재한 상태에서 독일군의 기습으로 키예프에 고립된 소련군은 사실 쪽수만 많았을 뿐이지, 전투력은 보잘것없는 이미 포로나 다름없는 오합지졸이었다. 그런데 천천히 먹어도 되는 눈앞의 먹잇감에 대한 유혹을 떨치지 못하고 독일군은 주력을 우회시키는 우를 범했다. 그 중 가장 큰 실수는 모스크바로 향하던

** 소련이 영토 할양 등을 명분으로 1939년 11월 핀란드를 침공하며 일으킨 전쟁이었는데, 소련은 압도적인 전력을 동원했음에도 불구하고 핀란드군의 유격 전술에 걸려 상당한 고전을 했다.

* 폴 콜리어 외, 강민수 역, 『제2차 세계대전: 탐욕의 끝, 사상 최악의 전쟁』, 플래닛미디어, 2008, 571-573쪽.

구데리안의 제2기갑군을 90도 꺾어서 남부로 돌린 것이었다.*

독일군은 이미 초전의 충격으로 수세에 몰린 소련군을 계속 몰아붙여 모스크바 같은 전략적 목표물을 탈취해야 했음에도 불구하고 그렇게 하지 않고 이러한 우회를 실시함으로써 결과적으로 시간을 낭비하고 소련군에게 한숨 돌릴 여유를 주고 말았다. 결국 모스크바를 눈앞에 둔 상태에서 사상 최악의 겨울을 맞은 독일군은 진격을 멈추었고, 이로써 전선은 소강상태에 빠졌다. 이미 고립된 키예프는 루마니아군 같은 추축국 군대나 2선급 부대로 봉쇄하여 천천히 말려버려도 되었는데, 독일은 실기를 한 것이었다. 주력인 구데리안의 제2기갑군은 중부집단군의 중핵으로서 계속해서 곧장 모스크바로 향하고 클라이스트의 제1기갑군은 남부 러시아의 요충지 하르코프와 로스토프를 점령해야 했다. 하지만 70만 명에 달하는 먹잇감을 눈앞에서 보게 된 히틀러는 이를 그냥 지나칠 수가 없었다. 아니 엄밀히 말하면, 히틀러는 그의 저서인 『나의 투쟁』에서 언급했듯이 소련 침공 계획 수립 이전부터 독일이 먼저 확보해야 할 곳이 우크라이나와 남부 러시아라고 생각했다(그런데 우습게도 소련의 스탈린도 같은 생각을 하고 있었다). 비록 총참모본부가 순전히 군사적 관점에서 주력의 진공 방향을 모스크바로 정하기는 했지만, 히틀러는 이곳에 대한 미련을 한시도 버린 적이 없었다.** 결국 키예프의 전술적 대승은 전략적 과오로 얻은 결과였다.

---

* Cromwell Productions, Scorched Earth-The Wehrmacht In Russia: Army Group Center, 1999.

** Walter Hubatsch, *Hitler's Weisungen für die Kriegsführuig 1939-1945*, Bernard & Grafe, 1962, pp.85-86.

9. 제1기갑군의 위기

키예프 전투를 대승으로 이끈 독일 남부집단군은 1941년 9월말 드네프르 강을 건너 아조프 해를 향해 진격했다. 집단군 예하 제6군이 요충지 하르코프를, 제17군은 폴타바Poltava를 접수한 후 도네츠크Donetsk를 향해 전진했고, 제11군은 세바스토폴 요새 지역을 제외한 크림 반도 전역을 장악하는 등 키예프 공방전으로 인해 잠시 중단되었던 진군을 재개했다. 이때 클라이스트의 제1기갑군도 키예프를 떠나 코카서스 진입로라 할 수 있는 아조프 해와 돈 강 입구의 교통 요충지인 로스토프를 향해 진격했는데, 로스토프는 바바로사 작전에서 1941년 겨울 이전에 점령을 목표로 한 1차 진격선이었다. 클라이스트는 11월 말에 로스토프 외곽에 도달했으나, 키예프에서 3개월을 머문 후유증이 드디어 나타났다.

거대한 소련은 이제 매서운 겨울로 접어들고 있었다. 이와 더불어 대숙청에서 살아남은 소련군 장성 중 그나마 지휘 능력이 있는 몇 안 되는 장성 중 하나로 평가받던 세묜 콘스탄티노비치 티모셴코Semyon Konstantinovich Timoshenko가 지휘하는 남서전선군이 독일군이 전진을 머뭇거리는 틈을 타 천혜의 방어선인 돈 강변을 따라 깊은 참호를 파고 방어선을 갖추었다. 1941년 겨울은 50년 만의 혹한으로 기록될 만큼 엄청났는데, 추위와 별로 관계가 없는 남부 러시아의 흑해 연안도 영하 20도까지 떨어질 정도였다. 이런 악조건하에서도 제1기갑군은 11월 21일에 로스토프를 점령했으나, 진격로가 너무 길어져 좌익이 소련군에게 노출되었고,* 클라이스트는 이

* 폴 콜리어 외, 강민수 역, 『제2차 세계대전: 탐욕의 끝, 사상 최악의 전쟁』, 플래닛미디어, 2008, 600쪽.

런 전선의 상황을 우려하지 않을 수 없었다.

이러한 걱정은 곧바로 현실화되었다. 11월 27일 안톤 로파틴Anton Lopatin 중장이 지휘하는 소련 제37군이 도시 북쪽에서 제1기갑군을 공격하기 시작했던 것이었다. 동계용 장비와 보급품을 제대로 갖추지 못한 제1기갑군은 윤활유가 굳어 전차의 시동이 꺼지거나 기동 중 눈길에 미끄러지는 바람에 효과적인 응전을 하지 못했다. 결국 남부집단군 사령관 룬트슈테트는 로스토프에 고립되어 포위될 가능성이 있던 제1기갑군의 철수를 심각히 고려하게 되었고 클라이스트도 이에 동의했다. 룬트슈테트는 너무 돌출된 제1기갑군을 미우스Mius 강까지 후퇴시켜 좌익의 제17군과 우익의 제11군과 연결함으로써 전선을 축소하여 소련군의 우회 돌파로를 막고자 했는데, 이러한 계획을 보고받은 히틀러는 이를 거부하고 현지고수를 엄명했다. 하지만 룬트슈테트가 제1기갑군을 후퇴시켜 전선을 단축할 수밖에 없다고 재차 진언하자, 히틀러는 룬트슈테트를 해임해버렸다. 결국 후임으로 부임한 라이헤나우도 이런 상황을 극복하지 못하고 제1기갑군을 후퇴시켰는데, 이는 독소 전쟁 중 독일군이 행한 최초의 전략적 후퇴로 기록되었다.* 이

1941년 우크라이나 점령지역에서 작전 숙의 중인 클라이스트.

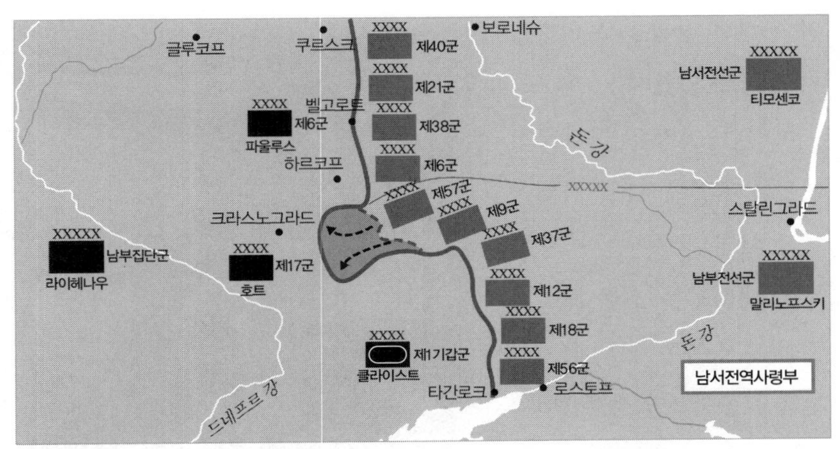

클라이스트의 제1기갑군은 1941년 말 로스토프 외곽까지 도발했으나, 너무 진격로가 길어지고 다가온 겨울과 강력한 소련군의 저항에 가로막혀 더 이상 전진이 곤란했다.

것은 사실 누가 보더라도 작전상의 후퇴였지만, 어쨌든 계속된 승리를 엮어왔던 제1기갑군으로서는 받아들이기 힘든 순간이었다. 그러나 이보다 더 큰 문제는 다른 데 있었는데, 그것은 바로 히틀러가 후퇴를 패배와 동일시했다는 점이었다.

10. A집단군을 구한 장군

1941년의 지옥 같은 겨울 동안 진격을 멈춰야 했던 독일군은 1942년에 새로운 공세를 준비하기 시작했다. 작전의 핵심은 히틀러가 전쟁 이전부

* Robert Kirchubel, *Operation Barbarossa 1941 (1): Army Group South*, Osprey, 2003, pp.45-51.

터 관심을 가져온 남부전선이었다. 소련의 생명선을 차단함과 동시에 독일이 필요로 하는 자원을 확보할 수 있는 코카서스의 유전과 곡창지대를 점령하는 것이었다. 히틀러는 이러한 목적을 달성하기 위해 청색 계획으로 명명된 원대한 작전을 입안하고 기존 남부집단군을 A집단군과 B집단군으로 나누어 코카서스를 점령하기 위한 하계 대공세를 준비했다. 신설된 A집단군은 코카서스 남부로 진격하여 카스피 해의 요충지 바쿠Baku를 점령한 뒤 독일의 잠재적 동맹 대상국이던 터키와 연결하는 임무를 담당했다.

리스트 원수가 지휘하는 A집단군에는 제17군과 독일군 최정예의 전통을 간직한 클라이스트의 제1기갑군이 편제되었는데, 그만큼 1942년 하계 공세에서 제1기갑군에 거는 기대가 컸음을 알 수 있는 대목이다.* 그런데 공세가 개시된 후 볼가Volga 강 연안을 점령하여 코카서스의 A집단군을 엄호해야 할 B집단군이 스탈린그라드에서 발목이 잡혔다. 이때부터 독일의 공세가 이상한 방향으로 흐르게 되었다. 히틀러는 주공인 A집단군의 역할보다는 자존심을 걸고 스탈린그라드에서 혈투를 벌이는 제6군을 비롯한 B집단군의 이전투구에 정신이 팔렸고 이에 스탈린도 맞장구를 치면서 볼가 강 연안은 피로 물들게 되었다. 지옥 같은 스탈린그라드 전투가 시작되었던 것이었다. 현지사수를 엄명한 히틀러의 고집과 더불어 이를 금과옥조처럼 받든 파울루스의 돌쇠 충성으로 인해 스탈린그라드에 고립된 독일군은 비참한 최후를 맞이하게 되었고, 이러한 급박한 전황의 반전으로 코카서스로 남진한 A집단군도 탈출로가 봉쇄될 위기에 빠지게 되었다. 돈 집단군Army Group Don의 만슈타인이 간신히 길목을 사수하고 있었으나, 버틸

---

* Peter Antill, *Stalingrad 1942*, Osprey, 2007, pp.21-23.

1942년 카프카스로 향하는 제1기갑군 소속 전차. 당시 제1기갑군은 A집단군 소속이었는데, 그해 말에 제1기갑군 사령관 클라이스트가 A집단군 사령관으로 영전하게 되었다.

시간은 그리 많아 보이지 않았다.

1942년 11월 이러한 위기 상황을 타개하기 위해, 히틀러는 리스트 해임 후 자기가 직접 지휘하던 A집단군의 사령관에 클라이스트를 임명했다. 이로써 클라이스트는 에버하르트 폰 마켄젠Eberhard von Mackensen에게 지휘권을 물려주고 제1기갑군을 떠나게 되었으나, 이제는 그의 분신이라 할 수 있는 제1기갑군뿐만 아니라 제17군까지 안전하게 코카서스에서 철수시켜야 하는 중차대한 임무를 수행해야 했다. 1943년 1월 제1기갑군은 1943년 1월 소련의 남서전선군, 남부전선군, 북코카서스 전선군으로 이루어진 150만 명의 엄청난 대군이 돈 강 서안을 점령하기 위해 진군하자, 만슈타인이 분전하고 있는 돈 집단군의 엄호하에 로스토프를 거쳐 우크라이나로 탈출하는 데 성공했다.* 이 공로로 클라이스트는 원수로 승진했다. 하지

* http://www.spartacus.schoolnet.co.uk/GERkliest.htm.

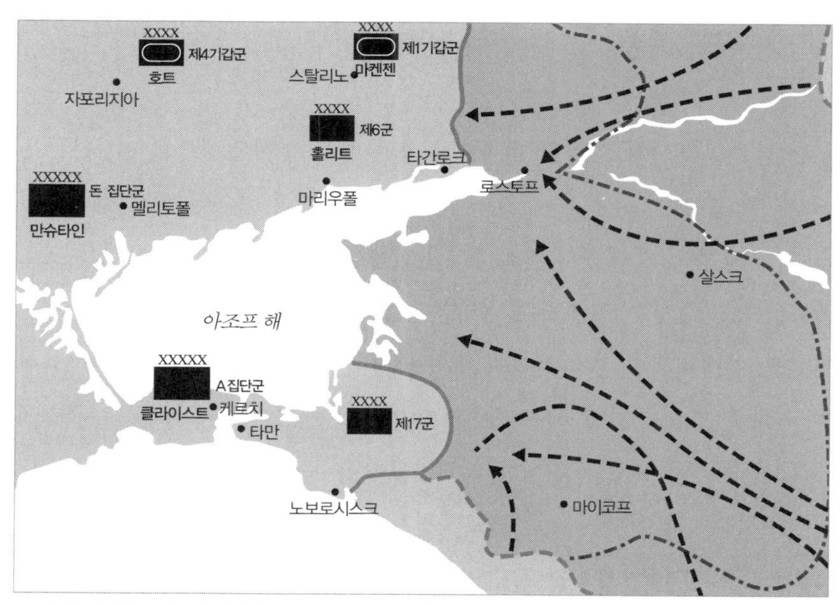

1943년 2월, 클라이스트가 지휘하는 A집단군은 고립 위험에서 벗어나 코카서스를 탈출할 수 있었다. 하지만 히틀러의 엄명으로 크림 반도와 타만 일대를 사수해야 했는데, 엄밀히 말해 이것은 전략적으로 무의미한 방어전이었다.

만 아직도 그에게는 쿠반Kuban 강 이북에 고립된 제17군이 남아 있었다. 제1기갑군의 철수와 동시에 로스토프가 함락되었기 때문에 제17군이 빠져나올 길은 코카서스와 크림 반도를 연결하는 좁은 케르치 해협밖에 없었다. 클라이스트는 트렌스코카서스 전선군 예하 8개 군에게 포위당할 위기에 몰린 제17군을 루프트바페의 적극적인 엄호하에 이곳을 통해 탈출시키는 데 성공함으로써 1942년 2월에 결국 A집단군 전체를 살려냈다.*

* Cromwell Productions, Scorched Earth-The Wehrmacht In Russia: Army Group South, 1999.

11. 마지막 분투

스탈린그라드의 비참한 최후에도 불구하고 구사일생으로 A집단군은 코카서스를 빠져 나올 수 있었다. 하지만 히틀러는 작전상 필요했다 하더라도 후퇴한 것에 대해서 히스테리한 반응을 보였다. 그가 원한 것은 오로지 공격, 그렇지 않으면 현지사수뿐이었다. 히틀러의 이러한 이상한 고집은 제2차 세계대전 종전 시까지 계속되었다.* 히틀러는 클라이스트의 A집단군에게 크림 반도를 사수하라고 엄명하고 케르치 해협을 통해 탈출에 성공한 제17군과 긴급 편성한 크림반도방어사령부를 예하에 배속시켰으나, 추격하여 들어오는 소련 북코카서스 전선군과 트렌스코카서스 전선군의 공격을 방어하기에는 역부족이었다. 게다가 자신의 분신과도 같은 전력의 핵심인 제1기갑군이 편제에서 제외되었는데, 이것은 A집단군에게는 크나큰 전력 손실이 아닐 수 없었다.

물론 크림 반도가 흑해와 아조프 해를 함께 아우를 수 있고 우크라이나를 견제할 수 있는 전략적 요충지이기는 했지만, 1943년 초 독일의 상황을 고려한다면 돌출된 이곳을 굳이 사수할 만한 전략적 가치는 없었다. 왜냐하면 우선 독일이나 추축국의 해군이 흑해나 이와 연결된 지중해를 통한 배후 작전을 펼칠 만큼의 전력이 없었기 때문에 굳이 크림 반도를 고집할 필요가 없었다. 또 로스토프를 소련군에게 빼앗기고 요충지 하르코프를 더 이상 방어하기 힘들어진 이상, 독일군은 전선을 최대한 단축하는 것이 효과적이었다. 청색 계획 동안 볼가 강과 코카서스로 돌출되어 길어진 전

* 제프리 메가기, 김홍래 역, 『히틀러 최고사령부 1933~1945년』, 플래닛미디어, 2009, 386-387쪽.

남부집단군의 일원으로 참전한 루마니아군, 흔히 이탈리아군을 연상하는 것처럼 제2차 대전 당시 독일 동맹군들의 전투력은 미약했다. 그 중 루마니아군의 경우는 스탈린그라드 전투에서 측면을 돌파당한 사실 때문에 약체로 생각하기 쉽지만, 사실 독소전 남부전선에서 그들의 역할은 상당히 컸다.

선의 측면을 이탈리아군, 헝가리군, 루마니아군이 담당했으나, 전투력이 떨어지는 동맹군으로 하여금 확장된 측면을 엄호하게 한 것이 올바른 선택이 아니었다는 것은 스탈린그라드 전투에서 입증되었다.

그러나 그나마 없는 것보다는 나은 이러한 전력조차 사라져버리고 정예 제6군과 제4기갑군이 궤멸되는 바람에, 남부전선의 독일군 전력은 6개월 전과 비교했을 때 반으로 줄어들었다. 반면 소련군의 증원은 날이 가면 갈수록 눈에 보일 정도로 크게 늘어나고 있었기 때문에, 독일군은 당연히 크림 반도에서 빠져나와 반도 초입을 봉쇄하여 전선을 최대한 단축해야 했다. 이때부터 독일 전격전의 선봉장으로 명성을 떨친 클라이스트는 알맹이가 빠진 A집단군을 지휘하며 주로 측면 방어 임무를 수행하게 되었다. 당시 남부전선은 새로 재창설된 만슈타인의 남부집단군이 담당하고 있었다. 남부집단군은 소련군을 기적적으로 궤멸시키고 하르코프를 재탈환하여 전세를 순식간에 뒤집고 이후 치타델 작전의 주역으로 활동했다.*

반면, 클라이스트는 주로 2선급 부대를 이끌고 우크라이나 방향으로 진출하려는 소련군을 최대한 억제했는데, 이러한 그의 분투는 만슈타인이 배후에서 안심하고 선전을 펼칠 수 있었던 원동력이 되었다. 1944년 3월, 소련군이 A집단군을 향해 대공세를 실시하자, 이러한 공세에 밀려 클라이스트는 후퇴를 해야 했다.* 이때 쿠르스크 전투의 실패로 수세에 몰려 있던 좌측의 만슈타인도 전선을 안으로 좀더 축소하고자 전술적 후퇴를 하게 되었는데, 이러한 명장들의 행위에 분노한 히틀러는 완전히 이성을 잃은 채 항상 그랬듯이 현지사수 명령을 어기고 항명했다는 이유로 그 동안 최고의 선전을 보여주며 마지막까지 남부전선을 효과적으로 방어한 두 맹장을 동시에 해임했다.

12. 어이없는 해임과 비참한 최후

당시 히틀러는 얼마나 이성을 잃었는지 클라이스트와 만슈타인의 해임을 만류하는 육군최고사령부의 여러 참모들에게 다음과 같은 터무니없는 사유를 해임의 이유로 주장했다.

"나는 클라이스트나 만슈타인을 신뢰하지 않는다. 그들은 뛰어나기는 하지만 나치당원이 아니다. 그래서 그들은 해임되어야 한다." **

---

* 폴 콜리어 외, 강민수 역, 『제2차 세계대전: 탐욕의 끝, 사상 최악의 전쟁』, 플래닛미디어, 2008, 630쪽.

* 제프리 메가기, 김홍래 역, 『히틀러 최고사령부 1933~1945년』, 플래닛미디어, 2009, 404-405쪽.

** http://www.spartacus.schoolnet.co.uk/GERkliest.htm.

히틀러는 이 두 장군이 명장임은 인정하지만 자신에 대한 충성심이 부족하기 때문에 사사건건 자기의 명령에 항거한다고 생각했던 것이었다. 하지만 히틀러를 막판에 배신한 것은 파울루스처럼 히틀러의 엉뚱한 명령을 철저히 따르면서 눈치를 보던 인물들이었지, 구데리안처럼 면전에서 대들거나 클라이스트나 만슈타인처럼 소신껏 부대를 지휘하려고 노력했던 장군들은 아니었다. 분명히 클라이스트는 자타가 인정하는 명장임에는 틀림없었으나, 1938년 군부 숙청 당시에 강제 예편되었고 이듬해 폴란드 침공을 앞두고 필요에 의해 복직되었지만, 한동안 한직에 있었을 정도로 반나치 성향의 인물로 분류되어 있었다. 비록 히틀러가 그의 실력을 인정하고 전쟁 중기에 원수로 진급시키며 중용했지만, 결국 나치가 탐탁지 않게 생각하던 그의 성향은 결정적인 순간에 해임의 구실이 되었던 것이었다.

클라이스트가 부대를 지휘하면서 나치의 정책에 대해 대놓고 항거하지는 않았지만 적극적으로 수용하지 않았다는 것을 보여주는 일화를 소개하겠다. 나치는 비게르만인들을 무자비하게 탄압하는 인종차별 정책을 펼쳤는데, 이 정책으로 유대인, 집시, 그리고 독일 점령지역의 슬라브인들이 가장 큰 피해를 입었다. 그런데 클라이스트는 스탈린 독재로 많은 탄압을 받은 우크라이나인 같은 반소 슬라브인들을 설득하여 독일의 적이 되지 않게 정책을 폄으로써 효과는 효과대로 얻고 쓸데없는 살육은 최대한 막았다.* 또한 클라이스트는 해임 후인 1944년 7월에 히틀러 암살음모사건에 연루되었다는 누명을 쓰고 게슈타포에게 체포되어 조사를 받는 곤혹을 치렀으나 혐의가 확인되지 않아 석방되었을 만큼** 현역이었을 때도 그랬

---

* http://www.encyclopedia.com/doc/1O129-KleistFieldMarshlPlLwldvn.html.
** http://www.spartacus.schoolnet.co.uk/GERkliest.htm.

고 퇴역 후에도 요주의 인물로 찍힐 정도로 반나치 성향이 확고했고 군인 이외의 길은 가지 않았다. 하지만 이런 그가 전범으로 체포되어 생을 감옥에서 마쳤다는 것은 아이러니가 아닐 수 없다.

해임 후 바이에른에서 살던 클라이스트는 1945년 4월 25일 미군에게 체포되었고, 유고슬라비아의 요청으로 신병이 인도되었다. 이유는 앞에서 설명한 것처럼 그가 선봉이 되어 점령한 유고슬라비아에서 나치의 비호를 받던 크로아티아 우스타셰Ustase 정권이 실시한 세르비아인들에 대한 대대적인 인종청소 사건 때문이었다. 제2차 세계대전 종전 후 유고슬라비아의 티토Tito 정권은 당시 주둔군의 주요 지휘관 중 한 명이었던 클라이스트를 대학살을 방임한 죄로 전범으로 기소하여 1946년에 15년형을 구형했다. 그는 소련으로 다시 인도되어 블라드미르Vladimir 포로수용소에 수감되었고, 1954년 10월 15일 동맥경화증으로 감옥에서 사망했다.* 전후 미군이나 영국군 측에 체포되거나 항복한 수많은 독일 장성 중 만슈타인처럼 소련이 넘겨달라고 난리를 쳐도 신병을 넘겨주지 않은 경우가 있었던 것처럼 독소전에 참전했던 장군이라 해도 반드시 소련의 처벌을 받았던 것은 아니었다. 그런데 미군이 군말 없이 클라이스트의 신병을 인도한 것을 보면, 그가 그의 반나치 신념과는 별개로 유고슬라비아 점령 당시 적극적인 학살 방지 노력을 게을리 했던 것으로 추정할 수도 있을 듯싶다.

---

* http://www.islandfarm.fsnet.co.uk/Generalfeldmarschall%20Paul%20Ludwig%20Ewald%20von%20Kleist.htm.

13. 전사에 남을 명장

제2차 세계대전 때 전선의 주역으로 본격적으로 등장한 대규모 독일 기갑부대와 이를 통한 전격전은 이후 전 세계 군 전술의 패러다임을 바꿔놓았다. 그리고 독일 기갑부대의 활약과 더불어 이들을 야전에서 지휘하여 많은 전과를 올린 인물들이 전사 곳곳에 그 이름을 남겼다. 아프리카군단DAK을 이끌어 일반인에게 많이 알려진 롬멜이나 마니아들에게 당대 최고의 장군으로 많이 손꼽히는 만슈타인, 실질적으로 독일 기갑부대를 건설하고 이론 정립에 앞장선 구데리안 등이 바로 그런 인물들이다. 그런데 이들과 더불어 전사에 자주 등장하면서도 의외로 많이 알려지지 않은 인물이 바로 클라이스트다.

전사에 그의 이름이 자주 등장하면서도 의외로 세인들에게 많이 알려지지 않은 이유는 먼저 회고록처럼 스스로 남긴 기록이 없다는 점이다. 더구나 그는 생을 소련의 수용소에서 마감했기 때문에 알려진 이야기가 더더욱 없는 편이다. 그렇기 때문에 그에 대해 기록된 단편적인 사실들을 조합하여 해석하는 방법 외에는 그에 대해 알아볼 방법이 없다. 그는 구데리안처럼 이론을 세우고 부대를 만드는 등 선구자적인 위치에 있지는 않았지만, 보수적인 독일군의 분위기 속에서도 새로운 소수의 군사이론을 열린 가슴으로 받아들이고 적극적으로 사용할 줄 알았던 인물이었다. 또한 만슈타인처럼 기념비적인 대승을 주도적으로 이끈 인물은 아니었지만, 독일이 참전한 대부분의 전역에서 돌파의 주역이었을 뿐만 아니라 후퇴전에서도 전멸 위기에 몰린 부대를 구해냈을 만큼 전천후로 맹활약했다.

그는 위기 시에는 히틀러에게 항명하면서까지 부대를 구해내는 진정한 용기를 가지고 있었고 출세를 위해 눈치를 보는 일도 없었으며 퇴임 후에도 반나치 성향 때문에 고생을 하는 등 진정한 군인의 길을 가고자 노력한 장군이었다. 비록 유고슬라비아에서 학살을 방임했다는 죄명으로 옥고를 치르고 운명을 달리했지만, 제2차 세계대전 후 리들 하트가 독일의 여러 장군들을 인터뷰한 내용을 기록한 책 『The Other Side of the Hill』(1948)을 보면, 클라이스트는 당시 자기가 유고슬라비아 점령군으로 있었지만, 행정관도 아니었고 더더구나 나치도 아니었기 때문에 대학살을 조장하거나 방임할 위치에 있지 않았다고 주장했다.

필자는 클라이스트가 재판에서 사형을 구형받지 않은 것으로 보아 이러한 그의 주장이 사실이라는 데 동의하며, 다만 그가 당시 사건에 대해 책임을 져야 할 만큼 높은 직위에 있었기 때문에 그런 처벌을 받은 것뿐이라고 생각한다. 그의 평소 정치적 신념이나 행동을 고려할 때 이것은 안타까운 일이 아닐 수 없다. 리들 하트의 글을 보면, 독소전 초기에 독일군에 만연했던 소련군에 대한 경시 풍조와는 달리, 그는 소련군을 무서운 잠재력을 가진 군대로 보았을 만큼 현실을 직시할 줄도 알았고, T-34를 최고의 병기로 손꼽았을 만큼 상대의 뛰어난 부분에 대해서도 인정할 줄 알았다.* 또 그는 자신의 이름으로 창설된 세계 최초의 야전군급 기갑부대를 지휘하여 승리를 이끌어냈으면서도 롬멜처럼 선전 도구로 이용되는 것을 경계했을 만큼 겸손했다. 비록 세인들에게 많이 알려지지 않았지만, 야전군 규모의 기갑부대를 최초로 지휘하여 전격전의 신화를 만들어내고 이후 독일 기갑부대의 전설이 된 클라이스트는 전사에 길이 남을 만한 숨어 있는 명장이었다.

---

* http://www.spartacus.schoolnet.co.uk/GERkliest.htm.

파울 루드비히 에발트 폰 클라이스트

1931~1932	제9연대장
1932~1935	제2기병사단장
1935~1938	제8군단장
1938	퇴역
1939~1940	제22군단장(폴란드)
1940~1941	클라이스트 기갑집단 사령관(프랑스, 유고슬라비아)
1941	제1기갑집단 사령관(동부전선)
1941~1942	제1기갑군 사령관(동부전선)
1942~1943	A집단군 사령관(동부전선)
1943~1944	남우크라이나 집단군 사령관(동부전선)
1944	퇴역
1945~1954	전범으로 수감

part. 7

기갑부대의 아버지

상급대장 **하인츠 빌헬름 구데리안**

Heinz Wilhelm Guderian

철학의 아버지 탈레스Thales, 음악의 아버지 바흐Bach처럼 어떤 분야에서 선도적인 업적을 이룬 위인들에게는 아버지라는 영광스런 칭호가 붙는다. 물론 탈레스 이전에도 철학적 사고를 한 사람들이 있었고, 바흐 이전에도 음악을 만들어 즐기던 사람들이 있었다. 그리고 아버지라는 칭호가 붙여졌다고 해서 탈레스나 바흐를 해당 분야의 최고 실력자라고 볼 수도 없다. 아버지라는 의미는 새로운 길을 개척한 인물을 의미하는 은유적인 단어로 보는 것이 보다 타당할 듯하다. 그 이전에도 철학이 있었고 음악이 있었음에도 불구하고 아버지로 불린 탈레스나 바흐처럼 '기갑부대의 아버지'로 불린 그도 100여 년 전에 현대적 의미의 전차가 처음 만들어졌을 당시에 관여한 인물은 아니었다. 하지만 그는 기갑 분야에서 새로운 길을 개척한 선구자일 뿐만 아니라 오늘날까지도 이 분야의 최고 인물로 꼽히는 데 전혀 어색하지 않을 만큼 커다란 족적을 남겼다. 새로운 사상을 개척한 선구자로서 아버지의 호칭을 뛰어넘어 기갑부대의 모든 것을 완성한 독보적인 인물, 그가 바로 상급대장 하인츠 빌헬름 구데리안이다.

1. 원수가 아니었던 장군

우리는 살면서 당연히 그랬으리라고 생각하던 것들이 실제로는 그렇지 않았다는 것을 알고 놀라는 경우가 종종 있다. 예를 들어, 『전쟁과 평화』, 『안나 카레니나』 같은 불후의 명작으로 당대에도 유명했던 대문호 레오 톨스토이Leo Tolstoy(1928~1910년)는 노벨 문학상을 받지 못했다. 미국의 유명한 영화배우인 로버트 레드포드Robert Redford는 처음이자 마지막이었던 아카데미상을 연기자로서가 아니라 영화 〈보통사람들Ordinary People〉(1980)의 감독 자격으로 받았다. 수험생들이 당연히 명문대를 나왔을 것이라고 생각하는 스타학원강사가 알고 보니 일류대 출신이 아니었다는 얘기처럼 통념상 당연히 그럴 것이라고 생각되는 인물이 막상 알고 보니 그렇지 않은 경우를 우리 주변에서도 흔하게 찾아볼 수 있다. 이것은 다시 말하면 언급된 해당 인물이 사람들로부터 그 정도의 평가를 받을 정도로 실력이 뛰어나다는 의미이기도 하다.

이와 같은 경우는 군사 분야라고 해서 예외가 아니다. 제2차 세계대전이라는 사상 최대의 전쟁을 놓고 볼 때도 그런 경우를 쉽게 찾을 수 있다. 당시 수백만의 군대를 항상 운용하던 독일이나 소련은 그 규모에 걸맞게 많은 장군들이 있었고, 그 중에는 군인으로서 최고의 영예라 할 수 있는 원수의 자리에까지 올라간 인물들이 많았다. 원수가 반드시 명장을 뜻하는 것은 아니지만, 전사에 커다란 획을 그을 수 있는 높은 계급임에는 틀림이 없다. 원수라는 계급은 그에 걸맞은 거대한 규모의 부대를 지휘할 수 있는 위치를 뜻하기도 하지만, 그보다는 전공에 대한 보상 차원에서 부여된 계급이라는 상징적인 의미가 더 크다. 따라서 원수는 승리한 장성들에게 부여되는 경우가 많았고, 제2차 세계대전 당시 독일군의 경우도 그런 원칙에 따라 많은 원수들이 탄생했다. 독일 육군의 경우만 보더라도 전쟁 발발 전에는 단 1명의 원수밖에 없었지만, 종전 때까지 무려 18명의 인물이 원수의 자리에 올랐다.*

하지만 단지 전공이 뛰어나고 실력이 있다고 반드시 원수의 자리에 오르는 것은 아니었다. 엄밀히 말하면 인사권자, 즉 최고 통치자의 의지가 가장 중요한 변수였는데, 제2차 세계대전 당시에는 당연히 히틀러의 입김이 중요한 변수로 작용했다. 히틀러는 군부를 장악하기 위한 당근책으로 룬트슈테트처럼 신망 있는 원로들을 승진시킨 경우도 있었고, 때로는 파울루스처럼 최후에 목숨까지 버리라는 강요 차원에서 던지다시피 원수 계급을 부여한 경우도 있었다. 또 육군의 카이텔이나 공군의 괴링처럼 무엇보다도 총통에 대한 노골적인 충성심을 높이 사 원수로 승진시킨 경우도 있었다. 물론 제2차 세계대전 당시 독일군의 원수들 모두가 앞에서 언급한 예처럼 군사 외적 사유에 의해 그 자리에 올랐다고 볼 수는 없지만, 히

---

* http://en.wikipedia.org/wiki/List_of_German_Field_Marshals.

틀러는 적어도 자신에게 잘 보이거나 원수로 승진시켜 이용할 만한 가치가 있는 인물들을 우선 승진시켰다. 롬멜과 모델이 선배들을 제치고 최연소 원수에 오르게 된 가장 큰 이유도 실력과 더불어 총통에 대한 충성심 때문이었음은 결코 부인할 수 없다.

물론 만슈타인처럼 두말할 필요 없이 실력이나 성과에 걸맞게 당연히 원수가 된 인물도 있었지만, 반면에 제2차 세계대전 당시 독일군 장군들을 보면 원수라 해도 전혀 이상하지 않을 만큼 뛰어난 인물들이 원수로 승진하지 못하고 군복을 벗은 경우가 의외로 많았다. 이들의 공통점이라면 히틀러의 눈 밖에 난 인물이었다는 점인데, 엄밀히 말해 그것은 다른 데 신경 쓰지 않고 오로지 군인으로서의 임무에만 충실했다는 뜻이기도 하다. 여기에 해당하는 인물을 굳이 한 명만 말하라면 육군 상급대장으로 군무를 마감한 하인츠 빌헬름 구데리안Heinz Wilhelm Guderian(1888~1954년)을 들 수 있다. 앞에서 언급한 톨스토이의 예처럼 대다수의 마니아들조차도 그가 원수에 오르지 못하고 군복을 벗었다는 사실을 모르고 있을 정도다. 그만큼 구데리안은 일반인들에게는 생소한 인물일지 모르지만, 군사전문가들이 최고의 군인으로 손꼽는 데 결코 주저하지 않을 정도로 뛰어난 인물이었다.

2. 무인 집안의 초임 장교

구데리안을 한마디로 설명하라면, '세계 기갑부대의 아버지'라고 해도 크게 이의가 없을 것이다.* 그가 전차를 처음으로 만들어내고 최초로 기

* 폴 콜리어 외, 강민수 역, 『제2차 세계대전: 탐욕의 끝, 사상 최악의 전쟁』, 플래닛미디어,

갑부대를 지휘한 인물은 아니었지만, 기갑에 관련된 모든 패러다임을 완성한 인물이라 해도 결코 무리는 아니다. 하지만 구데리안이 처음부터 전차나 기갑부대와 관련이 있던 인물은 아니었다. 아니, 전차라는 무기 자체가 제1차 세계대전 중에 처음 등장했을 만큼 20세기 초 군인들에게 이것은 생소한 것이었다. 최초 전차의 목적이 전선 돌파였기 때문에 초기의 전차부대는 목적이 비슷했던 기병대와 관련된 인물들이 관여했다.* 그런데 기갑부대의 역사에 누구보다도 뚜렷한 발자국을 남겼던 구데리안은 의외로 기병대와 전혀 관련이 없었다.

1888년 6월 17일 오늘날 폴란드 영토인 서프로이센의 쿨름Kulm에서 태어난 구데리안은 이름에서 알 수 있듯이 귀족 출신은 아니었지만, 독일 제국(제2제국) 성립의 핵심 세력 중 한 명이었던 독일 제국군 장교의 아들이었다. 당시에는 군을 가업으로 삼는 경우가 많았는데, 그도 이러한 가정의 영향인지 개인적인 신념 때문인지는 모르겠으나 1901년에 13세의 어린 나이에 군사학교에 들어가 일찍부터 무인의 길을 선택했다. 여담으로 그의 두 아들도 제2차 세계대전 당시 장교로 참전했고, 그 중 장남인 하인츠 귄터 구데리안Heinz Günter Guderian은 전후에 새롭게 탄생한 연방군의 기갑부대 장군이 되었을 만큼 그의 집안은 대대로 뿌리 깊은 무인 가문이었다. 구데리안은 1907년 군에 입대했는데, 처음으로 몸담은 곳은 공교롭게도 그의 아버지 프리드리히 구데리안Friedrich Guderian이 대대장으로 있는 제10하노버저격병대대였다.**

초임 장교였던 구데리안은 1911년에 프로이센 통신군단 예하의 제3무

2008, 66쪽.

* Thomas L. Jentz, *Panzertruppen*, Atglen, 1996, pp.17-25.

** http://www.achtungpanzer.com/gen2.htm.

선통신대대에서 근무하게 되었고, 이후 발발한 제1차 세계대전 당시에도 통신부대에서 경력을 쌓았다. 그렇기 때문에 그는 누구보다도 전장에서 통신이 얼마나 중요한지를 뼈저리게 절감하게 되었고, 뒤에서 자세히 언급하겠지만 이러한 그의 경험은 이후 독일의 전차 개발에도 지대한 영향을 미쳤다. 1913년에는 독일군의 핵심으로 선택된 소수의 인재들만이 거치는 엘리트 교육 코스라 할 수 있는 육군대학에서 공부하게 되었다. 여기서 그는 고급 지휘관 및 유능한 참모로서의 자질을 체계적으로 함양할 수 있었는데, 그의 동기로는 훗날 대프랑스전의 신화를 함께 만들어낸 만슈타인이 있었다. 만슈타인이 낫질 작전을 처음 구상했을 때 수시로 구데리안을 찾아와 조언을 구했을 만큼 둘은 막역한 사이였다.

제1차 세계대전 당시에 구데리안은 통신부대, 일선 야전부대의 참모로서 복무했고, 전쟁 끝 무렵에는 정보부대에서 근무했다. 구데리안은 히틀러와도 툭하면 부딪쳤을 만큼 자신의 의견에 반하면 상관과의 충돌도 불사할 만큼 돌쇠 같은 고집을 가지고 있었는데, 이러한 고집은 초임 장교 시절에도 마찬가지였다. 그래서 상관으로부터 미움을 사서 수시로 전출당하기까지 했다.* 하지만 전쟁을 거시적으로 조망할 수 있는 부서에서 고루 근무한 덕분에 초임 장교임에도 불구하고 전략적인 안목을 키울 수 있었다. 구데리안 하면 야전에서 기갑부대를 맹렬히 지휘하는 저돌적인 모습이 흔히 연상되는데, 물론 그런 지휘관의 면모가 없었던 것은 아니지만, 사실 그는 최전선에서 활약한 야전 지휘관이라기보다는 전략가에 가까운 인물이었다. 그렇다고 참모처럼 기존에 정해진 틀이나 대대로 내려오는 방법을 금과옥조처럼 받드는 데스크맨이었다는 얘기가 아니라 스스로 문

---

* http://en.wikipedia.org/wiki/Heinz_Guderian.

제점을 찾아다니며 고민하고 부지런히 해결책을 찾기 위해 행동하는 노력가였다.

3. 새로운 전쟁 방법에 대한 연구

구데리안은 제1차 세계대전 종전 후 베르사유 조약에 의해 병력이 10만 명으로 제한되고 중화기 보유도 금지된 공화국군에 남게 되었다. 비록 소수의 인원만이 군에 남게 되었지만, 제1차 세계대전 참전 경험은 구데리안뿐만 아니라 제2차 세계대전 당시 이름을 날린 수많은 독일 명장들에게 중요한 반면교사가 되었다. 공화국군에 잔류한 많은 독일 군부 엘리트들은 전투에서 이기고도 전쟁에서 진 희한한 패전의 아픔과 이후에 겪은 굴욕을 참으며 와신상담하고 있었다. 반면, 어려움을 겪고도 기사회생으로 승리를 거머쥔 연합국 측은 타성에 젖어 제1차 세계대전에서 겪은 뼈아픈 교훈을 망각했다. 독일은 정체된 전선을 돌파하는 혁신적인 방법을 찾아내는 데 골몰했던 반면, 연합국은 방어만 하면 전쟁을 이길 수 있다고 보았다. 결국 독일의 의지는 구데리안과 같은 여러 인물들에 의해 전격전으로 빛을 발하고, 프랑스는 결정적인 순간에 써먹지도 못한 마지노선이라는 괴물을 만들어내기에 이르렀다.*

구데리안은 연합국이 금지했지만 국방부 소속의 육군지휘부Heeresleitung 예하에 병무국이라는 이름으로 비밀리에 존속했던 참모본부의 요원이 되

* 폴 콜리어 외, 강민수 역, 『제2차 세계대전: 탐욕의 끝, 사상 최악의 전쟁』, 플래닛미디어, 2008, 70-71쪽.

었는데, 이전 경력에 의거해 교통과 통신을 담당하는 교통병감부Inspektion der Verkehrstruppen에서 근무했다.* 그는 제1차 세계대전 당시의 경험과 이 당시의 근무 경험을 통해 차량을 비롯한 동력화된 장비들이 다음 전쟁에서 중요한 역할을 담당하리라는 것을 직감하게 되었다. 이전 전쟁에서 지옥의 참호전을 경험했던 그는 역설적으로 적대국의 이론가들로부터 참호전을 극복할 수 있는 대안을 찾아냈다. 영어와 프랑스어에 능통했던 구데리안은 주변 국가의 군사전문가들이 제시한 여러 선진 이론들을 습득하는데 노력을 아끼지 않았다. 그는 영국의 존 풀러John Fuller와 리들 하트의 저서를 탐독했고, 대규모 기갑부대의 창설을 역설한 또 한 명의 프랑스 위인 샤를 드골Charles de Gaulle이 발표한 논문도 섭렵했다.**

이와 더불어 종심타격이론의 주창자인 투하체프스키가 숙청되었다는 이유로 소련에서는 언급조차 금기시되던 종심타격이론을 연구하기도 했다. 다행히도 구데리안이 이에 대한 연구를 계속할 수 있는 분위기가 조성되어 있었다. 당시 바이마르 공화국의 초대 병무국장으로 비밀리에 독일군의 재건을 선도한 젝트는 "장차 전쟁의 주역은 항공기의 엄호를 받는 체계화된 소수의 기동군이 담당할 것이다"***라고 주장할 만큼 개혁적이었다. 젝트의 이러한 생각은 동시대의 영국과 프랑스의 최고 지휘관이었던 더글러스 헤이그Douglas Haig나 필리프 페탱Philippe Pétain이 견고한 방어를 제일의 가치로 생각하던 견해와 극명한 대조를 이루었다. 그런데 어쩌면 독일이 패전국이었기 때문에 그런 발상을 하게 되었는지도 모른다. 승자는 승리를 얻었기 때문에 자신들이 사용하던 방법이 맞다고 생각했겠지만, 패

---

* http://www.spartacus.schoolnet.co.uk/GERguderian.htm.
** Heinz Guderian, *Panzer Leader*, Da Capo Press, 1996, pp.7-20.
*** Len Deighton, *Blitzkrieg*, Panther Books, 1985, p.221.

전한 독일은 굳이 예전의 사고방식에 얽매일 필요가 없었고, 더구나 군비가 제한된 상태였기 때문에 더더욱 다른 방법을 생각해야만 했다.

젝트를 비롯하여 기동화된 부대의 필요성을 느낀 인물들이 공통적으로 찾아낸 수단은 바로 전차였다. 이 점은 젝트나 구데리안뿐만 아니라 앞에서 언급한 승전국의 많은 군사전문가나 이론가들도 똑같이 생각했다.* 최초의 전차는 전투의 승패를 결정적으로 좌우할 만한 수단은 아니었지만, 그렇다고 그 성능을 무시할 수 있는 무기도 아니었다. 승전국들이 독일의 전차 개발과 보유를 금지한 것도 바로 이런 이유 때문이었다. 현대에 와서는 각종 고성능 대전차무기의 발달로 인해 전차무용론 같은 극단적인 주장까지 나오고 있지만, 아직까지도 전차가 지상전의 왕자라는 데는 대체적으로 이견이 없다. 그런데 현대적 의미의 전차가 등장하자마자 곧바로 강력한 무기로 자리매김했던 것은 아니었다. 물론 필요에 의해 개발되었지만, 전차라는 무기가 전쟁에서 오늘날처럼 효과적으로 사용되기까지는 의외로 많은 시간이 걸렸다.

4. 가치가 입증 안 된 한니발의 코끼리

1916년 9월 15일 솜 전투에서 최초로 등장한 Mk 1형 전차만 해도 영국이 고착된 전선을 돌파할 회심의 카드로 데뷔시킨 비밀무기였다. 하지만 이를 전투에서 어떻게 써야 할지도 모를 만큼 운용 노하우가 전무했고, 작전에 투입한 총 49대의 전차도 수량이 부족한 데다가 고장 차량까지 생겨

---

* Len Deighton, *Blitzkrieg*, Panther Books, 1985, pp.181-188.

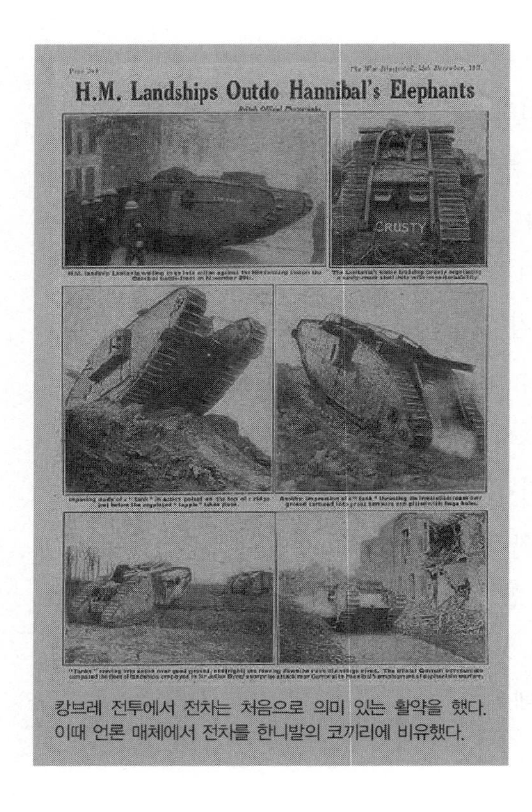

H.M. Landships Outdo Hannibal's Elephants

CRUSTY

캉브레 전투에서 전차는 처음으로 의미 있는 활약을 했다.
이때 언론 매체에서 전차를 한니발의 코끼리에 비유했다.

예상했던 것만큼의 성과를 얻지는 못했다. 이 때문에 전차가 실전에 투입되자마자 사용하는 데 많은 애를 먹은 일선에서는 전차무용론까지 제기되었을 정도였다. 하지만 전차가 뛰어난 무기임을 입증하는 데는 그리 오랜 시간이 걸리지 않았다. 1917년 11월 20일 캉브레 전투에서 영국은 474대의 전차를 집중 투입하여 진지를 돌파하는 큰 성공을 거두게 되었다. 이로써 전차는 그 효과를 인정받게 되었는데,* 당시 영국의 신문들은 한니발의 코끼리가 다시 등장했다고 대서특필하면서 전차의 전선 돌파와 작전 모습을 상세하게 보도했을 정도였다.

그러나 이때까지도 전차는 지상전의 왕자가 아니라 보조적인 전력으로 인식되고 있었다. 사상 초유의 엄청난 전쟁인 제1차 세계대전을 겪으며 군대는 많은 실전 경험을 했지만, 승자인 연합국이나 패전국인 독일 할 것 없이 대부분의 보수적인 장군들은 전장의 주역이 여전히 보병이고 돌파의

* B. H. Liddell Hart, *History of the First World War*, Pan Books, 1972, p.337.

핵은 기병이 담당해야 한다고 철칙처럼 믿고 있었다. 특히 지난 1만여 년간 인간의 이동 수단이 되어온 말에 대한 미련은 너무 컸다.* 하지만 그런 고루한 분위기 속에서도 제1차 세계대전 말기에 등장한 전차의 가치를 좀 더 이론적으로 분석한 소장파들이 서서히 두각을 나타내기 시작했다. 이들은 상호 연대한 것은 아니었지만 비슷한 시기에 각국에서 등장했는데, 앞에서 언급한 영국의 풀러나 리들 하트, 프랑스의 드골, 소련의 투하체프스키 등이 바로 그러한 인물들이다. 하지만 이들 대부분은 고루한 최고 지휘부의 벽에 막혀 군을 떠나거나 심한 경우에는 숙청당해 목숨을 잃기까지 했다.

이 중 전차 개발 및 실전 투입에 있어 새로운 장을 연 개척자였던 영국은 종전 무렵에 이르러서는 전차와 전차부대의 하드웨어나 소프트웨어에 관련된 모든 분야에서 세계를 선도했다. 그럼에도 불구하고 국방정책을 좌우하는 최고위층 대부분이 "전차와 항공기는 유용하기는 하지만, 전장에서는 병사와 말의 단순한 보조물에 불과하다"**고 주장한 헤이그처럼 보수적인 사고방식을 가지고 있었다. 다시 말해 전쟁에서 이겼으니 그것으로 만족할 뿐, 더 이상 새롭게 탄생한 무기를 가다듬고 발전시킬 생각을 하지 않았던 것이었다. 이 때문에 영국의 훌륭한 이론가들은 두꺼운 전사책의 한구석에 단지 시대를 앞서간 공상가로만 남게 되었다. 특히 당시로는 획기적인 군단급 이상의 대규모 기계화부대의 창설을 역설하고 다닌 풀러는 모국에서는 배척당했지만, 가상 적국인 독일과 소련에서는 존경의 대상이 되었다.***

---

* Thomas L. Jentz, *Panzertruppen*, Atglen, 1996, pp.17-22.
** Christer Jorgensen and Chris Mann, *Tank Warfare*, Spellmount, 2001, p.19.
*** Brain H. Reid, *J. F. C. Fuller: Military Thinker*, St. Martin' s Press, 1987, pp.175-183.

독일은 물론 소련의 전략가들에게 존경을 받았던 기갑부대의 선각자 풀러. 그는 그의 사상이 너무 급진적이라는 이유로 모국인 영국에서는 따돌림을 받았다.

전통적인 육군 강국 프랑스도 승자의 위치에 서자 자만에 빠져 영국처럼 소수의 소장파들을 제외하고는 아무도 전차와 군의 현대화에 대한 논의를 제기하려 하지 않았다. 전차는 보병과 기병의 지원 병기로서만 존재하도록 개념 정리가 끝난 상태여서 영국에서와 마찬가지로 전차는 프랑스에서 기계화된 '말'로 취급되었다.* 하지만 무기 측면에서 보았을 때, 그나마 섬나라인 영국의 전차보다 프랑스의 전차가 성능이 좋았다. 제2차 세계대전 발발 당시에 영국이 보유한 전차는 엄밀히 말해 제1차 세계대전 당시의 Mk 시리즈 전차에 비해 그다지 발전한 것이 없다고 판단될 만큼 시대에 뒤떨어진 빈약한 장갑과 화력으로 무장하고 있었다. 반면, 프랑스가 보유한 전차는 당대 최강으로 손색이 없었고, 동시기에 독일이 보유한 모든 전차들의 성능을 능가했다. 하지만 한니발의 코끼리는 패전국 독일에서 새

* 크리스터 요르겐센, 오태경 역, 『나는 탁상 위의 전략은 믿지 않는다』, 플래닛미디어, 2007, 44쪽.

로운 세상을 열게 되었다.

5. 장차전에 대한 이해

승전국의 많은 이론가들이 전차를 중심으로 한 장차전의 새로운 전술을 구상했지만, 앞에서 설명한 것처럼 나폴레옹 이래 형성된 기존의 전투 방법을 추종하는 세력들의 고루한 벽에 부딪혀 정작 실전에는 적용하지 못했다. 하지만 같은 시기에 독일에서는 전차를 둔중한 하마에서 무시무시한 날랜 공룡으로 만드는 데 결정적인 역할을 한 선각자가 등장했는데, 그가 바로 구데리안이었다. 물론 구데리안이 혼자서 모든 것을 다 만든 것은 당연히 아니다. 그럼에도 불구하고 그가 '기갑부대의 아버지' 소리를 듣게 된 것은 뛰어난 지휘관이면서 실천하는 이론가였기 때문이었다. 앞에서 언급한 여러 이론가들은 현실의 딱딱한 벽에 막혀 그 뜻을 펴지 못하고 단지 구상하는 것으로 끝낸 데 반해, 구데리안은 특유의 뚝심과 고집으로 목적한 바를 이루어냈다.

그렇다고 구데리안이 활약하던 당시의 독일 군부가 다른 나라에 비해 혁신적인 의견을 쉽게 수용할 만큼 유연한 사고를 가지고 있었던 것도 아니었다. 이들 역시 전차는 단지 보병의 보조 수단에 지나지 않는다는 전통적인 생각을 고수하고 있었다. 게다가 패전국 독일은 전차의 생산 및 보유조차 금지당하고 있던 처지였다. 그런 곳에서 구데리안은 자신의 의지를 관철시키고 놀랄 만한 업적을 이루었던 것이었다. 비밀리에 독일군 재건에 앞장선 젝트는 전차에 대해 관심이 많았지만, 군부의 대다수는 전차에 대해 그다지 호의적이지 않았다. 예를 들어, 구데리안의 상급자였던 교통병감부장 오토 폰 슈튈프나겔Otto von Stülpnagel 장군은 전차를 그저 보병과 기병의 보조 수단에 불과하다고 생각한 많은 보수적인 장군들을 뛰어넘어 연대 규모 이상의 전차부대를 금지했을 정도였다.*

사실 이때까지만 해도 영관급 장교였던 구데리안은 전차를 직접 탑승해 본 적도 없을 만큼 전차부대나 전술에 대해 단지 이론적으로만 구상하고 있었기 때문에 그의 능력으로 그 꿈을 현실화하기는 힘들었다. 또한 전차가 없어서 초보적인 전술 훈련조차 자동차에 캔버스 모형을 씌워 실시했을 정도였는데, 보수적인 장군들은 이를 긍정적으로 생각하기는커녕 오히려 독일군의 굴욕으로 여겼다. 이처럼 모형으로 훈련을 할 만큼 전차 보유는 요원했고, 일단 기술이라도 축적하고자 대외적으로는 농업용 트랙터라고 속이고 비밀리에 전차 개발을 추진해야 했을 만큼 독일에게 가해진 제약은 너무 많았다. 따라서 전차를 완성할 수도 없었고, 당시에 실험적으로 축적된 전차 관련 기술 또한 다른 나라의 전차 기술에 비하면 비교조차 민망한 수준이었다. 자존심이 강한 독일 군부는 이런 모든 것을 베르사유 조약에 의한 치욕으로 여겼다.

그런데 1931년 초 신임 교통병감부장으로 오스발트 루츠Oswald Lutz 장군이 부임하고 구데리안이 그의 부장으로 발탁되면서 많은 변화가 이루어졌다. 신임 상관 루츠는 구데리안만큼 전차와 기갑부대에 대한 열의가 대단했던 인물로, 혁신적인 사고방식을 가지고 있었다.** 둘은 이처럼 뜻이 맞았지만, 아직까지도 독일 군부에서 이단적인 주장을 펼치는 비주류에 불과했다. 바로 이때 그의 사상을 열렬히 지원해준 인물이 등장했으니, 그가 바로

---

* 크리스터 요르겐센, 오태경 역, 『나는 탁상 위의 전략은 믿지 않는다』, 플래닛미디어, 2007, 50쪽.

** http://en.wikipedia.org/wiki/Oswald_Lutz.

캔버스를 씌운 훈련용 가상 전차. 베르사유 조약의 굴레 속에서 전차를 이용한 전술을 습득하기 위해 어쩔 수 없이 선택한 방법이었지만, 한편으로 독일 군부에게 많은 자괴감을 안겨주었다.

1933년에 정권을 잡은 히틀러였다. 국민차 폴크스바겐 비틀Volkswagen Beetle 개발과 세계 최초 자동차 전용도로인 아우토반Autobahn을 건설을 통해 새로운 운송체계를 구축하려 했던 시도에서 알 수 있듯이, 히틀러는 새로운 운송 수단의 장래성을 확실하게 이해한 인물이었으며, 군 또한 기병을 대신하여 돌파를 담당할 새로운 기동 장비가 필요하다고 생각하고 있었다.*

6. 백지상태에서 시작하다

히틀러는 이런 생각을 가지고 있을 즈음 전차부대의 집중 운용에 대한

* 맥스 부트, 송대범 · 한태영 역, 『MADE IN WAR 전쟁이 만든 신세계』, 플래닛미디어, 2007, 442쪽.

구데리안의 이론을 접하고는 후원을 아끼지 않았다. 그러나 당시만 해도 히틀러가 군부를 완전히 장악하지 못한 시점이었기 때문에, 구데리안을 지원하기 위해서는 보수적인 육군 상층부의 반대를 무릅써야만 했다. 특히 독일군의 자존심을 지키기 위해 끝까지 나치와 히틀러에 저항했던 참모총장 베크의 경우는 기갑부대에 대해 회의적이었다.* 여담으로 베크는 전차보다 보병과 함께 이동하며 근접에서 지원할 이동화기를 구상했는데, 그것이 바로 제2차 세계대전 당시에 독일의 대표적인 무기 중 하나였던 돌격포Assault Gun 혹은 구축전차Tank Destroyer라고 불리는 기갑장비였다. 전쟁 말기에는 일선의 전차 수량이 워낙 부족하여 이것들이 그 역할을 상당 부분 대신하기도 했다. 이를 통해서 당시에는 기갑장비가 보병부대에 반드시 종속되어야 한다는 생각이 그만큼 강했음을 알 수 있다.

비록 구데리안이 이때부터 히틀러와 인연을 맺어 제2차 세계대전 종전 때까지 히틀러의 침략 전쟁에 중요한 관련자가 되었지만, 어느 누구도 구데리안의 이러한 경력을 비난할 수는 없다. 왜냐하면 그는 군인의 자격으로 통수권자를 상대한 것 외에는 도덕적으로 비난받을 만큼 히틀러나 나치에 충성하지 않았기 때문이다. 오히려 그는 부당한 명령을 남발하는 히틀러에게 정정당당하게 맞선 몇 안 되는 인물이었다. 우연치 않게 히틀러라는 날개를 얻었지만, 구데리안이 자신의 뜻을 실천에 옮기기 시작한 1930년대 중반 이전만 해도 전차를 중심으로 하는 전략은 둘째치고 제대로 된 돌파 전술도 정립이 안 된 상태였다. 한마디로 그는 전차에 관한 모든 것을 백지상태에서 시작했던 것이었다. 구데리안은 외부의 이론가들이 만들어놓은 연구 내용을 참조했지만, 결코 그것들이 독일의 해답이 될 수

* Thomas L. Jentz, *Panzertruppen*, Atglen, 1996, p.8.

는 없었다.

아니, 전차라는 물건을 어떻게 만들어야 효과적으로 사용할 수 있는 무기가 되는지를 알 수 있는 구체적인 모델조차도 없었다. 오늘날에는 전차라고 하면 강력한 힘을 낼 수 있는 구동 본체에 두터운 장갑으로 보호한 회전식 대구경 포탑을 장착한 일반적인 모습을 떠올리지만, 당시에는 이와 같은 전차의 구조를 상상하는 것조차 쉬운 일이 아니었다. 놀랍게도 이와 같은 분야에서조차 구데리안은 선도적인 역할을 했다. 구데리안을 기갑부대의 아버지로 부르는 이유는 장군으로서의 지휘력뿐만 아니라 전차의 개발 과정에서 발생하는 기계적인 문제에까지 지대한 영향을 미쳤기 때문이다. 베르사유 조약의 굴레로 병기 개발에 많은 제한을 받은 독일은 히틀러의 재군비 선언 후 교통병감부를 차량화부대사령부Motorized Troops Command로 바꾸어 본격적으로 전차를 대놓고 개발하기 시작했다.* 이때 탄생한 제식화된 전차가 바로 실험적인 성격이 컸던 1호 · 2호 전차였는데, 당시 주변국 주력 전차와 비교하면 민망한 수준이었다.

이때 차량화부대 참모장이 된 구데리안은 처음부터 중中전차 혹은 중重전차를 염두에 두었지만, 독일의 당시 기술 수준이나 철강 공급 능력을 고려할 때 제작이 어려운 데다가 이와 더불어 새롭게 재건된 국방군의 힘을 과시하고자 하는 히틀러의 의지가 맞물려 성능 여부와 상관없이 일단 당시 시점에서 대량 생산이 가능한 1호 · 2호 전차가 급속히 제식화되었다. 하지만 구데리안은 경전차를 현대전에 유용한 도구가 아니라 오히려 성가신 존재로 보고 있었다.** 이후 이 전차들은 제식화된 지 5년도 되지 않아

---

* http://www.spartacus.schoolnet.co.uk/GERguderian.htm.

** Len Deighton, *Blitzkrieg*, Panther Books, 1985, pp.183-190.

전선에서 급속히 도태되어 다른 운반 수단 등으로 전용되었는데, 그만큼 구데리안은 기갑부대의 창설과 더불어 장차전에 필요한 전차의 개념에 대해 이미 틀을 잡아놓은 상태였다. 그는 실험 결과 등을 바탕으로 전쟁 직전에 3호 · 4호 전차와 같은 차세대 전차 개발에 대한 개념을 정립했는데, 이 중 대부분은 현대의 전차 개발 사상에 많은 영향을 미쳤고 현재까지도 미치고 있다.

7. 엔지니어의 감각을 지닌 군인

그 중 첫째로 꼽을 수 있는 것은 차후 확장성에 대한 고려다. 차후에 주포의 개량 등이 이루어져서 전차의 성능을 업그레이드할 필요가 있을 경우 개조가 용이하도록 처음부터 넉넉하게 공간을 확보해 전차를 개발한 것이었다.* 이런 사상을 바탕으로 탄생한 독일의 3호 전차 이후에 등장한 전차들은 계속적인 개량이 가능하여 오랜 기간 전선에서 활약했다. 사실 우리가 최초로 만들어 제식화한 국군의 주력 전차 K-1의 경우는 사실 이 부분을 간과한 측면이 크다.

둘째, 전차 무게의 절묘한 한계점을 제시했다. 전차의 3대 요소는 화력, 방어력, 기동력인데, 이 중 방어력과 기동력은 서로 반비례하는 요소다. 그래서 구데리안은 이런 모순관계를 극복하고자 전차의 무게에 관한 가이드라인을 제시했는데, 그것은 당시에 각종 하천에 설치된 교량을 통과할

* Michael Green, Thomas Anderson and Frank Schulz, *German Tanks of World War II*, Zenith Imprint, 2000, p.28.

수 있는 제한 무게를 정해서 그에 맞게 전차를 개발하는 것이었다.* 전쟁 후기에 개발된 티거는 이런 제한을 넘어서는 중重전차였지만, 기동력을 바탕으로 한 전격전을 염두에 둔 1930년대 당시에 구데리안은 절묘한 한계점을 제시했던 것이었다.

셋째, 전차 승무원의 최적 인원을 산출했다. 구데리안은 전차장, 장전수, 포수, 조종수, 통신수, 이 5명이 이상적인 전차 승무원의 조합이라고 보았다. 당시 전차들은 개발 국가나 전차 종류에 따라 승무원의 수가 일정하지 않았는데, 구데리안의 주장대로 5명으로 구성된 승무원이 전투효율이 매우 높은 것으로 판명되었다. 이런 조합은 현재도 유효하다. 다만 통신장비와 사통장치 등의 기술 발전으로 해당 인원이 줄어들었을 뿐이다. 특히 1호 · 2호 전차는 물론이고 당시 연합군 측에서 사용하던 대부분의 전차들이 승무원에 대한 특별한 제한 규정 등이 마련되어 있지 않아 여러 임무를 중복으로 처리하다 보니 과로에 시달리는 경우가 많았는데, 그는 목적에 맞는 충분한 인원을 배치해야 전투력이 향상될 수 있다고 생각했고, 전차 승무원들도 공군 조종사처럼 체계적인 훈련을 통해 선발해야 한다고 주장했다.**

넷째, 통신의 중요성을 누구보다도 일찍 깨달은 인물답게 모든 전차에 무전기와 내부 통신용 마이크를 장비했다. 현재는 너무나 당연한 이야기일 수 있겠지만, 당시에는 지휘관 차량 외에는 무전기가 없었고 전차부대는 깃발을 이용한 수신호로 통제했다. 또한 소음이 심한 전차 내부에서 승무원 간의 마이크 통신도 전차 운용에 효과적이었다. 이처럼 통신장비를

---

* http://science.howstuffworks.com/panzerkampfwagen-iii-iv.htm/printable.
** http://science.howstuffworks.com/panzerkampfwagen-iii-iv.htm/printable.

통신장비를 착용한 승무원과 큐폴라. 이런 간단해 보이는 차이가 전쟁 초기 엄청난 효과를 발휘했다.

갖춤으로써 당연히 부대 통제가 용이해졌다.* 통신장비를 갖춘 부대와 그렇지 않은 부대와의 대결은 굳이 설명하지 않아도 상상이 갈 것이다.

다섯째, 전차의 포탑인 터렛Turret에 360도 시계 확보가 가능한 전차장 전용 큐폴라Cupola를 설치해 전차장이 안전하고도 쉽게 전후방 상황을 파악해 전차를 통제하며 일사불란하게 작전을 펴도록 했다. 이전 전차들은 승무원들이 각자 자신의 앞쪽만 시계가 확보되어 정보 수집이 제한적일 수밖에 없었는데, 이에 비해 모든 방향을 한 위치에서 관측할 수 있다는 점

* 폴 콜리어 외, 강민수 역, 『제2차 세계대전: 탐욕의 끝, 사상 최악의 전쟁』, 플래닛미디어, 2008, 124-125쪽.

은 상당히 효과적이었다.*

여섯째, 터렛 내부에 바스켓Basket을 매달아놓고 조종수와 무전수를 제외한 포탑 내 전투병들이 포탑 회전과 함께 같은 곳으로 회전할 수 있는 내부 구조를 가지도록 했다. 이것은 현대 전차들도 마찬가지일 만큼 당연히 갖추어야 할 기본 구조가 되었다. 그 덕분에 승무원들은 항상 전투 준비 태세를 갖출 수 있게 되었고, 포탑 회전 시 내부 구조물에 부딪혀 다치는 사고를 막을 수 있었다.**

이렇듯 전차를 개발하는 데 결정적인 영향을 미친 구데리안의 아이디어들이 오늘날에는 너무나 당연하고 상식적이라고 생각할 수도 있지만, K-1A1 전차처럼 K-1 전차의 개량에 많은 애를 먹은 우리나라의 예를 생각하면, 이미 수십 년 전에 전차의 성능을 확장할 때 문제가 없게끔 미리 여유를 두고 전차를 개발했다는 사실은 그가 얼마나 뛰어난 혜안을 가지고 있었는지를 알려주는 증거라 할 수 있다. 한마디로 그는 군인이었지만, 항상 연구하고 고민하고 문제를 해결하기 위해 현장에서 노력한 엔지니어이기도 했다.***

---

* Michael Green, Thomas Anderson and Frank Schulz, *German Tanks of World War II*, Zenith Imprint, 2000, p.35.

** Michael Green, Thomas Anderson and Frank Schulz, *German Tanks of World War II*, Zenith Imprint, 2000, p.41.

*** 맥스 부트, 송대범 · 한태영 역, 『MADE IN WAR 전쟁이 만든 신세계』, 플래닛미디어, 2007, 444쪽.

8. 이론을 체계화하다

앞에서 살펴본 것처럼 전차를 효과적인 무기로 발전시키는 과정에서 구데리안이 미친 영향은 상상 이상으로 컸다. 구데리안이 기갑의 역사에 남긴 업적은 그뿐만이 아니었다. 전차는 목적을 달성하기 위한 수단으로서 당연히 전차를 기반으로 하는 부대의 구성과 이러한 부대를 기반으로 하는 새로운 전술과 전략이 필요한데, 구데리안은 이 분야에서도 선도적인 발자국을 남겼다. 뛰어난 성능의 전차보다 더 중요한 것이 사실 이 부분이다. 엄밀히 말해 군사적으로 독일이 최대 극성기를 누렸던 1942년까지 독일군은 개별 전차의 성능이나 수량 면에서 연합국이나 소련군보다 우세하지 못했다.* 그럼에도 불구하고 성능도 떨어지고 수량도 부족한 전차를 앞세워 놀라운 승리를 계속 거둘 수 있었던 이유는 바로 상대보다 월등히 앞선 부대 구성과 운용 능력 덕분이었다.

구데리안은 기갑부대야말로 장차전의 주역이 될 것이라는 확신을 가지고 전차의 개발과 더불어 기갑부대의 운용에 대한 연구에 매진했다. 많은 제약과 열악한 환경 속에서도 혁신적인 전술을 개발하기 위해 헝겊이나 합판을 씌운 모형 전차 등으로 연구를 계속했고, 독소 군사협력밀약에 따라 승전국인 영국과 프랑스의 감시를 피해 소련에서 실시한 각종 훈련에도 관여했다. 1922년 패전국의 후예인 바이마르 공화국과 국제적 배척 국가가 되어버린 소련이 맺은 라팔로 조약Treaty of Rapallo은 외견상으로는 양국 간의 평화와 우호관계를 규정한 평화조약이었지만, 그 이면에는 고도의

---

* 폴 콜리어 외, 강민수 역, 『제2차 세계대전: 탐욕의 끝, 사상 최악의 전쟁』, 플래닛미디어, 2008, 577-578쪽.

군사적 협력관계를 내포하고 있었다. 독일은 소련에게 상대적으로 앞선 서방의 군사 기술을 가르쳐주는 대신에 소련으로부터 연합국의 감시를 피할 비밀 장소를 제공받기로 했다.*

제1차 세계대전 후 외교적으로 따돌림을 받아 외로운 처지에 있던 양국은 도움을 얻기 위해 서로 가까워지게 되었는데, 이때 독일은 볼가 강 중류의 카마Kama에 전차훈련장을 설립했고, 리페츠크Lipetsk에는 항공기실험장과 조종사양성학교를 설립했다.** 이렇게 설립된 비밀군사기지에 수많은 독일군 관계자들이 파견 나가 근무했고, 반대급부로 소련에서도 많은 요원들이 독일 등지에서 군사 관련 교육을 받았는데, 훗날 이들은 독소전에서 각국의 선봉장이 되었다.*** 이때 이루어진 구데리안의 연구는 제2차 세계대전 당시 독일군의 전략을 대변하는 전격전의 거대한 이론적 기반이 되었는데, 이는 현대전에서도 유효한 것으로 여겨지고 있다. 앞에서 설명한 이론가들이 구상으로만 그쳤던 것과는 달리, 그는 1934년에 차량화보병부대의 참모장으로 취임하면서 이를 기갑부대로 개편하는 등 자신이 정립한 이론을 직접 실제 부대에 적용하는 실험을 했다.

군부 내의 많은 반대 세력에도 불구하고 1935년 10월경 구데리안의 주도하에 3개 전차사단이 창설되었는데, 이때 그는 제2전차사단의 지휘를 직접 맡으면서 독일군 최초의 기갑부대 사단장이 되었다. 히틀러가 재군비를 선언한 후, 독일은 연합국의 눈치를 살피지 않고 본격적으로 군비 확

---

* German-Russian agreement, signed at Rapallo, April 16, 1922.

** James S. Courm, *The Roots of Blitzkrieg: Hans von Seeckt and German Military Reform*, Kansas University, 1992, pp.160-163.

*** 폴 콜리어 외, 강민수 역, 『제2차 세계대전: 탐욕의 끝, 사상 최악의 전쟁』, 플래닛미디어, 2008, 31쪽.

충에 나섰지만, 이때까지도 부족한 점이 많았다. 그 동안 비밀리에 준비해 왔지만, 모든 것을 새로 시작하는 것이나 다름없었기 때문이었다.* 구데리안은 처음에 원했던 중형 규모 이상의 전차는 아니었지만, 우선 채택된 1호 · 2호 전차를 기반으로 부대를 조직하고 이를 이용해 다양한 전술 훈련을 실시했다. 그러나 실전보다 더 좋은 훈련은 없다는 말처럼 단지 훈련은 훈련일 뿐이었다. 그렇다고 해서 전차와 전차부대의 성능을 시험해본다고 전쟁을 벌일 수도 없는 노릇이었다. 물론 당시 독일은 그런 능력도 없었다. 그런데 바로 그때 기회가 찾아왔다.

9. 우연히 찾아온 실전

1936년 7월 유럽의 서쪽 끝인 스페인에서 합법적으로 정권을 잡은 좌파 인민전선Popular Front 정부가 정권 획득 후 곧바로 급진적인 개혁을 실시하자, 이에 반발한 극우 세력이 프란시스코 프랑코Francisco Franco의 주도로 쿠데타를 일으키면서 내전이 발발했다. 처음에는 이데올로기에 기반을 둔 극단적인 정치 대결로 시작되었지만, 스페인의 뿌리 깊은 지역감정까지 개입되면서 주변의 간섭까지 불러올 만큼 거대한 국제전으로 순식간에 비화되었다. 소련이 공산주의자들을 도와준다는 명분으로 인민전선을 적극적으로 원조하고 나서자, 극우 파시스트 이념을 따르던 반란 세력인 국민당Phalange파를 돕기 위해 사상적 동지인 이탈리아와 독일이 지원에 나섰다.** 독일은 국제 사회에 그들의 능력을 보여주고 패전국으로서 그 동안

---

* Heinz Guderian, *Panzer Leader*, Da Capo Press, 1996, pp.31-36.

겪어야 했던 굴욕을 떨쳐버리고 싶었다. 또 재군비 선언 후 그 동안 준비해온 그들의 신형 무기와 새로운 전술을 실전에서 실험해보고 싶어했다.

하지만 제1차 세계대전 승전국인 이탈리아와 달리, 패전국인 독일이 개입하면 영국과 프랑스를 자극할 우려가 있었다. 게다가 아직까지 독일은 이들 국가와 정면으로 맞설 형편이 아니었다. 결국 독일은 겉으로 의용군 Condor Legion이라는 이름을 빌려 참전하는 편법을 동원했다. 이때 최초로 투입된 부대는 공군 수송기부대였고, 얼마 가지 않아 최신식 전투기와 폭격기로 무장한 전투부대도 대거 투입되었다.* 재군비 선언 후 그때까지 독일군 중에서 가장 극적으로 성장하는 데 성공한 군은 공군이었다. 특히 재군비와 더불어 그들이 보유한 최신식 전투기들은 경쟁국 공군기들을 압도할 만큼 독일은 자신이 있었다. 따라서 그들이 새롭게 재건한 루프트바페의 능력을 하루 빨리 시험해보고 싶은 마음이 컸다. 이에 비해 상대적으로 군비 확충이 더디었던 육군은 상징적인 수준만 참전시켰다.

구데리안은 제2전차사단의 대대장이었던 빌헬름 리터 폰 토마 Wilhelm Ritter von Thoma 중령을 지휘관으로 선정하여 1호 전차 25대로 구성된 소규모 기갑부대를 스페인에 파견했다. 훗날 롬멜의 부하로 북아프리카에서 맹활약하기도 했던 토마는 구데리안과 더불어 독일 기갑부대 창설 시기부터 함께해온 인물이었다. 구데리안은 토마에게 독일 전차의 장단점과 그 동안 갈고 닦은 전술을 구체적으로 시험해보라고 지시했다. 그리고 참전한 지 5개월 만인 1936년 12월에 구데리안이 고대하던 보고서가 도착했는데, 그 내용은 한마디로 충격적이었다. 토마는 1호 전차 같은 "경전차들이 현대

** (주)두산, enCyber두산백과사전.

* http://en.wikipedia.org/wiki/Condor_Legion.

전에서는 완전히 쓸모가 없으니 가능한 한 빠른 시일 안에 단계적으로 퇴출시키고, 대포로 무장한 전차로 교체해야 한다"고 보고했다.* 토마는 특히 자신들보다 기술 후진국이라 평가하던 소련이 인민전선 측에 공급한 경전차 T-26이 독일 전차를 압도하는 모습을 보고 놀랐다.

토마는 전차라고 한다면 적어도 웬만한 소화기 공격을 방어할 수 있는 방어력과 적의 거점을 쉽게 제압할 수 있는 화력이 반드시 필요하다고 보았는데, 독일이 처음 만든 1호 전차와 이를 개량한 2호 전차는 단지 이동할 수 있다는 점만 빼고 방어력과 공격력 모두 약했다. 얇은 장갑은 방호를 제대로 하지 못했고, 기관총만으로 공격할 수 있는 대상도 개활지에 노출된 보병 정도로 한정되어 있다고 평가했다. 그 동안 비밀리에 연구를 해왔지만, 오랜 기간 전차 개발에 제한을 받아서 시작이 늦은 만큼 주변국이 보유한 전차와 비교했을 때 성능 차이는 확연했다. 구데리안은 두터운 장갑과 강력한 야포를 장비한 중형 이상의 강력한 전차가 필요하다는 자신의 생각이 옳았음을 확인하고 본격 전차라 할 수 있는 3호・4호 전차를 더욱 박차를 가해 개발할 것을 독려했다. 하지만 토마의 보고서에는 그 무엇보다도 구데리안이 진정으로 원하던 내용이 따로 있었다.

10. 집단화된 기갑부대의 필요성

토마는 보고서에서 "전차가 최전선에서 결정적인 충격을 가할 수 있도

---

* 크리스터 요르젠센, 오태경 역, 『나는 탁상 위의 전략은 믿지 않는다』, 플래닛미디어, 2007, 65쪽.

록 사용되려면 적어도 사단급 이상의 대규모 제대로 편성되어야 한다고 지적했다."* 1호 전차처럼 가뜩이나 성능이 미흡한 전차들이 보병을 근접 지원하기 위해 소규모로 분산되어 속도를 늦춰가며 작전을 펼치면 더더욱 효과가 없다는 사실이 스페인 내전에서 입증되었던 것이었다. 그 동안 구데리안은 풀러나 리들 하트, 투하체프스키 같은 인물들이 주장한 것처럼 관련 부대를 최대한 대규모로 집단화하여 돌파의 축으로 삼아야 한다고 생각하고 있었다. 사실 전차라는 무기 자체가 처음부터 고착된 전선을 돌파하는 수단으로 탄생한 것이었기 때문에, 돌파구를 최대한 확대하여 아군의 진격로를 개척하면 그 임무를 일단 달성한 것으로 보았다.

전통적으로 이런 역할은 기병대가 맡았고, 이런 이유로 초기의 많은 전차부대 지휘관들은 기병대 출신이거나 기병대의 전술을 응용하는 경우가 비일비재했다. 하지만 기갑의 역사를 개척한 많은 선각자들은 그것만으로 만족하지 않았다. 그들은 전선을 찢고 급속 돌파하여 후방에 있는 적의 배후를 강타해버리는 전술까지 생각했다. 한마디로 전차를 투입하여 전투를 벌일 전장의 규모에서도 차이가 났던 것이었다. 보수적인 사고방식에 젖어 있던 당시 군부 주류는 단지 기병대의 말 대신에 전차를 투입한 것뿐이라는 생각을 하고 있었는데, 이런 생각은 스스로 전차의 능력을 제한시켜버리는 결과를 낳았다.** 화력, 방어력, 기동력에서 일단 엄청난 차이가 있었음에도 불구하고 이런 능력을 극대화할 생각은 않고 단지 고착된 전선만 뚫어버리면 그것으로 전차의 임무가 끝난 것으로 보았던 것이었다. 따라서 그들은 전차를 분산 배치하여 보병과 속도를 맞춰 각개적으로 전

* Thomas L. Jentz, *Panzertruppen*, Atglen, 1996, pp.45-46.
** Thomas L. Jentz, *Panzertruppen*, Atglen, 1996, pp.32-41.

투에 임하게 하는 것이 옳다고 주장했다.*

하지만 구데리안은 최대한 전차 전력을 한곳으로 집중시켜 적을 일거에 강타함으로써 쉽게 틀어막기 힘든 커다란 구멍을 전선에 만들고 이곳을 계속 확대해가면서 적의 배후 깊숙이 치고 들어가 퇴로를 막아버리는 전술을 구상했다. 따라서 집단화된 규모가 크면 클수록 돌파구의 크기와 진격할 수 있는 거리도 비례하여 커진다고 보았다. 반면에 전차를 분산 배치하면 이런 능력은 급속히 감퇴한다고 보았는데, 토마의 보고서는 이를 입증한 것이었다. 사실 오늘날도 마찬가지지만, 일거에 전 전선을 돌파하여 적을 압박하기는 상당히 힘들다. 그렇기 때문에 공격하는 자는 전선의 일각이라도 뚫어서 돌파구를 형성하기 위해 힘쓰는 반면, 방어하는 자는 돌파구를 최대한 막으려고 애를 쓰는 것이다.

제1차 세계대전 당시 서부전선이 지옥으로 변한 가장 큰 이유는 막상 전선의 일각을 뚫고도 돌파구를 확대하는 데 실패했기 때문이었다.** 전선에 구멍을 내면 다음 단계로 이를 확대시키면서 적의 배후로 진공해야 하는데, 구멍을 내는 데 너무 지치고 소모된 것이 많아 더 이상의 후속 작전은 무리일 뿐만 아니라 이때 적이 방어막을 구축하면 제풀에 기세가 꺾이기 일쑤였다. 구데리안은 당시의 실패를 극복할 수단으로 말과 달리 쉽게 죽지 않고 기름만 있으면 더 많이 진격할 수 있는 전차를 떠올렸고, 최대한 이들을 한곳으로 모아 파괴력을 극대화해야 한다고 믿었다. 구데리안은 시범적으로 창설된 3개 전차사단만으로는 장차전을 치르기 부족하

---

* 맥스 부트, 송대범 · 한태영 역, 『MADE IN WAR 전쟁이 만든 신세계』, 플래닛미디어, 2007, 439-446쪽.

** 피터 심킨스, 강민수 역, 『모든 전쟁을 끝내기 위한 전쟁: 제1차 세계대전 1914~1918』, 플래닛미디어, 2008, 65-69쪽.

다고 결론을 내리고는 새 전차를 구비한 더 많은 기갑부대를 창설하고 이를 모아 종국적으로 야전군급 규모의 거대한 기갑부대를 편재할 것을 주장했다.* 하지만 구데리안의 의견과 토마의 보고는 군부의 최종 의사 결정을 좌우하는 보수주의자들과의 대립을 피할 수 없었다. 구데리안의 생각은 결국 1940년에 가서야 실현될 수 있었다.

11. 전쟁으로 가는 길

이 글 서두에서 언급한 것처럼 전선을 휘젓고 다닐 것 같은 우락부락한 겉모습과 달리, 구데리안은 상당한 전략가였다. 그는 1937년 전차 개발과 기갑부대 창설에 힘쓰면서 체득한 연구 결과를 집대성한 『전차를 조심하라!Achtung Panzer!』라는 기념비적 저작을 남기게 되었는데, 이 책은 가히 기갑부대의 바이블이라 할 수 있다.** 이 책에서 주장하는 핵심은 바로 제2차 세계대전 당시 독일군의 핵심 전략인 전격전이다. 전격전라는 명칭조차 독일 스스로 붙인 것이 아니었을 만큼 구데리안 혼자서 전사에 길이 남을 전략을 만든 것은 아니었지만, 적어도 구데리안이 이루어놓은 것을 제외하고 독일의 전격전을 논할 수는 없다. 이 책에서 구데리안은 전쟁의 승리는 강력한 선봉대를 창으로 삼아 일거에 충격을 가해 전선을 급속히 찢은 후 속도를 더해 돌파하여, 적의 배후에 위치한 전략 거점을 신속히 그리고 완전히 제압해야 얻을 수 있다고 설파했다.

---

* http://www.spartacus.schoolnet.co.uk/GERguderian.htm.
** http://www.achtungpanzer.com/gen2.htm.

그는 이를 위해서는 보병을 지원하는 분산된 형태가 아닌 충격군의 개념을 지닌 집단화된 대규모 기갑부대가 필요하며, 집단화된 대규모 기갑부대를 조직하기 위해서는 강력한 다수의 전차와 더불어 화력을 근접 지원할 자주화된 포병 그리고 이와 함께 일선을 돌파할 차량화된 보병이 필요하다고 생각했다. 그리고 여기에 공중포대 역할을 담당할 공군이 더해져야 한다고 역설했다. 한마디로 전차 외에도 포병, 보병, 공군이 함께 속도를 맞춰 입체적으로 작전을 펼치는 패키지 형태의 작전을 구상한 것이었다. 구데리안이 『전차를 조심하라!』를 출판한 1937년은 독일이 재군비를 선언한 후 전력을 급속히 팽창하던 시기였다. 당시 구데리안은 신설된 제2전차사단을 이끌고 그 동안 열과 성을 다해 창조한 독일 기갑부대의 능력을 뉘른베르크에서 열린 나치 전당대회에서 히틀러가 참관한 가운데 시범을 보였다. 비록 시나리오대로 연출된 시범이었지만, 수많은 전차와 함께 돌격하는 기계화 보병의 모습은 히틀러와 많은 군 관계자들에게 강한 인상을 주었다.

이러한 각고의 노력이 결실을 맺어 구데리안은 1938년 2월에 최초의 군단급 기갑부대인 제16(장갑)군단을 창설하여 군단장에 올랐다.* 비록 그가 원하던 그 이상의 규모는 아니었지만, 보수적인 인물들이 군부의 주류를 차지하며 완고한 모습을 보여왔던 상황에서 그나마 어렵게 이룬 결과였다. 구데리안은 자신의 주장이 옳다고 생각했지만, 한 번에 모든 것을 이룰 수 있다고 생각하지는 않았기 때문에 차근차근 단계를 업그레이드해나갔다. 실전은 아니었지만, 독일의 기갑부대는 1938년 3월 11일 오스트리아 합병 당시 그 기동력을 유감없이 발휘했다. 독일 남부 뷔르츠부르크에 주둔한

* http://en.wikipedia.org/wiki/Heinz_Guderian.

제2전차사단은 48시간 만에 무려 670킬로미터를 이동해 오스트리아의 수도 빈Wien에 진주했다. 만약에 발생할 수도 있는 오스트리아의 저항을 순식간에 차단했을 만큼 한마디로 이전에는 상상할 수도 없던 대규모 부대의 놀라운 기동력이 입증된 셈이었다.* 같은 시간 베를린에서 1,000킬로미터를 달려온 LSSAH 연대Leibstandarte SS Adolf Hitler(아돌프 히틀러 친위연대)의 기동거리에는 못 미쳤지만,** 구데리안이 진두지휘한 이 무혈입성 작전은 당시에 철도를 이용하지 않고 단지 기동화된 장비만으로 거대한 부대가 단기간 내 장거리를 이동했다는 점에서 군사적으로 엄청난 사건이었다.

그해 9월 30일 약소국 체코슬로바키아의 의사와는 전혀 상관없이 영국, 프랑스, 독일, 이탈리아 간에 뮌헨 협정Munich Agreement ***이 체결되자, 바로 다음날 수데텐란트를 접수하기 위해 독일군이 국경을 넘었다. 이때 기계화부대장으로 영전한 구데리안이 자신이 직접 창설한 제16장갑군단 등을 이동시켜 제일 먼저 수데텐란트를 확보하는 데 성공했다. 하지만 독일의 피해가 없었던 무혈 군사 점령은 체코슬로바키아 점령이 마지막이었다.

---

* Franz Steinzer, *Die 2. Panzer-Division 1935-1945*, Podzun-Pallas-Verlag, 1977, pp.22-27.

** Michael Reynolds, *Steel Inferno: I SS Panzer Corps in Normandy*, Spellmount, 1997, pp.38-41.

*** 제1차 세계대전 후 독립한 체코슬로바키아의 수데텐란트에는 300여 만 명의 독일인이 거주하고 있었는데, 이를 빌미로 히틀러는 수데텐란트의 독일 편입을 요구했다. 이 때문에 유럽에 전운이 감돌자, 당사자 체코슬로바키아를 처음부터 협상에서 배제한 채 유럽의 열강들이 뮌헨에 모여 더 이상 추가 영토 요구가 없을 것을 전제로 하여 독일의 요구를 수락했다. 협상에 참여한 영국 수상 네빌 체임벌린은 우리 시대의 평화를 이루었다고 자화자찬했으나, 독일의 침략이 계속 이어져 협정은 곧 휴지조각이 되었다.

12. 개전 초야

1939년 9월 1일, 독일이 폴란드를 침공하면서 제2차 세계대전이라는 인류사 최대의 비극이 시작되었다. 이것은 구데리안 개인에게 그 동안 수없이 이론적으로만 구상하여 다각적인 방법으로 준비해왔던 기갑부대가 드디어 실전에 투입됨을 뜻하는 것이기도 했다. 기갑부대를 실전에 투입하기 위해 전쟁을 일으킨 것은 물론 아니었지만, 전쟁이 발발한 이상 그가 심혈을 기울여 만든 독일의 기갑부대가 그의 구상대로 움직여주어야 했다. 군인은 항상 유사시를 대비해 준비하는 자세를 유지해야 하지만, 누구보다도 전쟁의 무서움을 알기 때문에 함부로 실전을 원하지는 않는다. 하지만 이제 전쟁이 발발한 이상 최선을 다해 승리를 얻도록 노력해야만 했다. 기계화부대장이었던 구데리안은 일선에서 직접 기갑부대를 진두지휘할 목적으로 폴란드 침공전을 앞두고 1939년 7월 1일에 새로 창설된 제19(장갑)군단의 초대 군단장으로 부임했다.*

제19군단은 오스트리아의 빈 인근을 관할하는 제17관구Wehrkreis사령부를 모태로 하여 창설되었는데, 처음에는 제2차량화사단, 제20차량화사단, 제3전차사단이 예하에 편제되었다. 이후 제19군단은 구데리안과 뗄 수 없는 관계를 맺게 되는데, 1940년 프랑스 전역에서 이 부대를 기반으로 구데리안 기갑집단Panzer Group Guderian이 탄생했고, 이후에 제2기갑군으로 발전하여 독소전에서 맹활약하는 등 구데리안이 해임 때까지 지휘했다. 제19군단은 창설되자마자 주둔지를 떠나 독일 북부의 발트 해 연안인 포메라니아Pomerania로 이동하여 공격 대형을 갖추었다.** 포메라니아는 독일과 폴

---

* http://en.wikipedia.org/wiki/Heinz_Guderian.

란드의 국경지대로 폴란드 회랑Polish Corridor*과 단치히를 마주보고 있는 곳이었다. 히틀러는 동프로이센을 독일의 역외 영토가 되도록 만들어버린 폴란드 회랑과 독일인들이 많이 거주하고 있던 슐레지엔의 반환을 요구하면서 폴란드를 압박했고, 폴란드가 이를 거부하자 개전의 구실로 삼았다.

따라서 포메라니아에 포진하고 있던 제19군단은 전쟁의 구실이 된 폴란드 회랑을 최대한 빨리 점령하라는 임무를 부여받았다. 당시 제19군단의 상급부대는 제4군이었고, 제4군은 제3군과 더불어 폴란드를 북쪽에서 포위하는 임무를 부여받은 독일 북부집단군에 속해 있었다. 집단군 사령관 보크는 자신감 넘치는 구데리안이 이끄는 제19군단에게 북부집단군 전체의 선봉부대 임무를 부여했다.** 오스트리아와 수데텐란트에서 보여주었던 기갑부대의 놀라운 기동력에도 불구하고 이때까지만 해도 기갑부대에 대한 논란이 계속되고 있었고, 더구나 육군최고사령부 같은 군부 최고위층에서 집단화된 기갑부대의 필요성을 그다지 느끼지 못하고 있었다. 이 때문에 제19군단은 전차사단과 차량화보병부대로 이루어졌음에도 불구하고 그때까지 장갑군단Panzer Corps라는 단대호를 쓰지 못했다. 하지만 기병사단장을 역임했던 보크는 기동전에 대한 이해가 넓은 편이었다.

전형적인 프로이센 군인의 표상이었던 보크는 오만하고 완고하다는 평을 들었지만, 반면에 사심이 없고 정력적인 스타일이어서 부하들의 신망이 컸다. 비록 그는 독일 군부에서 보수적인 인물에 속했지만, 자신의 고집만 내세워 부하나 소장파의 의견을 무조건 배척하지는 않았다.*** 구데

** http://www.axishistory.com/index.php?id=1457.

* 제1차 세계대전 후 베르사유 조약에 의해 독일이 독립한 폴란드에게 할양한 영토로, 이를 얻은 폴란드는 바다로의 진출로를 확보하게 되었다.

** Steven J. Zaloga, *Poland 1939: The birth of Blitzkrieg*, Osprey, 2002, pp.26-28.

리안의 부대를 돌파의 전면에 내세우게 된 것도 그 때문이었지만, 보크 역시 기갑부대가 기병대처럼 전선의 일각을 돌파만 하면 그 임무는 다한 것으로 생각했다. 하지만 폴란드 전역에서 구데리안은 그 이상의 돌파를 실현해냈다. 물론 그 과정에서 지휘 계통상에 있는 상급자들과 충돌이 없었던 것은 아니었다. 구데리안은 이해심이 많은 보크보다는 바로 직전 상관인 제4군 사령관 클루게와 대립이 심했고, 이는 두고두고 악연이 되었다. 클루게는 '영리한 한스'라고 불릴 만큼 똑똑했지만, 지나치게 이기적이어서 여러 장군들과 충돌하곤 했다.

13. 이론을 현실에 적용하다

구데리안은 전쟁이 개시되자마자 제19군단을 이끌고 독일 본토와 동프로이센 지방을 갈라놓은 폴란드 회랑을 횡단해 놀라운 속도로 부크 강가의 요충지인 브레스트리토프스크까지 진격했다. 9월 14일 구데리안이 이곳을 점령하자, 폴란드군 주력은 사실상 바르샤바 일대에서 엄중히 포위된 것이나 다름없었다. 일부 폴란드 부대가 독일의 대포위망을 벗어나 동쪽으로 탈출했지만, 9월 17일 이번에는 소련이 동쪽에서 침공하여 들어왔다. 이때까지 구데리안의 부대는 다른 독일군 부대보다 세 배 정도 더 진격한 셈이었다. 모든 이들이 이러한 전과를 경탄해 마지않았는데, 사실 엄밀히 말하면 독일 침공군 중 오로지 구데리안 부대만 목표대로 진격했던 것이었다. 처음 육군최고사령부가 참모총장 할더의 주도로 폴란드 침공전

*** http://en.wikipedia.org/wiki/Fedor_von_Bock.

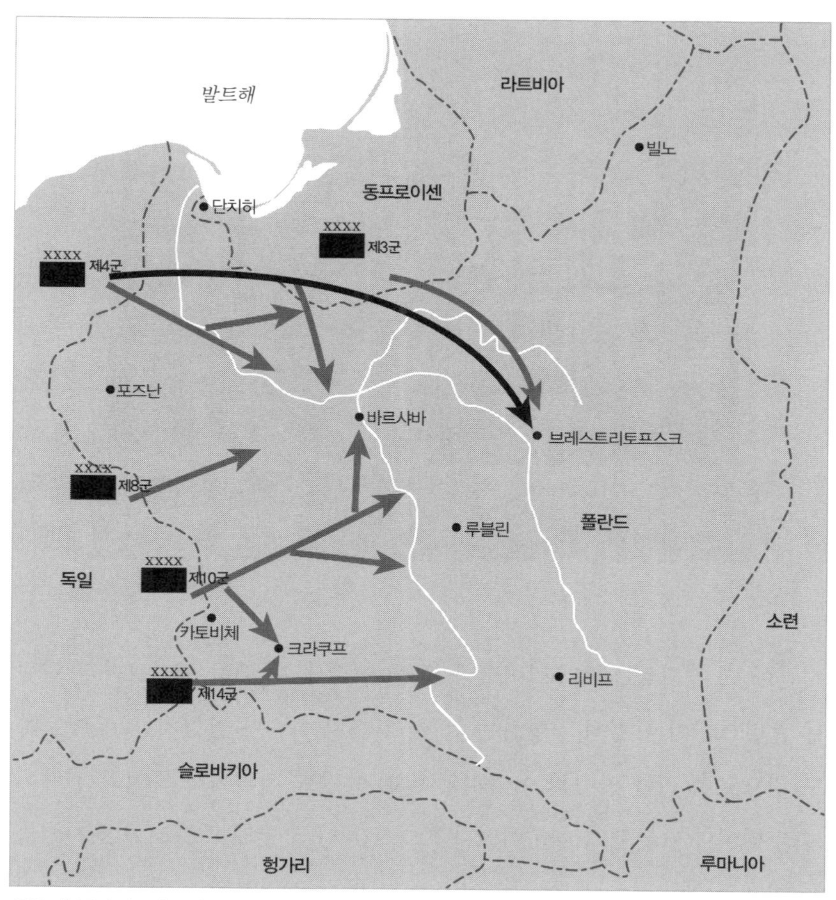

독일 제4군의 선봉인 구데리안의 제19장갑군단은 굵은 검은색 진격선처럼 폴란드 회랑을 횡단하여 브레스트리토프스크까지 치고 들어가는 경이로운 돌격을 선보였다. 이는 당시 독일군 전체를 통틀어 최고의 전과였는데 이로써 집단화된 기갑부대의 가능성이 입증되었다.

인 백색 계획을 구상했을 때 최대한 3주 내에 전쟁을 종결하는 것을 목표로 했다.*

하지만 폴란드가 항복하여 전쟁이 끝난 것은 목표로 했던 것보다 훨씬

* 제프리 메가기, 김홍래 역, 『히틀러 최고사령부 1933~1945년』, 플래닛미디어, 2009, 156쪽.

폴란드 분할 점령 후 소련군 장성과 함께 군대를 사열하는 구데리안. 1939년 당시에 독일과 소련은 엄연히 동맹관계였다. 하지만 불과 2년 후 그들은 사상 최대, 그리고 최악의 전쟁을 벌였다.

시간이 더 경과한 10월 6일이었다. 물론 이렇게 된 데는 예상보다 강력했던 폴란드군이 극렬히 저항하는 등 여러 가지 이유가 있었지만, 무엇보다도 겉으로 드러난 완승의 이미지와 달리 폴란드 전역에서 독일의 전략이 그리 뛰어나지 못했기 때문이었다.* 그것은 다시 말해 히틀러의 호전성과는 별개로 재군비 이후 독일의 전력이 그만큼 완벽하지 못했다는 의미이기도 했다. 전쟁을 결심한 히틀러는 물론 군부의 어느 누구도 폴란드를 두려워하지 않았고 이길 자신도 있었다. 우선 침공 전에 투입한 병력만 해도 독일군이 150만 명이었던 데 반해, 폴란드군은 90만 명에 불과했을 만큼 객관적인 전력에서 폴란드를 압도하고 있었다. 독일에게는 오히려 폴란드보다 폴란드와 동맹을 맺고 도와주기로 약속한 프랑스와 영국이 더 두려

---

* Steven J. Zaloga, *Poland 1939: The birth of Blitzkrieg*, Osprey, 2002, pp.87-90.

운 상대였다.*

독일은 만일 프랑스군이 동원되어 서부전선에서 독일로 진격하려면 적어도 3주라는 시간이 필요하다고 보았는데, 할더가 3주를 폴란드 점령의 데드라인으로 정한 이유도 바로 여기에 있었다. 다행히도 연합군의 폴란드 원조 약속이 립 서비스로만 끝나고 사전에 독일과 밀약을 맺은 소련이 동쪽에서 협공을 가하여 겉으로는 전쟁이 일방적으로 종결되는 것처럼 보였지만, 육군최고사령부를 비롯한 독일군 최고지휘부는 2주가 경과한 시점부터 사실 전전긍긍했다. 결론적으로 모든 부대가 제19군단만큼 진격을 했더라면 처음 목표대로 폴란드전을 3주 내에 마무리 지을 수 있었을 것이다. 이로써 구데리안이 계속 주장한 것처럼 집단화된 기갑부대가 전선을 돌파하여 종심을 일거에 타격하는 것이 좋은 전술임이 입증된 셈이었다.** 이런 결과는 군부에 커다란 영향을 주어 평소 구데리안을 지지하던 소장파는 물론이고 일선에서 구데리안의 진격을 목도한 보크, 룬트슈테트, 클라이스트 같은 일부 원로들도 지원 세력으로 만드는 계기가 되었다.

기갑부대는 훈련한 대로 다른 보병부대가 쫓아오지 못할 만큼 놀라운 돌파력을 선보이며 종심 깊이 치고 나가는 놀라운 기동력을 유감없이 발휘했다. 남들은 이런 성과에 놀라움을 금치 못했지만, 사실 제19군단의 놀라운 진격은 구데리안의 최초 구상에서 크게 벗어난 것이 아니었다. 그렇다고 문제점이 없는 것은 아니었다. 예를 들어, 기갑부대가 다른 부대와 보조를 맞추지 못하고 단독으로 돌파만 하다가는 적진에서 고립될 가능성

---

* 제프리 메가기, 김홍래 역, 『히틀러 최고사령부 1933~1945년』, 플래닛미디어, 2009, 166쪽.

** 크리스터 요르젠센, 오태경 역, 『나는 탁상 위의 전략은 믿지 않는다』, 플래닛미디어, 2007, 66쪽.

이 컸고, 실제로 그런 일이 벌어지기도 했다. 또한 실험적으로 도입한 경輕장갑사단의 효과가 그리 크지 않은 것으로 확인되어 추후 부대 개편이 요구되었다.* 하지만 구데리안이 무엇보다도 아쉬워했던 부분은 그의 구상대로 규모가 더 큰 집단화된 기갑부대를 투입하지 못했다는 점이었다. 만일 군단급 기갑부대가 아니라 야전군급 기갑부대가 편성되었더라면 좀더 획기적인 성과를 얻었을 것이라고 그는 믿었다.

14. 최초의 참전에서 얻은 것

무엇보다도 폴란드 전역에서 구데리안이 얻은 귀중한 경험은 바로 머리로만 연구했던 이론을 실제에 적용해보았다는 사실이었고, 이렇게 얻은 피드백은 이후 독일 기갑부대의 성장에 결정적인 반석이 되었다. 사실 독일이 재무장을 선언한 지 겨우 5년밖에 되지 않았고 대부분 모든 것을 백지 상태에서 시작한 것이나 다름없었기 때문에 실전에서 얻은 피드백은 귀중하지 않을 수 없었다. 군사 이론은 아무리 훈련 과정을 거친다 해도 실전에서 사용되지 않으면 당연히 이론으로만 끝나게 마련이다. 하지만 호전적인 히틀러가 독일의 지도자였던 이유로 구데리안은 그의 이론을 정립한 지 얼마 되지 않아 실전에서 본인이 직접 사용할 기회를 얻게 되었고, 이를 토대로 새로운 군사 전략의 개척자가 되어 군사 분야에 커다란 족적을 남기게 되었다.

폴란드 전역이 집단화된 기갑부대의 가능성을 보여주었다면, 구데리안

* http://en.wikipedia.org/wiki/6th_Panzer_Division.

의 이론과 노력이 꽃핀 곳은 대프랑스 전역이었다. 제1차 세계대전 때 4년간 참호를 넘지 못해 수백만 병사들의 무덤이 되었던 서부전선을 불과 한 달 만에 돌파해 프랑스의 항복을 받아냄으로써 무적 독일 기갑부대의 명성을 온 세계에 떨치기 시작한 것이었다. 하지만 이런 전설을 만들어내기까지는 많은 우여곡절이 있었다. 1939년 폴란드에서 2개 장갑군단이 돌파의 핵으로 임무를 완수했지만, 구데리안은 좀더 확실하고 빠르게 전투를 종결하기 위해서는 적어도 야전군급 규모의 거대한 기갑부대가 필요하다고 생각했다. 하지만 아직까지도 군부의 최고위층이 그의 주장과 이론을 받아들일 준비가 되어 있지 않은 상황이라서 오히려 2개 장갑군단이나마 편제되어 폴란드 전역에 참전한 것도 감지덕지해야 할 형편이었다.

앞에서 설명한 것처럼 구데리안의 주장대로 장갑군단들이 폴란드에서 보여준 돌파 능력은 군부에 엄청난 인상을 남겨주었지만, 그렇다고 해서 그로 인해 군부 최고위층의 시각이 완전히 변한 것은 아니었다. 프랑스전을 앞두고 참모총장 할더는 구데리안에게 "장차전의 주역은 역시 보병"임을 수차례에 걸쳐 강조하며 "기갑부대는 보병의 보조 전력이어야 한다"고 주장했다.* 사실 할더를 비롯한 독일 지휘부가 이렇게 주장하는 데는 나름대로의 이유가 있었다. 제1차 세계대전 종전 후 독일을 옥죄던 베르사유 조약 때문에 신무기 개발이 늦어져 1930년대만 해도 사실 독일은 제대로 된 전차가 없었다. 오히려 일선에서는 점령지역인 체코에서 노획한 38t 전차를 더욱 선호했을 정도였다. 우리가 흔히 독일 기갑부대 하면 떠올리는 5호 전차 판터Panther, 6호 전차 티거, 쾨니히스티거Königstiger는 전쟁 후반기에 출현한 전차들로, 독일의 전성기를 이끌었던 전격전의 주역이 아니었다.**

---

* Heinz Guderian, *Panzer Leader*, Da Capo Press, 1996, pp.108-121.

전쟁 초기에 독일의 전차는 제대로 개발되지 않아서 주변국의 전차와 일대일로 맞서기도 민망한, 오늘날의 보병 수송차량(APC)에도 미치지 못하는 수준이었다. 그래서 지휘부는 이런 미약한 기갑부대를 한곳으로 몰아 운용하면 적에게 아군의 모든 전력을 한꺼번에 노출시키는 것이 되어 그나마 얼마 되지도 않는 기갑부대를 순식간에 날려버릴 수 있다고 생각했던 것이었다. 그만큼 아무도 가보지 못한 길을 간다는 것은 쉬운 일이 아니었다. 프랑스 침공을 준비할 당시, 육군최고사령부는 주공의 선정과 공격로의 선택을 놓고 갑론을박하고 있었다. 그런데 이때 구데리안과 육군대학 동기인 또 한 명의 소장파 지략가인 만슈타인이 제안한 낫질 작전을 히틀러가 전격 수용함으로써 대규모 기갑부대가 돌파를 담당하게 되었고, 이를 위해 구데리안이 그렇게 소망하던 야전군급 기갑부대인 클라이스트 기갑집단이 새롭게 편제되어 선봉의 역할을 맡게 되었다.

15. 진격 그리고 진격

낫질 작전의 요체는 기습과 집중이었다. A집단군 참모장 만슈타인이 돌파구로 지목한 아르덴은 독일도 처음에는 논외로 삼았을 만큼 기습의 효과를 충분히 노려볼 만한 급소였다. 하지만 프랑스는 물론이고 아군도 처음부터 공격로로 생각하지 않았을 만큼 산악지대가 연속되어 있어서 이곳으로 독일의 주공을 집중할 수 있는지 의문이었기 때문에, 당연히 육군최

** 맥스 부트, 송대범 · 한태영 역, 『MADE IN WAR 전쟁이 만든 신세계』, 플래닛미디어, 2007, 448쪽.

고사령부도 이 계획을 반대했다. 만슈타인이 구체적인 수단에 대해 고민하고 있을 때 힘이 되어준 인물이 바로 구데리안이었다. 육군대학 동기인 구데리안은 집단화된 기갑부대가 충분히 아르덴을 돌파할 수 있다는 의견을 피력했다.* 결국 만슈타인이 좌천당하는 등 우여곡절 끝에 낫질 작전이 프랑스 침공 계획으로 채택되자, 그 누구보다도 이 작전을 잘 이해하고 있고 새로운 기동전에 대해 가장 경험이 많은 구데리안이 작전의 선봉장으로서 임무를 수행하게 되었다.

제19군단의 구데리안 이외에 좌우에서 함께 병진할 제15군단의 호트, 제41군단의 라인하르트, 그리고 이들을 통합 지휘한 기갑집단 사령관 클라이스트 또한 구데리안 못지않게 기동전에 대해 혜안을 가지고 있던 인물들이었다. 후일 전쟁 영웅으로 선전되면서 대중에게 많이 알려지게 된 롬멜도 당시 제15군단 예하의 제7전차사단장이었다. 한마디로 이들 모두는 앞으로 달려가고 싶어 안달이 난 인물들이었다. 프랑스 침공전에서 제19군단은 제1 · 2 · 10전차사단과 그로스도이칠란트Gross-Deutchland연대로 구성된 명실 공히 독일군 최정예 군단으로,** 당시 독일이 보유한 10개 전차사단 중 3개 사단이 구데리안의 지휘하에 있었던 것이었다. 제19군단은 독일 A집단군의 선봉이 되어 아르덴 고원지대를 통과한 후 대서양을 향해 내달릴 예정이었다. 수차례의 연기 끝에 드디어 1940년 5월 10일에 300만 독일 침공군은 국경을 넘었고, 구데리안의 부대도 전차의 시동을 걸었다.

프랑스군과 영국 원정군으로 구성된 연합군 주력이 벨기에와 네덜란드로 침공해 들어오는 독일 B집단군을 독일군 주력으로 오판하여 앞으로 달

---

* http://www.spartacus.schoolnet.co.uk/GERguderian.htm.

** François de Lannoy & Josef Charity, *Panzertruppen: German armored troops 1935-1945*, Heimdal, 2002, pp.72-78.

1940년 프랑스 전선에서 장갑차량을 타고 전선을 시찰하는 구데리안. 이런 모습을 보면 구데리안이 상당히 저돌적인 야전 지휘관이었던 것으로 보이지만, 사실 그는 기갑과 관련된 모든 것을 완성한 이론가이자 전략가였다.

려 나가기 시작하자, 숲속의 험로를 헤치고 튀어나온 엄청난 규모의 전차를 앞세운 독일 A집단군이 연합군의 배후를 엄청난 속도로 차단하기 시작했다. 하지만 제1차 세계대전 당시의 고루한 사고방식에서 한 걸음도 벗어나지 못한 연합군 총사령관 가믈랭은 이러한 급박한 전황을 아직까지도 오판하고 있었다. 플랑드르 평원에서 참호를 깊게 파고 독일군을 막으려는 안일한 생각만 하던 탓에 뒤에서 갑자기 나타난 독일군의 정체가 뭔지도 모르고 있었다. 전혀 생각지도 못한 곳에서 공격을 가해오는 독일군의 질풍노도 같은 공격에 연합군은 당황하기 시작했다. 거기에 더불어 루프트바페의 슈투가Stuka가 연합군 진지를 맹폭하는데도 불구하고 아군 폭격기의 전력을 보호한다는 명분으로 독일군 예상 배후지에 대한 공습을 제한했을 만큼 가믈랭은 마치 독일의 간첩처럼 행동했다.*

* 알란 셰퍼드, 김홍래 역, 『프랑스 1940』, 플래닛미디어, 2006, 56쪽.

개별적으로는 프랑스군 전차들이 성능이 좋았지만, 독일군 전차들이 갑자기 대규모로 나타나 포위하며 다가오자, 혼비백산하여 제대로 싸워보지도 못하고 도망가기에 바빴고, 연합군의 배후는 독일군 기갑부대의 진격에 급속히 잘려나가기 시작했다. 그 엄청난 속도에 연합군뿐만 아니라, 20년 전 서부전선의 악몽을 잊지 않고 있던 독일군도 놀랐을 정도였다. 그중에서도 가장 앞서갔던 인물이 구데리안이었다. 자신이 오랫동안 연구했던 이론을 확신하고 있던 구데리안은 오로지 전진만 했는데, 후속 보병부대와 보급부대가 진격 속도를 맞추지 못할 정도였다. 이런 속도에 놀란 클라이스트는 속도를 늦추라고 명령했으나, 구데리안은 이때 적을 확실히 무너뜨려야 한다며 오히려 박차를 가했다. 나중에 즉시 복직이 되기는 했지만, 이때 항명에 분노한 클라이스트가 구데리안을 면직시켜버렸을 만큼 구데리안은 거침없이 전진했다.*

16. 정립된 전격전의 개념

클라이스트의 분노는 당연하다고 이해할 만한 여지가 있었지만, 5월 24일 히틀러가 A집단군에게 직접 내린 공격 중지 명령은 미스터리로 남을 정도로 이해하기 어려웠다.** 됭케르크에 30만 명의 연합군을 몰아넣고 최후의 일격을 가하면 되는 상황에서 돌발적으로 나온 히틀러의 명령은 쾌속의 진격을 놀라워하면서도 조심스런 행보를 보여온 보수적인 육군최

* 알란 셰퍼드, 김홍래 역, 『프랑스 1940』, 플래닛미디어, 2006, 114-117쪽.
** 제프리 메가기, 김홍래 역, 『히틀러 최고사령부 1933~1945년』, 플래닛미디어, 2009, 186쪽.

고사령부까지도 반발했을 정도였다. 3일 후 진격이 재개되었지만, 승리를 갈망하던 히틀러조차 다시 한 번 뒤를 돌아보고 진격하고자 했을 만큼 너무나 독일군의 진격은 빨랐다. 수백만 명의 독일군 중에서 처음부터 이런 진격 속도를 원하고 또 가능하다고 생각했던 사람은 구데리안을 비롯한 몇 명밖에 되지 않았다. 따라서 분명히 이기고 있고 적을 일방적으로 몰아붙이고 있었음에도 불구하고 독일 스스로 몸을 사리게 되었던 것이었다.*

1940년 6월 25일 프랑스가 수건을 던지면서 600만 명의 군대가 정면으로 격돌한 전쟁은 전사에 길이 빛날 위대한 독일의 일방적 승리로 막을 내렸다. 제1차 세계대전 당시 4년간 참호를 뛰어넘지 못해 수백만 명이 숨져간 대프랑스 전선이 20년 후 마무리되는 데 필요한 시간은 불과 6주였다. 그리고 이러한 승리는 지난 굴욕의 세월 동안 새로운 전쟁 방법을 찾고 이를 응용하고자 애쓴 많은 인물들의 노력 덕분이었다. 감격스러울 만큼 엄청난 승리를 거머쥐었기 때문에 참전한 모든 이들이 승리의 주역이라고 자부하고 다녔지만, 엄밀히 말해 1940년의 기적의 주역은 새로운 독일군의 기초를 닦아놓은 젝트, 낫질 작전을 입안한 만슈타인, 새로운 전쟁 수단을 체계화한 구데리안, 여기에 더해 입체적인 작전이 가능하도록 아낌없는 지원을 해준 루프트바페라고 단언할 수 있다. 이러한 독일의 새로운 전략은 이후에 전격전으로 불리게 되었다.

그런데 자료마다 조금씩 차이가 있지만, 전격전이라는 단어는 독일이 지어낸 것이 아닐 만큼 프랑스 전역이 끝나기 전까지 보편적으로 사용되던 단어는 아니었다.** 사실 전격전으로 정의된 이러한 작전술은 이미 많

---

* 알란 셰퍼드, 김홍래 역, 『프랑스 1940』, 플래닛미디어, 2006, 133-134쪽.
** 폴 콜리어 외, 강민수 역, 『제2차 세계대전: 탐욕의 끝, 사상 최악의 전쟁』, 플래닛미디어, 2008, 116쪽.

은 선구자들이 궁극적으로 원하던 전략이자 전술이었고, 이를 독일이 현대전에서 처음 실현했을 뿐이었다. 독일 스스로도 놀란 프랑스에서의 위대한 승리는 이제 기갑부대의 집중 운용과 항공 지원에 기초한 전격전이 전쟁의 새로운 패러다임이 되었음을 입증했고, 이에 대해 군부 내에서 더 이상 반론을 제기하는 인물이 없도록 만들어버렸다. 보수적인 군부의 고위층은 그들의 고집이 틀렸음을 인정할 수밖에 없었다. 전차는 이제 누구나 원하는 무기가 되었고, 기갑부대는 전쟁을 치르기 위해서 반드시 갖추어야 할 부대가 되었다.*

프랑스 전역 종결 후 독일 기갑부대는 어느덧 자타가 공인하는 최고의 전문가가 된 구데리안의 의도대로 다시 변신하기 시작했다. 1 · 2호 전차가 퇴출됨과 동시에 새롭게 대량 생산되기 시작한 3 · 4호 전차가 독일군 전차부대의 주력으로 등장하기 시작했고, 프랑스 등에서 노획한 전차들을 2선급 무기로 제식화하여 기갑 전력의 부족분을 메웠다. 독일은 프랑스 전역 결과를 바탕으로 보다 대규모 기갑부대를 편재하는 데 매진했다. 서유럽을 평정한 독일은 전차를 앞세워 1941년 봄까지 발칸 반도와 북아프리카마저 휩쓸면서 전 유럽을 자신의 군홧발 밑에 놓았다. 독일의 기갑부대는 동맹국 이탈리아에 굴욕을 안겨준 유고슬라비아와 그리스를 평정하는 데 불과 한 달도 걸리지 않았고, 북아프리카 사막에서 영국을 공포에 몰아넣는 데 성공하면서 독일군을 상징하는 아이콘이 되어버렸다. 하지만 이것이 끝이 아니고 그들 앞에는 사상 최대의 전쟁이 기다리고 있었다.

---

* 폴 콜리어 외, 강민수 역, 『제2차 세계대전: 탐욕의 끝, 사상 최악의 전쟁』, 플래닛미디어, 2008, 115-119쪽.

17. 전쟁을 위한 준비

독일은 프랑스 석권 후 좁은 해협을 사이에 두고 하늘에서 영국을 공격했지만, 사실 독일의 궁극적인 목표는 소련이었다. 임시적으로 조직된 클라이스트 기갑집단의 효과에 대만족한 독일은 사상 최대의 전쟁을 앞두고 4개 기갑집단을 조직하여 침공군의 핵심 역할을 맡게 했다. 이때 클라이스트 기갑집단은 제1기갑집단The 1st Panzer Group으로 변경되었고, 새롭게 제2 · 3 · 4기갑집단이 창설되었다. 이 부대들은 지난 프랑스 전역 당시 맹활약한 장갑군단들을 확대 증편해 만들었는데, 당시 부대를 성공적으로 이끈 군단장들이 승진하여 사령관으로 영전했다. 제2기갑집단은 제19(장갑)군단을 중심으로 확대 개편해 창설했고, 구데리안이 계속 지휘를 맡았다. 같은 방식으로 제3기갑집단은 호트가 지휘한 제15(장갑)군단을, 제4기갑집단은 회프너가 지휘한 제16(장갑)군단을 각각 확대 개편해 창설했다.*

하지만 전투서열에 단대호로 표시되는 기갑부대의 대폭적인 증강과는 별개로 독일이 소련 침공전에 동원한 전차는 총 3,500여 대 수준에 불과했고, 전쟁 내내 이 수준에서 벗어나지 못했다. 프랑스 침공전에 동원된 2,500여 대에 비한다면, 그렇게 많은 양으로 보기 힘들다. 이것은 다시 말해 독일군이 그 동안 구데리안이 줄기차게 주장해온 최대한 전차를 집단화해 사용하는 전술을 완전히 채택하게 되었음을 의미한다.** 그런데 야전군Field Army과 군단Corps의 중간 제대 규모인 집단Group은 통상적으로 전투력은 야전군과 맞먹었지만, 병력 규모나 보급 능력 등은 이에 못 미쳤다.

---

* http://www.feldgrau.com.

** Karl-Heinz Frieser, *Blitzkrieg-Legende*, Oldenbourg Wissensch. Vlg, 1996, pp.187-193.

따라서 이러한 부분은 상위제대인 집단군이나 주변의 야전군으로부터 지원을 받아야 했는데, 그 과정에서 종종 주변 부대와 마찰이 일곤 했다. 그 중 가장 유명한 사건이 1941년 12월에 있었던 구데리안과 클루게의 결투 사건이었다. 모스크바 공략이 부진함을 이유로 중부집단군 사령관이던 보크를 대신해 12월부터 지휘를 맡게 된 클루게는 이전부터 관계가 소원했던 구데리안과 제2기갑집단의 보급 및 작전 지휘를 놓고 수시로 언쟁을 벌이다가 결국에는 결투까지 벌였다. 독일은 이런 문제점을 보완하기 위해 기갑집단의 전투력과 지원 능력을 대폭 증강하여 1941년 말부터 1942년 초까지 기갑집단을 기갑군Panzer Army으로 순차적으로 개편했다.

역사상 최대 원정군으로 평가받는 1941년 독일 침공군은 동맹국 군대까지 포함해 350여 만 명에 달하는 어마어마한 규모였는데, 육군최고사령부는 이를 3개 집단군Army Group으로 조직했다. 육군최고사령부가 진두지휘한 폴란드나 프랑스와 달리, 소련은 독일에서 멀고 작전 구역 또한 워낙 넓었기 때문에, 당시의 교통 및 통신 사정을 고려하여 이들 집단군은 각 지역별로 독자적으로 전쟁을 수행했다. 이때 각 기갑집단은 집단군에 나뉘어 배치되어 침공전의 선봉 역할을 담당했다.

구데리안의 제2기갑집단은 호트의 제3기갑집단과 함께 중부집단군에 배속되었다. 북부집단군과 남부집단군에 1개씩 기갑집단이 배치된 것을 고려하면, 독일의 의도는 분명해 보였다. 넓은 소련 전선을 나누어 3개 병단이 별도로 진격을 개시하겠지만, 그 중에서도 모스크바를 공략할 중부집단군이 주공이라는 의미였다. 구데리안의 부대는 호트의 부대와 더불어 독일군 침공군 전체의 선봉대나 다름없었다.* 1941년 6월 22일, 독일은 벼

* Cromwell Productions, Scorched Earth-The Wehrmacht In Russia: Army Group

르고 벼르던 소련에 대한 기습 침공을 단행했다. 전쟁이 개시되자, 예전부터 궁합이 잘 맞던 구데리안과 동료인 호트의 기갑부대는 나란히 동유럽 평원을 가로질러 진격했다. 독소 전쟁 초기에 이 두 장군이 벌인 협공전은 가히 전사에 길이 남는 포위섬멸전의 표본이 되었다. 스탈린의 엄명에 후퇴하지도 못하고 도시에 머물러 방어전을 펼치던 소련군은 구데리안과 호트의 부대에게 순식간에 포위당해 붕괴되고 말았다.

18. 사상 최대의 전격전

독소 전쟁은 악과 악의 대결이었다. 나치 독일이나 공산주의 소련은 세계 평화를 위협하는 거대 악이었고, 결론적으로 둘 다 반드시 없어져야 할 대상이었다. 이 악의 세력들은 히틀러와 스탈린이라는 희대의 독재자들이 통치하고 있었는데, 이들을 한마디로 인간 백정들이라고 표현해도 결코 틀린 말이 아니었다. 그런데 전쟁을 이끄는 방법에 있어서 이 둘은 같은 듯하면서도 사뭇 다른 길을 걸어왔다. 둘은 군부의 작전에 깊숙이 개입하여 현지사수 후퇴불가를 외치고, 만일 이를 어길 경우 지휘관들을 파면하거나 심한 경우 사형까지 시킬 정도로 잔인했다는 공통점을 가지고 있었던 반면에 본격 개입한 시기와 방법에 있어서는 차이를 보였다. 히틀러는 초기에 군부의 의견을 최대한 존중하는 모습을 보이다가 시간이 갈수록 개입을 노골화한 반면, 스탈린은 처음에는 자신의 뜻대로 군대를 움직이다가 점차 개입을 줄여나가면서 장군들이 소신대로 전투를 지휘할 수 있

Center, 1999.

도록 해주었다.

히틀러의 경우는 전쟁 초기에 계속된 승전이 자신의 영도에 의한 것으로 착각했기 때문에 시간이 갈수록 편집증을 보인 것이었고, 스탈린은 초기에 쓸데없는 간섭이 계속된 참패를 불러왔다는 것을 깨달아서 간섭을 줄여나간 것이었다. 결론적으로 히틀러나 스탈린의 간섭이 심했을 때 패배를 당했다는 것인데, 실제로 독소전 초기에 있었던 소련군의 말도 안 되는 엄청난 패배는 스탈린이 지나치게 간섭하여 자초한 일이었다.* 전쟁 이전부터 소련은 만일 그들을 위협하는 외세와 전쟁을 벌인다면 소련 영토가 아닌 곳에서 전쟁을 할 것이라고 공공연히 선전하고 다녔을 뿐만 아니라, 군사 전략이나 부대 배치도 이를 고려하여 짰다. 그러다 보니 독소전 초기에 독일군의 돌파를 쉽게 허용했다. 문제는 스탈린이 전략적으로 부대를 재배치하여 방어에 나서는 것을 금지하고 조급함에 이끌려 후퇴불가를 외치면서 독일군을 정면에서 맞상대하도록 강제한 것이었다.**

1930년대 말에 있었던 대숙청의 공포를 경험한 많은 일선 지휘관들은 독일군보다 스탈린의 명령이 더 무서웠기 때문에, 군사적으로 무의미한 방어전에 매달리다가 적에게 포위당하면서 산화한 경우가 많았다. 하지만 손뼉도 마주쳐야 소리가 난다고 설령 소련군이 스탈린의 간섭으로 이처럼 잘못된 전략을 구사했다 하더라도 독일군이 이런 기회를 제대로 포착하지 못했다면, 독소전 초기에 이어진 대승은 거두지 못했을 것이다. 독소전 개시 이후 그해 겨울까지 약 6개월간 독일군에게 소탕된 소련군이 약 500만 명인 것으로 추산되는데, 역사상 이같이 짧은 시기에 이 정도 규모의 대승

---

* 존 G. 스토신저, 임윤갑 역, 『전쟁의 탄생』, 플래닛미디어, 2009, 86-104쪽.
** Jeremy Isaacs, The World at War: Part 6. Barbarossa, Thames Television, 1973.

을 거둔 경우는 전무후무할 정도다.* 물론 이러한 승리에도 불구하고 독일이 전쟁에서 결국 패전했을 만큼 소련의 전쟁 수행 능력은 상상을 초월할 만큼 대단했다. 하지만 그렇다고 해서 전쟁 초기에 소련의 피해가 작았던 것은 결코 아니었다.

이런 놀라운 승리의 선봉장이 바로 구데리안이었다. 그는 독소전 초기라 할 수 있는 1941년 9월 이전에 민스크, 스몰렌스크, 키예프에서 벌어진 독일의 3대 승전에 모두 참여한 유일한 야전군 규모 부대의 지휘관이었다. 전쟁 개시 후 석 달의 기간 동안 연이어 벌어진 이 세 전투에서 붕괴시킨 소련군만 해도 약 200만 명으로 추산될 정도이니, 그 전과를 얼추 짐작할 수 있을 것이다. 이들 전투의 공통점은 앞에서 언급한 스탈린의 후퇴불가, 현지사수 명령에 후퇴하지 못한 소련군이 대규모로 몰려 있다가 붕괴되었다는 점과 복수의 독일군 기갑집단이 남북에서 함께 포위망을 형성함으로써 대승을 이끌었다는 점이다. 이때 구데리안의 제2기갑집단과 또 다른 1개 기갑집단이 함께 포위전을 펼쳤는데, 한마디로 독일 기갑부대의 진정한 신화가 바로 이때 씌어졌다.** 하지만 결과적으로 이것은 독일군의 마지막 전격전이 되고 말았다.

---

* David M. Glantz, *Barbarossa: Hitler's Invasion of Russia 1941*, Tempus, 2001, pp.221-228.

** Arvato Services, Army Group Center: The Wehrmacht In Russia, Arvato Services Production, 2006.

19. 민스크에서의 초전박살

어떻게 생각한다면 군이 작전을 짤 때 머리를 싸매며 고민하지 않아도 될 만큼 중부집단군의 진격로는 이미 정해져 있었다. 파리에서 베를린과 바르샤바를 거쳐 모스크바에 이르는 유럽 평원을 가로지르는 길이었다. 하지만 지도에 표시된 대부분의 가도는 오랜 세월 사람들이 평원을 지나다니면서 자연스럽게 형성된 길이어서 도로 상태가 그리 좋지 않았고 우회할 길도 마땅치 않았다. 더구나 진격로의 제한을 많이 받는 기갑부대를 앞세운 독일군의 진격로는 더더욱 한정된 축선으로 집중되어 있었다. 바바로사 작전이 개시되자마자 중부집단군은 1939년 폴란드를 반분했을 당시 소련이 점령한 비알리스톡Bialystok을 외곽으로 돌파하여 백러시아의 수도인 민스크로 다가갔다. 당시 중부집단군은 북에서 남쪽으로 제3기갑집단, 제9군, 제4군, 제2기갑집단 순으로 도열하고 있었는데, 2개 기갑집단이 외곽 국경에서 민스크 배후에 이르는 거대한 포위망을 형성하면 나머지 2개 야전군이 포위망을 압축하여 내부를 소탕하는 역할을 맡았다.

개전 후 1주일도 안 된 6월 27일 쾌속의 돌파를 감행한 구데리안과 호트의 부대는 민스크 동쪽에서 연결하여 순식간에 70여 만 명으로 구성된 소련 서부전선군을 포위해버렸다. 소련군은 스탈린의 현지사수 명령을 받들어 격렬하지만 무의미한 저항을 펼쳤음에도 불구하고 포위망 안에서 하염없이 녹아내려버렸고, 이틀 후 전투가 종결되었을 때 30만 명의 포로를 포함한 40여 만 명의 소련군과 무수한 장비가 독일의 희생양이 되었다.*

---

* David M. Glantz, *Barbarossa: Hitler's Invasion of Russia 1941*, Tempus, 2001, pp.104-155.

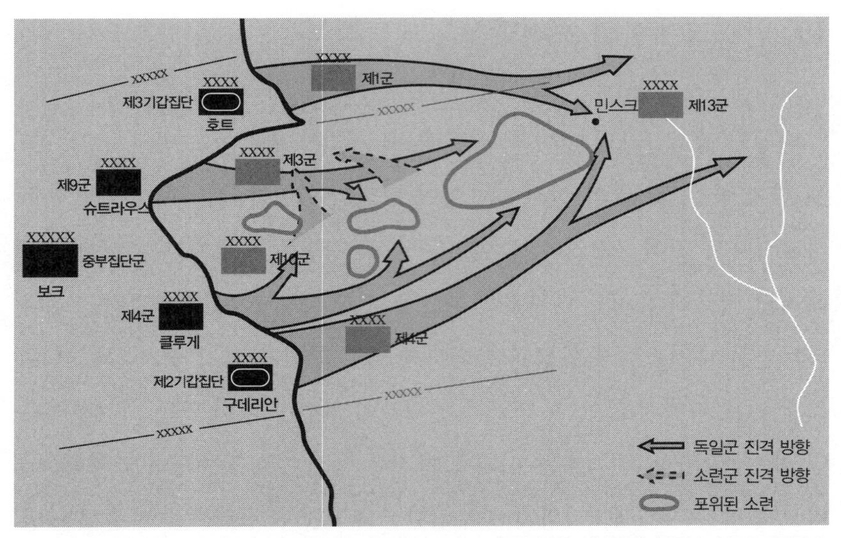

민스크 전투 당시 독일 중부집단군의 진격로 1941년 독소전 초기 독일군은 기갑부대가 종심 깊숙이 진격하여 순식간에 소련군의 배후를 차단하면 보병이 포위망을 틀어막고 소탕하는 형태의 작전을 구사했다. 중부집단군이 최초로 대승을 거둔 민스크 전투는 그러한 독일군 전술의 전형이었다.

1939년 폴란드에서 가능성을 보이고 1940년 프랑스에서 처음 완성된 전격전이 동부전선에서 찬란한 꽃을 피운 순간이었다. 당시에는 단 1개 기갑집단이 커다란 돌파구를 내면서 적진을 찢고 들어가는 형태였지만, 1년 후 구데리안과 호트가 선보인 포위망은 서로 보조를 맞춰 남북으로 나란히 진격하다가 거점 배후에서 부대를 연결하면서 거대한 포위망을 완성하는 보다 발전된 형태였다.

히틀러는 전쟁이 개시되자마자 중부집단군이 얻은 놀라운 성과에 흥분했고, 독일의 매체는 이를 대대적으로 선전했다. 반면, 엄청난 참패에 격노한 스탈린은 드미트리 파블로프Dmitry Pavlov 파블로프서부전선군 사령관을 즉시 사형에 처하면서 독일의 진공을 막으라고 군부를 채근했다.* 이런 결과에 세계는 경악했고, 특히 프랑스 몰락 후 독일의 공습을 근근이 방어하면서 서유럽에서 유일하게 나치에 저항해왔던 영국은 공포를 느꼈다. 그 동안 우세한 해군으로 바다를 막고 공군의 놀라운 용전분투로 독일의 영국 본토 상륙 기도를 좌절시키는 데 성공한 영국은 독일이 소련을 침공하자 한숨을 돌리게 되었지만, 프랑스, 북아프리카, 발칸 반도에서 연이은 패배를 당했기 때문에 그들이 느끼는 독일군에 대한 공포는 대단했다. 그런데 또 하나의 거대 육군 강국인 소련이 초전에 궤멸에 가까운 타격을 입자, 감히 독일군과 육지에서 맞상대하는 자체가 우려스러운 지경이 되어버렸다.

하지만 독소 전쟁은 단지 지금 시작되었을 뿐이었다. 백러시아를 석권한 중부집단군은 이제 소련의 심장인 러시아 영내로 진입했고, 궁극적인 목표인 모스크바를 향해 중단 없이 전진을 계속했다. 역사적으로 유럽에서 모스크바로 향하기 위해서는 초입에 있는 스몰렌스크를 반드시 거쳐야 했는데, 독일군 또한 마찬가지였다. 스탈린은 이곳을 반드시 사수하라고 엄명하면서 가용할 수 있는 소련군의 예비를 이곳으로 집중시켰다. 하지만 주코프는 전쟁 전에 소련이 공격적인 형태로 부대를 배치한 데다가 독일의 진격이 워낙 빨라 방어선을 구축할 시간이 부족하다고 판단했다. 이 상태에서 스몰렌스크에 병력을 집중하기만 하면 민스크의 비극이 재현되리라고 판단한 그는 이곳을 포기하는 것도 염두에 두고 탄력적으로 방어망을 운용하는 것이 좋다고 생각했다. 하지만 스탈린은 민스크에서 교훈을 얻지 못한 채 하루 빨리 독일의 진공을 막으려고만 했다.

* http://en.wikipedia.org/wiki/Dmitry_Pavlov.

20. 스몰렌스크에서의 대승

스탈린은 군사에 관해서는 문외한이었지만, 그래도 소련이라는 나라의 장점이 무엇인지를 제대로 알고 있었다. 소련은 다른 나라와 비교할 수 없을 만큼 거대한 영토와 풍부한 자원을 가졌기 때문에 이것을 최대한 이용해 최대한 시간을 끌어서 적을 소모시켜 지치게 만든 다음 반격을 가할 수 있는 여건을 갖추었다. 130여 년 전 제정 러시아의 맹장 미하일 쿠투조프 Mikhail Kutuzov는 이런 방법을 이용하여 스몰렌스크 방어전에 나서 나폴레옹에게 타격을 입힌 적이 있었다.* 당시 위치의 우위를 점한 러시아군은 지형지물을 이용하며 이동방어에 나섰다. 전력이 우세한 나폴레옹이 방어선의 일각을 무너뜨리고 돌파구를 확대했을 때, 쿠투조프는 러시아군을 과감히 후퇴시켰다. 이 전투로 나폴레옹은 스몰렌스크를 점령했지만 1만 2,000명의 손실을 입었고, 반면에 패배한 러시아군은 4,000명의 손실만 보았다. 결국 러시아의 이런 대응에 피해가 누적된 프랑스군은 이후 모스크바를 점령했음에도 불구하고 제풀에 지쳐 후퇴하고 말았다.**

하지만 피의 독재자 스탈린은 바로 앞에 있는 적만 바라보고 조바심을 내고 있었다. 소련의 이런 대응은 독일이 원하는 것이었다. 더구나 스탈린의 카리스마와 잔혹함은 군부의 권위를 철저히 짓누르고 있어서 감히 그 앞에서 옳은 이야기를 피력할 수 있는 장군들은 거의 없다시피 했다. 앞에서도 언급했지만, 스탈린이 이런 간섭을 하지 않게 되었을 때 소련은 승리했고, 반면에 히틀러가 간섭을 강화하자 독일은 패하게 되었다. 민스크 점

---

* 그레고리 프리몬-반즈 외, 박근형 역, 『나폴레옹 전쟁』, 플래닛미디어, 2009, 24-275쪽.
** http://en.wikipedia.org/wiki/Battle_of_Smolensk_(1812).

령 후 전선에 재도열한 중부집단군은 7월 6일 스몰렌스크를 향해 쇄도해 들어갔다. 이번에도 구데리안과 호트의 기갑집단이 남북에서 병진하여 진격하면 보병부대가 후속한다는 독일의 전략은 이전과 같았지만, 소련은 또다시 독일을 막아낼 수 없었다. 진격 10일 만인 7월 16일 구데리안의 제2기갑집단은 스몰렌스크 동쪽 외곽에 도착하면서 소련의 배후를 차단하는 데 성공했다.

순식간에 도심에는 퇴로를 차단당한 50만 명의 소련군이 몰려들게 되었고, 그렇게도 생각하기 싫어하던 민스크의 악몽이 재현되었다. 이런 결과가 다시 재현된 데는 현지를 사수하라고 엄명을 내린 스탈린의 아집이 크게 작용했다. 비록 막판에 스탈린이 후퇴를 허락하여 20여 만 명의 소련군이 포위망을 탈출할 수 있었지만, 8월 5일 한 달간의 치열한 공방 끝에 독일은 30만 명의 소련군을 붕괴시키며 스몰렌스크를 점령했다.* 1941년 여름 두 달 동안 독일 중부집단군은 역사상 다시 보기 힘든 엄청난 전과를 올렸는데, 그 중 진격로를 개척하면서 적의 후방을 순식간 차단해버린 제2기갑집단은 선봉부대답게 가장 큰 공로를 세웠다. 한마디로 구데리안은 그가 지난 세월 구상하고 많은 반대와 장벽을 물리치며 만든 기갑부대와 전술에 관한 모든 것을 러시아 평원에서 유감없이 발휘하면서 그것의 가능성을 현실에서 입증해 보였다.

그러나 엄밀히 말해 그해 여름을 마지막으로 독일군 기갑부대의 신화는 끝을 맺었다. 이제 남은 목표는 모스크바였고, 지금처럼 진격을 계속하면 가을이 끝나기 전에 충분히 점령이 가능해 보였다. 그런데 히틀러가 스몰

---

* Arvato Services, Army Group Center: The Wehrmacht In Russia, Arvato Services Production, 2006.

렌스크를 점령하자마자 구데리안에게 제2기갑집단을 오른쪽으로 90도 꺾어 500킬로미터를 남하해 독일 남부집단군과 함께 우크라이나의 키예프를 공략하라는 명령을 내린 것이었다. 당사자인 구데리안은 물론이고 중부집단군 사령관 보크도 원래대로 모스크바로 진격해야 한다고 항변했고 육군최고사령부에서도 많은 갑론을박이 오고갔으나, 키예프에 모여 있는 100만 명의 소련군이 히틀러의 눈에 자꾸 들어왔다.* 모스크바가 당연히 중요한 목표였지만, 배후에 이 정도의 적을 놔두고 앞으로만 나가기도 어려웠다. 문제는 민스크나 스몰렌스크를 능가하는 엄청난 대어가 눈앞에 보였지만 이곳을 담당하던 남부집단군 단독으로는 이를 석권하기 어렵다는 점이었다.

21. 전략적으로 실기한 키예프 전투

히틀러는 모스크바로의 진격을 멈추고 키예프로 진격하기로 결정한 뒤, 가장 가까이에 있던 제2기갑집단으로 하여금 남하하여 클라이스트의 제1기갑집단과 함께 키예프를 공략하라고 지시했다. 구데리안은 격렬히 반대했으나, 1941년 당시에 독일 군부에서 히틀러의 지시를 거스를 수 있는 인물은 없었다. 결국 지금까지 대승의 선봉장이었던 구데리안은 개인적으로 원하지 않는 또 다른 대승을 위해 제2기갑집단을 이끌고 우크라이나로 이동했다.** 8월 23일 독일군이 공격을 시작했을 때, 이번에도 소련군은 스

* Cromwell Productions, Scorched Earth-The Wehrmacht In Russia: Army Group South, 1999.

** 제프리 메가기, 김홍래 역, 『히틀러 최고사령부 1933~1945년』, 플래닛미디어, 2009,

탈린의 명령을 받들어 현지를 사수하려고 나섰다. 사실 아무리 스탈린이 독소 전쟁 초기에 현지사수를 남발하고 소련군이 수세에 몰려 있었다 하더라도 100여 만 명의 병력과 장비를 가지고 우크라이나의 최대 도시를 방어해내지 못한다는 것은 문제가 아닐 수 없었다. 비록 배후가 독일군에게 위협을 당하고는 있었지만, 도시를 방어하라는 스탈린의 지시가 어찌 보면 잘못된 것만은 아니었다.

하지만 키예프의 소련군을 지휘한 인물이 정치군인에 가까운 무능한 세묜 부데니Semyon Budenny였다는 점이 문제였다. 이 정도 전력을 가지고 소련군은 효과적인 방어전을 펼치지 못했고, 한 달간 계속된 전투가 9월 26일에 끝났을 때 탈출에 성공한 일부를 제외하고 70여 만 명의 소련군이 붕괴됨으로써 단일 전투로는 역사상 최대의 승리를 독일에게 안겨주었다. 하지만 제2기갑집단이 남하하자 모스크바를 눈앞에 두었던 중부집단군은 진격을 멈추었다.* 독일은 광활한 소련을 최단 시간 내에 정복하기 위해 3대 병단을 조직하고 개별적인 전략 목표를 향해 진격하도록 계획했다. 하지만 당시 독일의 역량으로는 세 곳으로 힘을 나누어 진격을 계속하기에는 많은 무리가 따랐기 때문에 앞으로 계속 진격해야 할 중부집단군의 주력부대를 이처럼 키예프로 우회전시키는 일까지 발생한 것이었다. 히틀러가 선택한 야전군 격멸이 옳은 판단이었다는 의견도 많지만, 어쨌든 그만큼 모스크바로 가는 시간은 지체되었고 그 시간 동안 독소 전쟁의 향배는 이미 결정되어버렸다.

독일은 키예프에서 전술적인 대승을 거두었고 구데리안은 민스크와 스

282-283쪽.

* Jeremy Isaacs, The World at War: Part 6. Barbarossa, Thames Television, 1973.

몰렌스크에 이어 또 다시 대승의 선봉장이 되는 영광을 얻었지만, 키예프라는 공간을 내준 소련은 대신 시간을 얻어 모스크바를 방어할 수 있는 준비를 갖추게 되었다. 결국 이 전투가 전략적으로 독소전 전체에 끼친 영향은 실로 컸다.* 하지만 독일이 키예프 공략을 위해서 모스크바로 향하던 주력을 돌린 사실이 독소 전쟁의 전체 판도를 좌우했다고 생각하지는 않는다. 인류 최대의 전쟁이었던 독소 전쟁에 대한 분석 자료는 많다. 그 중 현재까지도 활발하게 진행되고 있는 논쟁 중의 하나는 독일이 소련에 비해서 더 많은 전술적 승리를 거두었음에도 불구하고 결국 패전하게 된 이유가 무엇인지에 관한 것이다. 그 중에서도 모스크바라는 전략적 목표를 향해서 신속히 진격해야 하는 순간에 키예프 대회전처럼 군이 병력을 돌려 공격 속도를 늦출 필요가 있었냐 하는 점은 여전히 많이 거론되고 있다.

개인적으로 생각하는 결론은 다음과 같다. 그것은 독일이 서부전선에서 이룩한 전격전의 신화를 재현하기에는 소련이 너무나 넓었고, 소련의 전쟁 동원 자원이 독일의 공격력을 능가할 만큼 상상을 초월할 정도로 막대했다는 사실이다. 나폴레옹도 모스크바를 점령했지만 전쟁을 이긴 것은 아니었던 것처럼 설령 독일이 키예프를 무시하고 모스크바를 조기 점령했다 해도 결과는 비슷했을 것이다. 지난 석 달 동안 독일이 무너뜨린 소련군이 약 300만 명에 달했고, 이후 1941년이 끝나기 전에 약 200만 명의 소련군이 추가로 희생되었다.** 사실 이 정도라면 소련의 전력이 붕괴되었다고 봐도 무리는 아니다. 서유럽의 육군 강국 프랑스가 됭케르크에서 몰

---

* Robert Kirchubel, *Operation Barbarossa 1941 (1): Army Group South*, Osprey, 2003, pp.75-81.

** David M. Glantz, *Barbarossa: Hitler's Invasion of Russia 1941*, Tempus, 2001, pp.235-241.

락하자 스스로 백기를 들었던 것처럼 소련도 이 정도 피해를 입었으면 그래야 했는데, 오히려 전선에는 소련군이 계속해서 출몰하여 더욱 격렬히 저항했다.

22. 독일의 실패

독일은 키예프 점령 후 전선을 정비해 모스크바를 향한 진격을 재개하기로 했는데, 구데리안의 제2기갑집단이 중부집단군으로 원대 복귀하려면 시간도 많이 걸리고 또 연이은 격전으로 소모도 심하여 상당히 지쳐 있던 상태였다. 육군최고사령부가 제2기갑집단을 재편하는 동안 이웃한 북부집단군의 유일한 기갑전력인 제4기갑집단을 차출해 모스크바 공략에 투입하기로 결정하자, 히틀러는 이를 승인했다. 당연히 그 동안 독일 침공군의 3대 병단 중 유일하게 목표대로 전진을 계속해 레닌그라드 점령을 코앞에 두고 있던 북부집단군은 반발했지만, 모스크바를 제일의 목표로 설정한 이상 어쩔 수 없었다. 이러한 지시를 내린 히틀러는 전력이 약화된 북부집단군으로 하여금 레닌그라드로 진입하지 말고 외곽에서 도시를 봉쇄하여 고사시키라는 명령을 내렸다.* 결국 독소 전선의 모든 부분이 정체되고 모스크바로 향한 가도에서 혈전이 벌어지게 되었다.

이것은 키예프 전투가 남긴 또 하나의 결과였다. 키예프 공략으로 인해 육군최고사령부가 바바로사 작전을 처음 구상했을 당시에 설정한 각 집단

---

* Cromwell Productions, Scorched Earth-The Wehrmacht In Russia: Army Group North, 1999.

군들의 목표는 모두 흐트러지게 된 것이었다. 결국 1941년 10월 태풍 작전으로 명명한 모스크바로 향한 새로운 작전이 개시되었지만, 지체된 두 달 동안 강화된 소련의 방어막은 쉽게 돌파하기 힘든 철옹성으로 변해 있었고, 수은주는 독일에서 상상하지 못한 수준으로 끝없이 떨어지고 있었다. 야포도 발사되지 않고 전차가 움직일 수 없을 만큼 혹독한 추위가 계속되자, 독일군은 더 이상 앞으로 나갈 수 없게 되었다.* 독일군 야전지휘관들은 뭔가 크게 잘못되고 있다는 것을 서서히 깨닫기 시작했다. 반면에 키예프의 몰락을 대가로 천금 같은 시간을 얻은 소련은 엄청난 방어선을 구축해 모스크바를 요새화했고, 이와 더불어 시베리아 건너 저 멀리 극동에서 달려온 충원부대가 속속 방어선에 보충되었다.

독일군은 초전의 승승장구에도 불구하고 겨울이 시나브로 다가오자, 기나긴 병참선과 추위, 그리고 소련의 결사적인 반격을 극복하지 못하게 될 지경에 이르렀다. 특히 전선을 남북으로 오가며 엄청난 작전을 펼쳤던 구데리안의 제2기갑군(10월 5일 기갑군으로 승격)은 모스크바를 앞에 두고 지칠 대로 지쳐 있었다. 소련의 주코프는 이러한 절호의 기회를 놓치지 않고 공세적으로 모스크바를 방어하기로 결심했다. 주코프는 작은 모스크바라고도 불리는 전략요충지 툴라Tula에서 12월 5일 대대적으로 반격을 개시하여 제2기갑군을 몰아내면서 동시에 북쪽의 르제프Rzhev에서도 대대적인 돌파구를 형성하여 독일 제9군과 제4기갑군을 거의 포위 상태에 몰아넣었다. 이로 인해 독소 전쟁 최초로 독일군이 후퇴하자, 히틀러는 격노하여 개전 초의 스탈린처럼 후퇴불가 현지사수를 엄명했다.**

---

* David M. Glantz, *Barbarossa: Hitler's Invasion of Russia 1941*, Tempus, 2001, pp.184-194.

** 제프리 메가기, 김홍래 역, 『히틀러 최고사령부 1933~1945년』, 플래닛미디어, 2009,

1942년 1월이 되었을 때 독일군은 간신히 소련군의 진격을 틀어막아 전선을 일시적으로 안정시켰지만, 그렇다고 해서 전선을 히틀러의 의지대로 움직일 수 있는 것은 아니었다. 일선의 지휘관들은 물론이고 육군최고사령부도 그러한 전선 상황을 고려하여 전략적 후퇴를 히틀러에게 건의했다. 이때 구데리안도 작전을 중지하고 후방에서 월동 준비를 할 것을 히틀러에게 직접 서신을 보내 청했다. 그러나 히틀러로부터 돌아온 답변은 군복을 벗으라는 것이었다. 모스크바 점령은커녕 소련의 공세에 의해 밖으로 밀려나면서 태풍 작전이 실패로 끝나자, 이에 대한 책임을 물어 히틀러는 제2차 세계대전 초기 독일군의 신화를 만들어온 수많은 명장들의 옷을 대대적으로 벗겼다. 육군 총사령관 브라우히치와 각 집단군 사령관들이 차례로 군복을 벗었고, 구데리안도 이때 함께 해임되었다. 격노한 히틀러는 스스로 육군 총사령관에 올라 직접 동부전선을 지휘하겠다고 선언했다.*

23. 컴백한 실력자

히틀러의 특기 중 하나가 자신의 말을 고분고분 듣지 않는 장군들을 내쳐버리는 것이었다. 그러다 보니 전쟁 말기쯤에 그의 주변에 남아 있는 자들은 괴링이나 카이텔처럼 정치적인 인물들이 대부분이었다. 결과적으로 모리배들만 끝까지 껴안은 히틀러의 이런 성품은 인류사적인 차원에서 오히려 고마운 일이 되었지만, 이 때문에 전사에 길이 남은 독일 맹장들의

301-302쪽.

* 폴 콜리어 외, 강민수 역, 『제2차 세계대전: 탐욕의 끝, 사상 최악의 전쟁』, 플래닛미디어, 2008, 601쪽.

말로는 별로 빛을 보지 못하거나 심지어는 비참한 편이었다. 또한 히틀러는 고집 때문이었는지는 몰라도 자신 손으로 한 번 내친 장군들은 다시 찾지 않았는데, 예를 들어 전쟁 말기에 만슈타인처럼 일부러 자기 발로 찾아와 백의종군하겠다는 인물도 재등용하지 않았을 정도였다.* 이런 점에서 볼 때 자신의 명령을 따르지 않았다고 격노하여 해임시킨 룬트슈테트와 구데리안의 경우는 히틀러가 현역으로 복귀시킨 단 두 번의 예외로 들 수 있는 희귀한 예다.

잠시 해임당했을 때를 제외하고 제2차 세계대전 기간 동안 거의 처음부터 끝까지 원수 계급을 유지한 유일한 인물인 룬트슈테트는 비교적 고분고분한 내성적인 성격을 가지고 있는 데다가 동요하는 군부를 달랠 상징적인 원로가 필요했기 때문에 복귀시킨 경우였지만, 구데리안은 조금 예외였다. 구데리안의 능력은 전쟁을 치르기 위해서는 반드시 필요했고 그를 대신할 만한 인물도 없었기 때문에 결국 히틀러는 자존심을 접고 어쩔 수 없이 그를 복귀시킬 수밖에 없었다.** 뿌리 깊은 군인이었던 구데리안은 비록 히틀러 덕분에 자신의 구상을 현실화할 수 있었지만, 군인 이외의 임무에 대해서는 철저히 무관심했다. 따라서 총통으로부터 받은 도움과는 별개로 군인으로서 필요한 이야기만 했고, 일부러 유명세를 이용하여 히틀러와 정치적으로 가까워지려고 하지도 않았다. 또한 모스크바 전투에서처럼 직위를 걸고 소신껏 부대를 후퇴시켰을 정도로 강단이 있었다.

히틀러는 입바른 소리를 자주 하고 수시로 자신의 지시에 반대되는 의견을 면전에서 피력하고 때로는 항명까지도 불사하는 구데리안의 직선적

* ZDF, Hitler's Warriors: Part IV. Manstein. The Strategist, ZDF-enterprise, 1998.
** http://www.achtungpanzer.com/gen2.htm.

인 성격이 마음에 들지는 않았지만, 독일의 전세가 위급해지고 지금까지 승리의 주역이 되어왔던 독일 기갑부대에 많은 어려움이 닥치자, 1943년 3월 1일 기갑군 총감Inspector-General of Panzer Troops이라는 보직을 만들어 구데리안을 현역으로 복귀시키고 그 자리에 임명했다. 이 직책은 야전부대를 지휘할 수 있는 권한이 없는 한직이었으나, 급속히 무너지고 있던 기갑부대의 재건을 위해 그 동안 중구난방으로 진행되던 전차의 개발 · 생산 · 배치, 기갑부대의 재편성 등을 총괄하는 임무를 부여했다. 즉, 오로지 구데리안만을 위해 만든 자리였다. 구데리안은 독일 기갑부대의 재건을 위해 열심히 일했다.* 그러나 사실 그의 노력만으로 전세를 회복시킬 수 있는 시점은 이미 지난 때였다.

그가 기갑군 총감으로 부임하기 전, 무려 70여 개 사단을 무장시킬 수 있는 막대한 장비가 투입되었지만, 독일의 패배로 막을 내린 스탈린그라드 전투의 결과는 독일이 전쟁에서 패하게 될 것임을 알려주는 전주곡이었다. 비록 그의 육군대학 동기였던 만슈타인이 하르코프에서 기적 같은 대승을 이끌어냈지만, 소련의 무서운 보충량을 독일이 따라갈 수 없었기 때문이었다. 구데리안은 새로운 고성능 전차의 개발도 필요하지만, 부족한 전차의 공급량을 늘려주는 것이 우선이라고 생각했다. 사실 독일의 전차는 각 기업들의 이해타산 때문에 생산업체별로 부품 호환이 되지 않는 등의 문제가 있었고, 대량생산체계를 갖추지 못해 생산성이 낮았다. 이러한 점들은 처음에는 제대로 보이지 않았지만, 전쟁이 장기화되자 크게 문제가 되었고, 구데리안은 누구보다도 이런 세세한 독일 기갑부대 구조적

---

* 제프리 메가기, 김홍래 역, 『히틀러 최고사령부 1933~1945년』, 플래닛미디어, 2009, 400-401쪽.

1943년 장갑군 총감 시절 6호 전차(티거)를 점검 시찰하는 모습.

인 문제들을 잘 알고 있었다.

24. 독일 기갑부대의 고민

지금도 독일 기갑부대의 신화를 많이 거론하고 있지만, 제2차 세계대전 당시 독일 기갑부대의 편제나 장비는 부족함이 많았다. 그 넓은 러시아 벌판에서 독일이 동시에 운용했던 전차는 3,000대 수준을 넘지 못했고,* 그 중 가장 강력한 전차는 4호 전차였다. 이에 더해 하노마크Hanomag로 대표되는 각종 수송차량 또한 턱없이 모자랐고, 수송 및 병참 지원은 선전 영화나 사진에서와 달리 대부분 철도나 군마, 혹은 두 다리에 의존했다. 종심이 짧은 프랑스에서는 이런 후속 지원의 문제점이 제대로 보이지 않았으

* 마크 힐리, 이동훈 역, 『쿠르스크 1943』, 플래닛미디어, 2007, 42쪽.

나, 소련에서는 이런 문제점이 크게 드러났던 것이었다. 하지만 그보다도 독일 전차의 질이 좋지 못한 점이 크게 문제가 되었다. 1940년 프랑스 전역에서 시작된 기갑부대의 신화는 1호 · 2호 전차처럼 장난감 같은 전차라 하더라도 대규모로 집단화해 급속 돌파하는 것이 둔중한 중전차가 분산되어 전투에 임하는 것보다 우월하다는 것을 입증했다.

하지만 그렇다 하더라도 무기의 성능이 상당히 미흡하면 종국에 가서는 작전만으로 이러한 단점을 극복하기 힘든데, 독일은 그러한 진리를 독소전 중반기 이후에 경험했다. 독일은 재군비 선언과 동시에 허겁지겁 제식화한 1호 · 2호 전차의 문제를 즉시 깨닫고 3호 · 4호 전차를 개발하여 전격전의 신화를 이루었지만, 승리에 도취하여 여기에만 안주하는 바람에 얼마 안 가서 그들의 한계에 부딪히게 되었는데, 지옥의 러시아가 바로 그 무대가 되었던 것이었다. 한마디로 기갑부대가 보유한 장비의 질이 좋지 않았던 독일에게 모스크바로의 진격이 지체된 시간은 결정적으로 독일이 이 전쟁에서 패하게 만든 독이 되었다. 3호 · 4호 전차가 배치되었지만 이들의 성능도 만족할 만한 수준은 아니어서 독일은 점령지에서 노획한 프랑스제 전차나 체코제 38t 전차들을 대규모로 동원했다. 독일은 엄밀히 말해 티거로 알려진 6호 전차부터 질적으로 상대를 압도하는 전차를 보유하게 되었다.*

더구나 독일의 전차 생산체계는 대량생산체계가 아니어서 생산량도 적었고 값도 비쌌다. 그 때문에 소련이 일방적으로 수세에 몰렸던 초기에도 소련은 독일보다 다섯 배나 많은 전차를 보유했을 정도로 전쟁 내내 독일

---

* Hilary Doyle and Tom Jentz, *Tiger 1 Heavy Tank 1942-45*, Osprey, 1993, pp.24-68.

의 전차가 소련보다 많았던 적은 없었다. 하지만 전쟁 초기에 소련의 BT 계열 전차 등은 독일의 1호 · 2호 전차처럼 실험적 성격이 강한 전차들이어서 그리 성능의 차이는 없었다. 하지만 전술 교리 등이 독일에 한참 뒤져 있어 독일에게 일방적으로 당할 수밖에 없었다. 독일은 프랑스전을 거치면서 그들이 보유한 전차보다 상대적으로 강력하고 수적으로도 앞선 프랑스의 중重전차부대를 유린한 경험이 있었기 때문에, 허술한 소련의 전차부대 정도는 상대로도 생각하지 않았다. 하지만 전선이 소련 깊숙이 형성되었을 때, 저급한 하류 인종으로 취급한 소련인이 만든 회심의 전차가 전선에 등장했다.

바로 희대의 걸작 T-34였다. 초기에 T-34와 교전한 일선의 부대는 다음과 같은 정보를 상부에 보고했다.

"소련 측에서 새로운 전차를 투입했는데, 그 성능이 아군 전차보다 좋은 것 같다. 화력, 기동력, 방어력, 모든 면에서 아군의 전차보다 뛰어난 것으로 판단된다."

소련의 T-34는 독일에 충격으로 다가왔다. 수량이 적어 그럭저럭 물리치기는 했지만, 이들이 대규모로 전선에 투입될 경우 상황을 낙관할 수 없었다.* 그리고 그런 우려는 곧 현실이 되었다. 1941년 10월 6일 독일 중부집단군 예하 제4기갑군의 선두부대가 T-34전차로 중무장한 소련 제4전차여단의 공격을 받고 43대의 전차를 잃었는데, 이때 적이 잃은 전차는 겨우 6대뿐이었다. 3호 · 4호 전차의 성능에 만족하지 못해 차세대 전차 개발을 서두르고 있었던 독일은 노획한 T-34를 살펴보고는 그 성능에 경악했다. 당시 구데리안은 "우리 전차보다 기술적으로 앞서 있으며 제작하기도 쉽

---

* David M. Glantz, *Soviet Military Intelligence in War*, Frank Case, 1990, p.44.

고 세계 최고의 성능을 가지고 있다"*라고 감탄했을 정도였다.

25. 재건을 위한 노력

결국 독일은 5호 전차라 불리는 판터를 급하게 제작했는데, 이것은 T-34로를 모방해 개발했다는 말이 공공연한 비밀이었을 정도로 T-34의 복사판이었다. 특히 경사장갑을 채택한 외형 등은 분명히 T-34와의 유사성을 보여준다. 그만큼 독일의 충격은 대단했다. 이와 더불어 KV로 알려진 소련의 중전차들은 마치 계란으로 바위를 치는 듯한 느낌이 들 정도로 공포의 대상이었다.** 열등하다고 우습게 보았던 소련의 기술력은 결코 만만한 수준이 아니었다. 전선이 정체되고 이런 사실을 깨닫게 될수록 승리에 대한 회의가 몰려왔다. 천하의 명품 티거가 부랴부랴 전장에 등장했지만, 이미 전세를 뒤집기는 현실적으로 어려웠다. 결론적으로 말하면 지금까지 독일 기갑부대의 영광은 결코 장비의 질이 좋고 양이 많아서 이룬 결과가 아니라 작전의 승리였던 것이었다.

기갑군 총감이 된 구데리안은 이러한 모든 문제를 즉시 해결해야 하는 중차대한 임무를 부여받았다. 우선 전차의 생산량을 늘리기 위해 차종별로 다른 각종 부품을 호환이 가능하도록 만들었다. 합리적인 사고방식을 가진 독일인들답지 않게 그 동안 그러지 않았다는 것이 오히려 이상할 정도였지만, 제작업체들의 이해타산 때문에 그 동안 회사별로 각각 다른 규

* http://www.theeasternfront.co.uk/commanders/german/guderian.htm.
** http://www.battlefield.ru.

격의 부품이나 부속을 사용해야 했던 것을 시정한 것이었다. 그리고 이와 더불어 전장의 상황을 고려하여 전차의 생산량을 적절히 조절했다.* 예를 들어, 독일군의 수호신이 된 티거는 아무도 맞상대하기 힘들 만큼 훌륭한 전차이기는 했지만, 제작 시간도 오래 걸리고 투입되는 요소도 많아 생산량이 적었다. 구데리안은 제작이 상대적으로 수월한 구축전차 등의 생산량을 늘리는 방법을 동원해 부족분을 충당하려고 했다. 원래 돌격포나 구축전차는 보병 지원용 화기로 여겨졌으나, 전쟁 후반기부터는 전차를 대신하기도 했다.

그가 처음 독일군 전차부대를 조직할 때부터 철칙처럼 믿고 지키려 했던 원칙 중 하나는 전차병들의 양성에 관한 것이었다. 그는 아무리 급하다 하더라도 훈련도 제대로 시키지 않은 전차병을 전선에 투입하는 것은 전차와 병사들 모두를 잃는 지름길임을 잘 알고 있었다. 그래서 그 동안의 실전 경험을 바탕으로 좀더 체계적인 전차병 양성 프로그램을 고안했고, 이러한 프로그램을 통해 배출된 전차병들은 패전 직전까지 전선에서 용감히 싸웠다. 하지만 이와 같이 동분서주하며 자신이 가지고 있던 모든 것을 받쳐 독일 기갑부대의 재탄생을 위해 혼신의 노력을 다했지만, 그가 할 수 있는 것보다 그의 능력으로도 도저히 할 수 없는 것들이 너무 많았다.** 특히 쿠르스크 전투에서 일거에 소모된 독일의 기갑 전력을 단기간 내에 복원한다는 것은 무리였다. 시간이 갈수록 상황은 더욱 나빠져 전차를 만들어내도 기름이 없어서 움직이지 못하는 경우까지 생겼다.

1944년이 되었을 때 독일이 전쟁에서 이기리라고 예상하고 있던 인물

* http://www.achtungpanzer.com/gen2.htm.
** Heinz Guderian, *Panzer Leader*, Da Capo Press, 1996, pp.178-186.

은 사실 아무도 없었고, 전선에서 장군들이 할 수 있는 최선의 방법은 패배를 늦추는 것뿐이었다. 이 상태로 독일이 끝까지 저항하다가 패한다면, 제1차 세계대전 이후 겪었던 굴욕을 몇 배나 능가하는 엄청난 보복이 연합국으로부터 가해질 것이 너무나 명약관화했다. 이런 근심의 근원은 사실 히틀러였는데, 그는 시간이 갈수록 더 심하게 미쳐서 독일을 불행의 구렁텅이로 몰아넣고 있었다. 결국 이런 극단적인 상황을 우려한 군부 일각에서 그를 제거하기 위해 나섰다. 하지만 1944년 7월 20일 발생한 히틀러 암살 시도가 실패로 끝나면서 전쟁을 정치적으로 해결할 수 있는 마지막 희망마저 사라져버리고 말았다. 이때 사건 현장인 늑대굴Wolfsschanze에서 히틀러와 회의를 하던 육군 참모총장 아돌프 호이징어Adolf Heusinger가 심각한 부상을 입자, 구데리안은 다음날 제3제국의 5대 육군 참모총장에 임명되었다.*

26. 마지막 충성

전쟁 말기로 갈수록 히틀러는 자신의 의견에 반대하는 인물들을 수시로 내쳤다. 더욱이 암살미수사건으로 죽음의 문턱까지 다녀온 이후로는 오로지 충성심만을 기준으로 사람을 썼다. 예를 들어, 그 동안 총애하던 롬멜을 사건 관련이 의심된다는 이유만으로 자결하도록 만들어버렸고, 반면에 무능력자로 찍혀 서서히 관심 밖의 인물이 되어가던 카이텔 같은

* 제프리 메가기, 김홍래 역, 『히틀러 최고사령부 1933~1945년』, 플래닛미디어, 2009, 432쪽.

1944년 참모총장 당시 히틀러와 작전을 논의하는 구데리안.

경우는 충성심을 인정받아 최측근에 두었다. 하지만 그렇다고 모든 요직을 오로지 예스맨만으로 채울 수 없을 만큼 독일 군부의 규모는 컸다. 그래서 룬트슈테트처럼 친나치도 아니고 반나치도 아닌 비정치적인 군인들을 재등용하는 차선책을 썼다. 히틀러는 구데리안의 직선적인 성격을 탐탁지 않게 생각했지만, 구데리안은 오로지 군인 그 자체였고 어쩔 수 없이 현역으로 복귀시킬 만큼 실력이 뛰어났기 때문에 참모총장에 발탁될 수 있었다.

전통적으로 독일 군부의 최고 실력자를 의미하는 육군 참모총장 직위는 제3제국에서는 신설된 육군 총사령관의 참모장 역할로 격하되기는 했지만, 육군 총사령관이 상징적인 위치를 점하고 있었기 때문에 예전처럼 실질적으로 작전의 수립 및 실시에 관한 권한을 많이 행사할 수 있었다. 구데리안에게 쇠퇴기에 들어선 독일군을 이끌고 전쟁을 치러야 하는 막중한 임무가 부여된 것이었다. 그런데 문제는 히틀러가 그때까지 육군 총사령관을 차지하고 있었다는 점이었다. 그는 1941년 12월 모스크바 공략 실패에 대한 책임을 물어 브라우히치를 내쫓은 뒤로 계속해서 그 자리를 고수하고 있었다. 원래 육군 총사령관은 참모총장과 의견을 최대한 반영하여 권한을 행사하도록 되어 있었으나, 히틀러는 전혀 그러지 않았다. 결론적으로 구데리안은 참모총장이 되었지만, 소신껏 작전을 수립하고 펼칠 만한 위치가 전혀 아니었던 것이었다.

구데리안이 참모총장에 올랐지만, 막상 그가 할 수 있는 것은 그리 많지 않았다. 전선의 상황, 독일군의 전력, 독일의 전쟁 수행 능력, 그 어느 것도 전쟁을 승리로 이끌 만한 여건이 아니었다.* 하지만 구데리안에게 그 무엇보다도 가장 큰 방해물은 바로 히틀러였다. 구데리안은 한정된 자원을 최대한 이용하여 패전을 늦추는 전력을 구사하고자 했으나, 이성을 잃어버린 총통은 예외 없이 후퇴불가 현지사수만을 외쳤다. 히틀러는 부대배치 같은 것은 물론이고 하다못해 소총 개발 같은 사소한 분야까지도 간섭할 정도로 시간이 갈수록 도를 넘어섰다.** 그 절정이 1944년 12월에 있었던 벌지 전투였다. 당시 군권을 놓고 대립하던 육군최고사령부가 동부전선을 담당하고 국방군최고사령부가 기타 전선을 관할하고 있었는데, 노르망디 상륙작전 이후 서부전선이 구축되자, 실제로 부대를 동원할 수 있었던 육군최고사령부도 서부전선에 신경을 쓸 수밖에 없었다.

따라서 육군최고사령부를 이끌던 구데리안은 동부전선과 서부전선을 동시에 염두에 두고 작전을 수립하여 자원을 배분하고 전투를 실시하는 어려운 역할을 수행하고 있었는데, 느닷없이 히틀러가 서부전선에서 대공

---

* http://www.theeasternfront.co.uk/commanders/german/guderian.htm.
** http://en.wikipedia.org/wiki/StG_44.

세를 펼치겠다고 선언했다. 이것이 이른바 벌지 전투였는데, 당시의 상황을 고려할 때 전혀 말도 안 되는 터무니없는 작전이라 구데리안을 비롯한 많은 이들이 극렬히 반대했지만, 작전부장 요들이 이끌던 국방군최고사령부가 서부전선에서의 지위를 계속 유지하려고 이를 지지하고 나섰다. 결국 구데리안은 어렵게 보존한 마지막 전력이 총통의 고집에 의해 벌어진 쓸데없는 작전에서 허무하게 사라지는 것을 묵묵히 지켜볼 수밖에 없었다.* 하지만 히틀러는 이러한 참담한 결과에 대해 조금도 반성하지 않고, 오히려 더 히스테리를 부렸다. 구데리안은 군부를 대표하여 히틀러의 간섭을 최대한 저지하려 했으나, 동부전선의 방어 전략을 놓고 히틀러와 첨예하게 대립하다가 결국 1945년 3월 28일에 재차 해임되면서 파란만장한 군인의 길을 마감하게 되었다.

27. 모두로부터 존경을 받은 군인

구데리안이 군복을 벗고 약 한 달이 지난 5월 8일에 독일이 소련에 항복함으로써 무서웠던 유럽의 전쟁은 대단원의 막을 내렸고, 이틀 후 구데리안은 미군에게 항복하여 전쟁 포로로 수감되었다. 그러나 전쟁 말기에 독일 육군 참모총장으로서 전쟁을 최고 위치에서 지휘하던 거물임에도 불구하고 1948년 6월 17일에 무혐의로 석방되었다. 수감 도중 개최된 뉘른베르크 전범재판에서 소련과 폴란드가 그를 전범으로 기소하겠다고 신병 인

---

* 제프리 메가기, 김홍래 역, 『히틀러 최고사령부 1933~1945년』, 플래닛미디어, 2009, 442-443쪽.

도를 요청했으나, 미국이 반대했다.* 사실 전후 미국이 여러 가지 이유를 들어 신병을 확보한 독일군 장성들의 인도를 거부한 경우는 많았지만, 반드시 그것이 전후 질서의 주도권을 잡기 위한 정치적인 이유 때문만은 아니었다. 예를 들어, 만슈타인의 경우는 미국이 소련의 신병 인도 요구를 거부했지만, 클라이스트는 소련과 유고슬라비아의 요구에 따라 신병을 인도해주었고, 룬트슈테트는 동맹국이었던 영국이 기소하려 했지만, 미국이 이에 동의하지 않았다.

미국이 독일군의 거물이었던 그를 별다른 이유 없이 풀어주었을 만큼 구데리안은 순수한 직업군인이었다. 그는 군인으로서 국가와 통수권자의 명령을 받든 것 이외에 군인 신분에서 벗어난 일을 하지 않았기 때문에 전후 많은 독일의 장군들이 한 번 정도 곤혹을 치렀던 나치의 전쟁범죄 혐의로부터 자유로울 수 있었다. 사실 이런 고지식한 측면 때문에 그의 능력을 너무나 잘 알았던 히틀러도 그를 가까이하지 못했던 것이었다. 승전국들 중에서 상대적으로 감정 개입 없이 독일의 죄과를 다룰 수 있었던 미국의 입장에서 보았을 때, 구데리안은 자신의 임무에 충실하고 군인으로서 하지 말아야 할 일에 군대를 투입하지 않았기 때문에 객관적으로 처벌할 수가 없었던 것이었다. 소련은 엄밀히 말하면 독소전 초기에 너무 많은 엄청난 승리를 거둔 구데리안을 무슨 명분을 붙여서라도 벌을 주고 싶어 신병 인도를 요청했던 것이었다.

전격전으로 불리는 전술 이념에 충실했던 구데리안의 목표는 적의 몰살이나 파괴가 아니라 적을 붕괴시키는 것이었다. 그렇기 때문에 그가 지휘한 거대한 승리의 이면을 살펴보면 피아 모두 실제 사상자의 규모는 그리

---

* http://www.spartacus.schoolnet.co.uk/GERguderian.htm.

크지 않았다. 가장 많은 피해를 입은 소련도 민스크, 스몰렌스크, 키예프 전투에서만 무려 150만 명이 구데리안이 지휘한 부대에 의해 붕괴되었지만, 이들 전투에서 전사한 소련군은 약 15만 명 정도에 불과했고, 1940년 프랑스 전역에서도 마찬가지였다. 아무리 안하무인 히틀러라도 구데리안의 능력을 대신해줄 수 있을 만한 인물을 찾을 수 없었기에 해임했던 그를 복귀시켰고, 전쟁의 마지막 순간까지 그의 능력에 많이 의존했다. 하지만 히틀러는 구데리안을 원수로 만들지는 않았다. 왜냐하면 제3제국에서 원수가 되려면 장군으로서의 능력 외에도 히틀러에 대한 충성심 같은 부차적인 다른 요소가 필요한데, 구데리안은 그런 부분에는 애당초 관심조차 없었기 때문이었다.

구데리안은 전쟁 중에 그것도 독일의 가장 극성기에 자신의 명령을 따르지 않고 부대를 후퇴시켰다는 이유로 히틀러에 의해 제일 먼저 군복을 벗게 된 장군들 중 한 명이었다. 출신 성분 때문에 처음부터 히틀러가 그리 달가워하지 않았던 만슈타인은 그래도 겉으로는 고분고분했기 때문에 원수가 될 수 있었지만, 면전에서 대들기를 밥 먹듯이 하는 구데리안은 히틀러의 마음에 들기 힘들었다. 하지만 구데리안은 임기응변적인 처세술이 아니라 오로지 실력만으로 역사에 빛나는 이름을 남긴 위대한 장군이었다. 권력에 굴복하던 수많은 다른 인물들과 달리, 그는 독재자의 환심을 사려 하지도 않았고 오로지 실력으로만 승부하며 끝까지 자신의 소신을 굽히지 않았기 때문에 무소불위의 히틀러도 그를 함부로 무시할 수 없었다. 바로 이것이 당대는 물론이고 후대 사람들까지 그를 존경하는 이유다.*

---

* 《국방일보》, 세계 명장 열전〈50〉 하인츠 구데리안(독일) -하-, 2003. 8. 14.

28. 선각자였던 군인

구데리안은 나치의 정치적 성향과는 거리가 멀었고, 무소불위의 총통과도 맞서서 말싸움을 벌일 정도로 철저하게 군인정신으로 무장되어 있었다. 이 때문에 뛰어난 업적, 능력 그리고 직위에도 불구하고 그는 원수의 자리까지 오르지 못하고 상급대장으로 군복을 벗어야 했다. 그는 히틀러조차도 위인설관의 자리까지 마련하여 그를 현역으로 복귀시켰을 만큼 실력은 출중했지만, 원수로 만들고 싶은 생각이 들지 않을 만큼 비정치적이었다. 이와 같은 그의 명성 때문에 적들도 구데리안을 존경했고, 그가 석방되자마자 영국과 미국의 군사교육기관에서 그를 초빙하여 시대를 선도하던 독일 기갑부대의 전술과 전략을 배우려 했다. 구데리안은 거대한 전략과 전술뿐만 아니라 전차 개발 및 생산 같은 기술적인 분야에까지 영향을 미쳤기 때문에 전차의 역사에서 절대로 빼놓을 수 없는 인물이었다. 따라서 영국이나 미국이 이러한 인물로부터 군사 사상을 배우려 했다는 것은 너무나 당연한 일이었다.

집단적인 기갑부대의 운용과 같은 전술 이론은 구데리안이 최초로 고안한 것은 아니었지만, 사상적 동지라 할 수 있는 만슈타인, 클라이스트, 롬멜, 호트, 라인하르트, 만토이펠 같은 뛰어난 야전지휘관들이 있었기에 제2차 세계대전 초기에 독일군의 혁신적인 전술로 빠르게 자리 잡을 수 있었다. 구데리안은 당시 군부의 주류로부터 이단아 취급을 받아가며 아무런 기반도 없는 백지 상태에서 이론을 세우고 수단까지 하나하나 만들어 가면서 기갑에 관한 모든 것을 완성한 인물이었다. 동시대 구데리안에게 영감을 주었던 다른 나라의 이론가들도 있었지만, 막상 그들은 이론을 현실화하는 데 보이지 않는 수많은 장벽에 가로막혀 좌절했다. 하지만 구데리안은 그러한 벽을 넘어섰다. 이것은 전쟁에서 승리를 거두는 것보다 훨씬 더 어렵고 힘든 일이었을 것이다.

그는 비록 엔지니어는 아니었지만, 오늘날 사용되는 전차의 기본적인 구조를 구상하여 현실화했을 만큼 감각이 뛰어난 인물이었다. 콜럼버스의 달걀처럼 단순하지만 아무도 실행하지 못한 새로운 방법을 찾아내고 실현하는 데 노력을 아끼지 않았던 구데리안은 군인이기 전에 뛰어난 엔지니어의 감각을 지니고 있던 노력가였다. 한마디로 전장에서뿐만 아니라 후방에서도 전선을 도울 수 있는 능력을 가진 인물이었다. 구데리안은 히틀러에게도 대들고 상관이었던 클루게와도 결투를 벌였을 정도로 괄괄한 성격을 가지고 있었지만, 자신의 소신이 많은 이를 이롭게 할 것이라는 확신이 서지 않으면 결코 고집을 부리지 않았다. 그는 항상 귀를 열어두고 많은 이의 의견을 수용했다. 모르는 길을 갈 때는 항상 도움을 기꺼이 받아들였지만, 잘못된 길을 간다는 확신이 들면 누구보다도 앞서서 반대했다.

그는 새로운 전술 개발을 위해 끊임없이 연구한 선각자이기도 했다. 지금 보면 너무나 당연한 것처럼 보일지 모르지만, 이렇게 이론을 정립하고 직접 실행에 옮긴 사람은 사실 그리 많지 않다. 구데리안은 다른 분야에서도 이러한 인물을 찾기 힘들 정도로 전차와 기갑부대, 그리고 이와 관련된 전술을 적극적인 자세로 연구하여 이론을 정립하고 실현한 해당 분야의 선구자였다. 그는 묵묵히 자신에게 부여된 과업만 충실히 수행하고 밖으로 자신을 드러내지 않는 성격을 가진 인물답게 대중에게는 그리 많이 알려져 있지 않다. 사실 엄밀히 말하면 군인이 굳이 대중에게 많이 알려질 필요도 없고, 또 그런 것이 반드시 바람직한 것만은 아니나, 구데리안은 스스로를 드러내려 하지 않았음에도 불구하고 엄청난 노력과 성과 때문에 전사의 한 장을 장식하고 있는 위대한 군인으로 남게 되었다.

하인츠 빌헬름 구데리안

1934~1935	차량화부대 참모장
1935	기계화부대 참모장
1935~1938	제2전차사단장
1938	기계화부대장
1938	제16차량화군단장
1938~1939	차량화부대장
1939~1940	제19(장갑)군단장(폴란드, 프랑스)
1940	구데리안 기갑집단 사령관(프랑스)
1940~1941	제2기갑집단 사령관(동부전선)
1941~1942	제2기갑군 사령관(동부전선)
1942~1943	퇴역
1943~1944	기갑군 총감
1944~1945	참모총장
1945~1948	전범으로 수감

part. 8

병사들의 아버지로 불린 장군

상급대장 **헤르만 호트**

Hermann Hoth

영화에 출연하는 모든 연기자들은 예외 없이 주인공을 꿈꾸지만, 등장하는 인물 모두가 주인공이 될 수는 없다. 거액의 개런티를 받고 화려하게 등장하는 주연배우는 극의 대부분을 이끌어나가고 흥행에도 많은 영향을 미친다. 하지만 영화에 등장하는 조연배우도 주연배우 못지않게 중요하다. 영화가 살아나도록 감칠맛 나는 연기를 펼치는 뛰어난 조연배우는 그야말로 영화 속의 숨은 진주다. 전쟁도 영화 마찬가지로 주연과 조연이 있다. 제2차 세계대전 같은 거대한 전쟁에서 일선의 병사들은 엑스트라에 해당했고, 장군들은 조연이나 주연을 맡았다. 그러나 주연을 맡은 장군은 그리 많지 않았다. 그는 당대 최강을 자랑하던 제3기갑군과 제4기갑군을 연이어 맡아 전선을 누볐지만, 전사에는 조역으로 주로 등장한다. 그 이유는 그의 트레이드마크인 겸손함 때문이었다. 그는 동료 장군들로부터는 무한한 신뢰를 한 몸에 받았고, 병사들로부터는 아빠라는 애칭으로 불릴 만큼 부하들을 사랑하고 보호하려 했다. 전쟁 내내 화려한 스포트라이트에서 조금 벗어나 있었지만, 누구나 신뢰하고 사랑한 인물, 그가 바로 병사들의 아버지 상급대장 헤르만 호트다.

1. 장군의 요건

장군들은 전투 결과에 따라 용장 아니면 그 반대로 졸장으로 평가받는다. 그런데 평시에 크게 문제가 될 만한 소지가 다분한 행동을 잘하는 인물이라도 전시에 승리를 거두면 그러한 시비 거리가 어쩔 수 없는 것이었다거나 혹은 크게 문제가 되지 않는다고 치부해버리는 경향이 있다. 예를 들면, 조지 패튼George S. Patton, Jr., 에르빈 롬멜, 바실리 추이코프Vasily Chuikov 같은 인물들이 그러한 예에 해당하는데, 이들은 동료들도 함께 작전을 하기 부담스러워할 정도로 독특한 카리스마, 나쁘게 말하면 남과 타협할 줄 모르는 괴팍한 성격을 가지고 있었다. 그럼에도 불구하고 이들은 많은 승리를 이끌어내어 전사에 한 획을 그은 장군으로서 이름을 남겼다. 이처럼 무인은 일단 능력이 뛰어나면 좋은 평가를 받을 수 있지만, 이에 더해 상관이나 동료, 그리고 부하로부터 호평까지 받는다면 가히 최고라 할 수 있을 것이다.

명장이라는 칭호를 받을 수 있는 인물이라면 아군의 피해를 최소화하면서 신속하게 적을 제압하는 것인데, 이렇게 승리를 이끈 인물이라면 훌륭한 장군이라는 칭호를 받는 데 결코 모자람이 없을 것이다. 승리를 달성하기 위해 수많은 지휘관들은 부하들을 철저히 단련시켜야 하고 때로는 가혹한 명령에도 부하들이 망설임 없이 따라오도록 일부러 냉정하게 대해야 하는 경우도 있다. 그러므로 전장에 있는 장군들에게서 부드러운 면모를 찾는다는 것은 어쩌면 모래밭에서 바늘을 찾는 것처럼 어려운 일인지 모른다. 사적인 자리에서는 아무리 부드러운 남자라 하더라도 전선에서는 냉혈한처럼 행동하는 것이 장군들, 특히 명령을 내리는 지휘관들에게는 당연히 필요한 자질이기도 하다. 목표를 달성하기 위해 어쩔 수 없이 일부를 희생시킬 필요가 있는 어려운 선택을 강요받을 때 대의를 위해 과단성을 발휘하는 용기는 지휘관들의 원래 인격과 상관없이 반드시 갖추어야 할 필수 덕목이고, 이를 망설이지 않고 제때 시행한 이들은 대부분 승장의 명예를 얻었다.

부하들의 입장에서는 자신들을 피해 없이 승리의 길로 이끌어주는 지휘관이 당연히 좋겠지만, 그렇다고 해서 그런 지휘관이 무조건 존경의 대상이 되는 것은 아니다. 하지만 만일 둘 다에 해당한다면 그야말로 금상첨화가 아닐 수 없는데, 전사를 살펴보면 드물지만 그와 같은 인물이 아주 없었던 것은 아니다. 제2차 세계대전 당시 독일의 장군들 중에는 승리를 이끈 장군들도 많았고 전사에 이름을 남길 만큼 뛰어난 활약을 보인 인물들도 많았는데, 그 중에서도 부하들이 '아빠Papa'라는 애칭으로 부르며 존경하고 따르던 장군이 있었다. 그는 항상 선두에 서서 맹렬히 싸우던 맹장猛將이자, 누구나 그를 좋아하던 덕장德將이기도 했다. 독일 기갑부대의 또 하나의 전설이었던 헤르만 호트Hermann Hoth(1885~1971년)가 바로 그 주인공이다.

2. 모두에게 친절했던 장군

제2차 세계대전 당시 독일이 치른 격전을 살펴보면 그 거대한 규모에 걸맞게 수많은 인물들이 등장하는데, 호트만큼 전사의 여기저기서 자주 등장하는 인물도 그리 흔하지 않다. 그럼에도 불구하고 의외로 그에 대해서 많이 알려져 있지 않은 것이 사실이다. 그의 경력에서 특이한 점은 참모보다는 지휘관으로서 경력을 쌓아왔다는 점이다. 독일군에서 엘리트 장성들이 참모 교육을 받거나 주요 참모 보직을 역임한 점을 상기한다면, 호트의 경력은 다른 유명 장군들과 확연히 비교된다. 그는 초급 장교 시절인 제1차 세계대전 당시 제30사단 작전참모로 잠시 근무한 경력을 제외한다면 줄곧 지휘관으로 지냈다. 그는 1885년 4월 12일 노이루핀Neuruppin에서 태어나 18세가 되던 1903년에 제국 군대에 입대했다. 육군대학에서 초급 장교 교육을 이수한 그는 제1차 세계대전에 참전하여 주로 일선부대의 중대장, 대대장 등을 역임했고, 전후에는 그의 능력을 인정받아 10만 명으로 축소된 공화국군에 남게 되었다.*

호트는 제17연대장, 뤼벡Lübeck지구대장 등을 역임했고, 히틀러가 정권을 잡고 재군비를 선언한 1935년에 소장으로 진급함과 동시에 제18사단장에 부임했다. 호트가 초대 사단장으로 부임한 제18사단은 재군비 선언 이후에 전에 있던 여러 부대를 취합하여 새롭게 편성한 신편 부대로, 폴란드와 국경을 마주하고 있는 요충지인 리그니츠Liegnitz에 주둔했다.** 여담으로 1938년 그의 후임으로 제2대 사단장에 취임한 인물이 만슈타인이었

---

* http://en.wikipedia.org/wiki/Hermann_Hoth.
** http://www.theeasternfront.co.uk/Commanders/german/hoth.htm.

다. 호트의 일대기를 살펴보면, 유유상종이라는 말이 어울릴 만큼 그는 독일군 최고의 명장들인 만슈타인, 구데리안 등과 관계를 맺어 함께 작전을 많이 펼쳤다.

장군들은 당연히 전체의 승리가 중요하기는 하지만 자기가 지휘하는 부대의 승리와 생존이 먼저이기 때문에 작전을 펼 때 종종 이기적인 행태를 보이곤 한다. 따라서 작전 시 주변 부대와 마찰이 발생하는 경우가 비일비재한데, 만일 지휘관들의 사이가 나쁘면 상당히 곤혹스런 일이 발생하게 된다. 그러나 호트는 다른 지휘관들과 항상 관계가 좋았다. 예하 장병들로부터 아빠라는 애칭으로 불렸을 만큼 자애로웠던 호트는 이러한 모나지 않은 둥글둥글한 성격 덕분에 동료 장군들과도 원만한 관계를 유지했기 때문에, 누구나 그와 함께 작전을 펼치고 싶어했다.*

3. 아무도 가지 않은 길

1938년 11월, 호트는 이후 제3기갑군The 3rd Panzer Army의 모태가 되는 제15군단의 초대 군단장으로 부임했다. 당시는 1935년 히틀러의 재군비 선언 후 양적으로 급속히 팽창을 거듭하던 독일군이 서서히 내실을 다져나가던 시기였다. 군부 내에서는 소장파를 중심으로 집단화된 기갑부대를 돌파의 선봉으로 삼아야 한다는 주장이 서서히 힘을 얻어, 구데리안의 주도로 이를 실전에 적용하기 위한 다각적인 노력이 이루어졌다. 그 결과, 폴란드전

* 주은식, 《THE ARMY》(2009년 5월호), 세계명장의 전투지휘 - 헤르만 호트 장군과 프로호로브카 전투, 대한민국 육군협회, 2009, 32쪽.

재군비 선언 후 독일 기갑부대는 새롭게 태어났지만, 주변국에 비해 장비의 질과 양 모두 충분하지 않았다.

을 앞두고 몇 개 군단급 기갑부대를 창설할 수 있었는데, 구데리안이 직접 육성한 제19군단을 필두로 해서 제14군단도 이때 기갑부대로 탄생했다. 이 당시 부대 단대호에 'Panzer'를 붙이지는 않았지만, 이 2개 군단은 세계 최초의 장갑군단이나 다름없었다. 그리고 후속하여 제15 · 16군단이 차후 장갑군단으로 변경될 것을 염두에 두고 창설되었고, 이때 호트가 제15군단의 지휘관으로 부임했다.*

이처럼 호트는 라인하르트, 회프너 등과 더불어 탄생 초기부터 독일 기갑부대를 이끈 대표적인 명장으로 널리 알려져 있다. 하지만 집단화된 기계부대를 주장하던 소장파 장군들도 실제로 부대를 어떻게 편제하는 것이 가장 좋은지, 그리고 이들 부대를 어떻게 운용하는 것이 가장 좋은 방법인

* François de Lannoy & Josef Charity, *Panzertruppen: German armored troops 1935-1945*, Heimdal, 2002, pp.112-113.

지 알지 못했다. 한마디로 아무도 가보지 못한 길이어서 참고할 만한 것조차 없었기 때문이었다. 훗날 호트는 당시 보병 장군으로서 생소했던 기갑부대를 지휘하게 된 소회를 자신의 유일한 회고록인 『기갑 작전Panzer-Operationen』이라는 책에 담았다. 원론적으로 같은 기능을 담당한다고 취급되던 기병대 출신들이 초기 기갑부대의 주역으로 많이 활약했는데, 그런 점에서 볼 때 보병이었던 호트는 상당히 예외적인 경우였다. 아니, 구데리안의 예에서도 알 수 있듯이 주변국과 달리 당시 독일의 경우는 오히려 기갑부대와 기병대를 연결하려는 선입관이 그리 크지 않았다. 이처럼 생소한 기갑부대를 처음 맞게 되었지만 새로운 사상을 적극 수용하고 연구하는 열린 자세를 가지고 있었기 때문에 호트는 기갑부대의 위대한 지휘관으로 전사에 남게 되었다.

4. 일방적이었던 폴란드 침공

체코슬로바키아를 평정한 히틀러의 입장에서 다음 상대는 폴란드였다. 독일은 백색 계획으로 명명한 폴란드 침공 계획을 이미 완료한 상태에서 폴란드에게 폴란드 회랑과 단치히를 내놓으라고 외교적 공세를 펼쳤다. 하지만 폴란드가 독일의 요구를 단호히 거부하자, 전쟁은 불가피해 보였다. 아니, 히틀러는 도발할 구실만 찾고 있던 상태였다.* 백색 계획의 요체는 강력한 2개 주먹으로 남과 북에서 동시에 충격을 가해 폴란드를 대포위해버리는 것이었다. 이에 따라 독일은 주력을 2개 집단군으로 재편하여

* Jeremy Isaacs, The World at War: Part 2. Distant War, Thames Television, 1973.

각각 남북에 배치해놓았는데, 이때 시험적으로 창설된 장갑군단인 제19군단과 제14군단이 각 집단군의 선봉으로 나서게 되었다. 남부집단군에 배치된 호트의 제15군단은 비록 예하에 제2경사단The 2nd Light Division만 거느린 단출한 규모였지만, 제16군단과 병진하여 바르샤바로 쇄도하기로 예정되어 있었다. 독일은 폴란드를 이길 자신이 있었지만, 재무장 이후 그 동안 그들이 준비해왔던 군비가 예상만큼 완벽한지는 결코 자신할 수 없었다. 특히 몇몇 이론가들을 제외하고 새롭게 등장한 기갑부대에 대해 확신하는 사람은 그리 많지 않았다. 엄밀히 말해 전차가 탄생한 1916년부터 폴란드 침공 당시까지 기갑과 관련한 모든 분야에서 독일은 아웃사이더였다.

1939년 9월 1일 드디어 독일군이 폴란드를 침공하면서 제2차 세계대전의 막이 올랐다. 당시 폴란드 전역에 참전한 호트의 활약에 대해 그리 알려진 것이 많지 않은데, 이것은 비단 호트만 그런 것이 아니다. 제2차 세계대전 당시에 활약한 독일군 장성들 대부분이 폴란드 전역에서부터 활약하기 시작했지만, 폴란드 전역에서는 어떤 특정한 지휘관이 두각을 나타냈다고 할 수 없을 만큼 독일이 일방적으로 우세했기 때문이었다. 물론 폴란드군도 조국을 수호하기 위해 독일군을 향해 돌격을 마다하지 않고 용맹스러운 분전을 펼쳤고, 독일군 중 일부는 군인정신으로 철저히 무장한 폴란드군의 용기에 경의를 표했지만, 그것만으로는 전세를 바꿀 수 없었다. 9월 17일, 사전에 독일과 밀약을 맺은 소련이 동쪽에서 폴란드를 협공하여 들어왔을 때, 모든 것은 이미 끝난 것이나 다름없었다.*

---

* 폴 콜리어 외, 강민수 역, 『제2차 세계대전: 탐욕의 끝, 사상 최악의 전쟁』, 플래닛미디어, 2008, 101-102쪽.

5. 새로 씌어진 기갑부대의 역사

호트는 앞에서 언급한 것처럼 자신을 드러내지 않는 겸손한 인물이어서 상급자와 동료는 물론이고 일반 사병에 이르기까지 폭넓은 계층으로부터 호평을 받았다. 인접 부대와 함께 작전을 펼칠 경우 항상 상대 부대의 형편을 고려하여 튀는 행동을 하지 않았고, 눈앞에 보이는 것을 차지하려고 욕심을 부려 즉흥적으로 과도한 명령을 남발하지도 않았다. 군에 몸담은 이래로 대부분을 지휘관으로 지내면서 독단적으로 결정을 내리지 않고 항상 참모들의 의견을 존중하여 지휘에 적극 반영했다.

그가 1956년에 출간된 그의 유일한 저서 『기갑 작전』을 집필하게 된 동기도 제15군단부터 제3기갑군까지 그의 참모장을 계속 역임했던 발터 폰 휘너스도르프Walther von Hünersdorff를 추모하기 위해서였다. 휘너스도르프는 1943년 하리코프 전투에서 전사한 뒤 소장으로 추서된 인물이었는데, 종전 후 한참이 지난 뒤에도 그를 잊지 못해 펜을 들었을 만큼 호트는 정이 많은 인물이었다. 또한 현장을 수시로 실사하여 말단 병사들의 생각을 경청하는 데도 적극적이었다. 그래서 서두에 설명한 것처럼 일반 사병들로부터 '아빠'라는 친근한 애칭으로 불렸다.* 하지만 그는 이러한 유화적인 모습과 달리, 냉정하고도 근엄한 맹장의 면모를 함께 지니고 있던 장군이었다. 한마디로 전형적인 외유내강外柔內剛형 인물이었다.

그가 기갑부대의 맹장으로 이름을 떨치게 된 것은 1940년 5월에 있었던 독일의 프랑스 침공 당시였다. 프랑스는 당대 최강의 육군을 보유한 강국

---

* 주은식, 《THE ARMY》(2009년 5월호), 세계명장의 전투지휘 - 헤르만 호트 장군과 프로호로브카 전투, 대한민국 육군협회, 2009, 33-35쪽.

전격전의 막연한 이미지와 달리, 독일군 전력의 대부분은 보병이 담당했다.

이었고, 이와 더불어 또 하나의 강국인 영국이 프랑스에 원정군을 파견하기 시작한 상태에서 단순히 병력과 장비만을 놓고 비교해도 독일이 이들보다 나은 것은 하나도 없었다. 하지만 분명한 것은 프랑스와의 일전을 결코 피할 수 없다는 점이었다. 20여 년 전 패전의 아픔을 몸소 겪었던 당시 독일군 중에는 프랑스를 한 번 응징해야 한다고 생각하지 않은 군인이 없을 정도였다. 다만 지금은 때가 아니라고 군부는 생각했지만, 결국 총통의 의지를 꺾을 수는 없었다.* 프랑스를 공격하는 방법에 대한 수많은 갑론을박 끝에 극적으로 만슈타인이 주장한 낫질 작전이 채택되었고, 이제 기갑부대의 역사가 새로 씌어지게 되었다.

만슈타인의 주장은 독일군 최고 수뇌들도 논외로 생각하고 있었을 만큼 적의 허를 찌르는 계획이었는데, 가장 큰 관건은 주공이 될 대규모 기갑부

* 제프리 메가기, 김홍래 역, 『히틀러 최고사령부 1933~1945년』, 플래닛미디어, 2009, 171-172쪽.

대가 일거에 아르덴 삼림지대를 통과할 수 있느냐에 달려 있었다.* 애초부터 이런 날이 오기를 꿈꾸어왔던 동료 구데리안은 이곳을 돌파할 자신이 있다며 만슈타인에게 힘을 실어주었다. 만슈타인은 자신의 사상을 이해하고 폴란드 전선에서 구데리안처럼 기갑부대를 지휘한 많은 소장파 동료 장군들이 충분히 해낼 것으로 믿었다. 그 중에는 당연히 호트도 포함되어 있었다. 1940년 프랑스 침공전을 앞두고 서부전선으로 옮겨온 호트의 제15군단은 그 동안 대폭 증강되어 명실 공히 독일 최강의 장갑군단 중 하나로 손색이 없게 성장했다. 예하에는 제2차량화보병사단과 더불어 이후에 유명해진 제5전차사단과 제7전차사단이 편제되었다.**

특히 제7전차사단은 기존의 제2경사단을 증강해 개편한 부대인데, 새로 부임한 사단장이 총통경호대장에서 전보한 에르빈 롬멜이었다.

6. 누구도 예상 못한 결과

독일은 프랑스 공략을 위한 주공을 A집단군으로 정하고, 대부분의 전차사단과 차량화보병사단을 비롯한 정예부대들을 이곳으로 집중했다. 그리고 주공 중에서도 선봉장의 임무를 담당할 새로운 부대를 편제했는데, 그것이 바로 사상 최초의 야전군급 기갑부대인 클라이스트 기갑집단이었다. 당시 A집단군 예하의 제4군에 속해 있던 호트의 제15군단은 클라이스트 기갑집단의 우익을 연결하는 위치에 있었다. 따라서 독일 주공이 대서양

* Len Deighton, *Blitzkrieg*, Panther Books, 1985, pp.68-75.
** http://www.axishistory.com/index.php?id=1354.

을 향해 치달아 나아갈 때 함께 병진하여 혹시 연합군이 뒤돌아서 가할지도 모르는 반격을 사전에 차단하고 진격이 원활히 이루어질 경우에는 돌파구를 계속 확대하는 임무를 부여받았다.

육군 총사령부나 총참모본부가 총통의 명령에 따라 만슈타인의 낫질 작전을 채택하면서 가장 우려했던 부분은 사실 연합군의 역공이었다.* 독일군 주력의 첫 번째 임무는 연합군의 주력인 영국 대륙원정군과 가스통 빌로테Gaston Billotte가 지휘하는 프랑스 제1집단군의 배후를 끊고 일거에 포위해버리는 것이었는데, 만일 포위망 형성이 늦어져 이들이 뒤로 돌아서 남진하고 외곽에 있는 프랑스 제2집단군이 마지노선에서 나와 북진한다면 오히려 독일군이 이들에게 역포위당할 가능성이 컸기 때문이었다. 따라서 배후를 찢고 들어가는 클라이스트 기갑집단 못지않게 연합군이 뒤로 돌아 내려오지 못하도록 견제하는 임무를 부여받은 제4군 또한 엄청나게 중요한 역할을 담당한 것이었다.

드디어 1940년 5월 10일 독일군은 국경을 넘었고, 결과는 놀라움 그 자체였다. 처음에는 즉시 개전할 것을 주장하던 히틀러도 막상 개전을 앞두고는 수차례나 침공 시기를 연기했을 정도로** 팽팽하게 대치하고 있던 서부전선은 그 누구도 예상하지 못한 독일의 의도대로 일방적으로 진행되었다. 이때 선두에 서서 연합군을 몰아붙인 부대가 호트의 제15군단과 좌측에 있던 구데리안의 제19군단이었는데, 궁합이 잘 맞았던 두 맹장이 이끈 이 두 군단은 독일군의 중핵이 되었다. 20여 년 전 4년간에 걸쳐 수백만 명의 피를 쏟아 붓고도 돌파하지 못한 서부전선은 그렇게 무너졌다. 치밀

---

* 제프리 메가기, 김홍래 역, 『히틀러 최고사령부 1933~1945년』, 플래닛미디어, 2009, 185-186쪽.

** 김동주, 『현대사를 바꾼 전쟁과 정치』, 뿌리출판사, 2004, 17쪽.

한 계획에 따라 공격한 독일군 스스로도 믿기 힘들 만큼 그들의 진격 속도는 무서웠다.

1941년 구데리안과 작전을 의논하는 호트의 모습. 둘은 궁합이 상당히 잘 맞아서 여러 전선에서 합작하여 여러 차례 대승을 이끌어냈다.

7. 제3기갑집단

철석같이 마지노선을 믿고 있던 세계 최강의 육군 강국 프랑스가 불과 6주 만에 허무하게 무너져버리고 독일이 유럽 대륙의 패자로 부상하자, 세계는 경악했다. 불과 1년 전까지만 해도 독일에게 프랑스와 영국은 더없는 부담을 안겨주는 커다란 존재들이었지만, 이제 나치 독일을 막을 상대가 지구상에는 없어 보였다.* 아이러니하게도 대륙에서 나치를 견제할 만한 유일한 국가인 소련은 그때까지는 독일과 폴란드를 맛있게 나눠먹은 친구였다. 하지만 당사자는 물론이고 그 어느 누구도 이 두 나라가 영원히 친구로 남게 되리라고는 생각하지 않았다. 공산주의의 세계화를 꿈꾸던 소련과 그 어느 이념보다도 공산주의를 증오하는 나치 독일과의 대결은 역사의 필연이었다. 아니, 히

* Jeremy Isaacs, The World at War: Part 3. France Falls, Thames Television, 1973.

틀러에게 소련이라는 나라는 이념의 문제를 넘어서 반드시 처결해야 할 대상이었다.* 프랑스가 몰락한 이상 이제 상대는 소련밖에 남지 않았다. 이제 다시 한 번 거대한 전쟁은 필연이 되었고, 드넓은 소련을 단숨에 석권하기 위해 독일은 사상 최대의 원정군을 조직했다.

이러한 무력의 중심이 되었던 것은 1940년 초여름 프랑스에서 그 위력을 입증한 대규모 기갑부대였다. 독일은 소련 침공을 위해 4개 기갑집단을 새롭게 편성했는데, 프랑스 전역에서 일종의 태스크포스로 활약한 클라이스트 기갑집단을 제1기갑집단으로 변경함과 동시에 새로운 3개 기갑집단을 창설했다. 각각의 신설 부대는 폴란드와 프랑스에서 맹활약한 장갑군단들이 모태가 되었다. 제2기갑집단은 최초의 장갑군단이라 할 수 있는 제19군단을 모태로 하여 만든 부대로 구데리안이 계속 지휘를 맡았고, 제4기갑집단은 제16군단을 증강해 만든 부대로 역시 회프너가 계속 지휘를 맡았다. 그리고 제3기갑집단은 호트가 1938년 초대 군단장으로 부임하여 지금까지 영광을 같이해온 제15군단을 중심으로 신편된 부대였다.** 대장으로 승진한 호트는 이제 독일 침공군의 가장 큰 주먹 중 하나를 지휘하게 되었다.

바바로사 작전으로 명명된 소련 침공전의 가장 큰 특징은 독일군을 3개 병단으로 나누어 진격시켰다는 점인데, 거대한 소련을 일거에 제압하기 위해 어쩔 수 없는 선택이었다는 주장도 있지만, 독일 침공군이 역사상 최대의 원정군이었음에도 불구하고 3개의 전략적 거점을 향해 동시에 공격할 만큼의 역량을 지니지 못했기 때문에 잘못된 방법이었다는 반론도 있다. 3개 병단은 각각 북부 · 중부 · 남부집단군으로 명명되었는데, 선봉에

---

* 존 G. 스토신저, 임윤갑 역, 『전쟁의 탄생』, 플래닛미디어, 2009, 76쪽.

** François de Lannoy & Josef Charity, *Panzertruppen: German armored troops 1935-1945*, Heimdal, 2002, pp.132-136.

서서 전선을 가르고 나갈 기갑집단을 필두로 다수의 야전군과 공군 부대, 그리고 각종 지원 부대로 구성되어 독자적으로 전략 작전을 펼칠 수 있는 거대 부대였다. 이 3개 병단 중에서 보크 원수가 지휘하는 중부집단군은 소련의 정치적 심장부인 모스크바를 향해 진격하기로 되어 있었다. 따라서 독일 원정군의 주공이나 다름없었던 중부집단군은 2개 기갑집단이 이곳에 집중 배치되어 다른 집단군보다 전력이 강화된 상태였다.* 이때 중부집단군에 배속된 기갑집단이 구데리안의 제2기갑집단과 호트의 제3기갑집단이었다. 찰떡궁합인 두 장군은 다시 한 번 어깨를 나란히 하고 집단군의 선봉장이 되어 러시아의 평원으로 달려갈 준비를 마쳤다.

8. 소련을 침공하다

독일은 프랑스 침공 당시처럼 이번에도 숫자로 계량화할 수 있는 장비 및 병력 면에서 열세였으나, 히틀러는 그때처럼 심각하게 갈등하지 않았다. 오히려 소련군의 전투력이 프랑스군보다 못하다고 판단하고 있었는데, 특히 지난 1939년 소련이 핀란드와 벌인 겨울 전쟁의 한심한 결과는 그러한 증거라고 생각했다.** 반면 독일군은 지금까지 계속되어온 승리로 인해 자신감이 넘쳐흘렀다. 하다못해 소련 침공 직전에 이탈리아의 우는 소리에 마지못해 참전한 북아프리카에서도 연전연승을 거두고 있었다. 드

---

* Cromwell Productions, Scorched Earth-The Wehrmacht In Russia: Army Group Center, 1999.

** 제프리 메가기, 김홍래 역, 『히틀러 최고사령부 1933~1945년』, 플래닛미디어, 2009, 239-240쪽.

디어 1941년 6월 22일 히틀러의 군대가 기습적으로 소련을 침공하면서 역사상 최대의, 그리고 최악의 전쟁이 개시되었고, 모든 것이 시나리오대로 진행되는 것처럼 보였다.

프랑스에서 완성을 보았던 전격전이 드넓은 러시아 평원에서 1년 만에 재현되었고, 독일군 전차부대가 먼지를 날리며 지나간 뒤에는 혼비백산한 소련군이 어리둥절하게 서 있을 뿐이었다. 독일의 기갑집단들은 이런 폭풍 같은 돌격의 선봉장들이었다. 특히 파리에서 모스크바로 이어지는 유럽 가도를 통해 공격에 나선 호트의 부대는 인접한 구데리안의 부대와 병진하며 크렘린Kremlin을 향한 쾌속 질주를 계속했다. 독소전에서 호트와 구데리안이 협공으로 처음 대승을 이끈 전투는 개전하자마자 1주일간 치러졌던 비알리스톡-민스크 전투Battle of Bialystok-Minsk였다. 백러시아의 수도인 민스크는 유럽에서 러시아로 들어가기 위해 반드시 거쳐야 할 관문이었는데, 드미트리 파블로프 원수가 지휘하는 70만 명의 소련 서부전선군이 이곳을 지키고 있었다.*

하지만 독일군은 소련군의 방어망이 예상보다 허술하고 소련군이 민스크 주변 몇몇 요지에 집결되어 있음을 파악하고 있었다. 중부집단군 사령관 보크는 호트와 구데리안의 부대가 전선을 찢고 들어가 민스크를 최대한 빨리 뒤에서 포위해버리면 후속한 보병부대가 전면을 차단시켜 일거에 소탕하는 전략을 세웠다. 그런데 여기서 한 가지 소련군과 서부전선군에 대해 먼저 알아보고 넘어갈 필요가 있다.

---

* Cromwell Productions, Scorched Earth-The Wehrmacht In Russia: Army Group Center, 1999.

9. 소련군의 문제

우리는 흔히 독소전 초기에 소련군이 너무 일방적으로 몰락해서 당시의 소련군이 허수아비 군대였을 것으로 생각하는데, 사실은 그렇지 않았다. 물론 1930년대에 있었던 무지막지한 대숙청으로 인해 군대의 지휘체계가 엉망이 되었고, 그로 말미암아 전쟁이 터졌을 때 극심한 혼란에 빠졌을 만큼 소프트웨어가 붕괴되어 있었던 것은 사실이지만, 하드웨어는 만만하게 볼 수준이 아니었다. 예를 들어, 독소전 개전 당시 독일군이 동원한 전차가 3,500여 대, 전투기가 4,300여 기였던 데 반해, 소련군은 무려 1만3,000여 대의 전차와 3만5,000여 기의 전투기를 보유하고 있었다.* 물론, 소련군이 보유한 장비의 질이 시대에 뒤떨어지는 성능이 미흡한 무기들이 대부분이었기 때문에 단지 수량만 많았다고 평가되고 있지만, 엄밀히 말하면 이것은 그렇게 단순히 평가할 문제도 아니고 그 동안 우리가 잘못 알고 있던 부분도 있었던 것이 사실이다.

비록 성능이 뒤떨어졌다 해도 5~8배나 되는 양은 소수의 최첨단 무기로 전쟁의 승패를 결정지어버리는 오늘날과 달리 당시만 해도 양으로써 질을 상대할 만한 충분한 수준으로 볼 수 있었고, 독일군이 동원한 무기 또한 그다지 뛰어난 수준이 아니었다. 독일군은 소련군이 당장 맞상대할 수 없었던 Me-109 같은 당대 최강의 무기를 보유하고 있었지만, 전차나 야포 같은 무기의 질만 놓고 본다면 독일군이 소련군을 압도적으로 앞선다고는 할 수 없었다. 개전 얼마 후에 전선에 등장한 소련의 T-34나 KV전차는 당

---

* 폴 콜리어 외, 강민수 역, 『제2차 세계대전: 탐욕의 끝, 사상 최악의 전쟁』, 플래닛미디어, 2008, 577-578쪽.

쿠르스크 전투 당시의 소련 T-34. 피아 모두 최고의 전차로 손꼽는 데 주저하지 않았던 희대의 걸작 전차였다.

시 독일이 보유한 어떠한 전차보다도 성능이 좋았다.*

그렇다면 양도 압도적으로 많았고 질적으로도 우세한 무기가 있었는데도 초기에 소련 무기가 미흡하여 패했다고 알려진 이유는 무엇일까? 그것은 명분 때문에 그런 것이 아닌지 추측해볼 수 있다. 독일군이 압도적으로 많은 소련군을 쳐부순 것은 독일의 입장에서는 자랑이겠지만, 소련의 입장에서는 당연히 치욕이 아닐 수 없다. 사실 많은 무기와 병사를 보유하고도 패했다는 것은 변명의 여지가 있을 수 없다. 그렇기 때문에 패배를 변명하기 위해 소련이 자신들이 보유한 무기의 성능이 미흡하고 고장이 많았었다고 주장한 것을 지금까지 그대로 받아들인 것은 아닌지 모르겠다. 소련의 이런 변명에도 불구하고 분명히 독일이 적은 무기와 병력을 가지고 압도적인 승리를 거둘 수 있었던 것은 뛰어난 전술을 구사할 줄 알았던 유능한 인물들이 많았기 때문이다. 결국 사람의 문제였다. 분명히 1941년

---

* http://www.battlefield.ru.

소련군에게는 이 점에 치명적인 문제가 많았다.

당시 소련군이 무능했음은 1941년 소련군의 배치 상황을 보면 쉽게 유추할 수 있다. 공산 혁명 후 급속도로 공업화에 성공한 소련은 이런 자신감을 바탕으로 외부의 반공 세력에 대항하고 세계 공산혁명화를 지원하기 위한 도구로 거대한 군대를 유지했다. 그런데 너무 자신감이 앞섰는지 소련은 만일 전쟁이 차후에 벌어진다면 소련 영토가 아닌 적의 영토에서 전쟁이 벌어지도록 하겠다고 선전하고 다녔다.* 그래서였는지 1941년 당시 소련군은 전혀 방어를 고려하지 않고 공격 대형으로만 배치되어 있었다. 앞에서 언급한 서부전선군만 하더라도 기계화군단이 주축이 된 야전군급 제1공격제대First Echelon와 공수군단까지 포함한 제2공격제대Second Echelon로 구성되어 있었다.** 한마디로 독일이 공격을 가했을 때 어떻게 방어해야 하는지조차 제대로 숙지하지 못한 상태였다.

10. 대승 그리고 또 다른 진격

전쟁이 개시되자마자 독일 중부집단군은 순식간에 비알리스톡을 남북에서 동시에 차단하여 들어갔다. 소련이 독일과 폴란드를 나누어 먹으면서 차지하게 된 비알리스톡은 소련의 입장에서 보면 가장 서쪽 경계에 있던 도시였다. 이곳에는 소련 서부전선군 제1제대가 주둔하고 있었는데, 앞에서 언급한 바와 같이 당시에 공격 대형으로 진을 치고 있던 상태였다.

---

* Arvato Services, Army Group Center: The Wehrmacht In Russia, Arvato Services Production, 2006.

** http://en.wikipedia.org/wiki/Battle_of_Bia%C5%82ystok%E2%80%93Minsk.

파블로프 원수는 작전사령관 이반 볼딘Ivan Boldin에게 즉각 공격하라고 명령을 내렸다. 소련군이 독일군의 공세에 정면으로 대응한 셈이었지만, 독일군에게 잘못 걸려든 것이었다.* 6월 24일, 제6 · 11기계화군단과 제6기병군단으로 구성된 제1제대는 독일군 진영으로 치고 들어갔는데, 마치 그 모습이 독일의 프랑스 침공 당시 독일군에게 속아 앞으로 내달리다가 포위당한 연합군과 유사했다.

흐로드나Hrodna를 향해 앞만 보고 달려간 소련군이 그들의 배후가 호트의 제3기갑집단에 의해 차단되었다는 사실을 하루도 되지 않아 알게 되었을 때, 선택할 수 있는 방법은 오로지 뒤로 돌아 민스크로 도망가는 것밖에 없었다. 결국 소련군 대부분이 포위망 안에 갇혀 최후를 맞이했고, 극히 일부가 민스크로 탈출하는 데 성공했지만, 잠시 최후를 연기한 것에 지나지 않았다. 독일군의 엄청난 진격 속도는 탈출하던 소련군의 후퇴 속도를 추월했다. 비알리스톡이 함락되고 소련군이 후퇴했다는 사실을 보고받은 스탈린은 민스크는 반드시 사수하라는 명령을 하달했다. 하지만 민스크는 이미 호트와 구데리안의 부대에 의해 엄중히 차단당한 상태였고, 소련군의 저항은 무의미한 지경에 이르렀다.**

6월 29일, 불과 1주일간의 전투가 끝났을 때 결과는 엄청났다. 소련군은 무려 30만 명의 포로를 포함한 40여 만 명의 인명 피해를 입고, 1,500여 문의 대포와 2,500여 대의 전차, 1,500여 기의 전투기를 손실당했다. 스탈린은 경악했고 이런 참담한 결과에 분노하여 파블로프를 체포해 사형시켜버

---

* 폴 콜리어 외, 강민수 역, 『제2차 세계대전: 탐욕의 끝, 사상 최악의 전쟁』, 플래닛미디어, 2008, 584쪽.

** David M. Glantz, *Barbarossa: Hitler's Invasion of Russia 1941*, Tempus, 2001, pp.128-141.

렸다. 파블로프는 제2차 세계대전 중 사형당한 최초의 소련군 원수가 되었다.* 이 전투에서 독일은 소련 침공 이래 처음으로 대승을 거두었지만, 이것은 끝이 아니고 시작에 불과했다.

민스크를 간단히 접수하며 백러시아를 석권한 독일군은 쉼 없이 진격하여 어느덧 러시아 영내로 군대를 진입시켰다. 다음 목표는 모스크바의 초입이라 할 수 있는 스몰렌스크였다. 역사적으로 스몰렌스크는 러시아를 침공하는 자들이 반드시 거쳐 가는 길목이었다. 스탈린은 이곳을 사수하라고 명령했고, 소련이 가용할 수 있는 모든 것을 이곳으로 집결시켰다. 스몰렌스크에 모여든 병력은 독일군이 50만 명, 소련군이 30만 명이었고, 주변 지역 병력까지 포함하면 양측 모두 합해 무려 120만 명의 대병력이 집결했다.

11. 스몰렌스크에서의 혈투

스탈린의 의지는 확고했다. 나중에 스탈린은 스몰렌스크 전투 결과에 또다시 충격을 받고도 이후 벌어진 키예프 전투에서 또 작전에 깊숙이 관여하다가 엄청난 패배를 자초한 뒤부터는 군부의 결정에 관여하는 행위를 자제하게 되었지만, 이때까지만 해도 민스크 전투의 치욕을 만회하기 위해 상당히 절치부심했다. 개전 이래 계속해서 밀려나기만 하는 소련군의 모습에 조급증이 더했고, 어떻게든 현재 수준에서 독일군을 격퇴하기를 바랐다. 1930년대 대숙청을 겪으면서 붕괴된 소련군에 그나마 남아 있던 몇 안 되는 장군들이 이곳을 방어하기 위해 몰려들었다.

---

* http://en.wikipedia.org/wiki/Dmitry_Pavlov.

그런데 문제는 소련이 깊숙한 방어선을 구축하기도 전에 이미 도시 외곽에 당도했을 만큼 독일군의 진격 속도가 빨랐다는 점이었다. 소련군은 그 동안 전쟁이 나면 무조건 소련을 벗어난 곳에서만 전쟁을 하겠다는 의지를 담은 공격 교리에만 매달려 방어선 구축에 소극적이었던 반면, 독일군은 이런 약한 틈새를 노려 속도를 만끽하고 있었다. 7월 6일 진격을 개시한 호트의 제3기갑집단과 구데리안의 제2기갑집단은 이전과 마찬가지로 남북에서 동시에 진군하며 50만 명의 소련군이 집결해 있는 스몰렌스크를 외곽에서 거대하게 감싸기 시작했다. 소련군은 포위망 안에 갇히지 않기 위해 격렬히 저항했고 외곽에서도 지원이 이루어졌지만, 후퇴불가 현지사수를 엄명한 스탈린의 명령 때문에 도심에만 머물러 있어야만 했다.*

뒤에서 전선을 독려하던 주코프가 스몰렌스크는 방어 준비가 제대로 되어 있지 않으니 방어망을 탄력적으로 운용하여 필요할 경우 자유롭게 이동할 수 있는 재량권을 주는 것이 좋다고 스탈린에게 건의했으나, 아직까지도 스탈린은 자신의 판단이 옳다고 여기고 있었다. 진격 10일 만인 7월 16일에 독일군이 스몰렌스크를 거의 포위하는 데 성공하자, 도심에 몰려 있던 50만 명의 소련군은 순식간에 참담한 운명에 처하게 되었다.** 소련군에게 그렇게도 생각하기 싫던 민스크의 악몽이 다시 한 번 재현된 셈이었는데, 이렇게 된 데는 스탈린의 아집이 크게 작용했다.

스몰렌스크에 갇힌 소련군은 탈출을 원했지만, 스탈린이 허락하지 않았고 외부에서 포위망을 돌파하여 이들을 구원할 소련군도 아직 존재하지

---

* Arvato Services, Army Group South: The Wehrmacht In Russia, Arvato Services Production, 2006.

** David M. Glantz, *Barbarossa: Hitler's Invasion of Russia 1941*, Tempus, 2001, pp.158-172.

않았다. 도시에 갇힌 소련군이 할 수 있는 것이라고는 강요된 스탈린의 뜻에 따라 사방에서 달려드는 독일군을 향해 죽을 때까지 저항하는 것뿐이었다. 민스크 전투 때와 달리 연일 격렬한 공방전이 계속되었으나, 고립된 소련군이 버틸 수 있는 시간은 그리 많아 보이지 않았다. 결국 스탈린이 지휘관들의 요청을 뒤늦게 받아들여 도시를 탈출하라고 허락했지만, 이미 때는 늦어 보였다. 그런데 바로 이때 독일군에게 문제가 발생했다. 지금까지 속도를 내면서 보조를 맞춰온 호트와 구데리안의 부대 사이에 간격이 발생했던 것이었다. 북쪽에서 진군하던 호트의 제3기갑집단이 소련군의 격렬한 저항에 막혀 진격이 일시 멈추면서 구멍이 생겼고, 이 틈으로 20만 명의 소련군이 탈출하는 데 성공했다.*

12. 히틀러의 명령

하지만 기적적으로 20만 명의 소련군이 독일 포위망을 벗어났음에도 불구하고 8월 5일 한 달 만에 전투가 종결되었을 때 5만 명의 사상자를 포함해 무려 30만 명의 소련군이 스몰렌스크에서 자취를 감추었다. 중부집단군은 개전 이후 두 번째로 의미 있는 대승을 엮어냈다. 6월 22일에 개전하여 8월 초까지 50여 일간 독일 중부집단군이 올린 전과는 다시 재현하기 힘들 만큼 역사상 최대라고 평해도 결코 틀린 말은 아닐 것이다. 당시 150여 만 명의 독일 중부집단군은 700킬로미터를 폭풍처럼 질주하여 무려 200여 만 명의 소련군과 막대한 장비를 소탕했다. 이제 스몰렌스크가

---

* http://en.wikipedia.org/wiki/Battle_of_Smolensk_(1941).

무너진 이상 중부집단군의 다음 목표는 직선거리로 300킬로미터 떨어진 모스크바였다.*

지금까지의 진격 속도로 보면 바바로사 작전 수립 당시 계획한 겨울이 오기 전에 모스크바를 점령하겠다는 목표는 충분히 달성할 수 있을 것으로 예상되었다. 사실 육군최고사령부가 소련 침공 계획을 입안할 당시에는 개전 시기를 1941년 봄으로 예정하고 있었다. 그런데 총통이 이탈리아의 요청을 받아들여 발칸 반도와 북아프리카에 개입하는 바람에 시간이 늦어지게 되자,** 군부는 차라리 1942년 봄으로 개전 시기를 늦춰 준비를 더욱 철저히 하는 것이 좋다는 생각을 했다. 하지만 군부의 이러한 생각과 달리 히틀러는 예정보다 단지 조금 늦었다고 판단하고 개전을 선언했다. 이로 인해 시간이 많이 부족한 독일군에게 과하다 싶은 진격 목표가 부여되었다. 적어도 혹독한 겨울이 오기 전에 레닌그라드-모스크바-로스토프로 이어지는 제1차 진격목표선까지 점령하려면 쉼 없는 전진을 계속해야 했다. 다행히도 독일군은 그럭저럭 계획에 맞춰 앞으로 나가고 있던 상태였다.*** 스몰렌스크에서 대승리를 거둔 이후 중부집단군은 부대를 정비하여 모스크바로 향한 진격을 준비했다. 지금까지 그래 왔던 것처럼 선봉은 호트의 제3기갑집단과 구데리안의 제2기갑집단이 맡고, 그 뒤를 따르는 제9군과 제4군이 돌파구를 넓히며 전과를 확대할 예정이었다. 바로 그때 구데리안에게 700킬로미터 남하해서 남부집단군을 도와 키예프를 공

---

* 폴 콜리어 외, 강민수 역, 『제2차 세계대전: 탐욕의 끝, 사상 최악의 전쟁』, 플래닛미디어, 2008, 584-585쪽.

** 존 G. 스토신저, 임윤갑 역, 『전쟁의 탄생』, 플래닛미디어, 2009, 81쪽.

*** 제프리 메가기, 김홍래 역, 『히틀러 최고사령부 1933~1945년』, 플래닛미디어, 2009, 225-227쪽.

략하라는 총통의 명령이 하달되었다.*

모스크바가 정치적으로, 명분상으로 중요한 곳이라면, 흑해 연안의 우크라이나와 코카서스를 중심으로 하는 남부 러시아는 소련의 생존을 위해 반드시 확보해야 하는 심장과 같은 곳이었다. 이 때문에 소련은 만일 독일이 침공한다면 이곳으로 독일의 주공이 올 것이라고 판단하고 전쟁 개시 이전에 전력의 50퍼센트 이상을 집중 배치했는데, 이곳에 배치된 장비나 병력의 질은 붉은 군대 내에서도 최상이었다. 따라서 독일 남부집단군은 초전부터 소련군의 강력한 저항에 막혀 당시까지 3개 병단 중에서 가장 뒤처져 있었다.** 하지만 우여곡절 끝에 남부집단군은 1942년 8월 8일 우만Uman을 점령하면서 요충지인 키예프를 눈앞에 두게 되었다. 당시 키예프에는 무려 70만 명의 소련군과 막대한 장비가 몰려 있었고, 이들은 스탈린의 명을 받들어 이곳을 사수하려 들었다. 그런데 문제는 남부집단군만으로는 이를 완전하게 포위하여 제압하기 어려웠기 때문에 히틀러가 가장 가까이에 있는 구데리안에게 부대를 이끌고 남하하여 이들을 도우라는 명령을 내렸다는 것이었다.***

---

* 폴 콜리어 외, 강민수 역, 『제2차 세계대전: 탐욕의 끝, 사상 최악의 전쟁』, 플래닛미디어, 2008, 588쪽.

** Arvato Services, Army Group South: The Wehrmacht In Russia, Arvato Services Production, 2006.

*** 폴 콜리어 외, 강민수 역, 『제2차 세계대전: 탐욕의 끝, 사상 최악의 전쟁』, 플래닛미디어, 2008, 588쪽.

13. 시간과 공간

지난 한 달 동안 질풍노도 같은 질주를 계속하며 승리를 이끈 구데리안은 모스크바를 가시권에 두게 된 마당에 전진을 멈추고 그의 부대를 남하시키라는 총통의 명령에 강력히 반발했다. 사실 이 문제를 놓고 육군최고사령부뿐만 아니라 관련된 많은 부대에서도 격렬한 논쟁이 벌어졌다. 육군 총사령관 발터 폰 브라우히치나 바바로사 작전을 기안한 참모총장 프란츠 할더는 중부집단군의 의견에 동조했지만, 한편에서는 전선 남부에 고립되어 있는 70만 명의 소련군을 소탕하지 않고 전진만 계속하는 것은 잘못된 것이라는 의견도 만만치 않았다. 특히 대어를 바로 앞에 두고도 병력이 부족했던 남부집단군 사령관 게르트 폰 룬트슈테트는 총통의 결정을 당연히 환영했다.*

스탈린의 엄명으로 키예프에는 이미 전의를 상실한 대규모 소련군이 몰려 있었지만, 독일군이 이를 무시하고 앞으로만 나간다면 자칫 뒤통수가 걱정스러울 수밖에 없는 것도 사실이었다. 히틀러는 먹이를 먹고 앞으로 가기로 결심했다. 결국 구데리안의 제2기갑집단은 방향을 90도 꺾어 남진하여 내려간 다음 남부집단군과 협공을 펼쳐 단위 전투로서는 역사상 최대의 전과를 기록한 키예프 전투를 승리로 이끌어냈다. 키예프 전투가 치러진 9월 말까지 호트의 부대를 비롯한 중부집단군은 진격을 멈춘 것은 아니었지만 당연히 속도가 둔화될 수밖에 없었다. 제3기갑집단만으로는 갈수록 촘촘히 형성되고 있던 소련의 방어선을 돌파하기가 힘에 부쳤다.

---

* David M. Glantz, *Barbarossa: Hitler's Invasion of Russia 1941*, Tempus, 2001, pp.169-183.

키예프 전투가 일단락되자, 독일군은 이제 원점에서 다시 시작해야 했다. 그런데 다시 모스크바로 향하기 위해서는 대대적인 재정비가 반드시 필요했고, 모든 것을 단시일 내에 원위치하기에는 무리가 따랐다. 독일은 바바로사 작전이 예정대로 진행되기 힘들다는 사실을 인정할 수밖에 없었고, 이를 대신하여 북부집단군의 전력을 이동시켜 모스크바를 점령하기 위한 태풍 작전을 수립했다. 그런데 독일군이 진격을 잠시 멈춘 지난 한 달간 소련의 방어선은 몰라보게 강화되었다. 결국 이러한 모든 결과는 키예프라는 공간을 먹이로 내준 소련이 그 대가로 천금 같은 시간을 벌었다는 의미였다.*

여기까지에 대한 논쟁은 오늘날까지 계속되고 있기는 하지만, 사실 정답은 없다. 왜냐하면 중부집단군이 전진을 계속하여 모스크바를 점령했다 하더라도 과연 독일이 전쟁에서 이겼겠는가 하는 질문에는 아무도 답을 던질 수 없기 때문이다. 소련이라는 땅은 완전히 점령하는 것이 구조적으로 힘든 거대한 대륙이기 때문에 스스로 독일의 지배를 수용하도록 저항 의지를 완전히 꺾는 것이 가장 중요한데, 소련은 1940년의 프랑스와는 달랐다. 개전 6개월 동안 무려 500만 명의 소련군이 희생되었는데도 불구하고 소련군은 계속해서 전선에 나타났다. 엄청난 전과를 거둔 독일은 처음에는 희희낙락했지만, 가도 가도 끝이 안 보이는 땅덩어리와 없애도 없애도 없어지지 않는 소련군의 등장에 서서히 불안감을 느끼게 되었다.

---

* Arvato Services, Army Group South: The Wehrmacht In Russia, Arvato Services Production, 2006.

14. 남부에 집중된 이목

모스크바 점령을 위한 태풍 작전을 준비하던 독일은 무슨 이유에서였는지 모르지만, 작전 개시 바로 직전에 대대적인 군 인사를 단행했다. 이 점은 필자 개인적으로도 조금 이해가 가지 않는 부분이다. 지금까지의 전과를 생각한다면 문책성 인사도 아니고 특별히 승진 인사로도 보기 힘들기 때문에 단순히 보직을 변경한 인사라고밖에는 볼 수 없는데, 굳이 그 시점에서 그럴 필요가 있었나 하는 생각이 들 정도다. 어쨌든 호트는 이때 자신의 분신이나 다름없던 제3기갑집단을 떠나 남부집단군 예하의 제17군 사령관으로 부임했다.* 그리고 이즈음을 전후하여 많은 명장들이 남부집단군으로 인사이동을 했는데, 예를 들어 상급대장으로 승진한 만슈타인도 이때 제11군사령관으로 부임했다. 이 사실을 통해 히틀러가 별도의 새 작전을 입안하여 모스크바를 제1의 목표물로 정했음에도 불구하고 남부전선에 대한 욕심을 아직 거두지 못하고 있었다는 사실을 짐작할 수 있다.

흔히 돈바스Donbass 지역으로 알려진 우크라이나와 남부 러시아, 그리고 코카서스는 소련의 모든 것이라 해도 과언이 아닐 만큼 무궁무진한 자원의 보고이자 끝도 없는 비옥한 흙토지대가 펼쳐진 식량 창고였다. 또한 이곳은 역사적으로 훈족에 밀려 게르만족이 유럽으로 서진하기 전에 살던 지역이었기 때문에, 히틀러도 그의 저서인 『나의 투쟁』에서 천년 제국을 세우기 위해 반드시 게르만족이 회복해 소유해야 할 곳이라고 명시했을 정도로 이곳에 대한 집착이 강했다. 그래서 이곳에 대한 게르만 민족의 재정복은 독소전 개시의 명분이 되기도 했다.** 그런데 키예프에서 대승리를 거두었

---

* http://en.wikipedia.org/wiki/Hermann_Hoth.

음에도 불구하고 이곳으로 진격하는 남부집단군의 속도가 상대적으로 느렸다.* 그래서인지는 모르겠지만, 다른 전선에서 돌파의 주역으로 맹활약한 호트와 만슈타인 같은 인물들이 속속 남부집단군으로 오게 되었다.

그런데 개전 초기에 남부집단군이 진격에 애를 먹은 것은 다른 이유가 있었기 때문이었다. 사실 3개 병단 중 남부집단군은 관할하는 영역이 전체 전선의 반에 이를 정도로 너무 넓어서, 루마니아군을 비롯한 동맹국 군대가 참여했는데도 불구하고 여전히 병력 부족에 시달리고 있었다. 반면 이곳의 중요성을 잘 알고 있던 소련도 전쟁 이전부터 최정예 부대가 이 지역을 담당하고 있었다.** 그래서였는지 모르겠지만, 독소전 내내 가장 극적인 전투의 대부분이 이 지역에서 벌어졌고, 그 결과가 결국 전쟁의 승패를 좌우했다. 호트는 모스크바 공략의 선봉장 자리에서 물러나 아쉬웠을지는 모르지만, 제17군 사령관으로 부임한 이후에도 이 엄청난 전쟁사의 주인공으로 계속 등장했다.

그런데 문제는 호트 같은 돌격전의 명장들이 왔다고 해서 곧바로 진격 속도가 눈에 띌 정도로 나아질 수 있는 여건이 아니라는 것이었다. 이런 상황은 비단 남부집단군 관할 전선뿐만 아니라 모든 전선이 마찬가지였다. 독일군의 보급로는 날이 갈수록 기약 없이 길어진 반면, 소련군은 계속되는 엄청난 패배에도 불구하고 날이 갈수록 강해져서, 독일군의 진격 속도는 눈에 띌 만큼 줄어만 갔다.*** 오히려 진격을 멈추고 70만의 먹이

** 존 G. 스토신저, 임윤갑 역, 『전쟁의 탄생』, 플래닛미디어, 2009, 71쪽.

* 폴 콜리어 외, 강민수 역, 『제2차 세계대전: 탐욕의 끝, 사상 최악의 전쟁』, 플래닛미디어, 2008, 587쪽.

** Arvato Services, Army Group South: The Wehrmacht In Russia, Arvato Services Production, 2006.

모스크바 방어선을 구축하는 소련 인민들. 키예프에서 지체한 만큼 모스크바로 향한 길은 서서히 난공불락으로 바뀌어갔다.

를 먹기 위해 독일군이 키예프로 달려갔던 지난 한 달은 소련에게는 그야말로 돈을 주고 살 수도 없는 천금 같은 기회였다. 부녀자를 비롯한 소련 인민들의 손으로 만들어진 모스크바 앞의 대전차 참호는 독일군 전차들이 건너갈 수 없을 만큼 깊게 파져 있었는데, 아이러니하게도 이것은 독일 덕분에 가능할 수 있었다.

15. 제4기갑군을 지휘하다

독일군이 진격을 개시했을 때, 그들을 가로막은 것은 소련군과 인위적

*** 폴 콜리어 외, 강민수 역, 『제2차 세계대전: 탐욕의 끝, 사상 최악의 전쟁』, 플래닛미디어, 2008, 593-595쪽.

으로 만들어놓은 방어막뿐이 아니었다. 시나브로 다가온 우기와 함께 진흙장군이 등장하자, 독일군은 도저히 앞으로 나갈 수 없었다. 연이어 눈발이 날리고 동장군이 방문하자, 오히려 소련군이 방어선을 넘어와 반격을 가하기도 했다. 독일군은 가용할 수 있는 예비를 모두 긁어모아 진공을 개시했지만, 모스크바 공략에는 실패했다. 남부집단군도 소련군의 격렬한 반격에 막혀 로스토프 점령에 실패했는데, 이때 호트의 제17군도 소련 남부전선군의 반격에 20여 킬로미터를 밀려나는, 독소전 참전 이래 최초의 전술적 패배를 당했다. 결국 호트의 부대는 그해 겨울 도네츠Donets 강을 경계 삼아 숨을 고를 수밖에 없었다. 독일은 소련 침공 직전에 제1차 진격선으로 설정한 레닌그라드-모스크바-로스토프 근처까지는 우여곡절을 겪으며 밀고 들어갔지만, 한 군데도 점령하지 못했다.* 바로 바바로사 계획의 실패이자 종말이었다. 히틀러는 전선이 멈춘 것에 대해 대노하여 지금까지 독일군의 승리를 이끌어온 수많은 장군들의 군복을 벗겼다. 육군 총사령관 브라우히치를 비롯하여 모든 집단군 사령관과 총통의 명령에 툭하면 항변하던 구데리안 같은 강골들이 이때 자리에서 물러났다.

1942년 봄이 되자, 히틀러의 의지는 확고해졌다. 그는 지난 1941년의 공세를 거울삼아 오로지 한곳에 공세를 집중하여 소련군에게 결정타를 먹일 생각을 했다. 목표는 코카서스였고, 이를 위해 모든 역량을 남부집단군에게 집중하기로 결정했다. 현재 독일의 역량으로는 공세가 어렵다는 것을 잘 알고 있던 군부는 현 상태를 최대한 유지하며 전선을 고착화시키기를 원했으나, 감히 총통의 의견에 반론을 제기할 수 없었다. 남부집단군은 대

* 폴 콜리어 외, 강민수 역, 『제2차 세계대전: 탐욕의 끝, 사상 최악의 전쟁』, 플래닛미디어, 2008, 600-604쪽.

폭 증강되기 시작했고, 진격을 위해 A집단군, B집단군으로 분리되었다.*
이때 많은 인사이동이 있었는데, 호트는 제4기갑군 사령관으로 부임하면서 기갑부대 지휘관으로 복귀했다.

그런데 독소전 초창기부터 참전한 부대들을 살펴볼 때 제4기갑군만큼 이동이 많았던 부대도 찾아보기 힘들다. 처음에는 북부집단군 예하였다가 태풍 작전 때 중부집단군 관할로 넘어오더니 결국 독소전 참전 1년 만에 남부전선에 새로 신설된 B집단군 예하부대가 되었기 때문이다.** 원래 야전군은 그 자체가 전투에 직접 임하는 실전 부대가 아니라, 예하의 여러 제 부대를 포괄하는 상급사령부를 의미하는 개념이어서 가변성도 많고 이동하는 데 그리 제한이 많은 것도 아니지만, 그렇다고 1,800킬로미터 전선을 남북으로 오간 경우는 드물다고 할 수 있다. 그래서인지 독일 제4기갑군은 독소전의 여러 전투에서 약방의 감초처럼 항상 그 모습을 드러냈다. 제4기갑군은 개전 초기에는 레닌그라드를 향해 진격했고, 태풍 작전 당시에는 모스크바를 공격했으며, 이번에는 사상 최대의 살육전이 될 스탈린그라드를 향해 진격했다.

16. 위기와 절망의 순간

청색 계획은 B집단군이 돈 강까지 전선을 밀어붙여 소련군을 견제하면 그 벌어진 틈으로 A집단군이 남하하여 코카서스를 장악하는 것이 요체였

* Jeremy Isaacs, The World at War: Part 9. Stalingrad, Thames Television, 1973.
** Thomas L. Jentz, *Panzertruppen*, Atglen, 1996, pp.43-44.

다. B집단군의 목표는 돈 강이었고, 모든 예하부대는 각각 주어진 거점을 향해 전진했다. 그 중에서도 핵심 거점은 교통 요지인 스탈린그라드였다. 이곳은 제6군이 목표로 하고 있었고, 제4기갑군은 그 북쪽인 보로네슈Voronezh를 확보하는 임무를 부여받았다.* 그런데 스탈린그라드라는 도시의 이름이 비극을 잉태하는 원인이 되고 말았다. 스탈린의 이름을 수호하기 위해 이 도시를 방어하는 소련군은 지금까지와는 달리 결코 항복하지 않고 끈질기게 독일군을 물고 늘어졌고, 그러는 사이에 히틀러도 이 도시의 이름이 갖는 상징성에 매몰되어버렸다. 진짜 목표인 코카서스는 제쳐두고 어느 틈엔가 모든 것이 이 도시로 몰려들었다.

제6군이 도심에서 허우적거리자, 남쪽에 있던 제4기갑군까지 스탈린그라드의 이전투구에 말려들었다. 이 부분에 대해 호트가 밝힌 내용은 없지만, 기갑부대를 도심 시가전에 투입한 것이 달가울 리는 없었을 것이다. 돌파의 선봉이 되어야 할 제4기갑군은 도심에서 보병 지원을 위한 고정 포대로 바뀌어 하염없이 소모되어갔다. 이 틈을 타서 1942년 11월 22일에 소련군은 독일군을 도심에 몰아넣고 외곽을 포위해버리는 데 성공했다. 천왕성 작전Operation Uranus으로 명명된 이 작전은 미시적으로 스탈린그라드 전투를 승리로 이끈 작전이 되었지만, 거시적으로는 독소전의 균형추를 소련 쪽으로 기울게 만들어버린 전환점이었다. 이때 제4기갑군 예하의 상당수 부대가 독일 제6군과 함께 스탈린그라드에 갇혀버렸다.**

그런데 문제는 총통이었다. 히틀러는 탈출을 불허하고 현지를 사수라고 명령했다. 결국 밖에서 이들을 구원해야 하는데, 문제는 아무것도 없는 암

---

* Peter Antill, *Stalingrad 1942*, Osprey, 2007, pp.17-21.

** John Erickson, *The Road to Stalingrad: Stalin's War With Germany*, Yale University Press, 1975, pp.468-470.

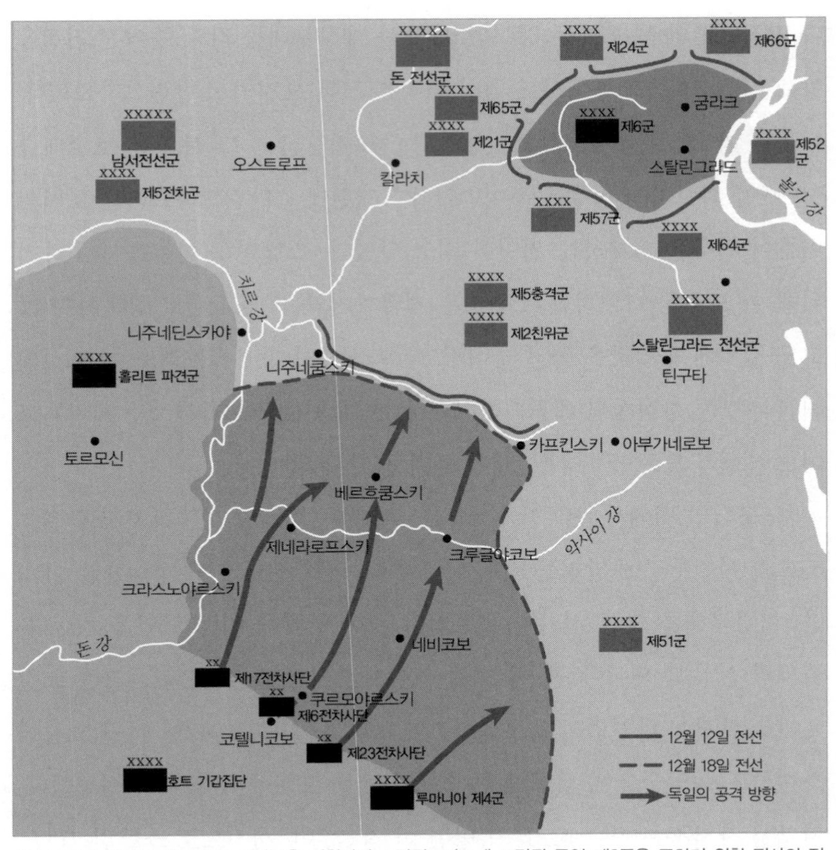

만슈타인은 긴급히 편성된 돈 집단군을 지휘하여 스탈린그라드에 고립된 독일 제6군을 구하기 위한 필사의 진격을 개시했다. 하지만 소련의 강력한 방어막에 막히고 더불어 히틀러가 내린 현지 사수 명령으로 제6군이 탈출하여 돈 집단군과의 연결을 시도하지 못하자 이 계획은 결국 실패로 막을 내렸다.

담한 현실이었다. 돈 강으로 전진하던 B집단군 대부분이 히틀러의 광분으로 스탈린그라드에 몰려들었다가 포위되어버린 것이었다. B집단군의 중추였던 제6군 전체와 제4기갑군 반 정도가 포위망 안에 갇혀 있었고, 나름대로 외곽에서 잘 싸워준 루마니아군과 헝가리군, 그리고 없는 것보다 조금 나았던 이탈리아군은 흔적도 없이 사라져버렸다.* 고립된 30만 명의 독일군을 사지에 그냥 내버려둘 수 없었던 육군최고사령부는 총통이 제6

군의 탈출을 불허한 이상 외부에서 포위망을 뚫고 들어가 구원하는 것밖에는 방법이 없었다.

육군최고사령부는 모든 가용할 수 있는 자원을 긁어모아 돈 집단군Army Group Don으로 명명한 구원군을 긴급 편성했는데, 집단군이라는 거대한 명칭과 달리 대부분의 예하부대는 스탈린그라드에 고립되어 있었고 실제로 포위망 밖에서 구원 작전에 투입할 수 있는 부대는 얼마 되지 않았다.* 결국 독일이 의지했던 것은 패배를 모르고 지금까지 달려왔던 경험이었고, 그 동안 가장 놀라운 전과를 보여주었던 많은 인물들이 스탈린그라드의 독일군을 구출하기 위해 돈 집단군으로 몰려들었다. 신설 돈 집단군의 사령관으로는 크림 반도를 평정하여 원수로 승진한 만슈타인이 낙점되었고, 그는 포위망에서 벗어난 제4기갑군의 잔여부대와 충원부대를 합해 새로운 선봉 기갑부대를 편성하여 호트에게 지휘를 맡겼다.

17. 자식들을 구하러 간 아빠

이렇게 급편된 부대가 호트 기갑집단Panzer Group Hoth이었는데, 돈 집단군의 유일한 돌격부대나 다름없었다. 이들에게는 4개 전차군Tank Army으로 구성된 소련 남서전선군을 돌파하여 스탈린그라드 포위망까지 무려 200킬로미터를 진격해야 하는 말도 안 되는 과중한 임무가 부여되었다. 하지만 맹장 호트는 이러한 악조건을 핑계 삼지 않았고, 그럴 형편도 되지 못했

* Peter Antill, *Stalingrad 1942*, Osprey, 2007, pp.61-63.
* http://www.feldgrau.com/hgrpdon.html.

다. 하염없이 밀려난 지 한 달 만인 1942년 12월 11일에 겨울폭풍 작전으로 명명된 독일의 구출 작전이 개시되면서 아빠 호트는 그의 자식들이 기다리는 사지를 향해 무서운 진군을 시작했다. 호트는 그가 사랑하는 병사들을 가장 믿었고, 그들의 용기를 바탕으로 커다란 기적을 만들고자 했다.

호트 기갑집단의 좌측을 칼 아돌프 홀리트 중장이 지휘하는 홀리트 파견군이 견제하고 우측을 스탈린그라드에서 간신히 탈출에 성공한 루마니아 제4군이 지키는 사이에, 호트의 부대는 눈보라를 해치고 앞으로 달려나갔다. 말 그대로 겨울폭풍 같은 놀라운 진격이었고, 소련의 정예 제2근위군The 2nd Guard Army은 순식간에 양단되어 돌파당했다. 호트의 부대는 대나무를 가르듯 소련군을 격파하고 스탈리그라드를 향해 돌격했고, 진격 열흘 만에 어느덧 도시에서 30킬로미터 떨어진 곳까지 다가갔다. 스탈린그라드에 고립된 아들들은 아빠가 근처까지 왔다는 사실에 환호했으나, 그것이 전부였다.* 스탈린그라드에 고립된 제6군사령관 프리드리히 파울루스가 밖으로 치고 나와 호트와 연결되기를 거부했던 것이었다. 만슈타인이 부관을 비행기로 직접 보내어 밖으로 치고 나와 호트의 부대와 연결하라고 명령했지만, 그는 상급자인 만슈타인의 명령을 무시하고 총통의 명령만 금과옥조로 받들었다. 그러는 사이에 세 배로 증강된 소련군이 호트의 부대를 밀어붙이자, 이제는 호트나 만슈타인도 감당하기 어려웠다. 아빠를 기다리던 폐허 속의 아들들은 크리스마스의 희망을 접었고, 호트는 눈물을 감추고 후퇴했다.**

제2차 세계대전 때 있었던 수많은 독일 기갑부대의 돌파 작전 중에서 가

* John Erickson, *The Road to Berlin: Stalin's War with Germany*, Yale University Press, 1983, pp.22-24.

** Erich von Manstein, *Lost Victories. St. Paul*, Zenith Press, 1982, p.334.

장 인상적이라 할 만한 겨울폭풍 작전은 애당초 독일이 군사적으로 선공을 가할 수 있는 입장이 분명히 아니었다. 그런데도 호트의 부대는 망설임 없이 마치 독소전 초기처럼 맹공을 펼쳤다. 그렇다고 호트의 앞길을 가로막은 소련군이 독소전 초기처럼 단지 허우대만 컸던 것은 아니었다. 1942년 하반기의 소련군은 스탈린그라드에서 전세를 역전시켜버린 무시무시한 군대였고, 호트는 이런 소련군을 격파하고 앞으로 달려 나간 것이었다.

결론적으로 실패한 작전이었지만, 엄밀히 말해 실패의 원인은 호트에게 있는 것이 아니라 포위망을 뚫고 나와 연결하기를 포기한 독일 제6군과 현지사수 명령을 내려서 압력을 가한 히틀러에게 있었다. 스탈린그라드에서의 패전은 독일이 극복하기 힘든 짐이 되었을 만큼 너무 많은 것을 앗아갔다. 한마디로 독소전의 결정타였다.* 부대 편성 이래 소련을 북에서 남으로 오가며 맹활약한 제4기갑군은 엄밀히 말해 스탈린그라드 전투로 인해 해체된 상태나 다름없었으나, 독일은 손을 놓고 있을 시간이 없었다. 호트는 잔여부대를 이끌고 후방으로 빠져 부대 재건에 전력을 기울였는데, 그러는 사이에 복수의 기회가 의외로 빨리 찾아왔다.

18. 반격 그리고 또 다른 씨앗

스탈린그라드에서 대승을 거둔 후 자신감에 찬 소련군은 진격을 계속하여 1943년 2월에 하리코프를 탈환했다. 당시 형편상 사수가 무의미하다고 생각한 파울 하우저는 총통의 하리코프 사수 엄명을 무시하고 친위장갑군

---

* Jeremy Isaacs, The World at War: Part 9. Stalingrad, Thames Television, 1973.

단SS Panzer Corps을 도심에서 빼내어 외곽으로 후퇴시켰다. 1932년 육군에서 퇴역한 하우저는 친위대SS에 자원입대하여 어정쩡한 사설 무장조직이나 다름없었던 친위대를 체계적인 무력으로 육성하는 데 앞장섰다. 나중에 무장친위대는 전범 집단으로 낙인찍히게 되었지만, 그런 악행과는 별개로 일부 부대는 전선에서 뛰어난 전투력을 보여주었다. 하우저는 자발적으로 나치에도 가입한 인물이었지만, 주로 최전선에서 활약한 야전 지휘관이었다. 특히 그는 무장친위대를 중무장한 기계화부대로 변모시키는 데 공헌했고, 하리코프 전투 직전에는 새로 편성된 막강한 친위장갑군단의 군단장으로 부임했다. 하우저는 무리한 작전을 펼치지 않고 부하들을 보호하는 작전을 펼쳐 장병들로부터 많은 존경을 받았고, 공교롭게도 그의 별명 역시 아빠였다.* 이후 벌어진 하리코프 전투에서는 기갑부대를 이끄는 2명의 아빠가 주인공으로 활약했다.

히틀러는 자신의 명령을 어긴 하우저의 행위에 분노했지만, 상황을 잘 알고 있던 신임 남부집단군 사령관 만슈타인은 총통에게 불가피한 선택이었음을 설명하고 오히려 친위장갑군단을 자신이 지휘할 수 있도록 허락받았다. 스탈린그라드 전투에서 격전을 치른 후 호트의 제4기갑군이 부대 재편 과정에 들어가는 바람에 기갑 전력의 부족으로 고민에 빠졌던 만슈타인은 하우저의 현명한 판단 덕분에 그대로 보존된 막강한 친위장갑군단을 차후 작전에 주먹으로 사용할 수 있게 되었다. 만슈타인은 소련군이 하리코프로 향하고 있는 것을 처음부터 예의 주시하고 있다가 소련군이 도심으로 몰려든 것을 확인한 순간에 제1기갑군, 제4기갑군, 홀리트 전투단, 켐프 전투단에게 동서남북에서 도시를 포위하라고 명령을 내렸다. 이때

* http://en.wikipedia.org/wiki/Paul_Hausser.

호트의 제4기갑군은 동쪽을 틀어막았다.

하리코프가 이끄는 30만 명의 소련군은 순식간에 배후가 막힌 것을 깨닫고는 니콜라이 바투틴Nikolai Vatutin 남서전선군 사령관에게 도움을 요청했지만, 만슈타인은 틈을 주지 않고 하우저의 친위장갑군단으로 하여금 도심을 청소시켰다. 소련군이 대책 없이 허물어지자, 한창 재편 중에 있던 호트의 부대도 포위망을 압축하면서 도심으로 질주해 들어갔다. 2명의 아빠가 앞장선 거대한 반격전인 제3차 하리코프 전투가 3월 15일에 종결되었을 때, 겨우 5만 명의 소련군만 지옥에서 간신히 탈출할 수 있었다.* 호트는 재편이 완료되지 않은 부대를 지휘하여 두 달 만에 스탈린그라드의 치욕을 소련에게 되돌려 주는 데 일조했다. 만슈타인은 아무도 예상치 못한 대승을 이끌어냈고, 이것은 독일이 제2차 세계대전 당시 동부전선에서 성공시킨 마지막 공세로 기록되었다. 하지만 독일의 하리코프 재점령으로 독일 중부집단군과 남부집단군 사이에 거대한 돌출부가 형성되었는데, 이는 독소전의 마지막을 결정짓는 엄청난 후폭풍을 몰고 왔다.

19. 최강의 기갑부대를 지휘하다

쿠르스크를 중심으로 형성된 돌출부는 독일에게 저곳을 반드시 제거해야 한다는 동기를 부여했다. 그러기 위해서는 전선의 지리적 상황으로 볼 때 중부집단군과 남부집단군이 함께 협공을 가해야 했다. 중부집단군에서

---

* Karel Margry, *The Four Battles for Kharkov*, Battle of Britain International Ltd., 2001, pp.36-39.

는 모델이 지휘하는 제9군이, 남부집단군에서는 호트의 제4기갑군이 선봉으로 작전에 나설 예정이었다. 그런데 쿠르스크의 돌출부에 관심을 집중하고 있던 것은 소련도 마찬가지였다.* 양측 모두는 독소전의 향배를 완전히 결정지을 장소로 이곳을 지목하고 막대한 병력과 물자를 이곳에 집중하기 시작했다.

스탈린그라드에서 완전히 소모된 것이나 다름없는 상태였던 제4기갑군은 1943년 6월이 되었을 때는 역사상 가장 강력한 독일 기갑군의 모습으로 환골탈퇴해 있었다. 예하에는 하리코프 전투 당시 놀라운 활약을 보여준 친위장갑군단이 증강 개편된 제2친위장갑군단, 자타가 공인하는 독일 최정예의 그로스도이칠란트Großdeutschland 기계화보병사단을 포함하고 있는 제48장갑군단, 그리고 제52군단이 편제되어 있었다. 이들이 보유한 전차와 돌격포의 수량만도 600여 대가 넘었는데, 여기에는 독소전 이후 처음으로 소련군 전차의 성능을 능가하는 최신예 전차인 티거는 물론이고 총통이 이놈을 전선에 데뷔시킨 후 작전을 시작하겠다고 주장했을 만큼 많은 기대를 불러일으킨 5호 전차 판터, 그리고 다양한 종류의 돌격포 등이 포함되어 있었다.** 호트는 이처럼 제2차 세계대전 전체를 통틀어 가장 강력한 기갑부대를 지휘하게 되었다.

러시아 특유의 건조한 여름이 본격적으로 시작된 1943년 7월 4일, 독일은 쿠르스크 돌출부의 남과 북에서 동시에 진격을 개시했다. 그런데 무기의 질이 변하고 병사들의 경험이 축적되었다는 점을 빼면, 독일군의 전략이나 전술은 1941년 7월 이후에 바뀐 것이 하나도 없었다. 반면, 쿠르스크

* 폴 콜리어 외, 강민수 역, 『제2차 세계대전: 탐욕의 끝, 사상 최악의 전쟁』, 플래닛미디어, 2008, 631쪽.
** 마크 힐리, 이동훈 역, 『쿠르스크 1943』, 플래닛미디어, 2007, 42-44쪽.

1943년 만슈타인과 작전을 숙의하는 호트의 모습. 스탈린그라드, 하리코프, 쿠르스크 등지에서 벌어진 거대 전투에서 호트는 만슈타인의 선봉장 역할을 담당했다.

전투 후 호트가 만슈타인에게 제출한 보고서에서 "소련군은 1941년 이래 많은 것을 배웠습니다. 그들은 더 이상 단순한 사고방식을 가진 농부들이 아닙니다. 그들은 우리에게서 전쟁의 기술을 배웠습니다"라고 분석했을 만큼 1943년 여름의 소련군은 전쟁 후 2년 동안 무려 1,500만 명을 희생하는 혹독한 대가를 치르면서 질적으로 전혀 다른 군대로 바뀌어 있었다.* 처음부터 독일의 진격은 난관에 부딪혔고, 희생은 늘어갔으며, 회심의 역작으로 서둘러 데뷔시킨 판터는 기계적인 결함이 커서 싸워보지도 못하고 멈춰버리기 일쑤였고, 선봉에 서서 돌격하던 수많은 전차들은 대전차 장

* 마크 힐리, 이동훈 역, 『쿠르스크 1943』, 플래닛미디어, 2007, 151-152쪽.

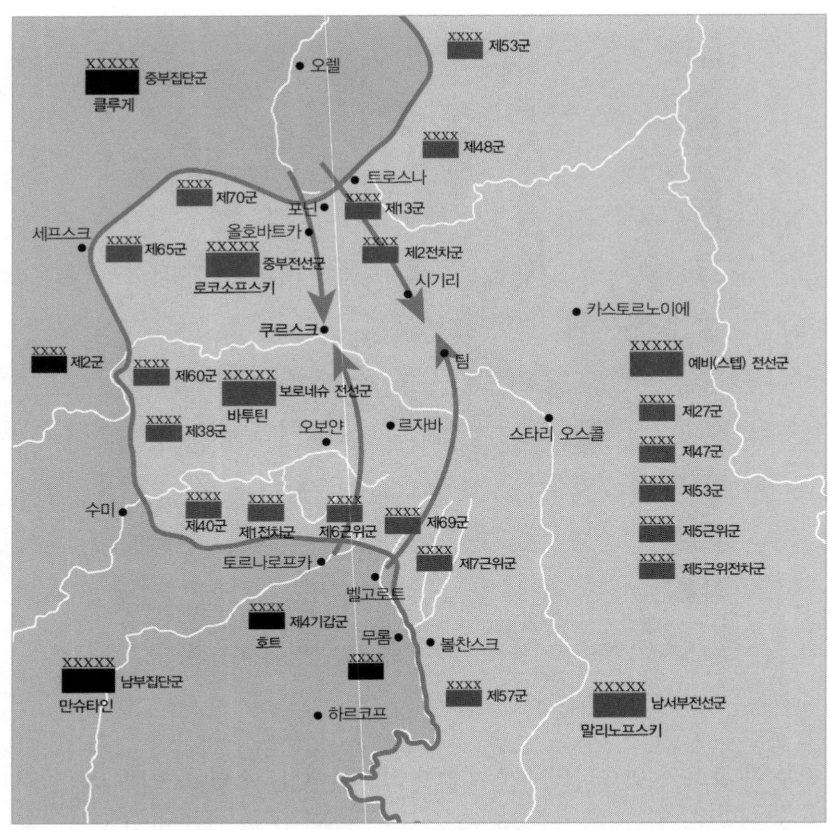

독일은 갑론을박 끝에 쿠르스크 돌출부를 제거하기 위해서 중부집단군과 남부집단군이 남북에서 동시에 진격하는 회심의 작전을 실시하기로 결정했다. 하지만 이미 독일의 의도를 간파하고 엄청난 방어선을 구축해놓은 소련군이 오히려 선공을 가하면서 전투가 개시되었다.

애물과 소련군의 격렬한 요격에 불타올랐다.

제48장갑군단에게 오보얀Oboyan을 거쳐 쿠르스크로 진격하라고 했던 호트는 소련군의 강한 저항에 전황이 지지부진하자, 제4기갑군의 우익을 담당한 하우저의 제2친위장갑군단에게 프로호로프카Prokhorovka로 진출하도록 명령했다. 7월 12일 독일 최강의 기계화사단들로 구성된 제2친위장갑군단은 500여 대의 전차와 돌격포를 앞세우고 시골 마을로 향했다. 그런

데 바로 그때 소련군 제5근위전차군The 5th Guards Tank Army을 주축으로 한 800여 대의 전차도 이곳으로 향하고 있었는데, 이들은 독일 제2친위장갑군단을 상대하기 위한 것이 아니라 스텝 전선군Steppe Front을 지원하기 위해 단순히 이곳을 통과하던 중이었다.* 결국 양측을 모두 합쳐 무려 1,300여 대의 전차가 프로호로프카를 중심으로 한 평원에 집중하고 있었는데도 양측 모두 상대를 전혀 인식하지 못하고 있었다.

20. 강철의 무덤이 되어버린 평원

두 부대가 바로 그때 거기서 마주친 것은 아주 우연이었다. 전혀 예상도 못하고 준비도 안 된 상태에서 두 부대가 마주치자, 상대를 바라본 양측의 전차병들은 똑같이 신음소리를 낼 수밖에 없었다. 처음 보는 어마어마한 규모의 적에게 서로 놀라 경악했지만, 그냥 지나치거나 회피할 수는 없었다. 곧바로 수백 대의 전차들이 좋은 위치를 선점하기 위해 포탑을 돌리면서 미친 듯이 돌진했다. 평원은 전차의 굉음과 포성, 그리고 작렬하는 포탄의 파괴음에 격렬히 진동했다. 처음에는 원거리에서 조준하며 포탄을 날리던 전차전이 어느 틈엔가 가까이 다가온 양측의 전차들이 뒤엉켜서 싸우는 백병전으로 바뀌어버렸다. 서로를 조준하려 포탑을 돌리다가 포끼리 부딪치는 경우도 비일비재했다. 이런 상황에서 지원 나온 양측의 공군도 어찌해야 할 바를 몰랐다.

양측의 주력 전차들은 중장갑을 자랑했지만, 제로미터나 다름없는 바로

---

* http://en.wikipedia.org/wiki/Battle_of_Prokhorovka.

옆에서 발사되어 날아오는 포탄에 속수무책으로 하나둘 산산조각 나서 하늘로 튕겨 올라가기 시작했다. 다시는 재현되기 어렵다고 평가되는 사상 최대의 프로호로프카 전차전Battle of Prokhorovka은 한적했던 러시아의 시골 평원을 하루 만에 거대한 전차들의 무덤으로 만들었다. 아침에 전투를 시작하여 해질 무렵에는 양측 모두 합해 총 800여 대의 전차가 파괴되었는데, 이는 양측이 감내할 수 있는 한계선을 넘은 수치였다. 한마디로 우연히 만나 부딪친 싸움에서 많은 것을 소모해버린 형국이었다. 이 전투에서 약 300여 대의 피해를 입은 독일은 소련보다 전술적인 면에서는 앞섰지만, 전략적인 면에서는 엄청난 타격을 입었다.*

독소전 이래 소련의 복구 능력은 놀랍다 못해 경악스러운 수준이었다. 엄밀히 말하면 이러한 소련의 회복 능력이 전쟁을 승리로 이끈 일등 공신이었다. 반면에 독일에게는 그런 능력이 없었다. 만슈타인은 조금만 더 희생을 감내할 수만 있다면 적을 궤멸시킬 수 있다고 생각했지만, 호트는 제2친위장갑군단이 더 이상 소모되도록 내버려둘 수 없었고, 하우저도 이에 동의했다. 전술적으로 독일은 더 많은 피해를 소련에게 안겨주면서 이기고 있었지만, 더 이상 싸움을 지속시킬 수 없었다. 결국 평원의 학살극은 독일이 물러나면서 종결되었고, 이것은 쿠르스크 전투가 소련의 승리로 끝나게 될 것임을 예고하는 것이었다. 쿠르스크에서 작전을 중지하라는 히틀러의 명령이 하달되었을 때, 소련은 세 배나 많은 피를 쏟아 부은 대가로 하계 전투에서 최초의 승리를 얻었다.**

호트는 단기간 내 회복하기 힘들 정도로 많은 손상을 입은 그의 제4기갑

---

* 마크 힐리, 이동훈 역, 『쿠르스크 1943』, 플래닛미디어, 2007, 133-145쪽.

** David M. Glantz & Jonathan M. House, *The Battle of Kursk*, University Press of Kansas, 2004, p.275.

군을 이끌고 후방으로 빠져나왔다. 이번에는 피해를 복구하는 데 어느 정도의 시간이 필요한지 장담하지 못할 정도로 독일의 상황은 비관적이었다. 독일은 새로 충원되는 것보다 소모되는 것이 훨씬 더 많았다. 소련은 드네프르 강을 건너 독일군을 추격했다. 이제 소련은 1941년에 사상 최대의 치욕을 겪은 키예프를 탈환하기 위해 다가왔다. 키예프에서 70만 명의 소련군을 바친 대가로 귀중한 시간을 얻었던 소련은 이제 2년 만에 조국을 구하기 위해 희생양이 되었던 도시를 회복하려 하고 있었고, 호트는 만신창이가 된 그의 분신인 제4기갑군을 이끌고 폐허의 도시를 방어해야 했다.

21. 장군의 마지막 봉사

이번에도 히틀러는 항상 그랬듯이 후퇴불가 현지사수를 외치며 무려 다섯 배나 많은 보로네슈 전선군과 스텝 전선군의 협공을 막아내라고 명령했다. 남부집단군 사령관 만슈타인은 이를 위해 제48장갑군단과 제40장갑군단을 호트가 사용할 수 있도록 해달라고 요청했다. 언제부터인가 독일의 기갑부대들은 바로 옆에 있어도 히틀러의 허락 없이는 사용할 수 없는, 마치 쇼윈도의 상품과도 같은 존재가 되어버렸다.* 히틀러는 하리코프 전투 당시부터 제4기갑군의 예하부대였던 제48장갑군단의 사용은 허락했으나, 제40장갑군단의 투입은 거절했다. 부족한 전력을 할당받은 호트는 불평 한마디 못하고 최선을 다했지만, 소련의 진공을 막아낼 수 없었다.

1941년 여름에 스탈린의 명령으로 움직이지 못하고 키예프를 사수하다

* ZDF, Hitler's Warriors: Part IV. Manstein. The Strategist, ZDF-enterprise, 1998.

독일은 수많은 전투에서 승리했지만, 결국 전쟁에서 패했다. 그리고 이와 함께 독일 기갑부대의 신화도 막을 내렸다.

가 전멸한 소련군의 전철을 밟을 수 없었던 호트는 그의 자식들을 이끌고 서쪽으로 탈출했다. 이로써 폐허로 변한 우크라이나 최대 도시를 2년 만에 소련이 탈환했다. 키예프를 빼앗기자, 히틀러는 현지를 사수하라는 자신의 명령을 따르지 않았다고 노발대발하면서 호트의 군복을 벗겨버렸다.* 히틀러는 스탈린그라드의 비극에서 전혀 교훈을 얻지 못했던 것이었다. 호트는 그의 병사들을 사지에서 구해내고자 후퇴시켰지만, 히틀러는 군대를 그의 소모품으로밖에 생각하지 않았다. 총통이 장군들에게 원한 것은 국가에 대한 충성심이 아니라, 자신에 대한 아부와 철저한 복종이었다. 그렇기 때문에 그의 눈에는 뛰어난 장군들의 능력이 제대로 보이지 않았던 것이었다.

히틀러에게서 찾아볼 수 있는 또 하나의 특징은 한 번 내친 인사들을 재

---

* 폴 콜리어 외, 강민수 역, 『제2차 세계대전: 탐욕의 끝, 사상 최악의 전쟁』, 플래닛미디어, 2008, 639-640쪽.

등용하는 데 인색했다는 점이다. 자존심이 강한 히틀러는 자신의 판단이 항상 옳다고 생각했기 때문에 자신의 손으로 내친 인사를 다시 쓴다는 것은 결국 자신의 판단이 잘못되었음을 입증하는 꼴이나 다름없었다. 이런 점에서 볼 때 호트를 재등용한 것은 아주 드문 예가 아닐 수 없다. 호트가 재등용될 수 있었던 것은 그만큼 그가 군부 내에서 신망을 받는 뛰어난 장군이었기 때문이었다. 낙향하고 있던 호트가 다시 총통의 부름을 받은 것은 패전을 1주일 앞둔 1945년 4월 말이었는데, 당시 그는 독일 북부의 하츠산맥Harz Mountains수비대장으로 임명되었다.*

22. 조연을 자처한 숨은 주연

그런데 그가 할 수 있는 일은 진짜 아무것도 없었다. 부임한 부대는 서류상에나 존재하고 있는 패잔병들의 집합소였지만, 그는 이를 탓할 틈도 없이 그곳에서 독일이 항복하는 순간까지 1주일간 지휘관으로 복무했다. 이로써 호트는 제2차 세계대전 시작부터 끝까지 최고급 지휘관으로 보낸 몇 안 되는 제3제국의 장군이 되었다. 종전 후 그는 재판을 거쳐 전범으로 인정받아 15년 형을 언도받았다. 단지 위정자의 명령에 따라 피동적으로 전쟁에 참여한 지휘관이었다는 이유만으로는 결코 면책의 사유가 될 수 없었다. 제2차 세계대전의 상처가 워낙 깊은 데다가 장군이라는 자리는 설령 원하지 않았다 하더라도 그 과정과 결과에 대해 책임을 져야 하는 자리이기 때문이었다. 게다가 명장으로 손꼽히는 패전국의 장군들에 대해

* http://www.spartacus.schoolnet.co.uk/GERhoth.htm.

승전국들이 느끼는 분노와 미움은 당연한 것이었다. 하지만 도덕과 협정이 완전히 무시된 동부전선에서 주로 활약하며 뛰어난 전과를 연이어 이끌어온 호트에게 15년 형이 선고되고 수감 중 6년 만에 석방*되었다는 사실은 그가 부대 지휘 이외에 별다른 전범 행위에는 가담하지 않았다는 반증이기도 하다.

호트는 기갑부대의 역사를 새롭게 개척한 선구자적인 인물이었다. 그는 자신의 저서에서 "기갑부대는 지상군 작전의 핵심이고 가장 강력한 공격무기이나 전투력이 급속히 약화되므로, 부대를 분리해 운영하는 것은 위험하고 집중해 신속히 운용해야 하기 때문에 지휘관은 항상 빠른 사고를 요한다"**고 서술했을 만큼 이론뿐만 아니라 실제로도 그렇게 실천한 몇 안 되는 인물이었다. 그럼에도 불구하고 그는 세인들에게 많이 알려져 있지 않다. 역사상 최강을 자랑하던 제3기갑군과 제4기갑군을 연이어 맡아 전선을 누볐지만, 전사에는 주역보다는 조역으로 주로 등장한다.

독일의 기갑부대가 활약했던 대부분의 전투에서 그의 이름을 어렵지 않게 찾을 수 있지만, 함께 작전을 펼쳤던 구데리안, 만슈타인, 롬멜 등에 비해 덜 알려진 이유는 바로 그의 트레이드마크였던 겸손함 때문이었다. 제2차 세계대전 당시 독일이 겪은 역사적인 전투에서 그는 놀라운 승리도 이끌어냈고, 패배의 순간에도 최선을 다했다. 특히 그는 인접 부대와 함께 작전을 펼칠 때 돌출된 행동을 하지 않고 항상 맡은 바 임무를 다하여 동료 장군들로부터 많은 신뢰를 받았고, 병사들로부터는 아빠라는 애칭으로 불릴 만큼 부하들을 사랑하고 보호하려 했다. 스탈린그라드에 고립된 자

---

* http://en.wikipedia.org/wiki/Hermann_Hoth.

** 주은식, 《THE ARMY》(2009년 5월호), 세계명장의 전투지휘 - 헤르만 호트 장군과 프로호로브카 전투, 대한민국 육군협회, 2009, 34쪽.

식들을 구하기 위해 놀라운 뒷심을 발휘하며 경탄스런 진격을 한 것도, 히틀러의 명령을 어기고 키예프에서 후퇴한 것도 모두 부대와 부하들을 제일 먼저 생각했기 때문이었다. 전쟁 내내 화려한 스포트라이트에서 조금 벗어나 있었지만, 누구나 신뢰하고 사랑하고 함께하며 승리를 엮어낸 인물, 그가 바로 병사들의 아버지 헤르만 호트였다.

헤르만 호트

1932~1933	제17연대장
1933~1934	뤼벡지구대장
1934~1935	제3보병대장
1935~1938	제18사단장
1938~1939	제5군단장
1939	제16차량화군단장(폴란드)
1940	제16장갑군단장(프랑스)
1940~1941	제3기갑집단 사령관(동부전선)
1941~1942	제17군 사령관(동부전선)
1942~1943	제4기갑군 사령관(동부전선)
1943~1945	예비역
1945	하츠산맥수비대장
1945~1954	전범으로 수감

part. 9

총통의 소방수

원수 오토 모리츠 발터 모델

Otto Moritz Walther Model

인간이 신과 다른 점은 아무리 뛰어나더라도 전지전능하지는 않다는 점이다. 다시 말해 인간은 약점이나 결점을 가지고 있으며 모든 것을 다 잘하고 누구에게나 인정받고 사랑받을 수는 없다는 뜻이다. 어쩌면 그것이 인간의 매력인지도 모르겠다. 그 역시 결점이 많은 사람이었다. 그의 최대 결점은 히틀러의 맹목적인 추종자였다는 것이다. 제2차 세계대전 당시 독일 장군들은 한 명도 예외 없이 극복할 수 없는 한계를 가지고 있었는데, 그것은 바로 자의든 타의든 간에 침략자의 수하였다는 점이다. 나치 독일은 분명히 침략자였고 부인할 수 없는 악이었기 때문에 설령 군인으로서 전쟁에 참여했다 하더라도 이런 멍에에서 결코 자유로울 수는 없었다. 그런데 히틀러의 추종자였다면 그가 아무리 뛰어난 장군이었더라도 일단 부정적으로 볼 수밖에 없는 것이 사실이다. 하지만 그러한 흠결에도 불구하고 전쟁터에서 뛰어난 능력을 보여준 장군임을 부인할 수 없을 만큼 그의 능력은 탁월했다. 히틀러의 추종자였다는 이유로 무조건 미워할 수만은 없는 인물, 그가 바로 원수 오토 모리츠 발터 모델이다.

1. 충성심 그리고 능력

제2차 세계대전 당시 독일군은 전사에 길이 남을 만한 명장들이 많았다. 그런데 이러한 많은 명장들은 군 지휘에 관한 소신이 한편으로는 너무 강고하여 종종 히틀러와 의견이 충돌하곤 했는데, 전쟁 말기에는 이런 사유로 정치권력에 의해 군복을 벗게 되거나 숙청된 경우가 많았다. 히틀러는 역사에 등장하는 여러 종류의 폭군처럼 그 주변에 모여 사탕발림으로 아첨하는 무리들에게는 관대했지만, 진정한 고언에는 귀를 막았다. 이 때문에 충심으로 군의 입장에서 작전을 펼치려던 수많은 유능한 지휘관들을 자기 손으로 내치는 우를 범했고, 결국 이것은 연합군 승리의 또 다른 이유가 되었다.

특히 전쟁 말기에 히틀러는 이러한 편집증이 더욱 극에 달해 거의 독단적으로 작전을 펼쳐 스스로의 운명을 재촉했다. 여기에 편승하여 헤르만 괴링, 빌헬름 카이텔 같은 정치 지향적인 군인들이 히틀러 주위에 많이 포진하여 오로지 예스맨 역할만 함으로써 작전을 그르치는 데 일조했다. 이러한 지휘관들의 대부분은 그만큼 총통에 대한 충성심이 대단했는데, 이러한 충성심이 히틀러에 대한 존경에서 우러난 것인지 아니면 개인의 일신영달을 위한 것인지는 모르겠지만, 어쨌든 훌륭한 지휘관들 대신 이들이 제3제국의 최후까지 군부를 지휘했고, 이는 결과적으로 인류사에 고마운 일이 되었다.

그런데 히틀러에 대한 충성심만 놓고 보았을 때 선두를 다툴 만큼 충직하면서도 지휘에도 뛰어났던 특이한 인물이 있었다. 총통의 소방수Hitler's Fireman라 불렸던 오토 모리츠 발터 모델Otto Moritz Walther Model(1891~1945년) 원수가 바로 그 주인공이다. 물론 히틀러에 대한 충성심이 컸다고 해서 실력이 없는 인물로 단정 지어 매도할 수는 없지만, 이런 경우가 그렇게 흔한 것은 아니었다. 종전 시까지 직위에서 해임되지 않은 장군들의 공통점은 주로 히틀러의 분노를 사지 않기 위해 몸을 사리고 히틀러의 명령을 금과옥조로 받들며 히틀러에게 변함없는 충성심을 보였다는 것이었다. 모델도 이런 미시적인 기준으로 판단할 때 분명히 그런 범주에 들어가는 인물 중 한 명이었다. 하지만 그가 앞에서 언급한 정치적 성향이 강한 인물들과 분명히 다른 점은 그럼에도 불구하고 뛰어난 야전 지휘관이었다는 점이었다.

2. 직업군인의 길

1891년 1월 24일 독일 작센-안할트Sachsen-Anhalt 주의 겐틴Genthin이라는 소도시에서 교사의 아들로 태어난 모델은 어려서부터 군인을 동경했다고 전해진다.* 독일 제국(제2제국)에서 군은 엄연히 또 하나의 권력이었는데, 특히 귀족 명문가 출신들이 가업으로 여겨 대물림하며 군의 중추로 많이 자리 잡고 있었다. 평민 출신은 귀족 출신에 비해 입신양명하기 어려웠지만, 군은 워낙 방대한 조직이다 보니 능력만 있으면 출세할 수 있는 길이 어느 정도는 열려 있었다. 특히 독일군의 장점이자 특징이었던 참모들은 오로지 실력으로만 선발되었을 정도다. 그렇기 때문에 당시 평민 출신이 사회 상류층에 오를 수 있는 방법 중 하나는 훌륭한 군인이 되는 것이었다. 그래서 엘리트 의식에 사로잡힌 많은 젊은이들이 직업군인을 선망했다.* 그는 18세가 되던 해 사병으로 자원입대했는데, 사병 시절 뛰어난 자질을 보여 장교 후보로 발탁되었고 이듬해 중위로 임명됨으로써 본격적인 직업군인의 길로 들어섰다. 1914년 제1차 세계대전이 발발하자 그는 소대장으로 참전하여 서부전선에서 복무했는데, 1915년 철십자 훈장 1급 기장을 수여받은 것으로 보아 훌륭한 전공을 세웠던 것으로 짐작된다. 중대장이었던 1917년에는 최전선에서 심한 부상을 입을 만큼 전쟁을 온몸으로 경험했다.**

종전 후 패전한 독일은 베르사유 조약에 따라 군비 보유에 많은 제한을 받았다. 그 중에서 육군 병력 총수는 10만 명 이하여야 하고 장교는 4,000명으로 제한한 규정이 있었는데, 이 때문에 수많은 직업군인들이 타의에 의해 군복을 벗게 되었다. 역설적이게도 이러한 제한은 이후 독일군이 정예화되는 이유가 되었다. 상대적으로 참전 경험도 풍부하고 자질이 뛰어난 장교들과 하사관들만이 선별되어 군에 남게 되었고, 이들은 히틀러가 집권하여 재군비를 추진할 무렵 부대의 핵심 기간요원들이 되면서 급격히

---

* http://www.theeasternfront.co.uk/commanders/german/model.htm.
* Trevor N. Dupuy, *A Genius for War: The German Army and General Staff: 1897-1945*, Prentice Hall, 1977, pp.20-25.
** Corelli Barnett, Hitler's Generals, Grove Press, 1989, p.320.

팽창한 독일군의 중추를 담당하는 역할을 맡게 되었다. 모델도 이때 살아 남았고, 전후에도 군대에 남아 여러 보직을 거치면서 그 실력을 닦아왔다. 한편 제1차 세계대전의 패배로 프로이센 이후 귀족 출신이 대부분이던 철옹성 같은 독일 군부의 주류 세력이 급속히 약화되고 모델 같은 평민 출신들이 등용되는 기회를 맞게 되었다.

그는 1934년에 제2연대장을 거치는 등 야전부대의 지휘관으로서 경험을 쌓은 뒤, 제8관구 참모장을 거쳐 1938년에 소장으로 승진하여 제4군단 참모장이 됨으로써 지휘관은 물론 지휘관을 보좌하는 브레인 역할까지 두루 경험했다. 모델은 세심한 성격을 가진 데다가 다양한 경험을 두루 했기 때문에, 지휘관으로 복무할 당시에도 참모들이 담당해야 할 세세한 작전에까지 미주알고주알 관여하여 그를 보좌한 참모들 사이에서 그리 평판이 좋지만은 않았다.* 프로이센군의 전통을 많이 승계한 독일군은 다른 나라에 비해 참모제도가 잘 발달되어 지휘부가 의사결정과 실행에 있어 기민함을 보인 뛰어난 군대였지만, 참모 생활을 오래 한 사람이 지휘관이 되었을 경우에는 부대 지휘의 세세한 부분까지 모두 간섭하려는 부작용이 있었다. 예를 들어, 제1차 세계대전 후반기에 중구난방으로 지휘했던 에리히 루덴도르프Erich Ludendorff가 대표적인 인물이었고,** 모델도 그런 경우에 포함이 된다고 볼 수 있다.

그는 제1차 세계대전에 참전한 경험도 있었고 베르사유 체제의 굴욕도 몸소 겪었기 때문에, 독일 국민의 자긍심을 고양하여 정권을 잡은 히틀러에게 열렬한 성원을 보냈다. 기록에는 그가 나치당에 가입했는지 여부가

---

* Steven H. Newton, *Hitler's Commander: Field Marshal Walter Model - Hitler's Favorite General*, Da Capo, 2006, pp.246-248.
** http://www.firstworldwar.com/bio/ludendorff.htm.

불분명하지만, 히틀러에 대한 지지가 추호의 의심 없이 강고했다는 점에서는 이론의 여지가 없다. 몇몇 사가들은 모델의 히틀러에 대한 충성심을 맹목적인 것으로 표현할 정도다.* 그가 마지막까지 독일군의 최고 지휘관으로 활동할 수 있었던 것도 이러한 충성도 덕분이었다. 하지만 그는 단지 히틀러에 대한 충성심을 보여주고자 엉뚱한 작전을 실행하거나 권력 주변에 남아 사탕발림이나 하면서 시간이나 보내는 행동은 하지 않았고, 일견 고루한 권위 의식에 젖어 있던 참모진이 자신들의 업무에 관여한다고 불만했던 것과는 달리, 자신의 부하들을 보호하고 배려하는 작전을 주로 펼쳐 일선의 예하부대원들 사이에서는 평판이 좋았다고 전해진다.**

3. 참모에서 지휘관으로

1939년 9월 폴란드 침공전으로 제2차 세계대전이 발발했을 때, 모델은 제4군단 참모장으로 참전하여 폴란드 남부 공략 작전을 수립하는 등 탁월한 업적을 세웠다. 빅토르 폰 슈베들러Viktor von Schwedler가 지휘하는 제4군단은 남부집단군 예하 제10군의 선봉대였는데, 사령관 라이헤나우가 히틀러로부터 워낙 각별한 신임을 받았던 관계로 제10군에게 바르샤바를 점령하라는 가장 중요한 임무가 부여되었다. 따라서 모델이 참모장으로 폴란드 전역에 참가한 제4군단은 독일군 전체의 선봉대나 다름없었다.*** 당시 그는 이러한 성과를 인정받아 곧바로 서부전선의 주력 야전군 중 하나인

---

* Albert Seaton, *The Battle for Moscow*, Stein and Day, 1971, p.269.
** Corelli Barnett, *Hitler's Generals*, Grove Press, 1989, p.322.
*** http://www.axishistory.com/index.php?id=2080.

제16군 참모장으로 영전하게 되었다. 1940년 5월 프랑스 침공전이 발발하자, 독일 제16군은 게르트 폰 룬트슈테트가 지휘하는 독일 침공군의 주력인 A집단군 예하부대로 편제되어, A집단군의 선봉인 클라이스트 기갑집단이 전선을 돌파하면 후속하여 즉시 전선을 인계받은 후 돌파구를 계속 확대하는 임무를 맡게 되었다. 1940년의 전격전을 회고하는 여러 종류의 글들을 보면, 주로 독일 기갑부대의 놀라운 진격에 대해 언급하고 있는데, 사실 이들을 후속한 보병부대와 지원보급부대의 공로도 상당히 중요했다. 만일 보병들이 신속히 따라오지 못했다면, 돌파구 확대가 불가능했을 것이고 선두 기갑부대도 앞에서 고립될 가능성이 컸기 때문이었다. 더구나 독일은 지난 1939년 폴란드 침공전에서 너무 앞서간 기갑부대가 적진에 홀로 고립되어 위기에 처하는 아찔한 순간도 이미 경험했다.* 즉, 선두 기갑부대가 놀라울 정도로 앞으로 치고나갈 수 있었던 것은 뒤에서 제대로 쉬지도 못하고 두 발로 뛰어온 보병부대와 지원보급부대 덕분**이었는데, 그 전해 경험한 폴란드전은 훌륭한 교과서가 되었다.

제16군은 1940년 5월 룩셈부르크와 남부 벨기에를 거쳐 스당Sedan을 돌파하고 마지노선 북부를 차단함으로써 프랑스군을 양단하는 혁혁한 전과를 올렸다. 만일 제16군의 이런 급속한 진격이 없었다면, 독일 B집단군에 속아 저지대 국가로 진입하던 연합군 주력이 독일의 전략을 알아채고 뒤로 빠져나올 수 있었고, 그렇게 되었다면 제1차 세계대전 서부전선의 상황이 그대로 재현되었을지도 모른다.*** 하지만 역사는 위험을 무릅쓰고

---

* Steven J. Zaloga, *Poland 1939: The birth of Blitzkrieg*, Osprey, 2002, pp.42-51.
** 맥스 부트, 송대범 · 한태영 역, 『MADE IN WAR 전쟁이 만든 신세계』, 플래닛미디어, 2007, 468쪽.
*** 알란 셰퍼드, 김홍래 역, 『프랑스 1940』, 플래닛미디어, 2006, 98-99쪽.

1940년 5월 뫼즈 강을 도강하는 독일군의 모습. 전격전 하면 흔히 급강하 폭격기와 전차를 연상하지만, 총탄을 겁내지 않고 전진을 멈추지 않은 보병들의 노고가 있었기에 가능한 전략이었다.

새로운 시도를 과감히 선보인 독일을 승자로 만들어주었고, 당대 최강의 군사대국 프랑스는 불과 개전 6주 만에 독일의 자비를 바라는 입장으로 전락하고 말았다. 이러한 전과를 인정받아 모델은 1940년 9월 독일 최초의 기갑부대 중 하나인 제3전차사단의 사단장으로 영전하게 되었고, 이때 독일군 최정예 사단급 부대를 지휘하는 경험을 하게 되었다. 독일의 기갑부대는 1939년 폴란드에서는 반신반의의 대상이었지만 1940년 프랑스에서는 놀라울 정도로 변해서, 지휘관이라면 군의 중추가 되기 위해서 반드시 거쳐야 하는 핵심 부대가 되었다. 그리고 1941년에는 기갑부대 여부를 불문하고 모든 지휘관들이 전차를 필요로 했다.*

1941년 6월 독일의 소련 침공이 개시되자, 맹장 하인츠 구데리안이 이

* François de Lannoy & Josef Charity, *Panzertruppen: German armored troops 1935-1945*, Heimdal, 2002, pp.78-85.

1941년 독소전 초기 독일의 포로가 된 소련군의 모습. 대규모 소련군 포로들이 행진하는 모습은 전선의 일상 중 하나였다.

끌던 제2기갑집단 예하에 배속된 모델의 제3전차사단은 모스크바로 향한 진격에서 선봉으로 맹활약했다. 그는 개전 초에 소탕된 소련군만 해도 최소 150만 명인 것으로 추산되는 민스크, 스몰렌스크, 키예프의 3대 포위전에 모두 참여하여 승리의 주역이 되었다. 그런데 소련은 초기에 이처럼 심각한 피해를 입었지만, 됭케르크에서 굴욕을 당한 후 더 이상 항전하지 못하고 스스로 백기를 든 프랑스와는 전혀 다른 상대였다. 소련은 그들의 체제를 수호하기 위해 이보다 더 많은 피와 땀을 얼마든지 더 뿌릴 각오와 준비가 되어 있었던 것이었고, 신나는 승리를 엮어온 독일은 이러한 소련의 잠재력을 제대로 모르고 있었다. 어쨌든 이러한 뛰어난 전과로 1941년 말에 모델은 중장으로 승진하여 제41장갑군단장으로 부임하게 되었는데, 이때 그에게는 지지부진한 모스크바 공략을 하루빨리 마무리 지으라는 중책이 부여되었다.* 그러나 그가 제41장갑군단장으로 부임한 1941년 말은 최악의 혹한이 러시아 평원을 강타하기 시작하여 어려움을 겪던 시기였다.

1941년 겨울 모스크바의 모습. 견고하게 구축된 방어물과 매서운 추위는 독일군으로부터 소련을 구해냈다.

1941년 가을에 독일이 주공의 방향을 바꾸어 우크라이나의 키예프를 함락시키기 위해 공세를 펼치는 동안 소련이 설치해놓은 엄청난 장애물과 참호로 이미 모스크바 초입은 철저히 가로막힌 상태였지만, 모델은 모스크바 서쪽 20킬로미터까지 진격하는 괴력을 발휘했다. 하지만 추위와 더불어 모스크바를 사수하려는 소련군의 강력한 저항으로 독일군의 공세는 둔화될 수밖에 없었고, 12월이 되어 영하 40도의 추위가 계속되자 그도 더 이상의 진격은 어려웠다. 이러한 어려움에도 불구하고 지휘관으로서 모델의 능력은 다음해가 되자 서서히 빛을 발하기 시작했다. 사실 제2차 세계대전이 발발하고 1941년 이전까지 독일이 공세 작전을 펼칠 때는 모델뿐만 아니라 수많은 독일 지휘관들이 참모나 단위부대장으로 참전하여 앞다투어 전공을 세웠지만, 소련이 공세로 전환하자 모델의 활약이 두드러졌던 것이었다. 이때부터 모델은 두고두고 방어전의 명장으로 불릴 만큼

---

* http://en.wikipedia.org/wiki/Walter_Model.

뛰어난 대응 능력을 발휘했다. 그의 방어전은 압도적인 적의 공세를 단지 지연시키거나 수성하는 것이 아니라 오히려 적을 밀어붙여 괴멸시키는 공세적 방어 형태를 띠었다.*

공격은 사전에 정한 계획대로 실시하는 경우가 대부분이지만, 방어는 상대의 공격을 정확히 분석하여 기민하게 대응하는 것이 관건이므로 빠른 분석력과 대응력이 요구되는데, 모델은 그런 점에서 특출한 능력을 보였다. 모델은 총통의 소방수라는 별명으로 불렸을 만큼 방어전에서 탁월한 지휘 능력을 발휘했다. 그는 구데리안, 호트, 롬멜 같은 저돌적인 지휘관들과는 사뭇 달랐다. 후자를 공세에 알맞은 공격형 지휘관이라고 한다면, 모델은 수세에 몰렸을 때 이를 효과적으로 막아내는 방어형 지휘관이었다. 드디어 1941년 12월, 그가 총통의 소방수로 명성을 날린 기념비적인 전투가 벌어지게 되었다.

4. 독일의 실기와 소련의 반격

바바로사 작전 초기에 신나게 진격을 계속하던 독일은 몇 번 좋은 기회를 놓쳤다. 독일군은 진격 도중 스몰렌스크, 민스크, 키예프 등지에서 대포위섬멸전을 실시하여 무려 150만 명 이상의 소련군과 장비를 제거하는 역사에 길이 남을 대승을 거두었다. 하지만 이런 승리는 애초 목표한 대로 진격해서 얻은 것이 아니라 후퇴하지 못하고 독일군 점령지역 내 고립되

---

* Steven H. Newton, *Hitler's Commander: Field Marshal Walter Model - Hitler's Favorite General*, Da Capo, 2006, pp.118-120.

어 전의를 상실한 소련군 패잔병을 소탕해 얻은 것이었고, 그 과정에서 히틀러는 눈앞의 먹이를 깨끗하게 먹어치워야겠다는 욕심이 너무 지나쳐 임기응변으로 주력을 우회시키는 실수를 저질렀다. 배후에 적을 남겨두고 전진한다는 것 또한 옳다고만 볼 수 없었기 때문에 히틀러의 결정도 어느 정도 타당한 면이 없지 않았지만, 반대 의견을 제시하는 사가들은 이런 우회 공략 때문에 애초 목표한 모스크바, 레닌그라드 같은 전략적 목표물을 점령하는 데 시간이 지연되었다고 비판하고 있다.* 제1차 세계대전 서부전선에서 경험했듯이 한번 전진이 멈추고 전선이 고착화되면 이를 돌파하기 매우 힘들어지게 마련인 데다가 계절은 상대적으로 소련에게 유리한 동절기로 접어들고 있었다.

독소전 초기에 독일군은 이미 점령지역 내에 고립되어 있어 천천히 소탕해도 되는 전의를 상실한 소련군을 굳이 모스크바로 향하던 주력부대까지 돌려가면서 조급히 소탕하여 전술적 대승을 이끌었지만, 그 과정에서 시간과 자원을 낭비하는 바람에 전략 목표를 달성하지 못하는 자충수를 둔 꼴이 되고 말았다.** 반면 1942년 말 소련군은 스탈린그라드에 모여 있던 독일 제6군을 도시 외곽에서 포위만 한 후 즉시 포위섬멸전을 실시하지 않고 서서히 말라죽게 만들었다. 결국 정신없이 몰리기만 하던 소련군은 혹한이 다가오고 모스크바 바로 앞에서 독일군의 진격이 멈추자, 전열을 정비하여 반격에 나서기 시작했다. 1941년 12월 6일 소련군은 모스크바를 압박하는 독일군을 몰아내기 위해 공세를 취했다. 이른바 제1차 르

---

* Arvato Services, Army Group Center: The Wehrmacht In Russia, Arvato Services Production, 2006.

** 제프리 메가기, 김홍래 역, 『히틀러 최고사령부 1933~1945년』, 플래닛미디어, 2009, 283쪽.

제프 전투The 1st Rzhev Battles 가 개시된 것이었다. 소련군은 모스크바 전방에 포진한 독일 제9군을 대포위 섬멸하기 위해 르제프, 시체프카Sychevka, 비야즈마Vyazma를 탈취하기 위한 공격을 시작했다.

먼저 그 동안 모스크바 북부를 방어하던 칼리닌 전선군과 북서전선군 소속의 9개 야전군이 비테브스크Vitebsk와 스몰렌스크 북방을 향해 전진을 개시하고, 주코프가 지휘하는 서부전선군 예하 9개 야전군이 모스크바 남부에서 스몰렌스크와 브리얀스크Bryansk를 향해 공격을 개시했다. 이러한 대공세는 독소전 개시 이후 소련이 취한 최초의 공세였다. 그들의 목표는 모스크바를 향해 돌진하던 독일 중부집단군을 최대한 멀리 밀어내고 아울러 레닌그라드를 압박하던 독일 북부집단군과의 연결을 끊는 것이었다.* 그 중 1차 섬멸 목표는 르제프를 방어하고 있던 독일 제9군이었다. 만일 제9군이 무너진다면 독일군은 약 200킬로미터를 후퇴해야 했고, 그렇게 되면 당연히 전체 전선에 부담을 줄 수밖에 없는 상황이었다.

소련의 선봉인 제22군과 제39군이 순식간 100킬로미터를 전진하여 비테브스크 근처까지 내려오고 소련 제3공수군단이 브야즈마 남부에 투입되자 순식간에 독일 제9군은 배후가 절단 되고 완벽하게 포위 될 위험에 처하였다. 비록 에리히 회프너Erich Hoepner의 제4기갑군, 구데리안의 제2기갑군, 귄터 폰 클루게Günther von Kluge의 제4군이 남부에서 진격하여 들어오는 게오르기 주코프의 서부전선군을 간신히 방어하고 있어 제9군에 대한 최소한의 연결통로는 겨우겨우 확보하고 있었으나 결코 희망적으로 보이지는 않았다.

* http://en.wikipedia.org/wiki/Battles_of_Rzhev.

5. 총통의 명을 받들어

1941년 12월 중순, 독일군 실무자 중 최고 위치에 있던 육군 총사령관 브라우히치와 참모총장 할더는 북부집단군과 중부집단군이 현 위치에서 150킬로미터를 후퇴하여 방어선을 새롭게 구축하는 것이 타당하다고 보았다.* 현실적으로 모스크바나 레닌그라드는 그해 겨울에 점령이 불가능했다. 따라서 군이 추위에 떨며 그 앞에 매달릴 필요가 없었다. 따라서 독일군 수뇌부는 작전상 부대를 후퇴시켜 보급로와 방어선을 동시에 단축시키고 그 동안의 격전으로 지칠 대로 지쳐버린 독일 원정군이 안전하게 겨울을 나도록 한 후 1942년 봄에 새롭게 공세를 재개하는 것이 타당하다고 판단했고, 일선 지휘관들도 이에 동의했다. 집단군 사령관이었던 룬트슈테트와 레프 같은 경우는 폴란드까지 전략적으로 후퇴하는 것이 옳다는 생각을 했을 정도였다.** 위기를 느낀 독일 중부집단군 사령관 보크는 전선을 축소하고 부대를 재편한 후 일단 겨울을 넘기는 것이 좋다고 판단하여 히틀러에게 전략적 후퇴를 허락해달라고 요청했다. 최일선에서 부대를 지휘하여 사정을 잘 알고 있던 제9군 사령관 아돌프 슈트라우스는 물론이고 회프너, 구데리안 같은 주변의 야전 사령관들과 집단군을 이끌던 보크와 룬트슈테트도 이에 동조했다. 그러나 모스크바를 코앞에 두고 후퇴한다는 사실을 용납할 수 없었던 히틀러는 노발대발하며 이 지휘관들을 해임하는 것으로 답했다. 히틀러의 주장은 오로지 현지사수뿐이었다.***

---

* 제프리 메가기, 김홍래 역, 『히틀러 최고사령부 1933~1945년』, 플래닛미디어, 2009, 306쪽.

** 제프리 메가기, 김홍래 역, 『히틀러 최고사령부 1933~1945년』, 플래닛미디어, 2009, 359쪽.

히틀러는 가장 위험에 처해 있던 제9군의 사령관으로 평소 자신에 대한 충성심이 큰 모델을 승진시켜 현지로 보냈다. 1942년 1월 15일 슈트라우스를 대신하여 신임 사령관으로 부임한 모델은 도착하자마자 전선의 상황을 시찰하고는 상황이 상당히 안 좋다는 것을 직시함과 동시에 한편으로 소련군의 선봉인 제22 · 29 · 39군이 100킬로미터까지 치고 들어왔음에도 불구하고 더 이상 아무런 진전이 없다는 것을 간파했다.

비록 제9군이 반 이상 포위당해 상황이 암울해 보였지만, 공세를 펼치고 있던 소련군도 더 이상 힘을 쓰지 못하고 진격 한 달 만에 제자리에 머물러 있던 것이었다.* 상대적으로 추위에 내성이 강한 소련군에게도 50년 만의 혹한은 커다란 장애물이었다. 혹한으로 인해 르제프를 외곽에서 포위하기 위해 멀리 진군했던 소련군의 보급에 커다란 문제가 생겼던 것이었다. 악천후로 독일 제9군은 어쩔 수 없이 현지를 사수할 수밖에 없었고, 이와 동시에 소련 제22 · 29 · 39군뿐만 아니라 르제프 남부에서 진격하던 소련 제5 · 20 · 33군의 선봉부대들도 같은 이유로 더 이상 전진하지 못했다. 이런 상황을 정확히 직시한 모델은 히틀러에게 현지를 사수하겠다고 보고했다.**

모델로부터 보고를 받은 히틀러는 흡족하여 제9군을 지원하기 위한 모든 방법을 강구하라고 지시했고, 배후의 통로를 확보한 제4군과 제4기갑군에게 최대한 협조하라고 명령했다. 악몽 같은 겨울이 끝나가자, 소련군

*** 폴 콜리어 외, 강민수 역, 『제2차 세계대전: 탐욕의 끝, 사상 최악의 전쟁』, 플래닛미디어, 2008, 601쪽.

* http://en.wikipedia.org/wiki/Eastern_Front_(WWII)#Soviet_counter-offensive:_Winter_1941.

** Steven H. Newton, *Hitler's Commander: Field Marshal Walter Model - Hitler's Favorite General*, Da Capo, 2006, pp.138-145.

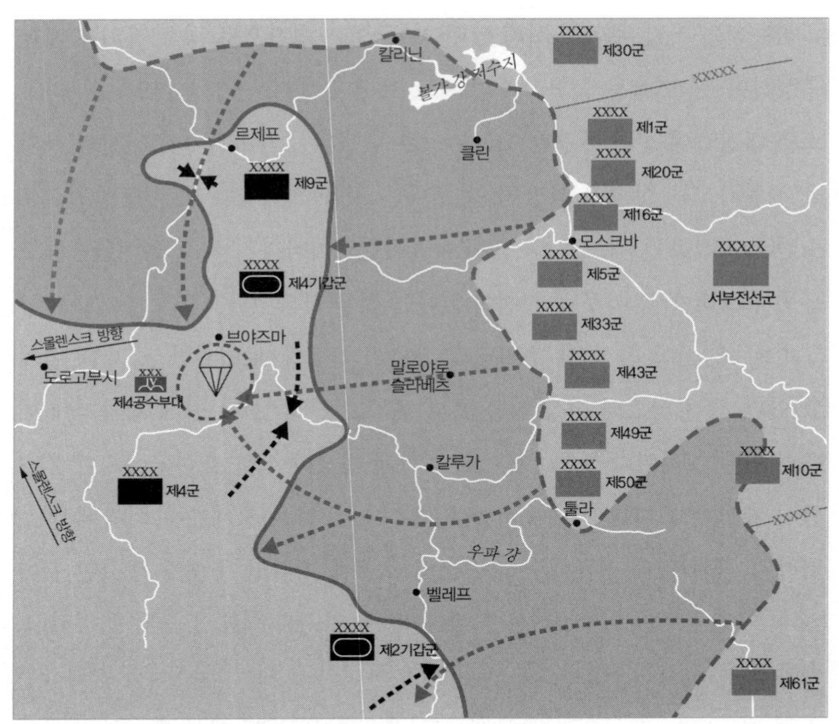

소련의 모스크바 반격작전(르제프 전투) 1941년 겨울, 소련은 처음으로 반격에 나서 독일군 주력인 제9군과 제4기갑군을 거의 포위했으나 뒤심 부족으로 섬멸하지는 못했고 오히려 이듬해 봄 독일의 반격으로 소련군이 붕괴되었다. 때문에 전략적으로는 모스크바를 방어하고 전선을 밀어붙이는 의미 있는 승리를 거두었지만 피해가 워낙 커서 전술적으로는 소련의 패배나 다름없었다.

이 공격을 개시했다. 그러나 이때는 이미 제9군이 소련군의 돌파를 허용하지 않을 만큼 참호를 깊이 파둔 상태였다. 지난 겨울부터 1942년 4월까지 장장 100여 일간 계속된 소련군의 공세에도 불구하고 제9군이 끄떡없이 현지를 사수하자, 이제 급해진 것은 소련군이었다. 독일 제9군을 완전히 포위하지도 못했고 그렇다고 이를 무시하고 앞으로 더 나아갈 수도 없었기 때문이었다. 더구나 르제프 남부에서는 독일 제4기갑군과 제4군의 반격으로 소련군이 점점 밀려나기 시작했다. 7월 2일 드디어 제9군은 참호를 박차고 나와 지난 6개월 내내 르제프를 압박하던 소련 칼리닌 전선군의 제22 · 29 · 39군을 밀어붙이기 시작했고, 그와 더불어 반대편에 있던 제3기갑군이 협공을 가했다. 그로부터 열흘이 지난 7월 12일이 되자, 반년 동안 르제프 가까이 남하하여 독일 제9군의 목에 비수를 겨누며 위협하던 소련군은 지구상에서 사라지고 없었다.*

6. 공세적 방어

구데리안, 보크, 회프너와 같은 명장들이 후퇴를 허락해달라고 요청했을 정도로 르제프에서 독일의 패배가 확실한 상황에서 모델은 누구도 생각지 못한 공세적 방어를 통해 놀라운 승리를 일궈냈다. 필자는 이 전투를 스탈린그라드 전투와 비교하고 싶은데, 비록 제9군이 완벽하게 포위당하지 않은 상태여서 스탈린그라드에 고립되었던 제6군과 절대 비교는 곤란하지만, 상황은 상당히 유사했다. 우선 르제프를 중심으로 소련군에게 반포위된 독일군은 제9군 외에 제4군과 제4기갑군 일부를 포함해 약 25만 명에 달했는데, 이는 스탈린그라드에 고립되었던 독일군 33만 명과 맞먹는 규모였다. 소련은 르제프를 공략하기 위해 3개 전선군 예하 18개 야전군의 병력 약 150만 명을 동원했는데, 이것은 스탈린그라드 전투 당시 독일군을 포위하기 위해 소련군이 실시한 회심의 천왕성 작전 때 소련군이 동원한 25개 야전군으로 구성된 4개 전선군의 병력 200여 만 명과 얼추 비슷한 규모였다. 하지만 스탈린그라드 전투는 널리 알려진 데 반해, 제1차 르

* Corelli Barnett, *Hitler's Generals*, Grove Press, 1989, pp.325-327.

제프 공방전은 소련은 물론이거니와 독일에서도 별로 알려져 있지 않다.

그 이유는 첫째, 독일은 제1차 르제프 공방전에서 거둔 승리와 비교할 수 있는, 아니 오히려 이를 능가하는 수많은 승리를 이미 경험했기 때문이었다. 더구나 르제프 전투에서의 승리는 적극적 방어를 통한 소극적 승리라는 평가를 받았다.* 왜냐하면 소련군을 괴멸시키는 했지만, 전선을 모스크바 공세 이전 수준까지 돌려놓지는 못했기 때문이었다. 당시까지만 해도 소련군에게 대패를 당할 뻔한 상황에까지 놓였다는 것 자체가 독일 위정자나 군부지도자들에게는 치욕스런 일이었고, 독일의 패배나 후퇴는 있을 수도 없고 있어서는 안 되는 것으로 여기는 분위기였기 때문에, 이러한 방어전이 의외로 빛을 발하지 못했던 것이었다.

그런데 소련의 경우는 이보다 더했다. 왜냐하면 소련의 입장에서는 압도적 병력으로 공세를 펼쳤으면서도 엄청난 패배를 당했다는 사실 자체가 치욕이었기 때문이었다. 이런 이유로 소련은 고의로 이 사실을 감추려고 했다. 이 전투에 대한 사료가 상당히 부실한 것만 봐도 알 수 있다. 처음에는 소련이 이 전투에 대해 일부러 말하지 않는 것으로 알았지만, 소련 연방 해체 후 밝혀진 자료에도 그 내용이 명백하게 기록되어 있지 않을 정도였다. 소련은 이 전투로 약 65만 명의 사상자가 발생한 반해, 방어자였던 독일은 30만 명 정도의 피해를 입은 것으로 추정하고 있다.** 소련은 이 전투 결과를 반면교사로 삼아 6개월 후 스탈린그라드에서 회심의 승리를 이끌어낸 반면, 독일은 자만에 빠져 상황을 낙관적으로만 보는 바람에 자멸의 길로 빠져들고 말았다.

---

* Steven H. Newton, *Hitler's Commander: Field Marshal Walter Model - Hitler's Favorite General*, Da Capo, 2006, pp.151-155.

** http://en.wikipedia.org/wiki/Battles_of_Rzhev.

이 전투 후 모델은 '방어전의 대가', '총통의 소방수'라는 영예로운 칭호를 얻음과 동시에 상급대장으로 승진하게 되었는데, 그의 승진 속도는 독일군 내에서 가장 빨랐다. 그런데 문제는 이 전투가 히틀러가 잠꼬대하면서도 외친 '현지사수 후퇴불가'가 진정 훌륭한 결론이라는 오류를 머릿속에 뚜렷하게 각인시켜버렸다는 것이었다. 히틀러는 어느덧 자신의 편협한 신념을 절대적인 믿음으로 승화시켜버렸다. 사실 히틀러는 발칸 반도에서 고전을 면치 못하고 있던 무솔리니를 지원한다는 명분으로 바바로사 작전 개시를 예정보다 4주나 늦추었고, 그 결과 1941년 말 엄청난 곤경에 빠지자 지하벙커에 걸려 있던 프리드리히Friedrich 대왕의 초상화 앞에서 "나에게 4주를 되돌려달라"*고 절규했을 만큼 시간이 갈수록 조급해졌다. 이 때문에 히틀러는 후퇴불가, 계속 공격을 끊임없이 주장하게 되었던 것이었다. 그런데 이런 그의 조급증으로 인해 독일군이 위기에 빠지자, 전전긍긍할 수밖에 없었다. 바로 그때 충성심이 강한 모델이 이런 고민을 해결해주자, 히틀러는 자신이 신념이 옳았다고 믿게 되었던 것이었다. 그리고 일각에서는 히틀러의 현지사수 의지가 1941년 겨울 중부집단군의 붕괴를 막는 결정적 요인이었다고 주장하기도 한다.** 하지만 이러한 잘못된 신념은 결국 독일을 패망으로 이끌었다.

어쨌든 모델은 히틀러가 동부전선에서의 후퇴를 용인한 1943년까지 제9군사령관으로서 이 지역을 훌륭히 방어해냈고, 그 공로로 최고의 영예 중 하나인 오크 잎 기사십자 훈장Swords to the Oak Leaves of the Knight's Cross을 받았다.*** 그러나 이렇게 승승장구하던 모델에게도 시련은 있었다.

---

* 존 G. 스토신저, 임윤갑 역, 『전쟁의 탄생』, 플래닛미디어, 2009, 82쪽.

** Arvato Services, Army Group Center: The Wehrmacht In Russia, Arvato Services Production, 2006.

7. 모델의 시련

1943년 3월 남부집단군 사령관 에리히 폰 만슈타인은 스탈린그라드의 승리에 도취되어 있던 소련군이 앞뒤 가리지 않고 전진만 하다가 방심한 틈을 타서 하리코프에서 회심의 일격을 가해, 무려 20여 개 사단으로 구성된 소련의 4개 야전군을 일거에 붕괴시키는 엄청난 전과를 올렸다. 이로써 독일은 하리코프와 벨고로트를 재점령하게 되었다. 만슈타인은 하리코프에서 도망치는 소련군을 쫓아 계속 북으로 진격할 생각이었지만, 그렇게 되면 문제는 중부집단군 관할로 진입해야 한다는 것이었다. 만슈타인은 중부집단군 사령관 클루게에게 협공해줄 것을 요청했으나, 클루게는 준비가 되어 있지 않다는 이유로 요청을 거절했다.* 그 결과, 쿠르스크를 중심으로 하는 거대한 돌출부가 전선에 형성되었다. 독일은 이 돌출부를 양단하여 재점령하면 전선을 200킬로미터 이상 축소시킴과 동시에 독일의 전력을 회복할 수 있는 시간을 벌 수 있을 것이라고 판단했다.

히틀러는 이곳을 점령하는 작전을 구상하기에 이르렀는데, 이것이 바로 치타델 작전Operation Citadel이다. 독일 육군최고사령부 주도로 기안한 이 작전은 남부집단군과 중부집단군의 협공으로 쿠르스크를 점령하는 것이었는데, 주공은 남부집단군의 제4기갑군과 중부집단군의 제9군이었다. 이 작전은 기안 단계부터 육군최고사령부 외에도 남부집단군과 중부집단군이 참여하여 작성했기 때문에 당연히 많은 갑론을박이 오고갔다. 가장 논쟁이 심했던 부분은 공세 시기였다. 남부집단군 사령관 만슈타인은 소련

*** http://www.theeasternfront.co.uk/commanders/german/model.htm.

* Karel Margry, *The Four Battles for Kharkov*, Battle of Britain International Ltd., 2001, pp.112-124.

군이 방어태세를 완료하기 전에 공세를 펴는 것이 작전의 성공 확률이 높다고 주장했고, 여기에 중부집단군 사령관 클루게가 동조했다.

반면 5호 전차 같은 신형 전차의 배치 완료 등 공세와 관련한 모든 준비를 확실히 한 후에 공세를 취하자는 의견도 팽팽히 대립했다. 이때 공세 시기를 연기하자고 주장한 대표 주자가 바로 모델과 기갑군 총감 구데리안이었다. 모델은 신중한 개전을 주장한 반면, 구데리안은 동부전선에서 이제 어떠한 공세도 벌여서는 안 된다는 개전 불가 입장을 취했다.* 결국 히틀러는 모델 쪽의 손을 들어주었는데, 이렇게 연기된 기간 동안 첩보를 통해 독일군의 작전을 간파한 소련군이 방어선을 공고히 한 후 오히려 선공을 하여 장대한 전투가 개시되었다. 그 바람에 독일군은 막상 작전이 개시되자, 돌파에 어려움을 겪을 수밖에 없었다. 전술적으로 독일군이 우세했음에도 불구하고 마치 밑 빠진 독에 물 붓는 것처럼 독일군의 귀중한 전력이 마구 소모되어버렸다. 그런데 쿠르스크 전투가 정점으로 치닫던 바로 그때 북아프리카를 평정한 연합군이 이탈리아 남부에 상륙하자, 히틀러는 이를 독일 본토에 대한 심각한 위협으로 느껴 공세를 포기하고 주력 부대를 유럽으로 불러들였다. 이로써 장대한 전투는 종결되었다.** 비록 모델이 지휘하던 제9군은 쿠르스크 전투에서 포니리Ponyri까지 진격하여 콘스탄틴 로코소프스키Konstantin Rokossovskii가 지휘하는 소련 중앙전선군을 양단 직전까지 몰아붙이는 선전을 펼쳤지만, 전투는 독일의 의도대로 진행되지 않았고 공세 이틀 만에 공격을 중지함으로써 결국 전사에는 소련의 승리로 기록되었다.***

---

* 폴 콜리어 외, 강민수 역, 『제2차 세계대전: 탐욕의 끝, 사상 최악의 전쟁』, 플래닛미디어, 2008, 631쪽.

** http://en.wikipedia.org/wiki/Battle_of_Kursk.

1943년 쿠르스크 전투에 참여한 독일 제2친위장갑군단 소속 6호 전차(티거) 승무원. 독일은 이 전투에서 단기간에 회복하기 힘든 피해를 입었다.

이런 결과를 놓고 독일군 내부에서는 비판이 오고갔다. 결국 작전 개시 시점을 잘못 판단한 것이 패배의 원인이라는 결론을 내리게 되었고, 대부분의 비난이 모델에게 쏟아졌다. 회고록에서 치타델 작전의 실패를 두고두고 아쉬워했던 만슈타인도 즉시 공격을 개시하지 못하고 실기한 것에 대해 천추의 한이라는 표현으로 아쉬움을 토로했고, 사상 최대의 기갑전인 프로호로프카 전투의 경우는 독일의 승리라고 주장했다.* 하지만 재현하기 힘들 만큼 어마어마한 규모의 쿠르스크 전투에서 실패한 책임을 단지 모델을 비롯한 개전 연기파에게만 돌릴 수는 없다.

개전 지연으로 인해 약 3개월간의 공백이 있었고 이 시기에 소련의 전력이 강화되었다고는 하지만, 사실 하리코프 전투 종결 후 곧바로 공세로

*** 마크 힐리, 이동훈 역, 『쿠르스크 1943』, 플래닛미디어, 2007, 122-124쪽.
* Erich von Manstein, *Lost Victories. St. Paul*, Zenith Press, 1982, pp.375-394.

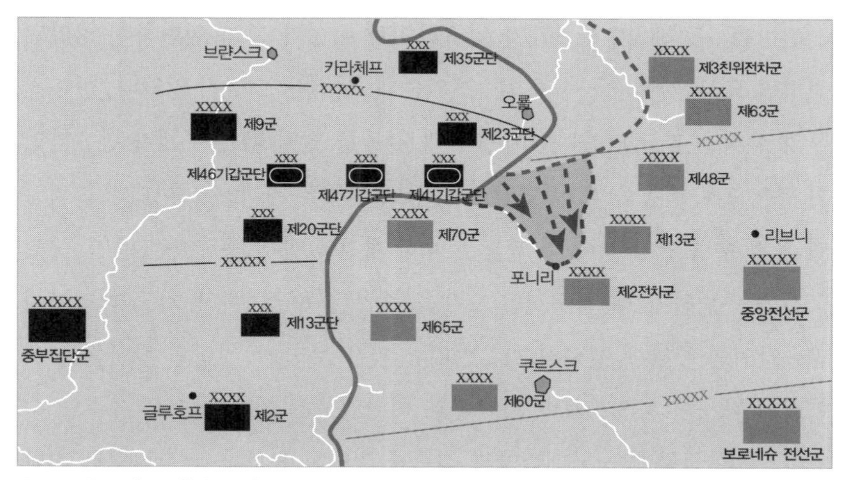

쿠르스크를 중심으로 형성된 돌출부를 제거하기 위해 독일의 남부집단군과 중부집단군이 남북에서 함께 협공을 개시하면서 쿠르스크 전투가 개시되었다. 이때 북쪽에서 전선을 뚫고 진격한 부대가 모델이 지휘한 제9군이었다. 하지만 소련의 강력한 저항에 막혀 돌파에 실패했다.

치고 나가기에는 독일도 많은 무리가 있었다. 만슈타인은 이때 공세를 계속하지 못한 것을 천추의 한으로 생각했지만, 당시에 남부집단군도 하리코프에서 격전을 치르느라 많이 소모된 상태였고 만슈타인에게 협조를 거부한 클루게의 중부집단군도 사실 도와줄 형편이 되지 못했다. 1942년 가을부터 1943년 봄까지 독일은 소련의 페이스에 말려들어 스탈린그라드 한 곳에 모든 것을 걸고 사투를 벌였다. 이 때문에 이 시기에 독일의 모든 지원이 남부집단군* 관할에 집중되어 있었다. 따라서 상대적으로 지원을 충분히 받지 못한 중부집단군이 3~4배나 많은 소련군을 상대로 전선을 현 상태로 묶어놓은 것 자체가 뛰어난 전과라고 할 수 있었다. 당시 중부집단군의 선봉부대가 바로 모델이 지휘하던 제9군이었다.

---

* 최초 소련 침공 당시 조직된 남부집단군은 스탈린그라드 전투 시점에서는 A · B · 돈 집단군 등으로 나뉘었다가 이후 다시 남부집단군으로 합쳐졌다.

전사를 살펴보면, 클루게가 만슈타인과 사이가 그리 원만하지 않았던 것처럼 묘사한 내용을 종종 볼 수 있는데, 사실은 그렇지 않았다. 동부전선의 작전을 놓고 만슈타인이 총통과 갈등을 벌일 때 클루게가 만슈타인의 부탁으로 총통을 대신 면담했을 정도로 둘은 가까운 사이였다.* 치타델 작전 수립 당시에 이 두 장군은 즉시 개전을 함께 주장했던 반면, 낫질 작전을 수립하는 데 결정적인 도움을 주었던 육군대학 동기 구데리안이 만슈타인의 주장에 결사적으로 반대한 것을 보면, 독일군의 장군들은 개인적인 감정이나 친분보다 사안별로 이합집산을 했던 것으로 유추할 수 있다. 특히 클루게는 구데리안과 결투를 벌이고 롬멜을 인격적으로 비난했을 만큼 동료 장군들과 갈등도 많았는데, 이런 이기적인 성격 때문에 일각에서는 얍삽하다는 혹평을 하기도 하지만, 치타델 작전 당시 하급자인 모델이 상관인 그와 공세 시기와 관련하여 반대되는 의견을 주장했다는 이유로 특별히 모델과 갈등을 벌였다는 얘기는 없었다. 이런 합리적인 논쟁을 용인하는 분위기가 당시 독일군의 강점 중 하나가 아니었나 싶다.

어찌되었든 즉시 개전이 이루어지지 않아 지연된 시간은 소련이 준비를 하는 데 유리하게 작용했지만, 1943년 1월을 기점으로 이미 소련의 전쟁 수행 능력은 독일이 감히 좇아오지 못할 수준에까지 이르렀다. 물론 앞에서도 언급했듯이 독일이 전투를 포기하는 바람에 전투 결과를 딱히 누구의 승리라고 단정 지어 말할 수는 없었지만, 독일이 전투를 포기하게 된 데는 바로 이런 전쟁 수행 능력의 차이가 크게 작용했다. 독일은 엄청난 소모전에 놀랐고 이를 지속할 자신이 없었지만, 소련은 피와 쇠를 계속 가져다 뿌리는 데 결코 주저하지 않았다.**

---

* ZDF, Hitler's Warriors: Part IV. Manstein. The Strategist, ZDF-enterprise, 1998.

그런데 이러한 군 내부의 비난에도 불구하고 히틀러는 자신에 대한 충성심이 컸던 모델을 오히려 더욱 중용했다. 1944년 3월 만슈타인이 남부집단군을 전략적으로 후퇴시키자, 이에 격노한 히틀러는 제2차 세계대전 최고의 명장을 해임시켜버리고 그 후임으로 모델을 원수로 진급시켰다. 물론 모델도 훌륭한 장군이기는 했지만, 만슈타인이 뛰어난 지략가라는 데 다른 의견을 제시할 만한 사람은 없었다. 하지만 설령 만슈타인이 남아 있었다 하더라도 독일이 전쟁에서 승리할 확률은 그리 높지 않았다. 어쨌든 모델은 롬멜 다음으로 독일군 최연소 원수라는 기록을 남길 정도로 엄청난 고속 승진을 했다.* 물론 이 이면에는 히틀러에 대한 충성심이 어느 정도 작용하기는 했지만, 그렇다고 모델이 실력이 없었던 것은 아니었다. 1944년 6월 중부집단군이 와해 직전에 몰리자 방어전의 귀재였던 모델은 잠시 중부집단군 사령관까지 겸직함으로써 거의 동부전선 전체를 책임지게 되었다.

8. 동부전선의 방패

1944년 6월 이후는 사실 독일의 패배가 가시화되기 시작한 시점이었다. 공세는 더 이상 할 수 없었고, 더욱이 미국과 영국의 노르망디 상륙작전으로 서부전선에 제2전선이 구축되었기 때문에, 독일은 동부전선의 방어선을 더욱 축소시켜 방어에 나설 수밖에 없었다. 결국 전략적으로 불필요한

** 마크 힐리, 이동훈 역, 『쿠르스크 1943』, 플래닛미디어, 2007, 151쪽.
* http://en.wikipedia.org/wiki/Walter_Model.

조치였음에도 불구하고, 독일은 불가리아와 루마니아 같은 동맹국의 요구로 어쩔 수 없이 이끌어오던 남부집단군 관할을 축소하여 전선을 단축시키게 되었다.* 그 반면에 독일 본토 가까이에 있던 북부집단군의 중요성이 대두되자, 히틀러는 모델을 북부집단군 사령관에 임명했다. 이때 모델은 이른바 방패와 칼Shield and Sword로 명명한 방어 계획을 히틀러에게 제안하여 승인을 받았다.

이 작전은 후퇴는 하되 적의 허점이 보이면 즉시 반격을 가해 적을 압박하고 그만큼 후퇴 시기를 조절하여 독일의 전력을 회복한다는 것이었다.** 즉, 한마디로 후퇴 작전이었는데, 그 동안 히틀러가 지휘관들을 해임하는 첫 번째 사유가 후퇴였을 만큼 후퇴에 대해 민감하게 반응한 것을 고려하면, 이즈음에는 히틀러도 전황을 인정할 수밖에 없었거나 아니면 모델에 대한 신뢰가 상당히 컸던 것으로 보인다. 하지만 그런 모델도 총통의 명을 받들어 쿠를란트Kurland에 고립된 북부집단군이 무의미하게 현지를 사수하다가 생을 다하는 비극적인 상황***을 끝내 막지 못했을 만큼 항상 총통의 눈치를 보아야 했다. 이런 제약에도 불구하고 모델은 동부전선에서 상당히 뛰어난 방어 전략을 구사했다.

1944년 여름이 되자, 소련은 고착된 전선을 돌파한 뒤 동부 폴란드와 벨라루스에 포진해 있던 독일군을 일소하여 소련 영토에서 침략군을 완전히 몰아내려는 야심찬 계획을 세우고 이를 나폴레옹 전쟁 당시 러시아의 맹

---

* Cromwell Productions, Scorched Earth-The Wehrmacht In Russia: Army Group South, 1999.

** Earl F. Ziemke, *Stalingrad to Berlin: The German Defeat in the East*, Dorset, 1986, pp.258-260.

*** Arvato Services, Army Group North: The Wehrmacht In Russia, Arvato Services Production, 2006.

장이었던 바그라티온Bagration의 이름을 따서 바그라티온 작전Operation Bagration으로 명명했다. 당시 독일의 총참모본부는 중부집단군 방면은 방어에 유리한 지형이라 우크라이나에서 소련이 공세를 시작할 것으로 예상하고 있었는데, 소련은 독일의 의표를 찔러 중앙으로 대대적인 공격을 가해 거대한 돌파구를 형성하면서 50만 명의 독일군을 붕괴시켰다.* 바그라티온 작전은 6월 22일에 개시되었는데, 소련은 일부러 3년 전에 독일이 소련을 침공한 바로 그날을 택해서 복수전을 펼쳤던 것이었고, 마침내 그들의 영토에서 독일군을 완전히 몰아냈다. 이때 동부전선 중앙이 순식간에 무너지자 모델이 부족한 전력을 가지고 뛰어난 후속 방어 전략을 써서 이를 신속히 틀어막았다.** 일부 전문가들은 모델의 이러한 노력 덕분에 독일의 패망이 그나마 1945년으로 6개월 정도 뒤로 늦춰지게 된 것이라고 평가하고 있다.

1944년 6월 이후를 기점으로 소련과 독일의 전력비는 거의 5대1 수준으로 벌어졌고, 그 격차는 계속 확대되어갔다. 소련은 계속적인 보충으로 소모량을 능가하는 부대 편제를 유지한 반면, 독일은 부대가 소모되면 더 이상 보충할 자원이 없었다. 독일의 부대와 장비는 서류상에서나 존재할 정도였다. 그럼에도 불구하고 이렇듯 압도적인 전력을 가지고 있는 소련의 진격을 거의 1년 가까이 붙잡아두었다는 것은 모델의 방어 전략이 상당히 훌륭했음을 알려주는 증거다. 공세를 펼친 소련 또한 바그라티온 작전을 성공시켰을 때 1944년 내에 베를린을 접수하리라고 생각하고 있었을 정도였다. 다음은 모델이 방어전의 귀재라는 사실을 보여주는 또 다른 예다.

---

* Steven J. Zaloga, *Bagration 1944: The Destruction of Army Group Centre*, Osprey, 1996, pp.7-12.

** 스티븐 J. 잴로거, 강경수 역, 『벌지 전투 1944(1)』, 플래닛미디어, 2007, 46쪽.

바그라티온 작전 후, 1944년 7월 17일 모스크바에서 소련의 포로가 된 독일군이 행진하고 있다.

1944년 8월 1일 소련군은 동프로이센 24킬로미터 지점까지 육박했다. 독일 영토가 소련군의 눈앞에 가시화되기 시작했다. 이때 알렉세이 라드지프스키Aleksei Radzievskii가 지휘하던 소련 제2근위전차군이 선봉에 서서 베를린을 향해 맹공을 가했다. 라드지프스키는 공명심에 너무 사로잡힌 나머지 후속 부대와 너무 멀리 떨어져 진군하다가 연료가 바닥나 주저앉게 되었다. 모델은 이때를 놓치지 않고 반격을 감행하여 제2근위전차군을 궤멸시키고 소련군이 무기를 내팽개치고 순식간에 50킬로미터나 도망가게 만드는 괴력을 발휘했다. 이 때문에 히틀러는 모델을 '동부전선의 수호자'로 불렀다.*

그런데 히틀러가 무슨 생각에서인지 이 전투 후 모델을 B집단군 사령관

* Samuel W. Mitcham, *Panzers in Winter: Hitler's Army and the Battle of the Bulge*, Praeger, 2006, p.18.

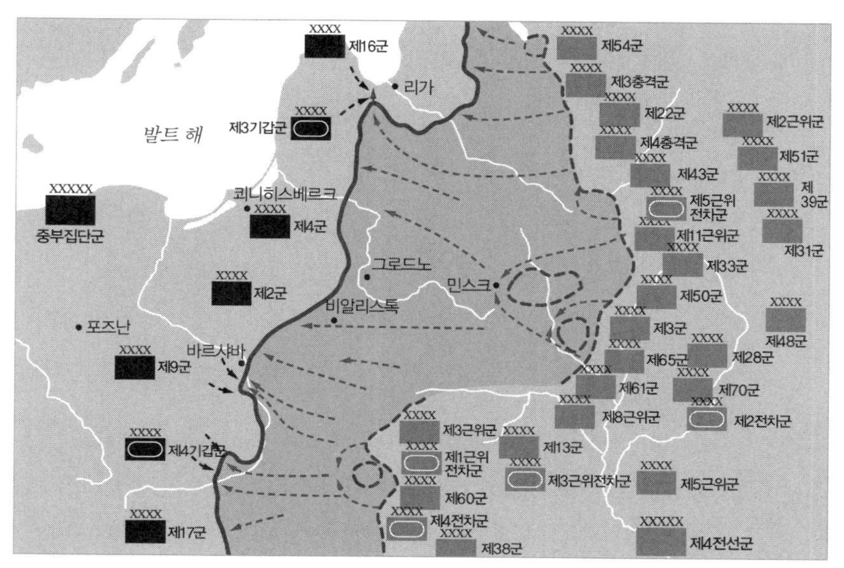

1944년 6월 22일 개시된 바그라티온 작전으로 중부집단군이 방어하던 전선 중앙부를 통해 소련군이 대대적인 진격에 나서면서, 독일은 소련 영토에서 3년 만에 물러나게 되었다. 자료마다 차이가 있는데, 이 전투로 최소 30만 명의 독일군이 붕괴되었다고 한다. 모델이 긴급히 투입되어 방어선을 구축하면서 간신히 소련군의 진공을 멈추게 했다.

겸 서부전선 총사령관으로 임명했다. 영리하지만 성격이 소심하고 정치적으로 눈치를 많이 보던 전임 클루게가 히틀러 암살미수사건에 간접 연루된 혐의로 베를린으로 소환이 결정되자 보복이 두려운 나머지 자살하고 말았던 것이었다. 이 때문에 순식간에 서부전선에 커다란 지휘 공백이 생겼고, 이를 메우기 위해 총통은 그 누구보다 충성심이 강한 모델을 신임 책임자로 낙점한 것이었다. 하지만 단지 이 이유만으로 히틀러가 동부전선을 훌륭히 방어하던 모델을 서부전선으로 보냈다고 하기에는 석연치 않은 구석이 있다. 그것에 대한 정확한 기록이 현재 존재하지는 않지만, 혹시 히틀러가 그 당시 동부전선보다 서부전선을 중요하게 생각한 것은 아닌지 모르겠다.

1944년 동부전선에서 제4기갑군 사령관 발터 네링Walther Nehring과 작전을 숙의 중인 모델.

사실 1944년 8월 기준으로 본다면, 독일은 동부건 서부건 모두 수세에 있었다. 동부전선에서 모델이 일단 급한 불을 끄고는 있었지만, 소련군이 독일 영토 바로 직전까지 진격해왔고 상황이 기적적으로 반전될 가능성은 없었다. 그런데도 단지 히틀러 암살미수사건으로 인한 지휘 공백 때문에 지금까지 동부전선에 주력해 어려운 여건에서도 잘 방어해오던 모델을 서부전선으로 돌린 것은 조금 이해가 되지 않는다. 왜냐하면 히틀러가 이후 모델이 B집단군 사령관과 겸직하느라 부담이 되었던 서부전선 총사령관 직에 룬트슈테트를 복직시킨 것을 보면, 모델 말고도 서부전선을 책임질 인재들이 독일에는 충분히 있었기 때문이었다.

9. 히틀러의 마지막 도박

서부전선의 경우는 1944년 8월 중순에 접어들면서 연합군의 전선 확대로 인해 독일군이 프랑스에서 퇴각해야 할 지경에까지 내몰리고 있었다. 프랑스에서 물러나면 바로 독일이었다. 어느 한쪽도 방어를 소홀히 할 수 없는 상황에서 '동부전선의 수호자'라고 칭송하는 모델을 굳이 서부전선으로 보내 방어전을 펼치라는 이유는 무엇이었을까? 아마 이 시점에서 히틀러는 정치적인 고려를 하고 있었던 것 같다. 종전 후, 히틀러의 부관이었던 오토 귄셰Otto Günsche와 집사였던 하인츠 링거Heinz Linge의 진술을 바탕으로 하여 독일 사학자 헨릭 에베를레Henrik Eberle와 마티아스 울Matthias Uhl이 공저한 『히틀러 북Das Buch Hitler』(2007)에 보면 이 점을 유추할 수 있는 부분들이 있는데, 이러한 간접사료들을 바탕으로 다음과 같이 상상해본다. 물론 필자의 해석일 뿐, 이것이 정답은 아니다.

독일과 소련의 동부전선은 이미 독일의 원죄로 인해 전쟁 이상의 의미가 담긴 곳이 되어버렸다. 한마디로 전쟁이라는 상황을 빙자하여 이데올로기를 바탕에 둔 살육전을 벌였던 것이었다. 그 때문에 제네바 협약 같은 허울 좋은 문구는 없었고, 오로지 상대에 대한 증오심만 남아있던 상태였다.* 패배는 곧 대량학살과 같은 엄청난 재앙을 가져올 수 있다는 상상을 쉽게 할 수 있었다. 소련군이 점령한 곳에서는 군인, 민간인, 남녀노소 가리지 않고 잔인한 피의 복수극이 벌어졌는데, 이런 학살극을 초래한 것은 바로 히틀러 자신이었다. 더구나 1944년 후반기에는 소련의 승리가 확실해 보였기 때문에 소련이 공세를 멈추고 독일과 휴전이나 정전을 시도할 가능성은 조금도 없었다.

이에 비한다면 서부전선은 정치적인 타협이 가능할 수도 있다는 희망을 품어봄 직했다. 서부전선은 동부전선에 비해 학살과 같은 반인륜적 범죄

* 존 G. 스토신저, 임윤갑 역, 『전쟁의 탄생』, 플래닛미디어, 2009, 82-83쪽.

행위가 상대적으로 적어 편협한 이데올로기가 개입할 가능성이 적었기 때문이었다. 그래서 독일은 바다를 건너온 미국이나 영국이 자국이 아닌 유럽 대륙에서 전쟁을 벌일 때 의외로 독일의 강력한 반격에 가로막혀 어려움을 겪게 된다면 적당한 선에서 타협을 하여 전투를 멈출 수도 있을 것으로 생각했을 것이다. 즉, 노르망디 상륙 후 별다른 저항 없이 진격하는 연합군을 최대한 막아내어 제1차 세계대전 당시의 참호전과 같은 상태로 서부전선을 유지한다면, 연합군도 독일을 완전히 점령하는 것이 힘들다는 사실을 알게 될 것이고, 이때 독일이 프랑스를 비롯한 서유럽 점령지역을 양보하면 서부전선에 휴전을 가져올 수 있을 것으로 생각했을 것이다. 이후 서부전선의 주력을 동부전선으로 돌린다면 소련의 공세도 방어해낼 수 있을 것이고 최악의 상태로 가정되는 소련의 보복도 피할 수 있을 것으로 생각했을 법하다. 마치 제1차 세계대전 말 소련과 휴전을 하여 동부전선을 정리한 후에 서부전선으로 전력을 투입했던 것처럼 말이다.

모델은 서부전선에서도 방패가 되라는 히틀러의 명령을 받고 8월 중순 현지에 부임했다. 그런데 어찌된 일인지 히틀러가 방어전의 대가인 모델을 서부전선으로 보내놓고 황당한 일을 벌였다. 암살미수사건에서 구사일생으로 목숨을 건진 히틀러가 부상에서 회복될 무렵 국방군총사령부를 방문하자, 작전부장이었던 요들이 전황을 브리핑했다. 이때 그가 지도를 보면서 무심코 "현재 서부전선에서 연합군이 가장 취약한 지역은 아르덴" 이라고 지나가는 말을 했는데, 이것이 히틀러의 망상을 자극했던 것이었다.* 1944년 말의 서부전선 상황은 우연히도 1940년과 상당히 비슷했다. 서부전선의 북부는 영국이, 남부는 미국이 주로 담당하고 있었는데, 히틀

* 스티븐 J. 잴로거, 강경수 역, 『벌지 전투 1944(1)』, 플래닛미디어, 2007, 25쪽.

러는 그 틈새를 노려 연합군을 양단시키면 대승을 거둘 수 있을 것이라고 착각했던 것이었다. 그는 1940년 그의 부대가 아르덴을 돌파했던 제3제국 영광의 역사를 재현해보려는 망상에 빠져들었다. 히틀러는 1940년 5월처럼 다시 한 번 아르덴을 기습 돌파한 뒤 서부전선 연합군의 주력을 절단시켜 분쇄할 생각을 하게 되었다. 이러한 망상을 실현하기 위해 히틀러는 독일이 그나마 보유한 최후의 예비 전력과 전략 물자를 모두 동원했다. 이 중에는 동부전선에서 고군분투하던 몇몇 핵심 부대들도 포함되어 있었다.

10. 최후의 명령 그리고

지금까지 그래왔던 것처럼 적극적 방어를 통한 전선 안전이 주특기였던 모델은 아무리 존경하는 총통의 의견이었지만, 이번에는 히틀러의 이러한 생각을 처음부터 반대하고 나섰다. 전쟁 초기와 달리, 당시로서는 공군 전력도 없었고, 가용할 수 있는 장비와 병력도 턱없이 모자랐다. 또한 이를 위해 다섯 배나 많은 적을 훌륭히 막아내고 있는 동부전선의 병력을 돌린다는 것은 말도 되지 않았다. 모델을 비롯한 독일군 수뇌부가 이에 반발했지만, 지금까지 그래왔던 것처럼 히틀러의 망상과 고집을 꺾을 수는 없었다.* 결국 히틀러는 공세 계획을 실행에 옮기게 되었고, 방어전의 명장인 모델에게 공격에 대한 전권을 부여했다. 오히려 모델이 공격에만 전념하도록 겸직하고 있던 서부전선 총사령관 자리에 룬트슈테트를 세 번째로 복직시켜 임명하고 모델에게는 공격 주체인 B집단군만 지휘하도록 배려

* 스티븐 J. 잴로거, 강경수 역, 『벌지 전투 1944(1)』, 플래닛미디어, 2007, 31쪽.

했을 정도였다.

히틀러가 공세를 계획했다면 어쩌면 방어전의 귀재인 모델보다는 공세에 능한 만슈타인이나 호트 같은 다른 지휘관을 기용하는 편이 더 나았을지 모른다. 하지만 이것도 공세의 주공으로 예정된 제6친위기갑군The 6th SS Panzer Army의 사령관으로 무능하면서 저돌적이기만 한 요제프 디트리히Josepp Dietrich를 낙점한 것에 비한다면 그나마 나은 선택이었다. 이 무렵 히틀러는 눈도 귀도 머리도 모두 닫아놓은 상태여서 오로지 자신에 대한 충성심만을 기준으로 사람을 선택했다. 뛰어난 다른 장군들이 독일에 있다는 사실을 히틀러도 잘 알고 있었지만, 그들을 중용하여 다시 쓰고자 하는 생각은 추호도 없었다. 특히 총애했던 롬멜 같은 인물이 자신을 암살하는 데 간접적으로 관여되었다는 사실을 알고 자살하도록 만든 다음부터는 더욱더 그렇게 변해버렸다.

이 작전은 성공할 것이라고 예상한 사람이 히틀러 외에는 한 사람도 없었을 정도로 너무 무모한 도전이었다. 얼떨결에 단초를 제공한 요들도 "절대적으로 판세가 불리할 때는 한 장의 카드에 모든 것을 걸어보는 모험도 해볼 만하지 않겠는가?"라고 총통의 의견에 동조를 하는 듯한 말을 했지만, 그의 말은 도저히 회복할 수 없을 정도로 이미 모든 것이 틀어져서 이판사판의 심정으로 일을 벌인다는 뜻이기도 했다. 결국 모델은 작전이 계획되고 변경될 가능성이 보이지 않자, 실행에 옮길 수밖에 없었다. 이른바 히틀러의 마지막 도박이라 일컫는 벌지 전투가 벌어진 것이었다. 초전의 기습은 성공적이어서 총통은 흥분했지만, 사실 이것은 착각이었다. 당시 연합군은 노르망디 상륙 이후 계속해온 진격을 독일-프랑스 국경 근처에서 일단 멈추고 부대들을 재정비하던 상태였다. 독일에서도 히틀러만 빼고 모두가 이 작전을 반대했을 정도로 당시 서부전선의 상황은 일방적으

벌지 전투 중 모델이 병사와 면담을 나누고 있다. 그는 작전에 세세히 간섭하다 보니 가까이서 그를 보좌하는 참모들 사이에서 평판이 좋지 않았으나, 말단 병사들 사이에서는 인기가 높았다.

로 연합군에게 유리하게 돌아가고 있었다. 이 때문에 연합군은 당연히 독일이 대대적인 공세를 펼치리라고는 전혀 예상하지 못했다. 한마디로 연합군은 잠시 방심하는 순간에 정강이를 걷어차인 것뿐이었다.*

결론적으로 연합군 지휘부나 병사들이 아주 멍청하지 않는 한 이 전투에서 독일이 절대로 이길 수는 없었다. 그것은 누구보다도 일선의 독일군 지휘부가 더 잘 알고 있었다. 모델은 그러한 딜레마를 항상 염두에 두고 전투를 지휘해야만 했다. 이미 작전 이전부터 그 결과를 충분히 예상하고 있었지만, 감히 어느 누구도 입 밖으로 패배라는 단어를 내뱉을 수 없었다. 어쩌면 요들의 말처럼 결코 승리할 수 없지만 그냥 주저앉는 것보다는 최후의 모험을 선택하는 편이 나을지도 몰랐다. 예상대로 독일의 진격은

* 제프리 메가기, 김홍래 역, 『히틀러 최고사령부 1933~1945년』, 플래닛미디어, 2009, 441-443쪽.

돈좌되었고, 1940년의 영광은 재현되지 않았다. 1944년 12월에 개시된 벌지 전투에서 독일은 남아 있던 모든 것을 쏟아 부어놓고 한 달도 되지 않아 결국 패배하고 말았다.

벌지 전투는 연합군의 공세를 6주 정도 연기시킨 반면에 독일의 패망을 6개월 앞당겼다는 말로 정리될 만큼 작전의 구상부터 실행까지 터무니없는 계획이었고 결국 동부전선의 몰락도 가속화했다.* 하지만 히틀러는 패전에도 불구하고 모델에게는 B집단군 사령관 직을 계속 수행하게 했다. 일부 자료에서는 이때부터 히틀러가 모델에 대한 신뢰를 접었다고도 하는데, 적어도 군복을 벗기거나 보직을 박탈하지 않은 것으로 보아 아마 실망은 했어도 충성심까지 의심한 것은 아니었던 것으로 생각된다. 그 동안 후퇴에 대해 히스테리한 반응을 보이며 안하무인처럼 행동한 히틀러조차도 모델이 벌지 전투에서 예하부대에게 회군을 명령했을 때 난리를 치지 못한 사실에서 알 수 있듯이, 벌지 전투는 모델이 아니고 설령 히틀러에 반항하는 다른 인물이 지휘를 맡았어도 패전의 책임을 함부로 물을 수 없을 만큼 상황이 절망적이었고, 현실적으로 모델을 대신할 만한 인물을 독일에서 찾기도 힘들었다.

이제 독일에게 남은 것은 아무것도 없었다. 부대나 장비는 서류상에만 존재했고, 남은 병력이라고는 노인이나 애들뿐이었다. 제3제국 전성기 때 하늘을 지배하던 루프트바페나 막강한 기갑부대는 상상 속에서나 운용이 가능했다. 모델은 B집단군을 이끌며 본토 방어에 임했으나, 전쟁은 삼국지에서처럼 장군 혼자 적진을 휘젓고 다닐 수 있는 것이 아니었다. 1945년 4월, 모델이 지휘하던 B집단군은 루르에서 연합군에게 2중, 3중으로 포위

---

* 스티븐 J. 잴로거, 강경수 역, 『벌지 전투 1944(2)』, 플래닛미디어, 2007, 167쪽.

당한 상태로 궤멸될 위기에 처했다. 방어전의 귀재라는 모델도 더 이상은 어떻게 해볼 도리가 없었고, 분명히 더 이상의 항전은 쓸데없는 희생만 야기할 뿐이었다.

1945년 모델의 마지막 명령에 따라 연합군 측에 항복한 B집단군. 어떻게 생각하면 이들은 소련의 무서운 보복이 예견되던 동부전선의 병사들에 비해 행운아들이라 할 수 있었다.

이때 그는 B집단군을 포위한 미 제18공수군단장 매튜 릿지웨이Matthew Ridgway로부터 다음과 같이 항복을 권유하는 서한을 받았다.

"귀하가 지휘하는 독일 B집단군의 임무는 이미 끝났습니다. 미국의 남북 전쟁에서 대의를 위해 항복한 로버트 리Robert Lee 장군처럼 향후 독일 재건의 주축이 될 독일 젊은이들의 희생을 막도록 권유합니다."

모델은 지금까지 그를 믿고 분투해온 33만 명의 B집단군 사병들에게 최후의 명령을 내렸다.

"이제 집으로 돌아가라!"*

---

* Samuel W. Mitcham, *Panzers in Winter: Hitler's Army and the Battle of the Bulge*, Praeger, 2006, pp.165-168.

부하들에게 이런 명령을 내린 뒤 탈출을 시도한 모델은 1945년 4월 21일 연합군에게 체포되기 직전에 라팅엔Ratingen 숲에서 자결했다.* 사실 그가 더 이상 도망갈 곳도 없었다. 독일군 원수는 항복하지 않고 죽음으로 생을 마감한다는 전통을 가지고 있었는데, 그는 이러한 전통을 충실히 따라 자신의 입으로 항복하지 않고 생을 마감한 것이었다. 보름 후 독일이 무조건 항복하자, 지겨웠던 전쟁은 이로써 끝이 났다.

11. 마지막까지 군인의 길을 가다

그가 히틀러에 대해 변함없는 충성심을 보인 것은 주지의 사실이고, 히틀러 또한 마지막까지 그를 편애한 것도 사실이다. 비록 자료에는 1945년 들어 계속된 패전으로 말미암아 모델이 히틀러로부터 신임을 서서히 잃어갔다고 되어 있지만, 사실 그렇게 따진다면 히틀러가 욕하지 않은 장군은 독일에 단 한 명도 없다. 오히려 마지막까지 군복을 벗기지 않은 것만 보아도 히틀러가 최후까지 의지한 인물이었음을 짐작할 수 있다. 만일 종전 당시 살아 있었다면, 다른 지휘관들처럼 전범재판을 받아 형을 살거나 아니면 히틀러와의 관계 때문에 사형까지 당했을지 모른다. 특히 소련은 만일 모델이 살아서 미군에게 생포된다면 신병을 인도받아 전쟁 중 무려 50여 만 명이 학살당해 죽어간 라트비아 강제수용소를 관할하던 최고 책임자로서 그의 책임을 물어 전범으로 기소할 준비까지 하고 있었다. 한마디로 그는 무엇보다도 히틀러와 나치에 대한 존경심이 죄를 사할 수 없을 만

* http://en.wikipedia.org/wiki/Walter_Model.

큼 너무 컸다.*

그가 충직한 나치당원이었는지, 그리고 많은 전쟁 범죄 행위에 적극적으로 가담했는지에 대해서는 이후 말이 많지만, 모델이 괴링이나 카이텔과 같은 정치군인들과 달랐던 점은 권력핵심부에서 맴돌지 않고 야전에서 시작하여 야전에서 끝을 맺었다는 것이다. 그는 부하들로부터 존경을 받는 군인이었다. 쓸데없이 부하들이 죽거나 다치는 것을 막기 위해 무리한 작전은 결코 펼치지 않았다. 특히 수세에 몰린 방어전은 많은 피해를 동반하게 마련인데, 모델은 이러한 전투를 성공적으로 이끌었다. 이런 이유 때문에 모델은 화려한 공격적인 전술을 구사한 롬멜과 같은 명성을 얻지는 못했다. 모델의 전투는 복싱으로 따진다면 아웃복싱, 야구로 따진다면 스몰볼에 해당하는데, 이런 경기는 관람자 입장에서는 사실 재미가 없다. 하지만 전쟁은 스포츠가 아니며 재미로 하는 것은 더더욱 아니다. 그는 공격을 통한 최종적인 승리를 얻지는 못했지만, 열세인 부대를 이끌고 비참한 패배를 지연시켰다. 물론 그것이 무슨 소용이냐고 말할지도 모르지만, 역시 총통에 대한 존경심이 컸던 프리드리히 파울루스가 스탈린그라드에서 작전을 펼칠 때 실기하여 독일에게 회복할 수 없는 패배를 불러왔던 것과 비교하면, 패배를 당하지 않고 성공적인 지연전을 펼치는 것도 아무나 할 수 있는 것은 아님을 알 수 있다. 그는 또한 무모해 보이기도 하지만 죽음으로써 그의 책임을 다하고 독일군의 명예를 지키고자 했다. 수많은 독일 장성들이 항복을 하거나 체포되어 전후 재판을 받는 과정에서 자기변호를 하는 데 바빴지만, 그는 그러한 굴욕을 겪지 않고 독일 육군 원수로서의

* Steven H. Newton, *Hitler's Commander: Field Marshal Walter Model - Hitler's Favorite General*, Da Capo, 2006, p.216.

전통도 지켰다. 더구나 부하들을 먼저 생각하여 부대를 해산시키고 다른 사람에게 책임을 전가하지도 않았다.

그가 총통의 소방수라는 별명처럼 히틀러와 궁합이 잘 맞았는지는 몰라도, 만일 히틀러가 아닌 다른 자가 권력자의 자리에 있었어도 그는 그에게 충성을 다했을 것이다. 왜냐하면 군인은 설령 독재자라 하더라도 어쩔 수 없이 최고 통수권자의 명령은 따라야 할 의무가 있기 때문이다. 모델은 자살했기 때문에 전후에 생존했던 여러 지휘관들처럼 자서전과 같은 기록을 후세에 남기지는 못했다. 그에 대한 기록은 오로지 전사나 생존한 사람들이 회고한 내용밖에는 없다. 따라서 히틀러에 대한 그의 충성심이 본인의 생각 이상으로 과대평가되었을 가능성도 있다. 어쩌면 잘못된 명령임을 알면서도 내성적인 성격 탓에 적극적인 항변을 하지 못하고 돌쇠처럼 상부의 명령을 받들어 자신의 임무에만 충실했을 수도 있다. 전쟁 내내 권력 핵심부에서 맴돌지 않고 야전에서만 활약한 것만 보더라도 히틀러에 대한 그의 충성심은 일신의 영달과는 별로 관련이 없어 보인다. 모델은 화려하지는 않았지만, 최후까지 묵묵히 자신의 임무를 수행하고 군무를 천직으로 알았던 군인이었다.

오토 모리츠 발터 모델

1934~1935	제2연대장
1935~1938	육군최고사령부 제8참모부장
1938~1939	제4군단 참모장
1939~1940	제16군 참모장(프랑스)
1940~1941	제3전차사단장(동부전선)
1941~1942	제41장갑군단장(동부전선)
1942~1944	제9군 사령관(동부전선)
1944	북부집단군 사령관(동부전선)
1944	북우크라이나 집단군 사령관(동부전선)
1944	중부집단군 사령관(동부전선)
1944	서부전선 총사령관(프랑스)
1944~1945	B집단군 사령관(프랑스)
1945	자살

part. 10

영웅이 되고자 했던 야심가

원수 **에르빈 요하네스 오이겐 롬멜**

Erwin Johannes Eugen Rommel

밀리터리에 대해 관심이 없는 이들도 아는 유일한 독일 장군이라고 해도 무리가 아닐 만큼, 현재 그는 많이 알려져 있고 일반적으로 그 명성만큼이나 대단히 위대한 인물로 평가받고 있는 게 사실이다. 하지만 당대에 그와 가까이 지내던 사람들 중에는 그를 미워한 사람이 상당히 많았다. 이런 엄연한 사실을 흔히 잘난 이에 대한 부족한 사람들의 질시로 보기도 하지만, 전사의 한두 페이지를 살펴보면 단지 그를 질시해서 미워한 것이 아니라는 것을 쉽게 알 수 있다. 많은 이들이 그를 미워했던 이유는 그가 위대한 명성을 얻는 과정에서 독일이 잃은 것이 너무 컸기 때문이었다. 그것은 당장 큰 문제가 되지는 않았지만, 얼마 지나지 않아 엄청난 짐이 되어 독일군 전체를 곤란하게 만들었다. 이러한 원인과 결과 사이에 발생한 약간의 시차 때문에 그의 단점이 그 동안 제대로 보이지 않았던 것이었다. 그는 영웅이 되고자 했고 나치에 의해 영웅으로 만들어졌으며, 심지어 그 영웅이라는 이름에 걸맞게 비극적으로 생을 마감했다. 남과 융화하지 못하고 이단아로 행동했던 흥미로운 인물, 그가 바로 원수 에르빈 요하네스 오이겐 롬멜이다.

1. 너무 많이 알려진 군인

군인, 특히 장군은 연예인들처럼 인기를 먹고사는 직종은 아니지만, 본의 아니게 인기인이 되는 경우가 종종 있다. 하지만 평화 시에 장군이 유명 인사가 되기는 힘들고, 전쟁이라는 시간과 공간을 통해 알려지는 경우가 대부분이라 할 수 있다. 전시가 아님에도 불구하고 이름이 널리 알려진 장군이 있다면, 그것은 군인으로서 본연의 임무보다는 다른 것에 의해 그렇게 된 것이라고 해도 과언은 아닐 것이다. 마치 실력 있는 인디밴드처럼 승전 결과가 자연스럽게 입에서 입으로 전해져서 명성이 널리 알려지게 되는 경우도 있지만, 그런 경우보다는 기획사의 프로모션에 의해 인기가 가공되어 증폭되는 아이돌 그룹처럼 전쟁이라는 어려운 시기에 국민이나 아군의 사기앙양을 목적으로 정책당국이 인위적으로 선전함으로써 알려지게 되는 경우가 많다. 즉, 전쟁 영웅의 필요성 때문에 유명세가 만들어지는 경우가 많다는 이야기다.

전쟁을 텔레비전으로 생중계하는 시대가 되었어도 막상 전선에서 작전을 펼치는 장군의 진정한 활약상은 전쟁 관련 당사자들이 아니면 쉽게 알 수 없다. 제2차 세계대전 때까지만 해도 전선과 후방이 어느 정도 분리되어 있어서, 국민은 정부의 선전을 통해서 전쟁 상황을 전해 들었다. 따라서 정책당국이 아군에게 이로운 일이라면 어떻게든 증폭시키고 경우에 따라서는 일부러 상황을 왜곡하는 일도 비일비재했다.* 하지만 그렇다고 무작정 아무런 전과가 없는 장군을 영웅으로 만들었던 것은 아니었다. 장군으로서 이름이 널리 알려지는 데 가장 우선시되는 것은 당연히 승리다. 승리를 거두지 않고 인기 있는 장군이 되려는 것은 마치 낙타가 바늘구멍을 통과하는 것만큼이나 어려운 일이라 할 수 있다. 특히 대승을 이끈 인물이라면 본인의 의사와 상관없이 영웅이 될 개연성은 농후하다.

장군을 평가할 때 승리 외의 다른 요소는 부차적일 수밖에 없다. 설령 도덕적으로 흠결사항이 많은 인물이라도 승리를 거두었다면 이런 부정적 요소는 은근슬쩍 감춰지는 경우가 다반사다. 즉, 전쟁은 도덕적이지만 무능한 장군보다는 도덕적 흠결사항이 많더라도 승리를 이끄는 유능한 장군을 필요로 한다. 이러한 행위는 극한 상황의 결정체라 할 수 있는 전쟁의 특성 때문에 용인되는 것으로 봐도 무방할 것이다. 그런데 만일 어렵게 특정인을 골라서 미화할 필요가 없을 정도로 승장이 많은 경우라면 영웅으로 만들 인물을 선정하는 데 선택의 폭이 넓어지게 된다. 일단 대상자가 많으면, 업적에 비해 사적인 흠결사항이 많은 인물을 우선 제외할 수도 있고, 정책당국의 입맛에 맞는 인물을 고를 수도 있다는 장점이 있다. 실력이 비슷한 여러 승진 대상자 중 한 명을 골라야 할 때 인사권자가 평소에 자신에게 잘 보인 인물을 선정할 가능성이 크다는 점은 어쩌면 상식이다.

---

* http://www.world-war-2.info/propaganda/.

제2차 세계대전 당시 독일군은 그 거대한 규모만큼이나 전쟁 영웅으로 가공될 만큼 놀라운 업적을 세운 장군들도 많았다. 그 가운데는 업적에 비해 그리 알려지지 않은 장군도 있지만, 반면에 업적 이상으로 많이 알려진 장군도 있다. 실력과 상관없이 단지 히틀러의 눈 밖에 나서 제거된 경우가 허다할 정도였지만, 그와 반대로 히틀러가 앞장서서 전쟁 영웅으로 만든 경우도 있었다. 그 대표적인 인물이 바로 에르빈 요하네스 오이겐 롬멜Erwin Johannes Eugen Rommel(1891~1944년)이다. 우리나라에서조차 그에 관한 단행본을 구하는 것이 그리 어렵지 않을 정도로 어쩌면 롬멜은 이 책에서 소개하는 독일의 여러 장군들 중에서 대중에게 가장 많이 알려진 인물이라 해도 과언은 아니다. 물론 그는 틀림없는 명장이고 이를 부인할 수는 없지만, 그 동안 막연히 알려진 것과 달리 그가 이룬 전과의 이면에는 곱씹어 볼 부분이 의외로 많다. 이 장에서는 그 동안 이처럼 간과되었던 점을 중심으로 최고의 영웅으로 대접받는 롬멜에 대해 자세히 알아보고자 한다.

2. 제약이 많았던 변방의 군인

롬멜은 1891년에 변경이라 할 수 있는 슈바벤Schwaben의 작은 소도시 하이덴하임Heidenheim에서 교육자의 아들로 태어났다. 그는 평생 동안 고향의 사투리를 사용했을 만큼 애향심이 강했는데, 독일 남부에 위치한 슈바벤은 뷔르템베르크 왕국Kingdom of Würtemberg의 강역으로 이웃 바이에른 왕국과 더불어 가장 늦게 독일 제국에 합류한 지역이다. 이곳 사람들은 무뚝뚝하고 고집이 세다고 알려져 있는데, 이곳 출신인 롬멜의 성격도 그러했다.* 프로이센을 중심으로 하는 북부 독일은 공업이 발달한 신교중심지역인 데

비해, 남부 독일은 유사 이래 가톨릭의 영향권을 벗어나지 않은 농업지역으로 오히려 이웃한 오스트리아와 유대관계가 깊었다. 남부 독일은 1866년 독일 통일의 패권을 놓고 발발한 프로이센-오스트리아 전쟁 당시에 오스트리아를 성원했고, 1870년 프로이센-프랑스 전쟁 때는 마지막 순간에서야 독일 제국군에 합류하여 프랑스와 전쟁을 벌였을 만큼 프로이센이 주도하는 독일 통일 과정에서 피동적으로 행동했다.*

1871년이 되어서야 통일을 이루었고 현재도 연방공화국체제를 유지할 만큼 독일은 전통적으로 지역색이 강한 나라다. 1930년대 제작된 나치전당대회 필름을 보면 수시로 '하나의 독일'을 강조하는 퍼포먼스가 등장할 만큼 히틀러조차 국가 통합을 저해하는 뿌리 깊은 독일의 지역색을 골치 아파했고, 이를 타파하는 일환으로 아우토반을 만들었다는 이야기까지 있을 정도다. 비스마르크도 마지못해 제국에 참여한 고집 센 남부 독일을 무조건 힘으로만 윽박지를 수 없음을 깨닫고 당근책으로 제후국의 위치를 부여하여 통일 전처럼 왕국의 전통을 지켜주었다. 또 그 일환으로 군대의 보유도 허락했는데, 물론 이들 군대는 유사시에 제국의 명령에 따라야 했지만 그만큼 왕국의 위상을 높여주는 수단이 되었다. 하지만 그런 혜택만큼 남부 독일은 통일된 제국의 변방으로 존재할 수밖에 없었다.

이 점은 롬멜의 성장 과정에 중요한 영향을 미쳤다. 1871년 제국 성립 후 독일의 중심은 프로이센이었고, 이 점은 군부 또한 마찬가지였다. 그 자체가 또 하나의 권력 집단이었던 프로이센 군부는 전면에 나서서 독일

---

* 크리스터 요르젠센, 오태경 역, 『나는 탁상 위의 전략은 믿지 않는다』, 플래닛미디어, 2007, 18-19쪽.

* David Blackbourn, *The long nineteenth century: a history of Germany, 1780-1918*, Oxford University Press, 1998, pp.221-223.

의 통일을 완성한 전위대였고, 제국 탄생의 공신들답게 제국군의 핵심으로 자리 잡으면서 거대한 인맥을 구축했다.* 비록 제1차 세계대전 패전 후 위세가 많이 줄어들었지만, 이런 경향은 제3제국 당시에도 마찬가지였다. 군인으로서 입신양명을 원했던 롬멜에게 이런 타고난 제약은 보이지 않는 장벽이었다. 그는 대다수의 독일군 엘리트들이 거치는 참모 교육을 받지 못했고 참모로 근무한 적이 없는 독일 군부 내의 아웃사이더였다. 그는 제2차 세계대전 당시 임명된 독일 육군 원수 중 유일하게 참모 출신이 아니었을 만큼 보통의 출세 코스와는 전혀 다른 길을 걸어갔기 때문에, 그만큼 많은 차별과 견제를 받을 수밖에 없었다.

물론 한편으로는 그의 성격 때문에 스스로 이를 자초한 측면도 없지 않다. 뒤에서 다시 살펴보겠지만, 이처럼 주류에 벗어난 그에게 길을 열어준 인물이 또 다른 아웃사이더였던 히틀러였다. 제1차 세계대전 당시 하사관으로 최전선에서 싸우다 부상까지 입었던 히틀러는 사석에서 군부의 핵심이었던 프로이센 · 귀족 · 참모 출신 인물들을 군화에 흙 한 번 묻히지 않고 책상머리에 앉아 잘난 척하며 펜대만 굴릴 줄 아는 집단으로 폄하했을 만큼 지독히 경멸했다.** 롬멜은 교육자 집안에서 자랐지만, 아버지의 권유로 군인이 되었다. 그는 1910년 7월 뷔르템베르크 왕국 제124보병연대에 장교 후보생으로 입대했고, 이듬해 단치히에 있는 사관학교로 옮겨 이곳에서 임관하면서 독일 제국군의 초급 장교가 되었다. 그리고 군인이 된 지 얼마 되지 않아 1914년에 제1차 세계대전이 발발했다.

---

* Christopher Clark, *Iron Kingdom: The Rise and Downfall of Prussia 1600-1947*, The Belknap Press of Harvard University Press, Cambridge, 2006, p.558.

** Christian Hartmann, *Halder Generalstabschef Hitlers 1938-1942*, Paderborn: Schoeningh, 1991, p.331.

3. 거대한 전쟁에 뛰어든 초임 장교

롬멜에 관한 자료가 워낙 많다 보니, 다른 장군들에 비해 제1차 세계대전 당시 그의 활약상에 대해서도 소상히 알려져 있는 편이다. 초임 장교였던 롬멜은 제49야전포병연대 소속으로 독일, 프랑스, 벨기에, 룩셈부르크의 자연 국경인 아르덴 산림지대를 가로질러 프랑스를 침공하는 임무를 수행했는데, 이것이 운명이었는지 그는 26년 후에 부대장으로서 그의 사단을 이끌고 이곳을 다시 지나가게 되었다. 롬멜은 개전 초에 2급 철십자 훈장Iron Cross 2nd Class을 수여받았을 만큼 전선에서 적극적으로 활약했는데, 도가 지나친 경우도 왕왕 있었다. 자료에 "언제나 자신이 작전을 담당하려 했다. 이는 종종 상급자들의 분노를 샀다. 그러나 롬멜은 솔선과 독립성의 가치를 믿었고, 그것은 엄격한 계급 조직의 규율 내에서도 마찬가지였다" 라고 소개된 것처럼 그는 이 당시에도 특유의 저돌성 때문에 주변과 자주 마찰을 일으켰다.*

이듬해 롬멜은 고향 부대인 뷔르템베르크 제6연대 예하 산악대대로 전근을 가게 되었는데, 자세한 이유는 알려져 있지 않지만 상관과 자주 충돌을 빚은 그의 성격이 한몫하지 않았나 추측된다. 그가 처음 활약한 서부전선은 1915년의 전선 상황을 고려한다면 굳이 전문 산악부대가 필요 없었다. 다시 말해, 이것은 서부전선이 아닌 다른 전선으로의 이동을 염두에 두고 인사이동이 이루어졌다는 의미다. 부대 명칭에서 알 수 있듯이 롬멜이 새로 전출 간 부대는 산악 전투를 위해 특화된 부대인데, 독일은 제2차

---

* David Fraser, *Knight's Cross: A Life of Field Marshal Erwin Rommel*, Harper Collins, 1994, pp.22-44.

제1차 세계대전 참전 당시 초임 장교였던 롬멜의 모습.

세계대전 당시에도 산악보병Gebirgsjäger부대를 별도의 운영했을 만큼 산악 전투를 전문화했다.* 당연히 이들 부대가 투입될 곳은 유럽의 고산지대인 알프스Alps와 트란실바니아Transylvania에 구축된 전선이었는데, 이곳은 서부전선과는 별개의 전장으로, 동맹국인 오스트리아-헝가리 제국군이 주로 담당하고 있던 지역이었다.**

제1차 세계대전 당시의 독일군은 부대 전체가 옮기는 경우를 제외하면 초임 장교 이하의 개별 군인이 굳이 전선을 옮겨 다니며 싸우지 않았다. 따라서 롬멜이 여러 곳의 전장을 경험한 것은 특이한 경우임에 틀림없었다. 원인이 어찌되었든 간에 롬멜은 제1차 세계대전에서 다양한 전선을 돌며 여러 종류의 전투를 경험했고, 이것이 그에게 훌륭한 자산이 되었음은 두말할 필요가 없다. 그런데 공교롭게도 제1차 세계대전뿐만 아니라 제2차 세계대전 당시에도 최초로 참전한 프랑스 전역을 제외하면, 롬멜이 활약한 전장은 엄밀히 말해 주전선이 아니었다. 총알이 빗발치는 전쟁터에서 목숨을 걸고 싸

* http://en.wikipedia.org/wiki/Gebirgsj%C3%A4ger.
** 피터 심킨스, 강민수 역, 『모든 전쟁을 끝내기 위한 전쟁: 제1차 세계대전 1914~1918』, 플래닛미디어, 2008, 398-399쪽.

우는 병사들의 입장에서 볼 때 전선의 중요도를 따진다는 것 자체가 말도 안 되는 일이지만, 냉정히 구분을 짓는다면 전쟁 전체의 승패를 결정적으로 좌우할 만한 전선에서 롬멜이 활약하지 않은 것은 분명한 사실이다.

이것은 그의 업적을 폄하하기 위한 것이 아니다. 그는 전쟁터에서 그 누구도 흉내 내기 힘들 만큼 경이적인 성과를 올렸지만, 그가 활약한 전장은 나쁘게 말하면 당시 독일 입장에서는 해도 그만 안 해도 그만인 2류 전장이었다. 군사적인 필요에 의해서가 아니라 오로지 독일의 헤게모니를 과시하기 위해 정치적인 이유만으로 참전한 전선이었고, 그가 상대한 적들도 엄밀히 말해 2류에 가까웠다. 그런데 이런 사실은 많이 간과되어왔다. 그 동안 전사에 드러난 롬멜의 전과는 신성불가침의 영역처럼 고착화되어 왔는데, 이렇게 된 가장 큰 이유는 독일의 선전 매체가 거시적인 관계를 따지지 않고 단지 전투 결과만으로 그를 전쟁 영웅으로 만들어버렸기 때문이다. 그리고 이와 더불어 한심한 패배를 당한 연합국이 자신들이 당한 패배의 핑계를 롬멜에게서 찾으면서 이에 맞장구를 쳤다. 다시 말해 그의 승리는 훌륭하지만 필요 이상으로 증폭된 것이었다.

4. 블루맥스를 수여받은 용사

1916년 롬멜은 루마니아 전선에서 활약하게 되었다. 러시아의 지원을 받는 루마니아의 공세에 이곳을 담당하던 오스트리아-헝가리군이 쩔쩔매자, 독일은 베르됭의 도살자로 악명이 높은 에리히 폰 팔켄하인Erich von Falkenhayn을 사령관으로 한 대규모 지원군을 파견하여 그해 12월에 루마니아의 수도 부쿠레슈티București를 함락했다. 그러자 패배한 루마니아군은 뿔

뿔이 흩어져 깊숙한 트라실바니아 고산지대로 잠입했다. 롬멜은 이들을 소탕하는 작전에 투입되어 인상적인 활약을 펼쳤다. 특히 1917년 벌어진 코스나Cosna 산 점령 작전에서 롬멜은 고지를 선점하고 있던 루마니아군의 배후를 그의 중대를 이끌고 성동격서 방법으로 급습하여 점령했다.* 제2차 세계대전 북아프리카 전선에서 자주 써먹던 전법을 롬멜은 이때부터 터득했던 것이었다. 그의 산악전 능력은 이탈리아전선으로 옮겨오면서 더욱 빛을 발했다.

1917년 10월 롬멜은 이탈리아 북부에서 벌어진 카포레토 전투Battle of Caporetto **에 투입되었다. 당시 롬멜에게 주어진 임무는 250명으로 구성된 중대를 이끌고 카포레토 일대를 감제할 수 있는 요충지인 마타주르Matajur 산을 점령하는 것이었다. 10월 24일 공격이 개시되어 50여 시간이 지난 후 롬멜의 부대는 능선을 타고 올라가 이곳을 점령하는 데 성공했다. 전투 결과는 경악 그 자체였다. 250명으로 구성된 중대가 무려 9,000명의 이탈리아군을 생포하여 포로로 잡았던 것이었다. 이때 그의 중대가 입은 피해는 겨우 전사자 6명에 부상자 30명이었을 뿐이었다. 그것도 후방의 지원 없이 중대 단독으로 진격해 이룬 성과였다. 생포한 이탈리아군 대부분은 롬멜의 페인트 모션feint motion에 속아 항복한 경우였다. "이때부터 롬멜의 또 다른 좌우명은 '싸우지 않고 이길 수 있다면 그것이 최선이다'가 되었다."***

---

* David Fraser, *Knight's Cross: A Life of Field Marshal Erwin Rommel*, Harper Collins, 1994, pp.54-56.

** 1917년 10월 24일부터 11월 19일까지 이탈리아 북부의 카포레토 일대에서 독일, 오스트리아-헝가리 동맹군과 이탈리아 사이에 벌어진 전투로, 제12차 이손초Isonzo 전투라고도 한다. 당시 이탈리아군 최고 통수권자였던 루이지 카도르나Luigi Cadorna의 사퇴를 초래했을 만큼 동맹국의 대승으로 끝났다.

*** David Fraser, *Knight's Cross: A Life of Field Marshal Erwin Rommel*, Harper

카포레토 전투에서 250명으로 구성된 롬멜의 중대가 무려 9,000명의 이탈리아군을 생포하여 포로로 잡았다.

제2차 세계대전 당시 사막의 여우Desert Fox로 명성을 날린 그의 지휘력은 결코 우연의 산물이 아니었다.

그런데 이러한 놀라운 전과 이면에는 상부의 명령을 따르지 않는 그의 고집이 있었다. 롬멜의 중대가 너무 적진 깊숙이 진입하고 있다고 판단한 대대장이 본대와의 간격을 우려하여 회군을 명령했지만, 그는 듣지 않았다. 계속 전진하는 것이 옳다고 생각한 롬멜은 상관의 명령을 무시하고 공격을 계속하여 혁혁한 전과를 올렸던 것이었다.* 결과를 차치하고 과연 롬멜의 트레이드마크가 되어버린 이런 행태가 과연 옳은 것인지는 두고두고 생각해볼 필요가 있다. 어쨌든 이 놀라운 전과로 롬멜은 독일군 최고의 영예인 블루맥스Blue Max** 훈장을 수여받았고, 산악전의 명수로 이름을 날

Collins, 1994, pp.65-71.

* 크리스터 요르겐센, 오태경 역, 『나는 탁상 위의 전략은 믿지 않는다』, 플래닛미디어, 2007, 24쪽.

렸다. 제2차 세계대전 초기인 1940년 프랑스 침공을 앞두고 롬멜이 일선의 전차사단장이 되기를 강력히 희망했을 때, 그의 바람과 달리 육군 총사령관 브라우히치가 산악사단장으로 갈 것을 롬멜에게 권유한 것은 어찌 보면 너무 당연한 것이었는지 모른다.

제1차 세계대전은 롬멜에게 많은 것을 깨닫게 해주었다. 그는 이 전쟁을 통해 제일 먼저 기동전에 대한 확고한 신념을 갖게 되었다. 전쟁이 개시되자마자 서부전선에서 진격이 한 번 멈춘 후 전선이 고착화되는 것을 맨 앞에서 생생히 지켜본 그는 중단 없는 전진만이 궁극적인 승리를 가져온다고 굳게 믿게 되었다. 사실 그가 산악전에서 거둔 놀라운 성과도 산악지대에서는 이동이 어려울 것이라는 고정관념과 달리 정반대로 쉼 없는 기동전을 펼쳐서 이룬 결과였다. 그리고 이와 더불어 그는 이탈리아군의 전투력은 믿을 수 없다는 것을 깨달았다.* 제2차 세계대전에서 이탈리아가 독일의 동맹이 되었을 때, 롬멜은 이탈리아군을 전혀 신뢰하지 않았다. 원래 항명이 롬멜의 주특기이기도 했지만, 북아프리카에서 형식상 상관인 이탈리아 아프리카원정군 사령관인 이탈로 가리볼디Italo Gariboldi를 면전에서조차 무시했을 정도로 이탈리아군을 불신했다. 그는 이탈리아와 이탈리아인을 싫어한 것은 아니었지만, 함께 옆에 붙어서 싸울 동지로서 이탈리아군은 전혀 고려의 대상이 아니었다.

** 정식 명칭은 푸르 르 메리트Pour le Mérite.

* 크리스터 요르겐센, 오태경 역, 『나는 탁상 위의 전략은 믿지 않는다』, 플래닛미디어, 2007, 26쪽.

5. 히틀러와의 만남

제1차 세계대전에서 블루맥스를 받은 롬멜이 베르사유 조약에 의해 대대적으로 감군된 바이마르 공화국군에 계속 남게 된 것은 너무 당연한 일이었다. 하급 장교였던 그는 주로 일선의 부대를 전전하며 소규모 부대의 부대장을 역임했다. 1933년에는 고슬라르Goslar에 주둔한 경보병대대의 지휘관으로 복무하게 되었는데, 여기서 그는 일생에서 결코 빼놓을 수 없는 인물과 인연을 맺게 되었다. 그가 바로 독일의 새로운 지도자가 된 히틀러였다.* 제3제국의 장군들치고 히틀러와 직간접적으로 관련이 되어 있지 않은 인물이 없었지만, 롬멜의 경우는 상당히 특이한 구석이 있었다. 롬멜에게 히틀러는 최고의 후원자였으며, 앞장서서 그를 독일의 영웅으로 만들어준 인물이었다. 롬멜은 이것에 대한 반대급부로 총통에게 존경과 충성을 맹세했다.

하지만 그의 충성 방식은 히틀러의 충복인 괴링이나 카이텔과는 전혀 달랐다. 롬멜은 일선에서 즐겨 활약하면서 전공을 세운 야전 군인이었던 반면, 괴링이나 카이텔의 경우는 히틀러에게 빌붙어 제3제국의 권력을 분점하려 한 정치군인이었기 때문이다. 이 점은 일견 총통의 소방수로 불린 모델과도 비슷하지만, 자신을 부각시키기 위해 애쓴 점을 보면 그가 모델처럼 그저 순수한 군인만은 아니었다는 것을 알 수 있다. 롬멜이 노골적인 정치군인은 아니었지만, 정치 현실을 전혀 무시하지 않고 대중의 인기에도 상당히 신경을 썼다는 점은 분명한 사실이다. 나중에 자세히 언급하겠

* 크리스터 요르젠센, 오태경 역, 『나는 탁상 위의 전략은 믿지 않는다』, 플래닛미디어, 2007, 31쪽.

지만, 그것의 결정판이 그의 최후다. 물론 주변에서 그를 가만히 놔두지 않은 측면도 있지만, 결론적으로 그를 키운 이도, 그의 목숨을 거둔 이도 히틀러였을 만큼 그는 야전에서만 활약한 다른 독일의 장군들과는 분명히 행실이 달랐다.

롬멜은 집권 초기의 히틀러와 나치에 대해 열렬한 지지를 보냈다. 그가 처음 본 히틀러는 프로이센 출신, 귀족, 자본가들의 결집체나 다름없던 철옹성 같은 독일 주류 사회의 벽을 깨뜨린 인물이었다. 충분한 자질과 실력이 있었음에도 불구하고 군부 내에서 주류에 진입하지 못하고 보이지 않는 벽에 가로막혀 항상 외곽에서만 빙빙 돌던 남부의 평민 출신인 롬멜은 히틀러에게 매료될 수밖에 없었다. 그가 처음에 어떻게 해서 히틀러와 만나게 되었는지 는 모르겠지만, 지방에 주둔한 부대의 일개 대대장이었던 롬멜이 당시 수상이었던 히틀러를 접촉했다면 롬멜이 의도적으로 먼저 접근했을 가능성이 크다. 설령 그것이 처음에는 우연한 기회에 이루어진 일이었다 하더라도, 그는 히틀러와의 접촉으로 비약적인 발전을 하게 되었고, "그때부터 친나치 장교이자 히틀러의 부하로 간주되었다."*

1937년 롬멜은 비너노이슈타트에 있는 보병학교War School Wiener-Neustadt의 교장으로 부임하여 후진 양성에 힘썼다. 그는 여기서 근무할 때 제1차 세계대전의 경험과 그 동안의 연구 성과를 바탕으로 『보병 공격Infanterie Greift An』이라는 군사 서적을 출판했다. 이 책은 일반 대중에게도 많이 팔렸을 만큼 상업적으로 크게 성공했는데, 일설에 의하면 이 책을 접한 히틀러가 많은 감명을 받고 그를 경호대장으로 전격 발탁했다고 한다.** 그것이 사실인

* David Irving, *The Trail of the Fox: Rommel*, Dutton, London, 1977, p.23.
** 존 라티머, 김시완 역, 『토브룩 1941』, 플래닛미디어, 2007, 27쪽.

1939년 당시 총통경호대장이었던 롬멜이 폴란드 전선을 시찰하는 히틀러를 보좌하고 있다.

지 여부를 떠나 어쨌든 1939년 롬멜은 총통경호대장이 되어 히틀러를 가장 가까이서 보좌하는 인물이 되었다. 총통경호대장은 성적뿐만이 아니라 정치적 성향과 총통에 대한 충성심을 고려하고 거기에 히틀러의 입김까지 작용해야 될 수 있는 요직이었다. 따라서 롬멜이 총통경호대장이 되었다는 것은 부인할 수 없을 만큼 히틀러와 롬멜이 가까웠다는 증거다. 지금껏 아웃사이더였던 롬멜은 히틀러의 측근으로 서서히 군부에 이름을 알리게 되었다.

6. 도약의 발판으로 삼은 총통의 총애

롬멜은 수많은 전투에서 승리를 이끌어냈기 때문에 당연히 그에게 목숨을 의탁한 말단 병사들로부터 존경과 사랑을 한 몸에 받았고, 나치의 위정자나 독일 국민에게 인기가 높았다. 하지만 그가 최고의 영예인 원수의 위치까지 올라갔어도 군부 내에서는 은연중에 외톨이 취급을 받았다. 그 이유가 앞에서 언급한 것처럼 단지 군부의 비주류인 지방 평민 출신이었기 때문만은 아니었다. 자료에 나와 있는 사실만 가지고 추론해볼 때, 롬멜은 경쟁에서 반드시 이겨야 직성이 풀리는 성격이었다. 적과의 전투에서라면 당연히 그래야 하겠지만, 군부의 동료나 선후배와의 경쟁에서도 반드시 맨 앞에 서 있어야 했다.* 이 때문에 외부에 알려진 그의 명성과는 별개로, 그와 가까이 지내던 사람들, 특히 명령을 직접 주고받는 위치에 있던 사람들에게 롬멜은 상당히 대하기 껄끄러운 인물이었다.

롬멜이 툭하면 상급자의 명령을 무시하고 독단적으로 행동하는 경우가 많았을 뿐만 아니라, 너무 앞서서 부대를 지휘했기 때문에 상급자나 예하 부대장, 참모들은 그를 탐탁지 않게 생각했다.** 또 인접 부대와 협조하기보다는 독단적으로 앞으로 치고 나간 경우도 비일비재했다. 다행히 그가 승리를 이끌었기 때문에 그냥 넘어간 경우가 대부분이기는 했지만, 사실 이런 행동이 옳은 것은 아니다. 장군은 각각의 전투뿐만 아니라 전쟁 전체를 생각할 줄도 알아야 하기 때문이다. 지기 싫어하는 그의 이런 성격을 고려할 때 1939년 폴란드 전선은 롬멜에게 참으로 견디기 힘든 고문이었을 것이다. 그는 군부 내의 여러 장군들이 부대를 이끌고 종횡무진 전선을 누비는 감격적인 상황을 그저 히틀러의 옆에 서서 지켜봐야만 했기 때문이다. 그는 총통경호대장이 됨으로써 권력에 보다 가까이 다가갈 수 있었

* Alastair Horne, *To Lose a Battle: France 1940*, Penguin, 1988, pp.312-315.
** David Irving, *The Trail of the Fox: Rommel*, Dutton, London, 1977, pp.46-58.

지만, 타고난 야전 지휘관으로서의 본능은 감추기 힘들었다.

평시에는 총통경호대장이 입신양명을 이룰 수 있는 주요 보직이었을지 모르지만, 전시에는 당연히 전장에서 업적을 쌓아야 명예를 높일 수 있었다. 롬멜은 총통 옆에 서서 폴란드 전선에서 날아오는 소식을 시시각각 접할 수 있었고, 이를 통해 새로운 전쟁 수단을 발견하게 되었다. 바로 기갑부대였다. 흔히 독일 전차부대 하면 롬멜을 막연하게 떠올리는 사람이 많지만, 롬멜이 원래부터 기갑부대와 관련이 있던 인물은 아니었다. 앞에서 살펴본 것처럼 롬멜은 보병 관련 책을 썼을 만큼 보병 전문가였고, 좀더 특화한다면 산악전에서 뛰어난 능력을 발휘한 인물이었다. 하지만 그가 중요하게 생각한 것은 지속적인 공격과 기동력이었고, 이를 달성하기 위한 수단으로서 기갑부대의 가능성을 폴란드전에서 깨달은 것이었다. 폴란드전의 결과만을 놓고 독일 군부 내에서도 전차에 대한 의견이 분분했지만, 그는 전차의 잠재력을 믿고 확신했다.*

총통경호대장이라는 직위는 그의 야심을 이루는 데 좋은 발판이 되었다. 롬멜은 히틀러에게 일선부대장으로 나가겠다는 의견을 직접 피력하면서 기갑부대를 지휘하고 싶다고 했다. 히틀러는 육군최고사령부에 이를 검토하라고 지시했으나, 전차에 대한 롬멜의 경험이 전무하다는 이유로 육군 총사령관 브라우히치는 지시를 거부하고 대신 산악사단장을 제의했다. 하지만 총통의 총애를 받던 롬멜은 히틀러의 도움으로 원하던 기갑부대 지휘관에 오르게 되었다. 프랑스 침공전을 앞둔 1940년 2월 롬멜은 제7전차사단장으로 임명되었다. 한마디로 낙하산 인사인 셈이었다. 이 파격

---

* 크리스터 요르겐센, 오태경 역, 『나는 탁상 위의 전략은 믿지 않는다』, 플래닛미디어, 2007, 66쪽.

적인 인사는 당연히 브라우히치를 비롯한 군부의 많은 이들을 분노하게 만들었다.* 일개 사단장의 인사권마저 육군최고사령부의 의견을 무시하고 히틀러의 입김에 좌우되었다는 사실이 적어도 당시까지 독일 군부에게는 자존심이 상하는 일이었다. 군부 고위층이 그 동안 친나치적인 행보를 보인 데다가 주류도 아닌 젊은 롬멜을 좋지 않게 생각한 것은 당연했다.

7. 기갑부대의 초임 지휘관

롬멜도 이런 분위기를 모르지는 않았다. 사실 그가 군에 몸담은 이후부터 그에게 반감을 가지고 있는 이들과의 갈등은 계속되었다. 모난 돌이 정 맞는다고 유독 자기주장이 강했던 롬멜은 주변 사람들과 마찰이 심했다. 결국 그가 입증할 수 있는 것은 실력뿐이었고 실력만이 그를 비아냥거리는 수군거림을 잠재울 수 있었다. 독일 군부의 철옹성 같은 주류의 장벽 앞에서 아웃사이더로서 고생한 롬멜에게는 실력이 이 장벽을 허물 수 있는 최대 도구였다. 비록 출발부터 차별과 견제가 심하다 해도 실력만 출중하다면 군부에서 명예를 드높일 수 있는 길은 많았다. 1938년 육군의 최고 실력자인 참모총장에 오른 할더도 롬멜처럼 변방인 남부 독일의 바이에른 출신이었다.

할더처럼 비주류 출신으로 독일 군부의 큰 별이 되었던 대부분의 인물들은 실력도 있었지만, 기존에 형성된 주류를 타파하려 하지 않고 이를 현실로 받아들이면서 그들과 동화하려고 노력을 아끼지 않아 인정을 받았

* David Irving, *The Trail of the Fox: Rommel*, Dutton, London, 1977, pp.35-37.

다. 하지만 롬멜은 그런 길을 택하지 않고 오로지 자신의 판단과 실력으로만 그의 길을 개척하려 했다. 그래서 그는 친나치의 길을 걸었고 스스로 기갑부대장을 차지하기 위해 주변의 비난도 감수했다. 롬멜이 맡은 제7전차사단은 폴란드 전역에 참전한 제2경사단이 증강 개편된 부대였다. 독일이 기병사단을 대신하기 위해 1930년대 말에 실험적으로 창설한 경사단은 보병사단과 전차사단을 연결하는 중간자 역할을 수행하기로 되어 있었는데, 폴란드 전역에서 운용해본 결과 그리 효과적이지 않은 것으로 판명되었다. 그 후 3개 경사단은 순차적으로 개편이 이루어졌고, 제2경사단은 롬멜이 제7전차사단장으로 부임할 때까지 제7전차사단으로 완전하게 개편이 이루어지지 않은 상태였다.*

롬멜의 제7전차사단은 폴란드 전선에서 맹활약한 제5전차사단과 함께 제15(장갑)군단에 속했다. 제15군단의 지휘관은 구데리안과 더불어 독일 최초로 장갑군단을 이끈 헤르만 호트였다. 호트는 제2차 세계대전 초기부터 독일을 대표하던 기갑부대의 명장으로 인기가 높았다. 한마디로 기갑부대의 초보자인 롬멜은 최고의 스승을 만난 셈이었다. 제1차 세계대전 당시 산악전에서 롬멜은 아무도 생각하지 않은 곳으로 아군을 침투시켜 상대의 배후를 급습하는 방법으로 승리를 이끌어내곤 했다. 이는 곧 적절한 공격로의 확보가 전투를 승리로 이끄는 지름길이라는 뜻인데, 주로 평지에서 작전을 펼치는 기갑부대도 마찬가지였다. 기갑부대는 돌파력이 좋지만, 산악부대처럼 보병이나 기병에 비해 이동로의 제한을 많이 받을 수밖에 없기 때문이다.

롬멜은 기갑부대의 장점인 돌파력을 담보하기 위해서는 그 무엇보다도

---

* http://www.achtungpanzer.com/gen1.htm.

공병대의 역할이 중요하다는 사실을 깨달았다. 고만고만한 강과 구릉지대가 연속된 프랑스 평원에서 속도를 늦추지 않고 돌파를 계속하려면 통로를 충분히 개척해야 하는데, 이것은 공병대의 역할이었다. 롬멜은 부임하자마자 공병대를 앞세워 험지에 진격로를 개척하고 하천을 도하하여 전진하는 훈련을 반복했다. 그는 기갑부대의 초보자였지만, 이처럼 기갑부대를 효과적으로 다루는 방법을 알고 있었다. 그가 지휘관으로 부임한 부대치고 훈련 강도가 약했던 경우는 단 한 번도 없었다. 그는 "반복된 엄격한 훈련이 부대원들을 재난으로부터 보호해줄 뿐만 아니라 전시의 사상자 수도 줄여준다"* 는 것을 경험을 통해 체득했기 때문에 항상 훈련에 훈련을 거듭했다. 그는 훈련 시에도 뒤에 서 있지 않고 현장에서 진두지휘함으로써 그의 부대가 적의 총알을 무서워하지 않고 전진하도록 단련시켰다.

8. 다시 한 번 아르덴을 넘다

1940년 5월 9일, 드디어 다음날 새벽에 프랑스를 침공하라는 명령이 하달되었다. 아니, 엄밀히 말하면 확전이 이루어지게 되었다고 보는 것이 더 타당한 표현일 것이다. 1939년 9월 3일 독일의 폴란드 침공 당시, 영국과 프랑스가 독일에 선전포고를 했으나 이렇다 할 실전은 벌어지지 않았다. 하지만 이들이 독일에 선전포고를 했으니 분명히 전쟁 중인 것은 맞았다. '기묘한 전쟁'이라고 불린 이런 어정쩡한 상황은 그 동안 전쟁 준비를 해

* 크리스터 요르겐센, 오태경 역, 『나는 탁상 위의 전략은 믿지 않는다』, 플래닛미디어, 2007, 67-68쪽.

온 양측이 너무나 상대를 잘 알고 있었기 때문에 벌어진 일이었다.* 아무리 믿는 구석이 있어 먼저 주먹을 내지르기로 작정한 독일이라도 연합국이 단단히 벽을 쳐놓은 곳으로 진격할 수는 없는 노릇이었다. 독일은 프랑스의 허점을 노렸고 예상치 못한 곳에서 돌파구를 발견할 수 있었다. 아르덴 산림지대를 과신한 프랑스는 이곳에 대한 방어막을 허술히 하고 있었는데, 독일은 이곳을 회심의 일격을 날릴 통로로 이용하기로 했다. 대규모 기갑부대를 이곳으로 통과시켜 프랑스의 배후를 치기로 한 것이었다.

당시까지 편제되어 있던 독일의 10개 전차사단 중 7개 전차사단이 이곳에 집중되었다. 이 중 5개 전차사단을 주축으로 구성된 클라이스트 기갑집단이 전력의 핵심으로 돌파구를 열기로 했고, 그 우측을 제4군에 속해 있던 호트의 제15군단이 담당하기로 했다. 롬멜은 그의 부대를 이끌고 아르덴 숲으로 잠입하여 26년 전 통과했던 그곳을 이번에는 전차를 타고 넘어갈 준비를 마쳤다. 그리고 1940년 5월 10일 새벽 4시 히틀러의 명령이 떨어지자, 독일군은 전선을 넘어 프랑스와 저지대 국가로 밀고 들어갔고, 롬멜의 부대도 시동을 키고 앞으로 달려 나갔다.** 놀란 벨기에군은 교량을 파괴하며 독일의 진격을 막으려 했지만, 롬멜은 이미 성한 교량이 없다는 최악의 전제하에 그의 부대를 훈련시켜놓은 상태였다. 파괴된 진격로를 정찰대가 발견하면 곧바로 공병대가 보수했고 그 뒤로 쏜살같이 전차가 지나갔다.

불과 이틀 만에 롬멜의 부대는 아르덴을 빠져나와 프랑스와 벨기에의 국경인 뫼즈Meuse 강을 향해 다가갔다. 호트는 군단의 주공을 제5전차사단

---

* 폴 콜리어 외, 강민수 역, 『제2차 세계대전: 탐욕의 끝, 사상 최악의 전쟁』, 플래닛미디어, 2008, 104쪽.

** William L. Shirer, *The Collapse of the Third Republic*, Heinemann, 1970, p.587.

에서 진격 속도가 빠른 제7전차사단으로 변경하고 제31전차연대를 더 몸집이 큰 제5전차사단으로부터 롬멜의 제7전차사단으로 이전시키면서 롬멜에게 힘을 실어주었다.* 이곳이 돌파되면 배후가 위험해지게 됨을 깨달은 프랑스군은 강을 방어막으로 삼아 격렬히 저항했다. 롬멜은 직접 맨 앞으로 나가 그의 부대를 이끌고 총알이 빗발치는 강을 도강한 후 5월 15일에 전략 거점인 스당을 독일군 최초로 돌파했다. 프랑스군은 뫼즈 강 방어선에서 도망가기 시작했고, 플랑드르 평원으로 진입하던 연합군의 주력부대들은 배후가 서서히 차단당하기 시작했다. 그리고 이틀이 지난 5월 17일 롬멜의 부대는 전의를 상실한 프랑스 제1기갑사단을 괴멸시키고 1만 명의 포로를 잡는 혁혁한 전과를 올렸다.

1940년 프랑스 침공전 당시 제7전차사단을 지휘한 롬멜이 연대장 로텐부르크와 함께 대서양에 발을 담그고 있다.

1940년 5월 프랑스로 진격해 들어간 모든 독일군들은 스스로도 믿지 못할 만큼 엄청난 기적을 만들어가고 있던 중이었다. 특히 개전 초에 있었던

---

* Alastair Horne, *To Lose a Battle: France 1940*, Penguin, 1988, pp.295-296.

뫼즈 강 도하는 프랑스 수상 폴 레이노Paul Reynaud가 "우리는 이제 패했다"*고 한탄했을 정도로 결정적인 돌파였고, 이런 진격을 이끈 롬멜의 부대는 독일군 중에서도 가장 앞서 진격하고 있었다. 당연히 롬멜의 주변에는 기자들이 몰려들었다. 그의 활약이 대대적으로 선전되면서 롬멜이라는 이름이 대중에게 서서히 알려지게 되었다. 롬멜은 언론에 노출되는 것을 결코 꺼려하지 않았다. 그는 스당을 점령했을 때 기자들에게 다음과 같이 말했다. "이번 전쟁에서 지휘관의 자리는 바로 이곳 전선입니다! 저는 탁상 위의 전략을 믿지 않습니다. 그런 것은 참모본부에 맡겨둡시다."** 그는 자신이 행동하는 지휘관임을 알리고 싶어했지만, 이런 언사 이면에는 자신을 비난했던 이들에 대한 조롱도 함께 담겨 있었다.

9. 빛과 그림자

아라스Arras에서 중전차를 앞세운 영국군에게 예상치 못한 반격을 당한 롬멜의 부대는 이를 물리치고 영국 해협을 향해 진격을 계속하여 5월말에 됭케르크에 30여 만 명의 연합군을 가둬버리는 거대 포위망의 한축을 담당하게 되었다. 지금까지 놀라운 진격을 계속해온 제7전차사단은 몹시 지쳐 있던 상태였다. 앞서가던 선봉부대로서 당연히 적과의 교전도 많았고 그만큼 소모도 심했다. 약 15퍼센트 정도의 전력 손실을 본 롬멜에게 바로 이때 엄청난 선물이 떨어졌다. 3호 · 4호 전차가 주축인 2개 전차연대가

* 알란 셰퍼드, 김홍래 역, 『프랑스 1940』, 플래닛미디어, 2006, 119쪽.
** David Irving, *The Trail of the Fox: Rommel*, Dutton, London, 1977, p.45.

새로 배속되었고, 이웃해 있던 제5전차사단에 대한 통제권까지 롬멜에게 주어진 것이었다.* 그런데 이것이 새로운 문제를 불러일으켰다. 소모된 전력에 대한 보충 요구는 부대장으로서 당연한 의무이기 때문에 롬멜이 요구했을 것이고, 상부는 전과에 대한 보상 차원에서 곧바로 롬멜을 지원해주었던 것으로 판단된다.

하지만 제5전차사단은 롬멜의 제7전차사단과 더불어 원래 호트의 지휘하에 있는 부대였는데, 이에 대한 통제권까지 롬멜에게 준 것은 예상 밖이었다. 물론 원래 주공으로 내정된 제5전차사단의 진격 속도가 부진하기는 했지만, 그렇다고 상급자인 호트의 권리까지 침해하는 상부의 조치는 선뜻 이해하기 힘들다. 이러한 조치가 롬멜의 요구에 의해 이루어진 것인지는 확실하지 않지만, 히틀러의 입김이 있었던 것은 분명하다. 낫질 작전이 어느 정도 종결된 6월 2일 샤를르빌Charlesville의 A집단군 사령부에서 히틀러가 직접 주재한 회의에 유일하게 초대된 사단장이 롬멜이었던 것만 봐도 이것을 충분히 유추할 수 있다. 히틀러는 군부의 반대를 무릅쓰고 롬멜을 주요 전차사단의 지휘관으로 자신이 직접 선택했는데 우려와 달리 그가 뛰어난 전과를 올리자, 회의석상에서 몹시 기뻐하며 롬멜을 추켜세워주었고 우쭐해진 롬멜도 몹시 즐거워했다고 전해진다.**

이것은 지휘계통을 중시하는 독일 군부를 자극하기에 충분한 사건이었다. 더구나 제15군단장 호트는 모두에게 신망받는 군인의 표상으로 이번 프랑스 침공전에서 롬멜의 제7전차사단을 최대한 도와주었다. 과묵한 호트는 보급이 따라오지 못할 만큼 앞으로만 내달리는 롬멜에게 수시로 우

---

* Alastair Horne, *To Lose a Battle: France 1940*, Penguin, 1988, p.604.
** 크리스터 요르겐센, 오태경 역, 『나는 탁상 위의 전략은 믿지 않는다』, 플래닛미디어, 2007, 95쪽.

1940년 군단장 호트와 함께한 롬멜의 모습. 롬멜은 독단적인 행태로 인해 호트에게 좋은 평가를 받지 못했다.

려를 표명했지만, 롬멜이 말을 듣지 않고 전과를 확대하기 위해 계속 전진하자, 가능한 군단의 모든 자원을 동원하여 롬멜을 지원했다. 구데리안이 막무가내로 진군하다가 클라이스트에게 해임당했을 만큼 독단적인 행위가 금기시되는 독일 군부의 분위기 속에서* 호트는 티 내지 않고 롬멜을 지원해주었지만, 오히려 결과는 좋지 않았다. 이처럼 모든 공은 총통의 총애를 받는 롬멜에게 돌아갔다. 사실 호트가 염려한 것은 이것이 아니라, 위급한 시기도 아닌데 지휘체계가 무너지는 것이었다.

* 알란 셰퍼드, 김홍래 역, 『프랑스 1940』, 플래닛미디어, 2006, 114쪽.

자료에 따르면, "호트는 공개적으로는 롬멜을 칭찬했지만, 등 뒤에서는 더 많은 경험과 더 나은 판단이 필요하다면서 매우 감정적으로 그를 비난했다." 상관인 제4군 사령관 클루게도 롬멜이 "제5전차사단으로부터 지원받은 전차와 병력, 그리고 슈투카 조종사와 보병대원들 같은 여러 사람들의 희생은 뒤로한 채 그 자신에게만 모든 영광을 돌리려 한다"고 비판했다.* 많은 군사전문가들이 존경할 만한 군인으로 첫 번째 손가락에 꼽는데 결코 주저하지 않는 명장 호트가 특정인을 비난한 사실이 이처럼 기록에 남아 있을 정도라면 롬멜에 대해 한 번 정도 생각해볼 만하다. 흔히 롬멜이 워낙 뛰어났기 때문에 주변에 항상 시기와 질투를 하는 자들이 많았을 것이라고 생각할지 모르지만, 전사를 살펴보면 많은 전과를 올리고도 주변 사람들과 원만하게 지낸 인물들이 적지 않은 것으로 봐서, 실제로는 우리가 생각한 것과 달랐을 수도 있다.

10. 여러 장군들 중 하나

독일의 프랑스 침공전은 사실상 5월 말 연합군의 됭케르크 철수로 막을 내린 것이나 다름없었지만, 그때까지 독일이 점령한 프랑스의 영토는 불과 10퍼센트도 되지 않았고, 소탕되지 않은 프랑스군도 아직 150만 명 가까이 되었다. 독일군은 연합군 주력을 구석으로 몰아붙여 단 한 번의 낫질로 잘라버린 후에 프랑스 완전 점령을 목표로 이미 수립되어 있던 적색 계획Fall Rot을 곧바로 시행했다. 이에 맞춰 롬멜의 부대도 진군을 계속하여

* David Irving, *The Trail of the Fox: Rommel*, Dutton, London, 1977, p.52.

6월 11일 영국 해협의 르아브르Le Havre를 점령한 뒤 미처 해협을 건너 도망가지 못한 4만 6,000의 연합군을 생포했다. 그리고 6월 16일에는 센Senne 강을 건너 무방비 상태로 내팽개쳐진 파리에 입성했다. 하지만 롬멜의 부대는 프랑스가 백기를 들 때까지 전진을 멈추지 않았고, 6월 18일에 코탕탱Cotentin 반도의 끝인 셰르부르Cherbourg를 함락한 것을 마지막으로 전차의 엔진을 껐다.*

제1차 세계대전 당시 4년 동안 수백만 젊은이들의 엄청난 피를 갖다 바치고도 전선을 넘지 못해 좌절해야 했던 서부전선을 독일은 불과 7주 만에 완전히 종결시켜버렸다. 그것은 생각의 차이에서 벌어진 경악스런 결과였다. 지난 세월 동안 독일은 고착화된 전선을 돌파하는 방법을 찾아내는 데 모든 것을 걸었지만, 프랑스는 참호를 더욱 깊게 파고 이에 의존하여 수비만 하려 했다.** 독일은 복수심에 불타 기회를 노렸지만, 프랑스는 어떻게든 회피만 했다. 독일이 전쟁에 나섰을 때 독일군을 이끌고 맹활약한 모든 장성들은 예외 없이 20여 년간 복수의 기회만 생각했다. 그들은 지난 전쟁에서 앞만 바라보고 총을 쏘고 있던 당시에 적어도 지고 있는 상황은 아니라고 굳게 믿고 있었다. 하지만 전쟁이 순식간에 정치적 타결로 끝나면서, 독일은 패전국이 되기를 강요받게 되었고 이런 황당함에 그들은 치를 떨었다. 따라서 이를 주도한 프랑스에 대한 적개심은 대단했다.

1940년 초여름에 있었던 독일의 프랑스 침공전은 이처럼 지난날을 잊지 않고 복수심에 불타던 많은 장군들이 혼신의 힘을 다해 이뤄낸 군사적 업적이었다. 엄청난 승리를 이끌어낸 많은 장군들이 유명 인사의 반열에

---

* http://www.achtungpanzer.com/gen1.htm.

** 폴 콜리어 외, 강민수 역, 『제2차 세계대전: 탐욕의 끝, 사상 최악의 전쟁』, 플래닛미디어, 2008, 72-73쪽.

오르게 되었고, 이를 보상하고자 대대적인 승진이 이루어졌다. 그 중에는 놀라운 진격을 보여준 롬멜도 당연히 포함되었지만, 그렇다고 맨 앞에 설 수 있을 정도는 아니었다. 롬멜은 히틀러의 총애를 받았지만, 이번 전쟁에 참전한 독일군 140여 개 사단 중 1개 사단을 이끈 사단장에 불과했다. 포상으로 육군에서만 10명이 원수로 승진했을 만큼 롬멜 앞에는 상급자들이 부지기수로 많았다. 그의 앞에 도열한 장군들 대부분은 전략적으로 전쟁을 지휘한 인물들이어서 그와는 차원이 달랐다. 한마디로 프랑스 전역은 롬멜에게 도약의 기회가 되었지만, 그의 명성이 만인에게 널리 알려지게 된 전역은 아니었다.

프랑스 전역에서 롬멜이 지휘한 제7전차사단은 연합군으로부터 유령사단Ghost Division이라 불릴 만큼 놀라운 진격을 선보였고, 이것은 부인할 수는 사실이다.* 하지만 나중에 롬멜의 신화가 정립되어가는 과정에서 이때의 전과가 부풀려지게 되었다. 사실 당시에 제7전차사단 말고도 뛰어난 전과를 거둔 사단급 부대들이 일일이 열거하기 힘들 만큼 많았다. 퇴역 군인인 빈리히 베어Winrich Behr가 이듬해 아프리카에 투입되었을 당시를 회상한 내용을 살펴보면 이를 확실히 알 수 있다. "나를 포함한 많은 병사들이 사막전을 놀라운 모험의 시작 정도로 생각하고 있었다. 그때까지 우리에게 롬멜은 그저 여러 장군들 중 한 명이었을 뿐이었다." 다시 말해, 롬멜의 신화는 아직 시작된 것이 아니었고, 1940년 말까지 독일군 전체에 그의 명성이 알려져 있지도 않았다.**

---

* http://en.wikipedia.org/wiki/7th_Panzer_Division_(Germany).
** 크리스터 요르겐센, 오태경 역, 『나는 탁상 위의 전략은 믿지 않는다』, 플래닛미디어, 2007, 118쪽.

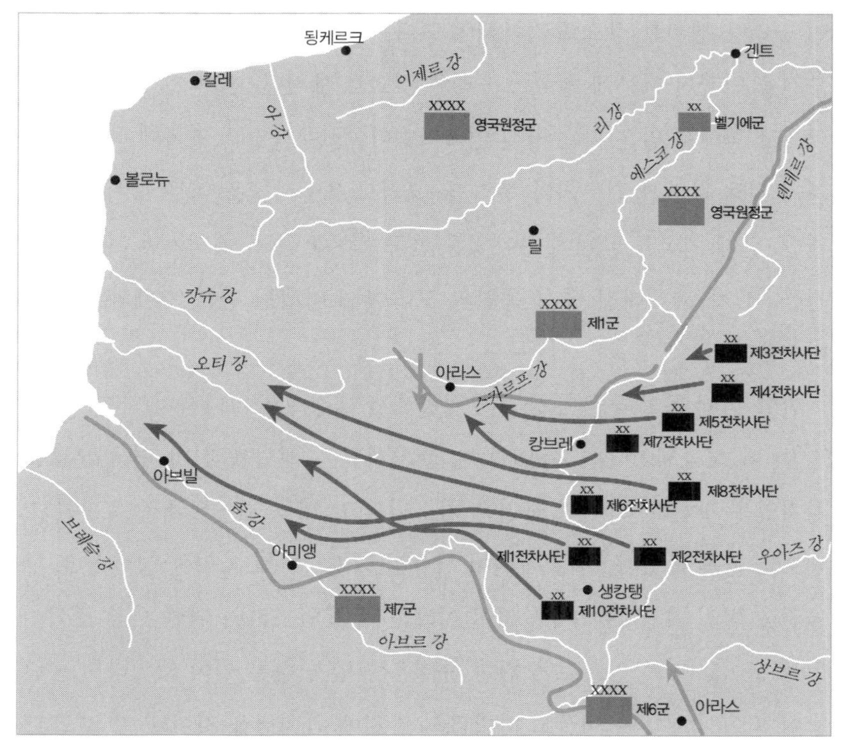

프랑스 전투 아르덴 산림지역을 기습 돌파한 독일의 기갑부대는 연합군의 배후를 돌파하여 대서양으로 엄청난 진격을 개시했다. 그 중 롬멜의 부대도 있었고, 이때의 전공으로 제7전차사단은 유령사단이라는 영광스런 칭호를 얻었다.

11. 찾아온 기회

1940년에 독일은 놀라운 군사적 업적을 세계에 자랑했지만, 한편으로는 좌절을 겪기도 했다. 이 시기에 독일이 영국을 점령하는 데 실패하여 제2차 세계대전 최초로 좌절을 맛보았다는 사실은 프랑스 전역의 눈부신 승리 때문에 간과되어왔다. 흔히 공군만의 전쟁으로 알려진 영국 본토 항공전은 공식적으로 그해 7월 10일에 시작하여 10월 31일에 끝이 나 영국이 승리를 쟁취한 것으로 기록되어 있다. 독일이 때리다 때리다 지쳐 먼저 수건을 던졌기 때문에 영국이 승리한 것으로 보지만, 전투 기간 내내 일방적으로 피해를 입은 것은 사실 영국이었다. 물론 독일은 영국에 폭탄을 던지기 위해 값비싼 전투기와 폭격기, 그리고 조종사들을 너무 많이 소모했지만, 한때 영국을 궁지에 몰아넣을 만큼 몰아붙였다. 때리기만 하다가 패전한 제1차 세계대전 당시 독일의 모습이 오버랩될 만큼 그때와 상황이 비슷했다.

만일 이때 독일 공군의 공격이 성공해서 예정대로 바다사자 작전Operation Sea Lion이 시작되었다면, 롬멜의 제7전차사단은 해협을 건너 영국 본토를 휘저었을 것이다. 하지만 작전은 취소되었고, 히틀러는 궁극적 목표인 소련으로 눈을 돌렸다. 사실 독일이 서유럽을 평정하고 치열한 영국 본토 항공전을 벌인 가장 큰 이유도 소련이라는 적을 타도하기 위한 사전 포석이었을 뿐이었다. 중장으로 승진한 롬멜은 만일 별다른 일이 없었다면 군단장이 되어서 부대를 이끌고 바바로사 작전에 참여했을 것이다. 만일 그랬다면 과연 롬멜이 신화로 남게 되었을까, 자못 궁금하지 않을 수 없다. 필자는 그의 능력을 고려할 때 뛰어난 지휘관으로서 명성을 얻었을 가능성은 충분하지만, 결코 독보적인 존재가 되지는 못했을 것이라고 단언한다. 그가 신화로 탄생하기에는 독소전의 규모가 너무 컸기 때문이다.

독소전은 전선만 해도 1,500킬로미터가 넘었고, 양측에서 동원된 800여만 명의 대군이 4년간 쉬지 않고 격렬히 충돌했던 사상 최대의 전쟁이었다. 이 정도 크기의 전쟁에서 일부 전술단위부대의 선전만으로 획기적인 전과를 올리기는 힘들다. 독일의 수많은 명장들이 독소전에서 활약했지만, 남에서 북으로 전체 전선을 넘나들며 동시에 작전을 펼친 인물은 있지도 않았고, 당시의 통신이나 이동 사정을 고려할 때 가능할 수도 없었다.

만일 롬멜이 동부전선에서 활약했다 하더라도 마찬가지였을 가능성이 크다. 프랑스와 북아프리카에서 롬멜이 보여주었던 앞으로만 치달리는 독단적인 진격은 동부전선에서는 상당히 위험한 전술이었다. 소련에서 만일 프랑스나 북아프리카에서처럼 부대를 운용했다면 적진 한가운데 고립되어 녹아버리거나 아군 전선에 구멍을 내어 전선을 붕괴시킬 가능성이 농후했기 때문이었다.

물론 유능한 장군이니까 때와 장소를 달리하여 작전을 펼쳤겠지만, 적어도 그가 독보적인 존재로 부각되기는 구조적으로 힘들었을 것이다. 더구나 지금까지 그의 전과와는 별개로 군부 내에서, 특히 상급 지휘부에서 그의 독단적 행태를 비난하는 소리가 이곳저곳에서 터져 나왔다. 야심가인 그는 이러한 비난을 자신의 업적과 능력을 시기하는 것으로 치부하고 (사실 일부 그런 경우도 있었지만) 애써 신경 쓰지 않았지만,* 동부전선에서 그런 행동은 곤란했다. 하지만 롬멜은 영웅이 될 운명이었는지 역사는 그에게 어마어마한 기회를 주었다. 20여 년 전 초급 장교였던 롬멜이 카포레토 전투에서 명성을 드높이는 데 일조한 이탈리아군이 다시 한 번 롬멜에게 기회를 준 것이었다. 이탈리아군은 시대와 공간을 초월하여 무능의 극치를 보여주었는데, 이번에는 아군의 입장에서 롬멜이 신화를 쓸 수 있도록 기회를 제공했다. 그곳은 롬멜이 평생 살아왔던 유럽과 전혀 다른 환경을 가진 낯선 사막의 땅이었다.

---

* Heinz W. Schmidt, *With Rommel in the Desert*, Harrap, 1980, p.55.

12. 이탈리아 독재자가 벌인 코미디

무솔리니는 히틀러의 등장 훨씬 이전부터 극우 이념을 내세우며 이탈리아의 지배자로 군림했는데, 한 가지 그가 크게 착각하고 있는 것이 있었다. 스페인 내전, 독일의 오스트리아 합병, 뮌헨 회담 등에도 주도적으로 참가했을 만큼 자신이 이끄는 이탈리아가 독일과 맞먹는다고 과대망상을 했던 것이었다. 히틀러가 유럽을 휘저으며 그 위세를 떨치자, 무솔리니는 은근히 배가 아프기 시작했다. 당시 북아프리카의 리비아는 이탈리아의 식민지였는데, 그 우측에는 독립 왕국이지만 실제로 영국의 간섭을 받는 이집트가 있었다. 1940년 후반 들어 독일 공군에게 연일 맹타를 당해 영국 본토가 혼란에 빠지자, 무솔리니는 이 틈을 노려 이집트를 차지하기로 결심했다. 무솔리니의 눈에는 리비아에 주둔한 이탈리아 원정군이 25만 명이고 반면에 이집트의 영국군은 불과 3만 명이라는 것만 보였다.

그런데 영국군을 쳐부수고 이집트를 정복한다는 것이 손쉬울 것으로 생각한 인물은 이탈리아에서도 무솔리니밖에 없었다. 리비아 주둔 이탈리아 원정군은 식민지인들의 간헐적인 저항이나 막아보았을 만큼 제대로 된 훈련을 받아본 적도 없고 변변한 무기도 없는 허우대만 큰 부대였다. 편제에는 300여 대의 전차를 보유한 것으로 되어 있지만, 대부분이 기관총에도 뚫려버리는 구닥다리였다. 이후 롬멜이 리비아로 건너와 연일 코피가 터지던 이탈리아군을 시찰하고는 다음과 같은 말을 했을 정도였다.

"무솔리니가 전쟁에 나가라며 자기 부하들에게 쥐어준 장비들을 보면 정말 머리털이 곤두설 수밖에 없다."*

* 존 라티머, 김시완 역, 『토브룩 1941』, 플래닛미디어, 2007, 36쪽.

따라서 누구보다도 자신들의 처지를 너무 잘 알고 있던 이탈리아군이 무솔리니의 명령에 반발한 것은 당연했다. 하지만 그들은 무솔리니의 뜻을 꺾지 못하고 마지못해 하기 싫은 전쟁을 벌여야 했다.

1940년 9월 13일 이탈리아의 25만 대군이 이집트를 침공했다. 그런데 이때까지만 해도 히틀러는 아프리카의 사막에서 무솔리니가 벌이는 일에 대해 그리 관심을 두지 않았다. 이미 히틀러는 소련 침공 예정일을 1941년 상반기로 정하고 모든 신경을 소련에만 쏟고 있었고, 독일 군부 또한 인류 역사상 최강의 원정군을 조직하기 위해 분주했다. 소심한 이탈리아 원정군 사령관 로돌포 그라치아니Rodolfo Graziani는 국경을 넘어 100킬로미터 정도만 진격한 뒤 무솔리니의 재촉에도 아랑곳하지 않고 공세를 멈추고 방어선을 구축했다. 당연히 여덟 배가 넘는 병력을 동원한 이탈리아는 위기에 빠진 본국의 도움을 받기 힘든 이집트의 영국군보다 우세할 것이라고 예상하고 있었다. 그런데 바로 그때 한마디로 말도 안 되는 어이없는 일이 벌어졌다.

1941년 12월 9일 시작된 영국군의 반격에 이탈리아군이 추풍낙엽처럼 박살이 나기 시작하더니 1개월 만에 20여 만 명이 사상당하거나 포로로 잡히면서 순식간에 900킬로미터나 돌파당해 리비아의 요충지인 트리폴리Tripoli까지 위협당할 위기에 처하게 된 것이었다. 한마디로 허접한 이탈리아군이 이룩한 믿기 힘든 신화의 결정판이라고 할 수 있었다. 그런데 이런 희극과 같은 상황이 히틀러의 관심을 북아프리카로 돌리게 만들었다.* 이탈리아가 이기고 있거나 지더라도 대치 중이었다면 히틀러도 그저 그러려

---

* 폴 콜리어 외, 강민수 역, 『제2차 세계대전: 탐욕의 끝, 사상 최악의 전쟁』, 플래닛미디어, 2008, 349-350쪽.

이탈리아군은 무모한 공격으로 이집트 주둔 영국군에게 참패하여 포로 신세가 되었다.

니 했을 텐데, 여덟 배나 많은 이탈리아군이 소수의 영국군에게 그것도 한 달 만에 돌파당해 위기에 처하자 흥미를 느꼈던 것이었다. 소련 원정 준비에 한창이던 히틀러였지만, 멍청한 무솔리니에게 자신의 존재를 각인시키고 바다 때문에 포기하게 된 영국 침공 대신에 아프리카의 영국군을 응징하여 분풀이를 하기로 결심했다.

13. 스스로 파버린 제2전선

제2차 세계대전사를 살펴보면, 개인적으로 가장 이해가 되지 않는 부분은 독일이 북아프리카 전선에 참전한 사실이다. 내륙국이자 동서 양쪽에 강력한 가상 적국이 있던 독일은 전통적으로 양면 전쟁을 거부한 나라였다. 폴란드 침공 이후 독일은 최대한 이를 피하면서 전쟁을 진행해왔다. 더구나 북아프리카에 군대를 보냈을 당시는 궁극적인 목표인 소련을 침공하기 위한 준비가 막바지 단계에 있던 시점이었다. 독일이 처음 아프리카로 보낸 전력이 1941년 당시의 독일군 전체를 고려한다면 엄청난 수준은 아니었지만, 거대한 전쟁을 준비하면서 다른 곳에 한눈을 파는 것은 병법에서 당연히 제외 대상이다. 북아프리카 전선을 독일 입장에서 제2전선이라기보다는 보조적인 전선으로 보는 것이 타당하다는 주장도 있지만, 북아프리카 전선을 제2전선으로 보든 보조적인 전선으로 보든 문제는 그것이 아니었다. 하물며 사자도 사냥감을 잡을 때는 결코 딴 짓을 하지 않는데, 독일은 그러지 않았던 것이었다.

더구나 엄밀히 말하면 독일이 주전선으로 삼은 동부전선과 북아프리카 전선은 전혀 관련도 없는 별개의 전장이었다. 혹자는 알렉산드로스 대왕 Alexandros the Great의 동방 원정처럼 독일군이 팔레스타인을 지나 터키를 거쳐 소련의 카프카스를 아래로부터 공격하여 소련의 배후를 강타하는 전략도 가능하다고 생각했지만, 그것은 마치 초등학생보고 당장 대학입시를 준비하라는 것처럼 말도 안 되는 상상이었다. 리비아에서 석유가 개발된 것이 1950년 중반이므로* 당시에는 북아프리카가 독일의 전략적 고려 대상도 아니었다. 오히려 독일에게는 철광석을 공급하는 북유럽과 석유를 제공하는 루마니아가 더 중요한 지역이었고, 앞으로 점령할 소련은 더 많은 보물이 있는 곳이었다. 설령 북아프리카를 점령하여 지중해를 추축국의 내해로 만들었다 해도 해군력이 절대 열세였기 때문에 허울만 좋을 가능성이 컸다.

이탈리아가 처음에 북아프리카와 발칸 반도에서 세력을 넓히고자 했을 때, 독일은 단지 도와주려는 차원에서 파병이 가능한지 기술적으로 검토

* http://www.mbendi.com/indy/oilg/af/lb/p0005.htm.

한 적이 있었는데, 이것은 독일이 추축국의 맹주라는 위상을 심어주기 위한 고도의 정치적 행위였다. 무솔리니는 이러한 내용을 알고 있었기 때문에 1940년 9월 초 독일이 군사 지원을 요청해왔을 때 이를 거부했던 것이었다. 그런데 이탈리아의 모험과 이에 따른 재앙이 모든 것을 극적으로 바꾸어놓았다. 굳이 참전할 필요는 없었지만, 이탈리아군의 전멸을 방관할 수 없었던 독일은 미리 준비해놓은 해바라기 작전Operation Sonnenblume에 의거해 부대를 이동하기로 결정했다.* 그런데 이미 작전이 수립되어 있었다고 해서 독일이 북아프리카에 처음부터 관심이 컸다고 해석하기는 곤란하다. 전략적으로 작전을 수립하는 모든 국가의 최고위 사령부들은 돌발 상황을 고려하여 미리미리 작전을 준비해야 하는데, 해바라기 작전도 바로 그 일환이었다.

독일은 1941년 1월 제5경사단과 제15전차사단의 2개 사단을 근간으로 독일아프리카군단Deutsches Afrikakorps, DAK을 창설하여 북아프리카로 파견하기로 결정했다.** 히틀러가 개입하여 이 부대의 지휘권을 롬멜에게 부여했는데, 이 때문에 독일아프리카군단의 상급지휘권 관계가 상당히 복잡하게 되었다. 총통 훈령에 따라 독일아프리카군단은 공식적으로 이탈리아 원정군 사령관의 지휘를 받게 되어 있었는데, 그렇다고 이탈리아군이 독일아프리카군단을 통제하는 구조는 아니었다. 국방군최고사령부는 이탈리아 최고사령부와 의견을 조율하는 형식을 취하면서 독일아프리카군단을 통제하려 했는데, 이를 방해한 것이 롬멜을 부대장으로 지명한 총통의 천거에 마지못해 동의한 육군최고사령부였다. 육군 총사령관 브라우히치는 이

* David Fraser, *Knight's Cross: A Life of Field Marshal Erwin Rommel*, Harper Collins, 1994, p.217.

** http://www.achtungpanzer.com/gen1.htm.

탈리아와 관계없이 직접 독일아프리카군단을 지휘하려 했다.* 이런 중구난방은 결과적으로 롬멜이 누구의 간섭도 받지 않고 전쟁을 이끌어나가는 동기를 부여한 셈이었다.

14. 아프리카로 건너간 야심가

총통, 국방군최고사령부, 육군최고사령부, 하다못해 이탈리아군까지도 간섭하려 했지만 결국은 누구도 간섭하지 못한 독일아프리카군단에게 1941년 1월에 독일군 최고지휘부가 공통적으로 요구한 것은 어찌 보면 단순했다. 그것은 위기에 빠진 이탈리아군을 도와 트리폴리를 방어하여 전선을 현 상태로 유지하라는 것이었다. 반격은 하되 공세로 나서지 말라고 요구한 것은, 북아프리카 전선을 확대하여 독일군 전체에게 부담을 주는 것이 옳지 않았기 때문이었다. 총통이 롬멜을 독일아프리카군단 지휘관으로 낙점하자, 육군최고사령부는 롬멜을 효과적으로 통제하려 노력했다. 그 이유는 롬멜의 야심을 잘 알고 있기 때문이었다. 육군최고사령부는 그가 총통에게 총애받고 있는 인물이라는 사실과 그가 그런 총통의 총애를 이용해 상부의 지시를 회피하곤 한다는 사실에 주목했다. 브라우히치와 할더는 롬멜이 아프리카로 출발하기 전에 그와 브리핑을 가졌지만, 지시한 대로 롬멜이 현지에서 임무를 수행하지 않을 것이라고 예상했다.**

---

* 제프리 메가기, 김홍래 역, 『히틀러 최고사령부 1933~1945년』, 플래닛미디어, 2009, 209-210쪽.

** 제프리 메가기, 김홍래 역, 『히틀러 최고사령부 1933~1945년』, 플래닛미디어, 2009, 210-211쪽.

이런 우려대로 야심가였던 롬멜은 처음부터 이탈리아군과의 공조는 전혀 생각하지 않고 독일군이 전선을 주도하여 영국군을 궤멸시키기로 결심했다. 롬멜은 선발대와 함께 트리폴리에 도착하자마자 영국군에 대한 공격 준비에 들어갔고, 얼마 가지 않아 롬멜의 신화가 역사에 등장하게 되었다. 엄밀히 말하면 롬멜은 방어에 전념하라는 상부의 명령을 처음부터 따르지 않았다. 본진이 모두 도착하기 이전인 1941년 3월 24일 롬멜은 엘아게일라El Agheila의 영국군을 향해 공격을 개시했다. 이때 롬멜이 동원한, 아니 동원할 수 있었던 부대는 제5경사단의 선도부대로 아프리카로 가장 먼저 건너온 1개 전차연대(제5전차연대)뿐이었다. 롬멜은 이처럼 제대로 갖춰지지 않은 소규모 선발대만으로 과감히 선제공격을 했고,* 참모나 예하 부대장들의 우려와 달리 자신이 있었다.

왜냐하면 흑색선전을 통해 트리폴리로 이동을 마친 독일아프리카군단이 수백 대의 전차를 보유한 강력한 기갑부대라고 상대를 속인 상태였기 때문이었다. 사실 롬멜은 적을 속여서 사기를 떨어뜨린 후 전투를 쉽게 끝내버리는 데 누구보다도 뛰어났다. 그런데 이런 그의 전술을 상대가 뻔히 알면서도 속아 넘어가는 경우가 종종 발생했고, 이로 인해 그는 '사막의 여우'로 불리게 되었다. 영국군은 프랑스에서 이미 독일군과 맞붙어 비참한 패배를 당한 경험이 있었기 때문에 독일군에 대한 막연한 불안감을 가지고 있었다. 그런데 그런 상태에서 독일의 기만 작전에 걸려들어 독일군을 더욱 두려운 존재로 여기게 되었다. 영국군은 장장 900킬로미터를 진격하는 바람에 보급로도 길어지고 상당히 지쳐 있었다. 롬멜은 이런 영국군의 심리를 꿰뚫고 있었다.**

---

* http://www.achtungpanzer.com/gen1.htm.

롬멜은 도착하자마자 선발대만 데리고 공격을 개시하여 엘아게일라를 점령했다. 이것으로 롬멜 신화가 시작되었지만, 엄밀히 말해 롬멜은 최고 수뇌부의 의사에 반하는 행동을 했고, 결국에는 쓸데없이 확전시킨 셈이었다.

롬멜은 조그만 틈을 노려 공격을 가했고, 영국군은 석 달 전의 이탈리아군처럼 순식간에 무너져내리기 시작했다. 불과 2주 만에 장군 3명이 포로가 되는 치욕을 당하며 처절히 붕괴된 영국군은 진격해온 길로 뒤돌아서 롬멜에게 1,000킬로미터를 쫓기며 쉬지 않고 후퇴해야 했다. 그것도 제대로 싸워보지도 못하고 롬멜이 일으킨 가짜 모래바람에 속아서 제풀에 붕괴되었던 것이었다. 참전 초반에 보여준 롬멜의 이 놀라운 전과는 누구도 예상하지 못한 엄청난 것이었다. 배에서 이제 막 하역을 마친 부대가 이런 전과를 올릴 수 있을 것이라고 확신한 인물은 아마 롬멜밖에 없었을 것이다. 선두에 나섰던 요하네스 슈트라이히Johannes Streich 제5경사단장은 롬멜의 재촉에 너무 무모하다고 수시로 이의를 제기하다가 질책을 받았을 정도였다.* 하지만 이러한 신화는 이제 시작일 뿐이었다.

** Jeremy Isaacs, The World at War: Part 8 The Desert: North Africa, Thames Television, 1973.

* 존 라티머, 김시완 역, 『토브룩 1941』, 플래닛미디어, 2007, 29쪽.

15. 신화의 이면

이후부터 롬멜의 독일아프리카군단이 보여준 전과는 놀라움 그 자체라는 점에 대해 아무도 이의를 달지 못할 정도였다. 영국군 지휘관들은 사병들이 롬멜이라는 이름만 들어도 사기가 떨어진다고 하소연했고, 처칠 또한 이 인물에게 당하기만 하는 영국군의 현실을 개탄했다. 반면에 아프리카에서 연일 날아오는 승전 소식은 히틀러는 물론이고 독일 국민에게 기쁨을 안겨주었고, 관영 선전매체들은 이를 대대적으로 선전하는 데 혈안이 되었다. 하지만 독일아프리카군단에 대한 관할권을 놓고 경쟁을 벌인 국방군최고사령부나 육군최고사령부는 이런 놀라운 승전 소식에 결코 웃을 수만은 없었다. 머지않아 독소전이 개시되면 한곳에 전력을 집중해야 하는데 이와 반대로 수성하라는 상부의 명령을 따르지 않고 공격에 나선 롬멜에 대한 평가가 좋지 못한 것은 당연했다. 승리는 기쁜 것이지만 공격 명령을 내리지 않았는데도 독단적으로 공세로 나간 것은 이유를 불문하고 설령 승리를 이끌었다 해도 일단 잘못된 행동이다.

혹자들은 군부의 최고위층을 중심으로 공공연히 터져 나온 롬멜에 대한 비난은 뛰어난 전과를 올린 인물에 대한 시샘이라고 주장하기도 하지만,* 필자는 이런 반응이 결코 잘못된 것이라고 생각하지 않는다. 롬멜이 이룩한 전술적 성과는 그 누구도 쉽게 이루지 못할 만큼 뛰어난 것임에는 이론의 여지가 없지만, 이러한 공세로 얻은 승리가 아군 전체에게 부담을 주는 원인이 되어서는 곤란하다. 만일 최초 공격 시 영국군에게 참패를 당했다

* 크리스터 요르겐센, 오태경 역, 『나는 탁상 위의 전략은 믿지 않는다』, 플래닛미디어, 2007, 103쪽.

면, 명령을 따르지 않고 독단적으로 부대를 지휘한 죄를 물어 롬멜을 단죄했을 것이다. 그런데 신화가 되었을 정도로 찬란한 승리가 계속되다 보니 윗선에서도 어떻게 할 수가 없었다. 롬멜의 계속적인 돌격으로 전선이 애초 계획과는 달리 상상 이상으로 확대되자, 어쩔 수 없이 보급량과 파견부대도 늘어날 수밖에 없었다.

처음에는 승리에 취해서였는지 이것이 그리 큰 부담으로 보이지 않았지만, 독소전이 격화됨과 동시에 아프리카에서 요구하는 지원량도 무한정 늘어나자, 부담은 곧바로 가시화되기 시작했다. 더욱이 지중해를 가로지르는 보급 루트는 공군이 엄호했지만, 해군력이 약한 추축국에게는 보급 선박을 호위하는 것 자체가 시간이 갈수록 힘들었다. 이것은 결코 전쟁 전체를 보아야 하는 최고위층 입장에서 바람직한 모습이 아니었다. 1941년 최초 파견 시 별동대 수준이었던 1개 군단 규모의 독일아프리카군단은 1943년에 이르러 아프리카 집단군Heeresgruppe Afrika으로까지 커졌다.* 이렇게 규모가 커진 이상 지원을 중단하거나 축소하기도 곤란하여 독일군 지휘부의 고민은 가중되었다. 이탈리아에 생색만 낼 수 있을 정도로 적당히 영국군의 공격을 막아내려는 애초의 계획은 롬멜 때문에 완전히 틀어져버렸고, 북아프리카의 전쟁은 한없이 커져만 갔다.

군인이 승리를 위해 노력하는 것은 당연한 의무다. 더구나 부족한 전력으로 아군의 피해를 최소화시키면서 상대에게 엄청난 피해를 안겨주는 승리는 두고두고 칭송을 받아야 마땅하다. 그런 점에서 전투에서 연이어 승리를 거둔 롬멜은 칭송을 받아 마땅하다. 그러나 그는 전쟁을 최종 승리로 이끌 만큼의 역량을 갖추지 못했고, 본국의 지원도 불가능했다는 점을 간

---

* http://en.wikipedia.org/wiki/Army_Group_Africa.

과했다. 그는 전술적인 지휘 능력은 뛰어났지만, 전략적인 관점에서 전쟁을 수행하지 못한 우를 범했다. 특히 롬멜에 대해 호의적이지 않았던 참모총장 할더는 그의 독단을 막기 위해 많은 노력을 했다. 대중적인 인기와 총통의 비호를 받는 점을 이용하여 본토에서 멀리 떨어진 곳에서 오로지 그의 의지대로만 작전을 펼치는 롬멜에게 분노한 할더는 육군최고사령부의 작전참모차장인 파울루스를 아프리카로 보내면서 "이 군인이 완전히 미치지 않게 막으라"*고 지시했을 정도였다. 이것은 결코 계속된 승리를 칭찬하기 위한 은유적 표현이 아니었다.

16. 놀라운 진격 그러나 최종적인 패배

전사에 길이 남은 롬멜의 업적은 독일아프리카군단이 북아프리카 전선에 참전하여 최초로 공세에 나선 1941년 3월부터 그해 7월까지 석 달간 거둔 것이라고 해도 틀린 말은 아닐 것이다. 독일아프리카군단은 순식간에 키레나이카Cyrenaica를 석권했다. 이탈리아군을 900킬로미터나 추격하며 트리폴리 근처까지 다가왔던 영국군은 전광석화 같은 롬멜의 반격에 놀라서 뒤로 돌아 1,000킬로미터를 도망가야 하는 참담함을 겪었다. 나치의 선전매체는 순식간에 연합군을 공포로 몰아넣고 있는 독일아프리카군단과 롬멜의 상황을 대대적으로 선전했지만, 반격은 하되 공세에 나서라고 한 적이 없는 육군최고사령부는 좌불안석이었다. 브라우히치는 롬멜에게 키레나이카의 초입인 벵가지Benghazi까지만 진격하도록 사전에 분명히 제한했

* B. H. Liddell Hart, *History of the Second World War*, Panpermac, 1997, p.181.

지만 롬멜은 명령을 어겼다. 하지만 육군최고사령부에게는 총통의 후광을 얻고 있는 롬멜의 독단을 제재할 수 있는 현실적인 방법이 없었다.

전혀 예상하지 못한 결과로 인해 롬멜의 명성은 하늘을 찔렀고, 그가 벌인 모든 전투는 하나하나 신화로 바뀌어갔다. 그런데 이러한 놀라운 기세에도 불구하고 롬멜은 전략 요충지인 토브룩Tobruk을 단번에 함락시키지 못했다. 이것으로 롬멜의 신화가 끝난 것이나 다름없었다. 롬멜은 토브룩이 제2의 됭케르크가 되지 않을까 조바심을 내며 진격을 독려했지만, 토브룩에 고립된 호주군 주축의 연합군은 1940년 프랑스 해안에서 보았던 영국군과는 달랐다. 결사 항전의 의지를 가진 연합군은 됭케르크에서처럼 바다를 통해 후퇴하지 않고 토브룩을 요새화하면서 극렬히 저항했다.* 전선이 순식간에 제1차 세계대전 당시의 참호전과 같은 모습으로

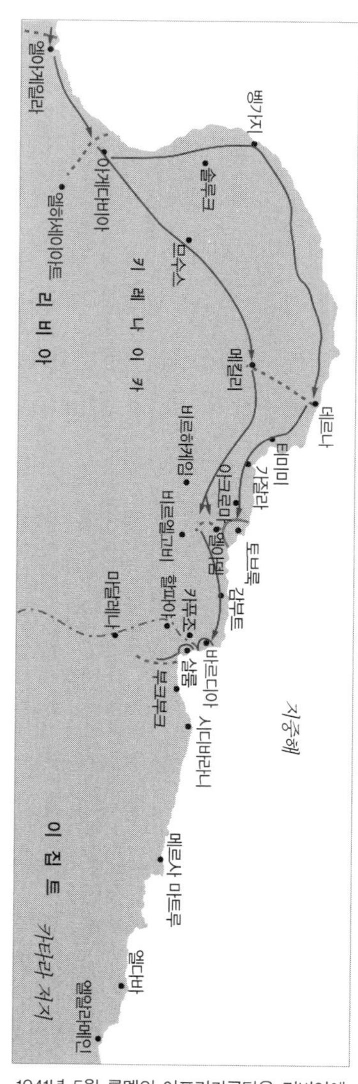

1941년 5월 롬멜의 아프리카군단은 리비아에 도착하자마자 공격을 개시하여 순식간에 이집트 국경까지 영국군을 밀어냈다. 이때 영국군이 토브룩을 요새화하면서 극렬히 저항하자, 롬멜은 큰 부담을 느꼈다.

* 존 라티머, 김시완 역, 『토브룩 1941』, 플래닛미디어, 2007, 95-97쪽.

바뀌자, 독일은 이를 돌파할 방법이 없었다. 롬멜은 토브룩을 고립시켜 공략하는 한편 전력을 분산하여 서둘러 이집트를 향한 진격을 감행했다. 하지만 이것은 엄밀히 말해 그의 능력을 벗어난 하지 말아야 할 행동이었다.

결국 그해 12월 31일 롬멜은 처음 진격을 개시했던 엘아게일라로 9개월 만에 다시 되돌아 올 수밖에 없었다. 보급의 제한과 전력의 분산 때문에 시간이 갈수록 강해지는 연합군을 제압할 수 없었다. 사실 이쯤에서 롬멜은 지난 전과를 곰곰이 반성해볼 필요가 있었다. 하지만 그는 독일 본토의 상급지휘부가 전선을 확대하는 것을 말렸던 이유를 그때까지도 이해하지 못했고, 자신의 신념만 믿었다. 오히려 전공을 치하하려 롬멜을 진급시키고 그에 걸맞게 독일아프리카군단을 아프리카 기갑군Panzer Army Africa으로 승격시켜준 것이 롬멜의 착각을 증폭시켰다. 일부 이탈리아군을 그의 관할로 넘겨받은 것 외에 사실상 전력 증강이 이루어지지 않았는데도, 롬멜은 타이틀에 걸맞은 작전을 펼치려 했다. 항상 그랬듯이 대강의 준비를 마치자마자 한 치의 망설임도 없이 1942년 1월 말 재공세에 돌입했다.

분명히 1941년의 전투를 겪었다면 공세보다는 전선이 더 이상 확대되고 전투가 소모전으로 흐르지 않도록 전략을 바꿔야 하는데도 롬멜은 전혀 반성하지 않았던 것이었다. 비록 1942년 6월에 지난 1년간 독일의 공격을 버텨온 눈엣가시 같던 토브룩을 함락시키기는 했지만, 12월이 되었을 때 또다시 원위치로 돌아간 것도 모자라 이듬해 1943년 1월에는 트리폴리를 영국군에게 내주면서 리비아에서 완전히 물러나게 되었다. 아프리카의 독일군은 튀니지로 후퇴하여 저항을 계속하려 했지만, 정면의 영국군과 알제리에 상륙한 미군이 배후에서 협공을 가하자 더 이상 버티지 못하고 결국 1943년 5월 13일에 30만 명이 포로로 잡히면서 항복하고 말았다.* 하지만 이처럼 판을 키우는 데 가장 큰 역할을 한 롬멜은 총통의 호의로 베클린으로 옮겨갔고, 설거지는 롬멜과 사이가 나빴던 후임 사령관 한스-위르겐 폰 아르님Hans-Jürgen von Arnim의 몫이었다.

17. 영웅이 되어 써나간 신화

처음에 독일아프리카군단으로 출발한 독일 원정군은 어느덧 아프리카 집단군Army Group Africa으로 외형은 무한정 커져 있지만, 사실 병력의 대다수는 이탈리아군이 차지하고 있었다. 그렇기 때문에 아프리카 집단군의 항복은 이탈리아에게 사형선고를 내린 것이나 다름이 없을 정도로 심각한 영향을 주었다.* 결국 한 사람의 영웅으로 인해 한없이 커져갔던 북아프리카 전선의 마지막 결과는 결국 독일에게 독이 되어 돌아왔다. 아프리카 원정군이 괴멸한 1943년 5월은 독일이 동부전선의 스탈린그라드에서 엄청난 패배를 당한 직후였다. 블랙홀에 빠진 독일은 그들이 쏟아 부은 것을 회복할 능력이 사실 없었고, 이것은 전쟁에서의 패배를 뜻하는 것이었다. 스탈린그라드의 소모전은 히틀러의 고집 때문에, 북아프리카의 무의미한 전쟁은 총통의 비호를 받는 롬멜의 모험주의 때문에 비참한 결말을 맞게 된 것이었다.

롬멜은 1942년 6월 토브룩을 함락시킴으로써 개인적으로 최연소 원수에 오르는 영광을 얻었지만, 그 대가는 실로 혹독했다. 물론 북아프리카

---

* Jeremy Isaacs, The World at War: Part 8 The Desert: North Africa, Thames Television, 1973.
* 크리스터 요르겐센, 오태경 역, 『나는 탁상 위의 전략은 믿지 않는다』, 플래닛미디어, 2007, 306쪽.

전선에서 벌어진 모든 결과에 대한 책임을 롬멜에게만 돌릴 수는 없다. 설령 독일이 북아프리카에 개입하지 않았다 하더라도 제2차 세계대전에서 패전하는 것을 막을 수는 없었을 것이다. 하지만 롬멜을 빼놓고 아프리카 전선을 논할 수 없을 만큼 그의 역할은 너무 컸고 그가 벌린 일이 너무 많았다. 1940년 9월 이탈리아의 선공으로 시작되어 1943년 5월 튀니지에서 추축국의 항복으로 막을 내린 북아프리카 전선은 한마디로 선線의 전쟁이었다. 북아프리카 해안가 이남은 광활한 사하라 사막 지대라 연합군이든 독일군이든 이곳까지 흩어져서 면面을 놓고 싸우기는 애초부터 불가능했다.* 그렇기 때문에 한번 정면의 방어선만 돌파하면 그 다음 방어선까지 수백 킬로미터를 쉽게 전진할 수 있었고, 이로 인해 일종의 착시가 벌어졌던 것이었다.

기다란 공간에 상대적으로 적은 인원이 대결하던 북아프리카 전선은 엄청난 전진을 쉽게 할 수 있었지만, 방어선이 촘촘했던 토브룩 같은 거점은 쉽게 뛰어넘을 수 없었다. 지난 2년간 롬멜은 왕복달리기하듯 같은 곳을 무의미하게 왕복하며 승리와 패배를 반복하다가 결국 모든 것을 잃고 말았다. 만일 그가 육군최고사령부의 의도대로 처음부터 소극적으로 전선을 유지했다면, 명성은 얻지 못했겠지만 좋은 결과는 얻을 수 있었을 것이다. 북아프리카 전선을 결정지은 1942년 말의 엘알라메인 전투Battle of El Alamein에서 독일이 회복하기 힘든 결정타를 맞고 수세에 몰리기 시작했을 때, 롬멜은 본국의 지원이 너무 적다고 불평했지만** 동부전선을 지원하기에도 벅찬 당시의 독일 입장에서 무한정 롬멜을 도울 수는 없었다. 사실 이것은

---

* 크리스터 요르겐센, 오태경 역, 『나는 탁상 위의 전략은 믿지 않는다』, 플래닛미디어, 2007, 122-124쪽.

** David Irving, *The Trail of the Fox: Rommel*, Dutton, London, 1977, p.206.

소련 침공을 준비 중이던 독일이 별로 관련도 없는 북아프리카에 군대를 보냈을 때부터 예견되었던 문제였다. 엄밀히 말해 이것은 총체적인 전략 부재로 벌어진 일이었다.

하지만 아프리카에서의 몰락에도 불구하고 롬멜은 독일에서 대중에게 가장 많이 알려진 최고의 전쟁 영웅이 되어 있었다. 북아프리카 전선은 다른 인물들이 개입할 수 없을 만큼 철저히 분리된 독립적인 환경을 가진 전선이었기 때문에 오로지 롬멜에 의한, 롬멜을 위한, 롬멜의 전선이 될 수 있었고, 이와 더불어 패배의 이유를 무조건 롬멜에게서 찾았던 연합국의 한심한 변명도 그를 유명하게 만드는 데 단단히 한몫했다. "롬멜, 롬멜, 롬멜! 놈을 무너뜨릴 수 있다면 무슨 짓이든 하겠어!"*라고 장탄식하던 처칠의 울분처럼 연합군은 어느덧 롬멜을 경외하게 되었고, 독일인들은 그를 더 없는 자랑으로 여기게 되었다. 그러다 보니 그의 후견인이 되었던 히틀러조차도 그를 함부로 대할 수 없는 지경에까지 이르렀다. 이것은 이후 롬멜의 최후에서도 다시 한 번 확연히 드러나는 사실이지만, 어느덧 그는 실력이나 성과에 비해 너무 많이 알려져버린 장군이 되었다.

18. 거부당한 영웅

트리폴리 함락 후 롬멜이 튀니지로 철수하자, 히틀러는 롬멜을 해임하지 않고 본국으로 소환만 했다. 히틀러는 현지사수 명령을 따르지 않고 후퇴한 장군들의 군복을 벗기곤 했는데, 롬멜은 예외였다. 항복은 아르님이

* Wolf Heckmann, *Rommel's War in Africa*, Doubleday, London, 1981, p.16.

했지만, 엄밀히 말하면 패장은 롬멜이었다. 롬멜은 전술적으로 많은 승리를 엮어냈지만, 전략적으로 전장을 다루지 못해 결국 패했다. 이런 결과에 대해 책임져야 할 사람은 당연히 롬멜이었는데도 불구하고 히틀러는 그의 군복을 벗기지 않았다. 엘알라메인 전투에서 그 동안 가졌던 히틀러에 대한 믿음이 서서히 멀어져갔을 정도로 무책임한 현지사수 명령만 총통이 남발하자, 롬멜은 정면으로 항거하며 부대를 후퇴시켜 히틀러를 격분하게 만들었고,* 결국에는 아프리카에서 패배를 기록했다. 그럼에도 불구하고 롬멜의 군복을 벗기지 않은 것은 지금까지 다른 전선의 장군들에 대한 문책성 조치에 비하면 그야말로 파격이 아닐 수 없었다. 아직까지도 총통은 그를 총애하고 있었고, 독일 국민에게 어느덧 영웅이 되어버린 그를 함부로 쫓아낼 수 없었다. 만일 그를 해임한다면 국민들에게 충격을 줄 가능성이 너무 컸기 때문이었다. 게다가 압도적인 물량전으로 몰아붙여 승리한 영국과 미국이 이후에도 툭하면 그를 언급했을 만큼 그는 선전 도구로서의 가치가 충분했다.

본국에 소환된 롬멜은 이상한 전쟁으로 변해버린 이탈리아전선에서 근무하는 등 한직에 머물러 있어야 했다. 그것은 패전에 대한 일종의 문책이기도 했지만, 군부에서 그를 특별히 원하지 않았기 때문이었다. 만일 그가 겉으로 드러난 명성만큼 실력이 뛰어나다고 평가받았다면 최연소 원수인 그를 그냥 내버려둘 하등의 이유가 없었다. 아직 전쟁은 끝나지 않았고, 동부전선은 더욱 격렬하게 변해가면서 독일이 수세에 몰리고 있던 중이었다. 게다가 히틀러의 지나친 개입으로 인해 그 동안 전쟁을 이끌어왔던 수

---

* 크리스터 요르젠센, 오태경 역, 『나는 탁상 위의 전략은 믿지 않는다』, 플래닛미디어, 2007, 274-276쪽.

많은 명장들이 해임되거나 면직되는 바람에 전선에서는 한 명의 장군이라도 아쉬운 상태였다. 고집불통인 총통과 거리낌 없이 대화를 나누고 능력까지 뛰어난 장군이라면 금상첨화였으나, 정작 롬멜은 논외의 대상이었다. 1943년 후반기에 들어 국방군최고사령부와 육군최고사령부는 단지 총통의 명령을 받아 적기만 하는 조직으로 변해 있었음에도 불구하고 그는 군부에서 거부되고 있었다.

이것은 무소불위의 히틀러조차도 군부의 반발을 무릅쓰고 롬멜을 최전선에 우격다짐으로 끼워넣지 못했을 만큼 롬멜이 군부에서 배척당하고 있었다는 얘기다. 1944년 서부전선 총사령관이었던 룬트슈테트가 형식상 자신의 부하인 B집단군 사령관으로 롬멜이 부임했을 때 롬멜에 대해 그 동안 "많은 편견을 가지고 있었다"* 고 했을 만큼 당시 롬멜을 특별히 원하는 곳은 없었다. 총통에 대한 충성심이 커서 최측근으로 손꼽히던 모델이 동부전선에서 고군분투한 경우는 있었지만, 전쟁 후반기로 갈수록 총통의 전횡에 몸서리치는 군부에서 히틀러와 친하다는 것은 그다지 자랑거리가 되지 못했다. 예스맨인 카이텔이나 괴링 같은 인물은 조롱의 대상으로 전락한 지 이미 오래되었다. 그렇기 때문에 군부가 총통의 총애로 벼락출세했다고 수군거림을 당하던 롬멜을 거들떠볼 리 없었다.

비록 엘알라메인 전투를 기점으로 롬멜이 히틀러에 대한 존경심이 사라지고 이후 히틀러 암살사건에도 가담하게 되었다고는 하지만, 표면적으로 롬멜이 히틀러를 멀리하려 하지는 않았다. 그 동안 총통을 믿고 상부의 명령을 밥 먹듯이 무시하던 롬멜의 행태를 쉽게 용서해줄 수 없었던 육군최

* 크리스터 요르겐센, 오태경 역, 『나는 탁상 위의 전략은 믿지 않는다』, 플래닛미디어, 2007, 312쪽.

고사령부는 만일 그가 동부전선에 뛰어든다면 또다시 임의적으로 작전을 펼칠 가능성이 크다고 생각했다. 롬멜이 지휘관으로 다시 복귀하게 된 것은 아프리카에서 소환된 지 10개월 만인 1944년 1월 15일 동부전선이 아닌 북부 프랑스를 담당하던 B집단군의 사령관으로 임명되면서부터다.* 그곳은 연합군의 상륙이 예상되는 곳으로 상당히 중요한 지역이었지만, 독일의 주전선은 아니었다. B집단군은 해안 경계 및 상륙 저지가 임무였고, 예하부대는 상대적으로 전투력이 약한 2선급 부대가 대부분이었다.

19. 대서양 방어선을 구축하다

우여곡절 끝에 대서양을 방어하는 B집단군 사령관으로 부임한 롬멜은 생각보다 방어막 준비가 부실한 것을 깨닫고 서둘러 보강에 나섰다. 공격전의 귀재인 롬멜이 이번에는 반대로 방어전을 위해 특유의 추진력을 발휘했던 것이었다. 롬멜은 히틀러에게 직접 지원을 요청하여 그 동안 지지부진하던 대서양 방벽Atlantic Wall을 조기에 완성하는 리더십을 보여주었다.** 그러나 마지노선이 프랑스를 방어해내지 못했던 것처럼 막상 이 방벽도 연합군의 공격으로부터 제3제국을 지켜내지는 못했다.

그런데 서부전선의 문제는 다른 데 있었다. 아니, 그것은 어쩌면 서부전선만의 문제가 아니라 독일군 전체의 문제라 할 수도 있었다. 그것은 바로 지휘체계의 난맥상이었다. 일사불란하던 독일군의 지휘체계는 시간이 경

---

* http://en.wikipedia.org/wiki/Erwin_Rommel.

** http://en.wikipedia.org/wiki/Atlantic_Wall.

1944년 대서양을 방어하는 B집단군의 사령관이 되어 예하부대를 시찰하는 모습.

과할수록 엉망이 되었는데, 그 중심에는 사사건건 모든 것을 간섭하려 들던 히틀러의 광기가 있었다. 하지만 이런 총통의 행태에 휘둘려 중심을 잡지 못하고 분열된 군부 스스로의 책임도 컸다.

1940년의 영광스런 승리로 차지한 서부전선은 당시 국방군최고사령부가 관할하고 있었다. 육군최고사령부와 국방군최고사령부의 파워 싸움이 심각해지자, 동부전선은 육군최고사령부가, 기타 전선은 국방군최고사령부가 관할하기로 하면서 일단 겉으로는 교통정리가 된 모습이었지만, 이 이면에서 군권을 장악하려는 육군최고사령부의 간섭은 계속 이어졌다.* 공식적으로는 국방군최고사령부가 파리에 위치한 서부전선최고사령부 Oberbefehlshaber West, OB West에 지시를 내렸지만, 서부전선최고사령부는 비공식

* 제프리 메가기, 김홍래 역, 『히틀러 최고사령부 1933~1945년』, 플래닛미디어, 2009, 399-400쪽.

적으로 육군최고사령부의 간섭도 받고 있었다. 서부전선최고사령부는 예하에 프랑스 북부와 대서양을 관할하는 B집단군과 프랑스 남부를 관할하는 G집단군이 있었고, 직할부대로 강력한 서부기갑집단Panzer Group West을 보유하고 있었다. 롬멜이 새로 사령관으로 부임한 B집단군의 예하에는 노르망디를 담당하는 제7군과 파드칼레Pas de Calais를 방어하는 제15군이 편제되어 있었다. 그런데 겉으로 보이는 이런 깔끔한 전투서열과 달리, 지휘체계는 한마디로 엉망진창이었다.*

우선, 중심이 되어야 할 서부전선최고사령부의 권위가 없었다. 독일군 최고 연장자인 룬트슈테트 원수는 자존심을 세우고자 했지만, 그의 능력으로 할 수 있는 일이란 거의 없었다. 주임무인 대서양 방어는 같은 원수 계급장을 달고 있는 롬멜이 전담했고, 서부전선최고사령부에는 단지 사후 통보만 했다. 역시나 롬멜은 북아프리카에서처럼 서부전선최고사령부는 물론이고 국방군최고사령부, 육군최고사령부도 거치지 않고 툭하면 총통에게 직접 보고하여 상급자나 지휘체계를 무시하는 행태를 재현했다. 하지만 서류상으로 서부전선최고사령부의 직할부대로서 방어전의 중추가 될 서부기갑집단에게 실제로 명령을 내릴 수 있는 사람이 오로지 총통밖에 없었다는 어이없는 사실을 생각하면, 이러한 지휘체계의 난맥상은 약과라고 할 수 있었다.** 그러나 이처럼 우려스러울 만큼 엉망진창인 지휘체계보다도 더 큰 문제는 연합군이 침공할 경우에 대처하는 방법을 놓고 지휘부가 극단적으로 대립했다는 사실이었다.

서부전선의 두 원수인 롬멜과 룬트슈테트는 방어의 중핵이 될 기갑부대

* 스티븐 배시, 김홍래 역, 『노르망디 1944』, 플래닛미디어, 2006, 15-16쪽.
** 폴 콜리어 외, 강민수 역, 『제2차 세계대전: 탐욕의 끝, 사상 최악의 전쟁』, 플래닛미디어, 2008, 718-720쪽.

의 배치를 놓고 심각한 논쟁을 벌였다. 롬멜은 기갑부대를 해안 가까이 집결시켜놓았다가 적이 상륙하면 즉시 투입시켜 바다로 적을 몰아내자고 주장했다. 그가 그렇게 주장한 이유는 북아프리카 전선에서 제공권을 상실해 금쪽같은 기갑부대가 연합군의 폭격에 맥없이 나가 떨어졌던 뼈저린 경험을 했기 때문이었다. 당시 독일의 공군력이 연합군에 비해 절대 열세였기 때문에, 기갑부대의 이동 거리를 최대한 단축하는 것이 유리하고, 또 해안가에서 상륙군과 엉켜서 싸우면 적도 쉽게 폭격하지 못할 것이라고 판단했던 것이었다. 이와 더불어 그는 상륙부대가 축차 투입될 수밖에 없는 상륙 초기가 상륙군이 가장 방어에 취약한 시점이니 상대적으로 공격이 쉽다는 이유를 들었고, 구체적으로 노르망디를 예상 상륙 지점으로 꼽아 이곳에 기갑부대를 집중하자고 주장했다.*

20. 파국으로 치닫는 제3제국

하지만 룬트슈테트는 연합군이 영국에서 가장 가까운 파드칼레 지역으로 상륙할 것으로 예상하고 기갑부대를 내륙 깊숙한 곳에 집중시켜놓았다가 연합군을 끌어들여 단 한 번의 기동전으로 일거에 격멸하는 전술을 구사해야 한다고 주장했다.** 결국 일체의 양보도 없는 두 원수의 고집과 대립은 서부전선 지휘부를 양분시켜놓을 지경에까지 이르게 되었다. 롬멜의 주장에 제7군 사령관 프리드리히 돌만Friedrich Dollmann과 노르망디에 주둔

* 크리스터 요르겐센, 오태경 역, 『나는 탁상 위의 전략은 믿지 않는다』, 플래닛미디어, 2007, 314쪽.
** 스티븐 배시, 김홍래 역, 『노르망디 1944』, 플래닛미디어, 2006, 37쪽.

한 제84군단장 에리히 마르크스Erich Marcks가 동조했고, 룬트슈테트의 견해에는 참모총장 구데리안과 서부기갑집단 사령관 레오 프라이헤어 가이어 폰 슈베펜부르크Leo Freiherr Geyr von Schweppenburg가 찬성했다. 결론적으로 롬멜의 견해가 옳았으나, 이번에는 히틀러가 룬트슈테트의 견해에 손을 들어주었다.*

하지만 양측 모두 가장 중요한 사실을 간과하고 있었다. 모두 다 기갑부대를 자신이 지휘하고 싶어했지만, 어느 누구도 히틀러로부터 기갑부대의 지휘권을 받아내지 못한 것이었다. 막상 연합군이 상륙했을 때, 잠들어 있던 히틀러가 깨어날 때까지 독일의 전차들은 시동만 켜놓고 움직일 수 없었다.** 비록 이후에 롬멜이 기갑부대를 지휘할 수 있도록 허락을 받았지만, 룬트슈테트의 작전안도 실행할 수 없었을 만큼 이미 모든 것이 늦은 상태였다. 1944년 6월 6일 미군과 영국군이 주축이 된 연합군이 노르망디에 상륙하자, 지난 4년간 평온했던 서부전선에서도 포탄과 화염이 난무하기 시작했다. 7월이 되었을 때 영리한 롬멜은 이 전쟁에서 독일이 승리할 수 없음을 깨닫고 총통과의 면담에서 정치외교적인 방법으로 서부전선을 종결할 것을 건의했다. 하지만 이러한 그의 충언에 히틀러는 분노했고, 이것은 공고했던 그들의 관계를 멀어지게 하는 결정적 계기가 되었다.***

7월 초, 히틀러는 패전의 책임을 물어 룬트슈테트를 해임하고, 후임으로 동부전선에서 중부집단군을 지휘하던 클루게를 임명했다. 1940년 프랑스 전역에서 롬멜의 제7전차사단이 소속된 제4군의 사령관이었던 클루게는

---

* 크리스터 요르겐센, 오태경 역, 『나는 탁상 위의 전략은 믿지 않는다』, 플래닛미디어, 2007, 315쪽.

** 스티븐 배시, 김홍래 역, 『노르망디 1944』, 플래닛미디어, 2006, 55쪽.

*** David Irving, *The Trail of the Fox: Rommel*, Dutton, London, 1977, pp.350-353.

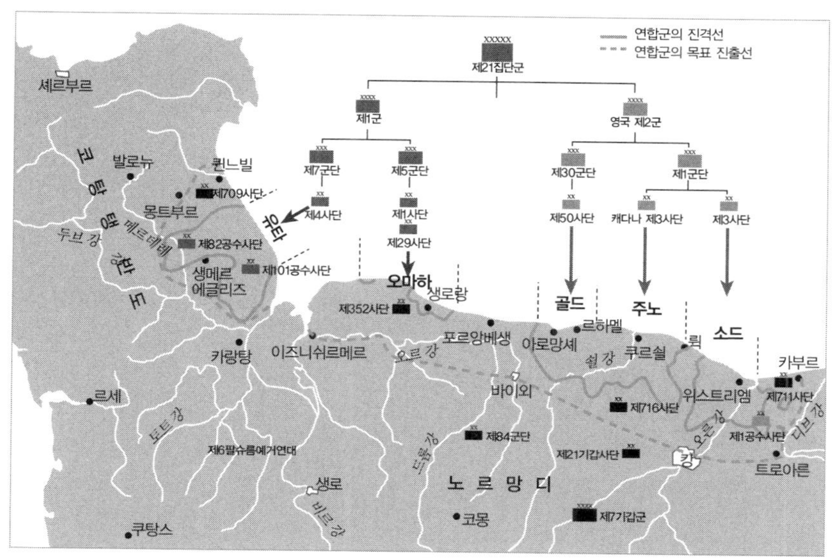

1944년 6월 6일 디데이 독일은 롬멜의 준비에도 불구하고 뻔히 예상 지역으로 침공을 개시한 연합군을 초전에 방어하는 데 실패했다. 이후 유럽전선은 동서양면전으로 진행되었고, 독일의 패망은 기정사실이 되었다.

평소에 군부 내에서 가장 롬멜을 혹평하던 인물이었다. 그가 롬멜에게 "사단 정도의 부대 지휘에나 적합한 인물"이라고 면박을 주었을 만큼 둘 사이의 관계는 좋지 않았고, 따라서 당연히 협조가 이루어질 리 없었다.* 롬멜이 총통에 대한 실망감과 지휘체계에 대한 분쟁으로 엄청난 회의에 빠진 바로 그때, 프랑스 군정사령관인 칼-하인리히 폰 슈튈프나겔Carl-Heinrich von Stülpnagel을 대신한 캐자르 폰 호파커Caesar von Hofacker 중령이 그를 은밀히 찾아와 중대한 제안을 했다. 롬멜이 히틀러 암살 모의에 가담해주기를 바랐던 것이었다.** 여기에 대해 롬멜이 입장을 분명하게 밝히지는 않았다는 이

---

* David Irving, *The Trail of the Fox: Rommel*, Dutton, London, 1977, pp.363-367.
** 크리스터 요르겐센, 오태경 역, 『나는 탁상 위의 전략은 믿지 않는다』, 플래닛미디어, 2007, 328쪽.

야기가 대부분이지만, 암살 계획에 적극 동의했다는 주장도 있다.

총통의 비서관이자 나치 실세 중 한 명이었던 마르틴 루드비히 보어만Martin Ludwig Bormann이 1944년 9월 27일에 기록한 내용에 따르면, "슈튈프나겔, 호파커, 그리고 많은 피고들이 롬멜이 이 계획을 전적으로 이해했고, 암살 계획이 성공하면 새 정부를 위해 자신이 나설 것이라고 밝혔다고 한다."* 보어만이 평소부터 롬멜을 싫어했기 때문에 음해했을 가능성이 크지만, 어쨌든 롬멜이 총통 암살에 관한 모의를 미리 알고 있던 것은 사실이었다. 하지만 이와 별개로 롬멜은 B집단군 사령관으로서의 임무를 게을리 하지는 않았다. 그는 전선을 독려하다가 7월 17일 캉Caen 인근에서 벌어진 연합군의 공습으로 머리에 커다란 부상을 당해 후방으로 후송되었고, 이후 전선에서 그를 다시는 볼 수 없었다. 7월 20일 드디어 동프로이센의 늑대굴Wolfschanze **에서 희대의 독재자를 암살하기 위한 커다란 폭발음이 울렸다. 하지만 히틀러는 살아났고, 이때부터 엄청난 피의 복수극이 자행되었다.

21. 영웅의 최후

죽음 바로 직전까지 갔던 히틀러의 복수극은 그야말로 잔인했다. 조금이라도 의심이 가는 자는 즉시 비밀경찰이 체포하여 모진 고문을 가했다. 이 중 약 5,000명 정도가 교수형을 당했다. 히틀러는 사형수들이 죽어가는

---

* http://navercast.naver.com/worldcelebrity/history/785.

** 히틀러가 동부전선을 지휘하기 위한 목적으로 동프로이센 라스텐부르크Rastenburg에 설치한 본부로, 히틀러 암살미수사건이 일어난 곳으로 유명하다.

장면을 촬영하게 한 뒤 이를 보면서 즐거워했을 만큼 눈이 뒤집혀 있던 상태였다. 그리고 이를 기화로 보어만의 음모가 더해져 무자비한 복수극의 칼날이 롬멜에게도 다가오게 되었다. 전상을 당해 집에서 요양하고 있던 롬멜에게 10월 14일 베를린으로부터 손님들이 찾아왔다. 롬멜과 동향으로 예전부터 안면이 있던 빌헬름 부르크도르프Wilhelm Burgdorf가 잠시 침묵한 후에 다음과 같은 총통의 전갈을 전했다.

"자살하여 귀관과 귀관의 가족이 공개재판의 수치를 면하게 하라. 재판을 택한다면 귀관의 가족은 강제수용소로 보내질 것이다."*

히틀러는 롬멜이 자신에게 칼을 겨누었다고 단정했던 것이었다.

그리고 바로 그날 롬멜은 음독하여 스스로 목숨을 끊었다. 그것은 자살이 아닌 강요에 의한 타살이었고, 그가 한때나마 존경했던 잔인한 독재자로부터 사랑하는 가족을 지키기 위해 그가 선택할 수 있는 유일한 방법이었다. 히틀러는 롬멜의 마지막을 전사로 발표하고 성대하게 장례를 치러주었다. 하지만 롬멜에 대한 일말의 동정심이 남아서 그랬던 것은 아니었다. 히틀러는 마지막까지 롬멜을 이용했던 것이었다. 잔인한 히틀러조차도 함부로 할 수 없을 만큼 독일 국민에게 영웅이 되어버린 롬멜을 암살사건과 관련된 인물로 만들고 싶지 않았던 것이었다. 연일 폭격에 시달리는 독일 국민이 만일 롬멜이 히틀러 암살사건에 관여했다고 믿게 된다면 엄청난 충격을 받을 것이고, 그렇게 되면 히틀러에 대한 절대 믿음도 그만큼 약화될 게 분명했다. 결국 암살을 모의하던 측도 히틀러도 모두 롬멜의 대중 인지도를 이용하고자 했던 것이었다. 그리고 그 사이에서 전쟁 영웅 롬멜은 어이없는 최후를 맞았다.

---

* David Irving, *The Trail of the Fox: Rommel*, Dutton, London, 1977, pp.400-401.

사실 롬멜이 히틀러를 발판으로 그의 의지를 펼치려 했다는 것은 부인할 수 없는 사실이지만, 그가 군인으로서의 야망 이외에는 다른 쪽으로 눈을 돌리지 않았다는 점은 이후에도 긍정적으로 평가받는 요소다. 당시 해군 제독이었던 프리드리히 오스카르 루게Friedrich Oskar Ruge의 증언에 따르면, 롬멜이 "유감스럽게도 저 위의 지도부는 깨끗하지 못하다. 학살 행위는 커다란 범죄다"*라고 주장했을 만큼 그는 나치의 전쟁 범죄 행위에 반대했다. 적어도 그가 책임졌던 전선에서 전쟁 범죄 행위로 규정할 만한 추악한 모습은 벌어지지 않았다. 그는 소름이 끼칠 만큼 매몰차게 공격하여 승리를 엮어냈지만, 전쟁터에서 상대에 대한 예의에 벗어난 행동은 하지 않았다. 이 때문에 그는 적에게 너무나 얄미운 존재인 동시에 한편으로는 존경의 대상이 되기도 했다. 1942년 1월 영국 수상 처칠은 의회 연설에서 이렇게 말했다.

"우리에게는 대담하고 솜씨 좋은 적이 있습니다. 나는 그를 위대한 장군이라 말하고 싶습니다."**

동부전선에서 활약한 장군들이 나치와의 관계 여부를 불문하고 전후에 일단 전범으로 기소된 것만 보아도, 롬멜이 히틀러나 나치가 세세히 간섭할 수 없을 만큼 멀리 떨어진 북아프리카 전선에서 주로 활약한 것은 오히려 그의 흠결사항을 줄여주는 촉매제였는지 모른다. 군인으로서 명예를 드높이고 싶었던 롬멜은 그가 의지했던 인물이 너무나 잔혹한 악의 화신이어서 결국에는 잔혹한 결말을 맞게 되었다. 역설적이지만 롬멜의 죽음은 그의 삶을 극적으로 만들어버렸다. 만일 살아서 종전을 맞았다면 역사

* http://navercast.naver.com/worldcelebrity/history/785.
** Wolf Heckmann, *Rommel's War in Africa*, Doubleday, London, 1981, p.16.

에 유명한 독일군 장군 중 한 명으로만 남았겠지만, 생전에 전쟁 영웅이 된 그는 그렇게 죽음으로써 오히려 그의 삶을 신화로 만들어버렸다. 사실 추축국, 연합국 막론하고 제2차 세계대전 당시 활약한 모든 지휘관을 통틀어 이처럼 짧고 굵게 발자국을 남긴 인물을 찾아보기는 힘들다.

22. 인간 롬멜

아마 롬멜만큼 시공을 초월하여 대중에게 인기가 많은 장군도 드물 것이다. 제2차 세계대전 당시 독일에서는 당연한 것이었지만, 적국이었던 연합국에서도 그에 대한 공공연한 찬사가 있었을 정도였다. 용장으로서 갖추어야 할 작전 능력과 조직 장악력은 물론이고, 적에 대한 신사적인 예우처럼 덕장으로서 갖추어야 할 자질까지 갖춘 그의 이야기는 전사는 물론이고 경영서나 기타 여러 도서에 자주 언급될 정도로 광범위하게 알려져 있다. 하지만 필자는 이처럼 많이 알려진 롬멜의 이야기보다는 그 뒤에 감춰진 잘 알려지지 않은 부분을 중심으로 그의 삶에 대해 알아보았다. 이것은 그의 업적을 깎아내리기 위한 것이 아니라, 그 동안 알려진 내용을 좀더 객관적으로 살펴보기 위한 것이다. 롬멜이 명장이라는 것은 틀림없는 사실이고 이를 부인할 생각도 없지만, 의외로 그에 대해 제대로 알고 있지 못한 부분이 있는 것도 사실이다.

가장 대표적인 것을 들라면, 그가 최종적인 승리를 달성하지 못한 패장이었다는 사실이다. 제2차 세계대전이 독일의 무조건 항복으로 막을 내렸기 때문에 독일의 모든 장군들은 종국적으로 패장이 맞지만, 각 전역별로 세분한다면 그래도 승리와 패배를 이끈 인물들로 나눌 수 있다. 예를 들어, 1940년 프랑스 전역에서 롬멜은 최일선에서 그의 부대를 진두지휘했지만, 당시에는 일일이 열거할 수 없을 만큼 많은 여러 승장들 중에서 일개 사단장에 불과했다. 하지만 롬멜 혼자 책임지다시피 한 북아프리카 전선에서 그는 영웅의 반열에 올랐고 그의 전과는 신화가 되었음에도 불구하고 결국 패했다. 물론 본국의 지원이 부족하여 어쩔 수 없었다는 주장이 설득력을 얻고 있지만, 적어도 원수의 지위에 오른 인물이라면 이런 최악의 상황까지 고려하여 전선을 전략적으로 이끌었어야 했다. 그런데도 롬멜은 눈앞의 승리에만 연연했다. 그가 이렇게 조급했던 것은 남을 믿지 못하는 성격 때문이었다.

서두에서 롬멜이 아웃사이더라는 점을 언급했지만, 단지 이것 때문에 그가 군부 내에서 비주류가 된 것은 아니었다. 사실 자료를 아무리 찾아봐도 롬멜과 허심탄회한 관계를 가졌던 인물을 찾을 수 없을 만큼 그는 외톨이였다. 상급자는 물론이고 동료와도 관계가 원만하지 않았고, 부하들과도 마찬가지였다. 독일아프리카군단 지휘 시 잠시 숨을 돌렸다가 공격하자는 예하 사단장들과 수시로 충돌하게 되자, 석 달 만에 연대장을 교체해 버리는가 하면, 사단장을 최전선 앞으로 내몰아 전사하게 만들기도 했다. 또 이탈리아군을 불신했던 그는 독일군이 앞만 보고 싸울 수 있도록 후방에서 보급과 진지 구축을 책임졌던 그들의 노고까지 무시했다. 1941년 토브룩 전투에서는 독일군 1개 전차대대가 전멸하는 등 치열한 격전이 벌어지자 이탈리아군을 매몰차게 몰아붙였고, 이에 반기를 든 이탈리아군 1개 대대가 자신들이 포위하고 있던 영국군 진지로 집단 투항하는 일까지 벌어지기도 했다.*

---

* 존 라티머, 김시완 역, 『토브룩 1941』, 플래닛미디어, 2007, 97-103쪽.

대서양 방어 문제를 놓고 타협보다는 다른 장군들과 날카롭게 대립각을 세웠던 것은 결국 그에게 아무런 득이 되지 못했다. 또한 지휘체계를 완전히 무시하고 툭하면 찾곤 했던 총통도 종국에는 그를 철저히 내쳐버렸다. 이처럼 그가 남과 융화하지 못하고 독단적으로 행동한 데는 자신에 대한 확고한 믿음이 있었기 때문이었다. 이런 믿음은 수많은 전투에서 긍정적으로 작용하기도 했지만, 그의 최후까지 그랬던 것은 아니었다. 그는 누구보다도 뛰어난 장군이 되려고 했으나, 그를 가로막고 있던 장벽은 너무 많았다. 그런데 그런 장벽을 남과 함께 무너뜨리려 하지 않고 혼자의 힘만으로 돌파하려다 보니 많은 무리가 따를 수밖에 없었다. 왜냐하면 그는 영웅이었지만 만들어진 영웅이었고, 신화를 썼지만 그것은 신이 아닌 인간이 쓴 신화였기 때문이다.

에르빈 요하네스 오이겐 롬멜

1938~1939	보병학교장
1939	총통경호대장
1940~1941	제7전차사단장(프랑스)
1941	아프리카 군단장(북아프리카)
1941~1942	아프리카 기갑집단 사령관(북아프리카)
1942	아프리카 기갑군 사령관(북아프리카)
1942~1943	독일-이탈리아 기갑군 사령관(북아프리카)
1943	아프리카 집단군 사령관(북아프리카)
1943~1944	B집단군 사령관

| 글을 끝내며

● 이 책 제목이 '히틀러의 장군들'이다 보니, 얼핏 희대의 독재자를 위해 충성을 다하고 권력을 좇았던 인물들의 이야기로 비춰질 수 있다고 생각되어 제목을 선정하는 데 상당히 고심했다. 하지만 본문을 보셨다시피 이 책은 독일의 침략 전쟁을 옹호하는 책이 아니고, 애당초 그런 맥락에서 글을 서술할 의도도 없었다. 제2차 세계대전을 일으킨 독일은 부인할 수 없는 침략자였고, 더구나 대규모 학살 같은 돌이키기 힘든 엄청난 만행을 저질렀다. 제2차 세계대전 당시에 독일이 이런 무서운 범죄를 저질렀다는 사실은 20년 전에 같은 곳에서, 대부분 같은 나라들을 상대로 이들이 제1차 세계대전을 벌였을 때와는 분명히 대비가 되는 점이다. 그렇기 때문에 히틀러와 나치를 좋아해서 자발적으로 참가했든, 이들을 싫어했음에도 불구하고 독일의 군인으로서 임무에 충실했든 히틀러의 부하로서 활약한 인

물들을 긍정적으로 볼 여지는 거의 없다. 설령 타의에 의해 어쩔 수 없이 히틀러와 나치를 위해 일을 한 사람이라도 역사는 종전 후 이들을 예외 없이 전범으로 기소하여 법의 심판을 받도록 했다.

그런데 이러한 엄격한 잣대를 들이대더라도 히틀러와 나치를 위해 싸운 인물들 중에 상당히 주목할 만한 장군들이 많았다는 점은 대단히 흥미로운 사실이 아닐 수 없다. 인류 역사상 가장 치열하고 잔혹했던 제2차 세계대전은 그 규모가 워낙 커서 장군 계급장을 달고 활약한 인물이 한둘이 아니었는데, 그 중에서도 굳이 침략자이자 패전국인 독일의 장군들을 글의 주제로 선택한 것은 앞에서도 언급했듯이 동시대에 다른 나라의 군대와 크게 차별될 만큼 독일군이 인상적인 활약을 펼쳤기 때문이다. 희한하게도 독일군은 총칼을 섞은 상대보다 우세한 점이 거의 없었는데도 불구하고 많은 승리를 거두었다. 그 이유를 찾아 올라가다보니 결국 사람의 문제로 귀착되었다.

이 책은 그러한 과정에서 추려낸 열 명의 독일 장군들에 관한 이야기를 담고 있다. 하지만 막상 수많은 인물들 중 열 명을 선정하기는 그리 쉬운 일이 아니었다. 되도록이면 제2차 세계대전에서 뚜렷한 족적을 남긴 인물들로만 선정하려 했지만, 최종 선택 과정에서 필자의 주관이 많이 개입되었다. 이 책에 소개된 인물들이 중요도나 업적, 혹은 인기도에서 10등 안에 든다는 것은 결코 아니고, 그렇게 나누어 평가할 방법도 없다. 사실 영화나 위인전 혹은 각종 책자에 수시로 언급되는 롬멜 이외에 대부분의 독일 명장들은 일반 대중에게 그리 많이 알려져 있지 않다. 필자는 이 책에서 다른 인물들과 달리 롬멜을 상당히 비판적으로 다루었는데, 그 이유는 롬멜이 지금까지 너무 많이, 그것도 긍정적으로만 알려졌기 때문이다. 오히려 그보다는 이 책에 소개된 몇몇 다른 인물들이 전문가들 사이에서 그와 비교하기조차 어려울 만큼 뛰어난 장군으로 평가될 정도이지만, 일반인에게는 그다지 많이 알려져 있지 않다.

히틀러를 위해 활동하지 않았고 그럴 생각도 없었던 젝트는 결국에는 히틀러가 야심을 펼칠 수 있는 기반을 시나브로 만들어준 인물이었다. 가장 혹독하고 간섭하기 좋아하는 고집불통 군 통수권자를 모시고 있었지만 이에 연연하지 않고 오로지 전투만 생각했던 구데리안, 클라이스트, 호트 같은 강골들은 시공을 초월하는 군인의 표상이라 할 수 있다. 나름대로 소신껏 부대를 지휘하려 했고 놀라운 전과도 올렸지만 끝내 총통이라는 벽에 가로막혀 의지대로 전쟁을 이끌 수 없었던 할더, 룬트슈테트, 만슈타인의 경우는 명장이라도 권력으로부터 결코 자유로울 수 없다는 것을 보여준 예라 할 수 있다. 반면에 히틀러에 노골적으로 충성을 다하면서도 그 방법이 달랐던 롬멜, 모델, 카이텔의 경우는 과연 군인으로서 어떻게 처신하는 것이 올바른 것인지 한 번 정도 심각하게 생각하도록 만든다. 이들 열 명의 장군들은 동시대에 협력하거나 대립하면서 함께 활약한 군인이었지만, 세부적으로 들여다본 그들의 모습은 차이가 아주 컸다. 그런데 바로 그 차이가 전쟁사에 기록될 그들의 모습을 결정짓지 않았나 싶다. 하지만 최종적인 평가는 독자의 몫이라고 생각한다.

그런데 막상 글을 탈고해놓고 보니 이 책에 열 명의 인물만 소개할 수밖에 없었다는 점이 못내 아쉽다. 여러 차례 언급한 것처럼 전사에 뚜렷한 발자취를 남긴 독일의 장군들은 부지기수인데, 그 중에서 열 명의 인물만 추린다는 것 자체가 좀 무리지 않았나 싶다. 필자 개인적으로 많은 관심을 가지고 있지만 여러 가지 이유로 이 책에 소개하지 못한 인물들을 들면 다음과 같다. 국방군 초기 인물로 나치와 군부의 권력 다툼에서 흥미로운 행태를 보였던 베르너 폰 블롬베르크, 베르너 폰 프리치, 루드비히 베크 등은 나치의 권력 획득과 군부 장악 과정을 반추할 수 있는 중요한 인물들이다. 전쟁 초기에 집단군을 지휘한 페도르 폰 보크, 빌헬름 리터 폰 레프도 대표적인 독일 육군의 명장들이라 할 수 있다. 발터 폰 라이헤나우, 알프레트 요들, 페르디난트 쇠르너Ferdinand Schörner처럼 나치체제를 적극적으로 옹호한 인물들도 흥미롭지만, 에리히 회프너나 요하네스 블라스코비츠처럼 끝까지 참군인의 길을 가고자 노력했던 인물들도 좋은 주제거리다. 얄미울 정도로 영리하다 못해 간교해 보이기까지 한 귄터 폰 클루게와 묵묵한 집사 스타일인 발터 폰 브라우히치는 서로 대비되는 재미있는 인물들이다. 야전에서 기갑부대의 맹장들로 명성을 떨친 하소 폰 만토이펠, 헤르만 발크Hermann Balck는 진정 숨어 있는 진주 같은 인물들이다.

소개된 열 명의 장군들과 앞에서 언급한 이들은 모두 독일 육군 장군들인데, 제2차 세계대전 당시 국방군은 육군 장군들 말고도 유명한 해군 및 공군 장군들이 포진해 있었다. 빈약한 전력을 가지고도 연합국의 간담을 서늘케 했던 에리히 래더나 칼 되니츠는 전쟁 내내 독일 해군이 편협한 이념에 얽매이지 않게 최후의 방패막이 되었다. 공군의 경우는 그 자체가 재미있는 연구 대상이기도 한 헤르만 괴링이 총사령관으로 있었지만, 발터 베버, 에르하르트 밀히Erhard Milch, 알베르트 케셀링 같은 유능한 실무자들이 한때 세계 최강의 공군을 이끌었고, 진정한 공수부대의 역사를 개시한 쿠르트 슈트덴트Kurt Student도 주목할 만한 인물이다. 또한 나쁜 짓을 하는 데 가장 앞장선 전범 집단으로 유명한 무장친위대에 속해 있던 파울 하우저, 요제프 디트리히 등도 유능하거나 무능해서 전사에 깊은 발자국을 남긴 인물들이다. 이외에도 일일이 언급하기 힘들 만큼 전사에 커다란 족적을 남긴 독일 장군들이 많지만, 이들 모두를 한 권의 책에 전부 소개하기에는 필자의 역량도 부족하고 그럴 만한 여건도 되지 않았다.

이 책에서 소개되거나 아쉽게도 제외된 인물들은 그 업적이나 개성이 모두 다르지만, 결국에는 이 책의 제목처럼 '히틀러의 장군들'로 요약될 수밖에 없다. 아마 그들 중 상당수는 총통과 나치가 아니라 국가를 위해서 열심히 싸웠다고 주장할지 모르지만, 그들을 히틀러 및 제3제국의 흥망과 떼어놓고 이야기할 수 없기 때문이다. 그런데 희한하게도 훗날 명장으로 언급되는 인물일수록 히틀러와 의견 충돌이 많았고 정치권력에 의해 군복을 벗거나 숙청된 경우가 많았다. 히틀러는 역사에 등장한 여러 종류의 폭군처럼 그 주변에 모여 사탕발림으로 아첨하는 무리들에게는 관대했지만, 진정한 고언에는 귀를 막았던 것이었다. 이 때문에 충심으로 군의 입장에서 작전을 펼치려던 수많은 유능한 지휘관들을 자기 손으로 내치는 우를 범했고, 결국 이것은 연합군 승리의 또 다른 이유가 되었다. 이처럼 유능한 인물들을 거느리기에는 히틀러라는 그릇이 상당히 작았다고 생각되는데, 이러한 히틀러의 능력 부족은 오히려 역사에 긍정적인 요소로 작용했다. 역설적이지만 참으로 다행스러운 일이 아닐 수 없다.

그런데 이들의 이야기를 결코 과거 남의 나라 이야기로만 받아들여서는 안 될 것이다. 역사를 공부하는 가장 큰 이유는 역사에서 교훈을 얻어 같은 실수를 반복하지 않기 위해서다. 하지만 어리석은 인간들은 옳고 좋은 것을 반복하기보다는 옳지 않고 나쁜 것을 반복하는 데 더 능숙하다. 그 결정체가 바로 전쟁인데, 분명히 전쟁은 옳지 않고 나쁜 것의 총체이지만, 인류가 지구상에 등장한 이후로 계속해서 있어왔고, 분명히 지구가 망하는 날까지 계속될 것이다. 그 이유는 망각이라는 생리적 현상과 욕심이라는 원초적 욕구 때문인데, 이 책이 이러한 망각과 욕심을 억제하는 작은 씨앗이 되기를 희망할 뿐이다.

찾아보기

ㄴ

ㄹ

ㅋ

ㅌ

ㅍ

한국국방안보포럼(KODEF)은 21세기 국방정론을 발전시키고 국가안보에 대한 미래 전략적 대안을 제시하기 위해 뜻있는 군·정치·언론·법조·경제·문화 마니아 집단이 만든 사단법인입니다. 온·오프라인을 통해 국방정책을 논의하고, 국방정책에 관한 조사·연구·자문·지원 활동을 하고 있으며, 국방 관련 단체 및 기관과 공조하여 국방 교육 자료를 개발하고 안보의식을 고양하는 사업을 하고 있습니다.
http://www.kodef.net

KODEF 안보총서 25

히틀러의 장군들

독일의 수호자, 세계의 적 그리고 명장

개정판 1쇄 발행 | 2017년 2월 8일
개정판 2쇄 발행 | 2020년 3월 9일

지은이 | 남도현
펴낸이 | 김세영

펴낸곳 | 도서출판 플래닛미디어
주소 | 04029 서울시 마포구 잔다리로71 아내뜨빌딩 502호
전화 | 02-3143-3366
팩스 | 02-3143-3360
블로그 | http://blog.naver.com/planetmedia7
이메일 | webmaster@planetmedia.co.kr
출판등록 | 2005년 9월 12일 제313-2005-000197호

ISBN | 979-11-87822-02-8 03390